Vorwort

Die Umsetzung des nach Lernfeldern strukturierten Rahmenlehrplanes für die Ausbildungsberufe Maler und Lackierer, Fahrzeuglackierer sowie Bauten- und Objektbeschichter stellt für alle Lehrkräfte eine besondere Herausforderung dar. Nach dem KMK-Rahmenlehrplan wird von der Berufsschule verlangt, „den Unterricht an einer für Ihre Aufgaben spezifische Pädagogik auszurichten, die Handlungsorientierung betont". Das Lernen soll sich in Beziehung auf „konkretes berufliches Handeln" ausrichten. Nicht mehr die Anhäufung von schnell wechselndem Fachwissen steht im Vordergrund des Unterrichts, sondern die Vermittlung von **Handlungskompetenz,** die es den Schülern ermöglicht, sich die entwickelnde Technik in ihrem zukünftigen Berufsleben selbst zu erschließen.

Mit der Abkehr von fachspezifischen Lerninhalten, die überwiegend durch lehrerzentrierte Unterrichtskonzepte umgesetzt wurden, ergeben sich neue Anforderungen an die Zielstellung beruflicher Bildung. Der Auftrag, den Unterricht an den konkreten **betrieblichen Arbeits- und Geschäftsprozessen** zu orientieren, lässt sich dadurch erfüllen, dass im Unterricht praxisbezogene Lernsituationen geschaffen werden müssen.

Für dieses Lehrwerk wurden deshalb Lernsituationen entwickelt, deren Umsetzung durch die Abwicklung von konkreten Arbeitsaufträgen vollzogen werden kann.

- **Arbeitsaufträge**

Jedes Lernfeldkapitel beginnt mit einem typischen Arbeitsauftrag, wie er als Folge eines Kundenwunsches zu erfüllen ist.

KUNDENAUFTRAG

Erstbeschichtung von Türen

Arbeitsauftrag

Für den Neubau des Kindergartens Schwalbenglück sollen mehrere Türen verschiedenen Typs beschichtet werden.
Der Plan der Schreinerei und Tischlerei Holz weist bei der Bemaßung einige Unstimmigkeiten auf.

Es handelt sich um neue, unbehandelte Holztüren.

Ein entsprechendes Applikationsverfahren ist auszuwählen.

Die Türen sollen eine Gestaltung mit Linien und Bändern erhalten. Hierfür sind unterschiedliche Muster anzufertigen.
Zur Inspiration wurden von der Kindergartenleitung drei Muster vorgelegt.

Auszuführende Arbeiten

1. Der Arbeitsplatz ist entsprechend einzurichten.
2. Die vorhandenen Fensterfüllungen sind abzu-kleben.
3. Der Untergrund ist für die Beschichtung vorzubereiten.
4. Die Grundbeschichtung ist mit dem ausgewählten Applikationsverfahren aufzubringen
5. Die Deckbeschichtung ist mit dem ausgewählten Applikationsverfahren aufzubringen.
6. Es sind verschiedene Muster für die Gestaltung mit Linien und Bändern anzufertigen. Die entworfenen Muster sind dem Kunden zu präsentieren.

Die Arbeitsaufträge sind in die Phasen

- **Auszuführende Arbeiten,**
- **Objektbeschreibung** und
- **Leistungsbeschreibung**

gegliedert. Mit dieser Gliederung wird dem Aufbau einer Gesellenprüfung entsprochen.

- **Fachsystematische Inhalte**

Dem Arbeitsauftrag schließen sich die **fachsystematisch gegliederten Inhalte** an.

Symbole kennzeichnen Themen für die vier Fachrichtungen:

- Kirchenmalerei und Denkmalpflege
- Bauten- und Korrosionsschutz
- Energieeffizenz- und Gestaltungstechnik
- Ausbautechnik und Oberflächengestaltung

Die Fachrichtung „Gestaltung und Instandhaltung" macht den zahlenmäßig größten Teil der Auszubildenden aus. Daher sind Inhalte, die nicht speziell gekennzeichnet sind, dieser Fachrichtung zuzuordnen.
Technische Mathematik, das Lesen von Symbolen und Zeichnungen sowie u. a. die Themen Gesundheits- und Umweltschutz werden integrativ vermittelt.
Mit dem daraus gewonnenem technologischen und mathematischen Fachwissen können die Arbeitsaufträge bearbeitet werden.
Das schließt jedoch nicht aus, dass die Schüler über die Inhalte des Fachbuches hinaus auf zusätzliche Informationen aus weiteren Informationsquellen, z. B. Tabellenbücher, Herstellerunterlagen, elektronische Informationssysteme, zugreifen müssen.
Die Anschaulichkeit der Inhalte wird unterstützt durch übersichtliche Tabellen und aussagekräftige Abbildungen.
Am Ende eines jeden Lernfeldkapitels befinden sich Aufgaben zur Vertiefung der Inhalte.

Ein eigenständiges Kapitel befasst sich mit den Themen **Präsentationstechniken** und **Umgang mit Kunden.**

- **Sachwortverzeichnis**

Ein umfangreiches Sachwortverzeichnis in deutscher und englischer Sprache soll den fremdsprachlichen Unterricht in der Berufsschule unterstützen.

- **Begleitende Produkte**

Zu diesem Band wird ein **Heft mit Arbeitsaufträgen** angeboten, die inhaltlich auf das Fachbuch abgestimmt sind. Ein Lösungsheft ist ebenfalls erhältlich.

Autoren und Verlag möchten mit diesem Lehrwerk einen Beitrag zur effektiven Umsetzung des lernfeldstrukturierten Unterrichts leisten. Hinweise zur Weiterentwicklung des Lehrwerkes werden gerne angenommen.

Autoren und Verlag

Inhaltsverzeichnis

Lernfeld 5 – Überholungs- und Erneuerungsbeschichtungen

Lernfeld 6 – Trockenbauelemente verarbeiten

Lernfeld 7 – Putzoberflächen herstellen und instand setzen

Lernfeld 8 – Oberflächen bekleiden und gestalten

Lernfeld 9 – Schutz- und Spezialbeschichtungen ausführen

Lernfeld 10 – Wärmedämmmaßnahmen ausführen

Lernfeld 11 – Fassaden beschichten und gestalten

Lernfeld 12 – Innenräume bekleiden und gestalten

Lernfeldübergreifend

Präsentations- und Moderationstechniken

5 Überholungs- und Erneuerungs-beschichtungen

KUNDENAUFTRAG

Sanierung von Holzbänken und Metallgittern

Arbeitsauftrag

An einem Aussichtspunkt an der Elbe befinden sich mehrere Sitzgruppen. Vor den Sitzgruppen befinden sich Metallgitter und -geländer. als Absturzsicherung der Besucher.

Die komplette Anlage soll saniert und schadhafte Teile sollen ersetzt werden.

Auszuführende Arbeiten

1. Die Holzteile sollen gereinigt und mit einem Holzschutz versehen werden. Schadhafte Teile sollen ersetzt werden.
2. Die Betonteile sind instand zu setzen und mit einer Schutzbeschichtung zu versehen.
3. Die Metallgitter und -geländer sind mit einer Erneuerungsbeschichtung zu lackieren.

Objektbeschreibung

Die Sitzgelegenheiten und Metallgitter befinden sich seit einigen Jahren am Aussichtspunkt.

Witterungseinflüsse haben unterschiedliche Schäden verursacht.

Sitzgruppen

Die Sitzfläche und das Rückenteil der Bänke bestehen aus dunkel lasiertem Eichenholz. Das Holz ist stark verwittert und mit Moos- und Flächenanhaftungen überzogen. Einzelne Holzlatten sind durch Fäulnis stark angegriffen.

An den Betonelementen aus Stahlbeton befinden sich Moos- und Schmutzanhaftungen, kleinere Betonabplatzungen sind sichtbar.

Metallgitter und -geländer

Die Gitter und Geländer bestehen aus lackiertem Stahl. Die Kanten weisen Korrosionsschäden auf. An einigen Flächen sind Farbabplatzungen zu sehen.

Leistungsbeschreibung

Holzuntergründe bearbeiten

Die Sitzflächen und Rückenteile der Bänke sind zu reinigen und Neue und gereinigte Holzelemente sind mit einem entsprechenden Holzschutz zu beschichten.

Betonsockel sanieren

Die Sockel der Bänke sind zu reinigen. Die Betonabplatzungen sind fachgerecht instand zu setzen. Eine Beschichtung an den Betonteilen ist aufzubringen.

Metallgitter und -geländer lackieren

Die Altlackierung der Metallteile ist mithilfe eines geeigneten Entschichtungsverfahrens zu beseitigen.

Die Korrosionsanhaftungen sind restlos zu entfernen.

Die Metallteile sind mit einer Korrosionsschutzgrundierung zu versehen und mit einer deckenden Lackierung zu beschichten.

1 Überarbeitungsbedürftige Beschichtungen an einem Fenster

2 Überarbeitungsbedürftige Bodenbeschichtung

Beschichtungen werden aus verschiedenen Gründen ausgeführt. Hauptsächlich dienen sie dem Schutz und der Gestaltung des Untergrundes. Damit sie ihren Aufgaben gerecht werden können, müssen sie instand gehalten und ggf. instand gesetzt werden.

5.1 Begriffe

Verschleiß

Verschleiß kann unterschieden werden in den physischen Verschleiß und den moralischen Verschleiß. Als **physischen Verschleiß** bezeichnet man die materielle Abnutzung durch Umwelteinflüsse und/oder Nutzung. Bei Beschichtungen trifft dies z. B. auf den Schichtdickenverlust durch Witterung oder Kratzer zu (Abb. 1 und 2). Als **moralischen Verschleiß** bezeichnet man die Unterschiede der Gebrauchseigenschaften zu zwei verschiedenen Zeitpunkten aufgrund der technischen Entwicklung oder Mode. Das bedeutet, dass eine an sich intakte Beschichtung aufgrund neuer technischer Bestimmungen aufgearbeitet werden muss oder dass der Farbton oder Glanzgrad einer Beschichtung nicht mehr dem Zeitgeschmack entspricht.

Instandhaltung

Instandhaltung werden alle vorbeugenden Maßnahmen genannt, die Alterung und physischem Verschleiß entgegenwirken und vorbeugen. Wartung ist ein anderer Begriff für Instandhaltung. Dazu gehören die regelmäßige Ausbesserung von Rissen oder anderen kleinen Fehlstellen, aus denen sich größere Fehlstellen und Schäden entwickeln könnten.

Wartungs- oder Instandhaltungsintervalle

Die Wartungs- oder Instandhaltungsintervalle sind die Zeitabstände, in denen die Wartung bzw. Instandhaltung ausgeführt werden soll. Diese Zeiten hängen von Beschichtungsart und Untergrund ebenso ab wie von Belastung, Nutzung und Bewitterung der Beschichtung.

Instandsetzung

Als Instandsetzung bezeichnet man die Beseitigung des physischen Verschleißes. Die ursprünglichen Eigenschaften und die ursprüngliche Gebrauchsfähigkeit der Beschichtung werden wiederhergestellt.

Erstbeschichtung

Um eine Erstbeschichtung handelt es sich, wenn man ein komplettes Beschichtungssystem auf einen noch unbehandelten Untergrund aufbringt. Eine Erstbeschichtung besteht in der Regel aus Grund-, Zwischen- und Schlussbeschichtung.

Überholungsbeschichtung

Um eine Überholungsbeschichtung oder auch Teilerneuerung handelt es sich, wenn ein bereits beschichteter Untergrund aus verschiedenen Gründen mindestens eine ganzflächige Schlussbeschichtung erhält. Gründe sind Verunreinigungen, Verschleiß, Kreiden der Beschichtung oder optische Gründe, da der Farbton nicht mehr gefällt. Die Altbeschichtung wird dabei nicht restlos entfernt, da sie im Großen und Ganzen noch ihre Funktion erfüllt. Sie wird einer gründlichen Untergrundvorbereitung unterzogen.

Ausbesserungen

Teil einer Überholungsbeschichtung können Ausbesserungen an kleinflächigen Fehlstellen sein, bei denen die Altbeschichtung entfernt werden muss. Sollte der Untergrund beschädigt sein, muss er ausgebessert werden. Abschließend muss an diesen Stellen dann ein vollständiger Beschichtungsaufbau erfolgen.

Erneuerungsbeschichtung

Von einer Erneuerungsbeschichtung oder auch Vollerneuerung spricht man, wenn eine Altbeschichtung komplett entfernt werden muss, da sie sich nicht als Beschichtungsuntergrund eignet. Wie bei einer Erstbeschichtung wird hier ein vollständiges Beschichtungssystem appliziert.

5.2 Korrosion

5.2.1 Begriffe

Als Korrosion bezeichnet man allgemein die langsame Zerstörung eines Stoffes durch Einwirkungen aus seiner Umgebung. Diese Einwirkungen können z. B. andere Stoffe sein. Im Einzelnen unterscheidet sich je nach Bereich jedoch die Definition für Korrosion.

1 Korrodierte Metallfläche

2 Unterrostung an einem Geländer

In der Chemie ist Korrosion eine chemische Reaktion, die einen Werkstoff merklich, das heißt messbar, verändert. Diese Definition lässt den Begriff Korrosion auch für nicht metallische Werkstoffe, z. B. Beton, zu. Zunächst wird der Begriff Korrosion auf Metallkorrosion beschränkt.

Mit dem Begriff Korrosion werden je nach Zusammenhang unterschiedliche Dinge bezeichnet:

- der Vorgang der Korrosion,
- das Ergebnis der Korrosion,
- der Schaden, der durch Korrosion hervorgerufen wird.

Für den technischen Bereich legt DIN EN ISO 8044 „Korrosion von Metallen und Legierungen – Grundbegriffe und Definitionen“ die Begriffe fest. Hier wird aus dem vorgenannten Grund genau unterschieden. „Korrosion“ ist der Korrosionsvorgang. „Korrosionserscheinung“ ist das Ergebnis einer Korrosion, das kein „Korrosionsschaden“ sein muss. Diese Abgrenzung kann bei der Beschreibung von entsprechenden Ereignissen hilfreich sein. Nach DIN EN ISO 8044 ist Korrosion die physikalisch-chemische Wechselwirkung zwischen einem Metall und seiner Umgebung, die zu einer Veränderung der Eigenschaften des Metalls führt.

Diese Veränderung der Eigenschaften kann zu erheblichen Beeinträchtigungen der Funktion des Metalls, der Umgebung oder des technischen Systems, von dem das Metall hier einen Teil bildet, führen (Abb. 1–5).

Kurzgefasst ist eine Korrosionserscheinung eine unerwünschte Verschlechterung der Eigenschaften eines Metalls, die durch eine chemische Reaktion, die Korrosion, hervorgerufen wird.

Die Korrosionsreaktion kann auf unterschiedliche Arten ablaufen. Je nach Einwirkung von außen oder Reaktionsablauf unterscheidet die Norm zwischen 37 Korrosionsarten, von denen viele chemischer oder elektrochemischer Natur sind. Daher werden die Begriffe chemische und elektrochemische Korrosion ausführlich behandelt.

5.2.2 Chemische Korrosion

Bei der chemischen Korrosion reagiert das Metall, z. B. Eisen, direkt mit dem korrosiven Reaktionspartner, z. B. Sauerstoff. An der Eisenoberfläche wird durch die Reaktion von Eisen (Fe) und Sauerstoff (O_2) Eisenoxid, umgangssprachlich Rost, gebildet:

3 Korrodiertes Stahlfass

4 Verrosteter Eisenträger

5 Korrodiertes Gartentor

$$2\,Fe + 3\,O_2 \rightarrow 2\,Fe_2O_3$$

oder

$$2\,Fe + O_2 \rightarrow 2\,FeO$$

Da beide Reaktionen in Gegenwart von Wasser ablaufen, ist Rost ein Gemisch unterschiedlicher Eisenoxide mit Wasser:

$$x\,FeO \cdot y\,Fe_2O_3 \cdot z\,H_2O$$

x, *y* und *z* sind dabei ganze Zahlen. Das Malzeichen zwischen den Bestandteilen deutet an, dass die Bestandteile im festen Verhältnis zueinander kristallisieren.

Die chemische Korrosion ist dadurch gekennzeichnet, dass oft ein ebenmäßiger, flächiger Korrosionsvorgang stattfindet, der zu einem gleichmäßigen Abtrag des Metalls von der Oberfläche führt. Wie schnell dieser Vorgang abläuft, ist von den Umgebungsbedingungen abhängig, z. B.:

- Temperatur,
- Feuchte,
- Anwesenheit von korrosionsfördernden Stoffen.

Korrosionsfördernde Stoffe sind z. B. Salze und unter diesen insbesondere die Chloride, z. B. das Kochsalz, NaCl. Aufgrund der unterschiedlichen Bedingungen korrodieren die Metalle in bestimmten Umgebungen unterschiedlich schnell. Man unterscheidet daher typische Umgebungsbedingungen, die mehr oder weniger korrosionsfördernd sind.

In Tab. 1 sind solche Umgebungen aufgelistet. So ist „Land" eine ländliche Umgebung mit vergleichsweise sauberer Luft und wenig Staub, „Stadt" ist Stadtluft mit Staub und Autoabgasen. Beim Industrieklima kommen andere Schadgase wie Schwefeldioxid hinzu, und das Meerklima enthält korrosionsförderndes Kochsalz. Zu jeder Umgebung sind unterschiedliche Metalle und deren flächiger Abtrag pro Jahr aufgeführt.

Dabei fällt auf, dass einige Metalle nur einen geringen Abtrag aufweisen, der fast unabhängig vom Klima ist. Kupfer beispielsweise verliert nur zwischen 2 und 4 Tausendstel Millimeter seiner Oberfläche pro Jahr. Zink, Blei und Nickel verhalten sich ähnlich. Diese Metalle bilden durch Korrosion eine Schutzschicht, die das darunter liegende Metall vor weiterer Korrosion schützt. Im Falle des Kupfers bildet sich Grünspan, eine relativ kompliziert zusammengesetzte Kupferverbindung.

Tab. 1: Korrosionsfortschritt in µm (1/1 000 mm) pro Jahr in unterschiedlichen Umgebungen

Metall	Land	Stadt	Industrie	Meer
Stahl	4–60	30–70	40–160	64–230
Blei	0,7–1,4	1,3–2,0	1,8–3,7	1,8
Kupfer	1,9	2,5	3,5	3,8
Nickel	1,1	2,4	4,4	2,8
Zink	1,0–3,4	1,0–6,0	4–19	2–15

1 Kupfergedeckte Kuppel mit Grünspan

2 Verzinkter Stahl, Aluminium, Kupfer und korrodierter Stahl (von links nach rechts)

Diese ist so unlöslich, dass sie, wie in Abb. 1 zu sehen, als grüne Schutzschicht das Kupfer vor weiterer Korrosion schützt. Nickel, Zink, Blei und Aluminium bilden Oxidschichten, die die gleiche Funktion erfüllen.

5.2.3 Spannungsreihe der Metalle

Nicht alle Metalle korrodieren gleich schnell, manche auch gar nicht (Abb. 2). Zum Teil liegt das an Schutzschichten, die durch Korrosion ausgebildet werden, wie im vorigen Kapitel erläutert wurde. Bei anderen Metallen, z. B. bei Gold und Platin, ist keine Schutzschicht notwendig. Diese Metalle oxidieren überhaupt nicht. Man unterscheidet edle Metalle, die nicht korrodieren, und unedle Metalle, die dies schnell tun. Zwischen sehr unedlen Metallen, z. B. Magnesium, und sehr edlen Metallen, z. B. Gold, liegt eine ganze Reihe von Metallen mit unterschiedlichem Verhalten.

Zur Einordnung der Metalle wird das Verhalten genutzt, das die Metalle zeigen, wenn man sie in einen Elektrolyten taucht. Ein Elektrolyt ist eine Flüssigkeit, die den elektrischen Strom leiten kann, z. B. eine Salzlösung. Taucht man Metalle in einen Elektrolyten, lösen sie sich unterschiedlich schnell auf.

Auflösungsverhalten:
- explosionsartig bei Natrium,
- zügig unter Blasenentwicklung bei Calcium (Abb. 3),
- langsam im Laufe von Wochen und Monaten bei Stahl,
- unendlich langsam, d. h. praktisch keine Auflösung, bei Edelmetallen.

Gemessen werden kann dieses Auflösungsverhalten, indem man die Metalle vergleicht.

Um eine einheitliche Reihung zu bekommen, hat man sich geeinigt, alle Metalle mit der Standardwasserstoff-

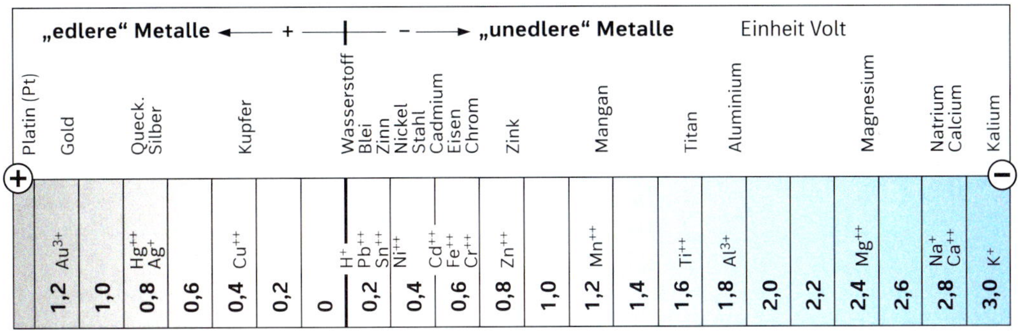

1 Spannungsreihe der Elemente

3 Sich auflösendes Calcium

5 Elektrochemische Korrosion, hier: Kontaktkorrosion durch Materialmix

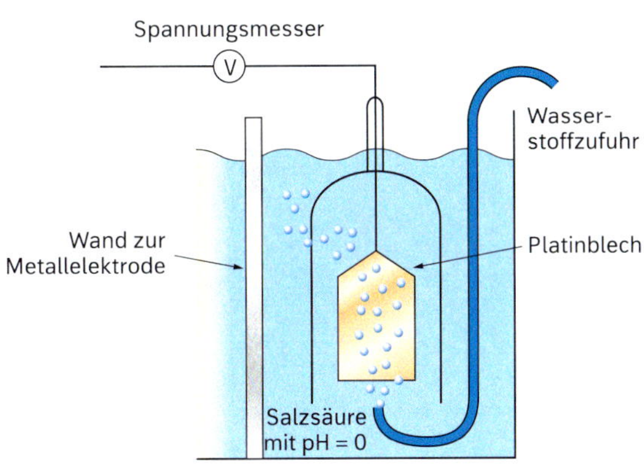

4 Standardwasserstoffelektrode

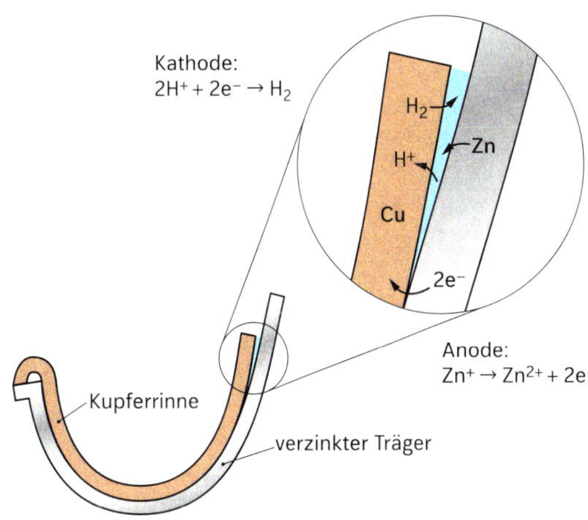

6 Kupferrinne mit verzinktem Halter als Lokalelement

elektrode (Abb. 4) zu vergleichen. In einem elektrochemischen Element (s. Seite 16) wird das Metall mit der Standardwasserstoffelektrode verbunden. Deren Spannung wird gleich null Volt (0 V) gesetzt, sodass nun alle Metalle eine Spannung im Vergleich dazu bekommen.

Ist diese Spannung positiv, lösen sich diese Metalle nicht oder schwer auf. Ist diese Spannung negativ, lösen sich die Metalle auf. Je höher der negative Wert ist, desto schneller geschieht die Auflösung. Abb. 1 zeigt die Anordnung einiger Metalle in dieser Reihe. Sie wird

Spannungsreihe der Metalle genannt. Da auch Nichtmetalle einsortiert werden, ist auch die Bezeichnung Spannungsreihe der Elemente gebräuchlich.

5.2.4 Elektrochemische Korrosion

Bei dieser Korrosionsart kommt es zur Ausbildung von Korrosionselementen (Seite 15, Abb. 5). In Korrosionselementen liegt zwischen zwei Elektroden, dem Anoden- und Kathodenbereich, eine Spannung vor. Die Elektroden werden durch die beteiligten Metalle und das sie umgebende Wasser gebildet. Im Prinzip ist ein solches Element genau so aufgebaut wie ein elektrochemisches Element, nur dass die elektrische Verbindung der Elektroden durch direkte Berührung erfolgt und die Lösungen nicht durch eine Wand getrennt sind.

Berühren sich zwei unterschiedliche Metalle unter Einfluss von Feuchtigkeit, bauen sie ein solches Element auf. Die Folge ist, dass das unedlere Metall beginnt, sich aufzulösen.

Seite 15, Abb. 6 zeigt den Vorgang für eine Kupferdachrinne, die irrtümlich mit verzinkten Haltern befestigt wurde. Die Kupferrinne und der Halter berühren sich, sodass eine Leitung der Elektronen vom Zink zum Kupfer möglich ist.

Regenwasser enthält immer einige gelöste Stoffe und ist daher leitfähig. Die gelösten Stoffe sind oft Kohlendioxid oder Schwefeloxide, sodass das Wasser leicht sauer ist, es enthält Wasserstoffionen (H^+-Ionen). Durch Regen wird ein Elektrolyt bereitgestellt. Das Zink löst sich auf und gibt Elektronen ab.
Da der Elektrolyt keine Kupferionen enthält, werden die im Wasser enthaltenen H^+-Ionen mit den Elektronen zu Wasserstoff reduziert:

$$2\,H^+ + 2\,e^- \rightarrow H_2$$

Zusammengenommen wird durch einen elektrochemischen Vorgang Zink korrodiert und dabei am edleren Metall, dem Kupfer, Wasserstoff erzeugt. Da dieser Vorgang auf kleinstem Raum stattfinden kann, werden diese Elemente als **Lokalelemente** bezeichnet. Die Elektrodenflächen sind oft nur wenige mm^2 groß. Da nur an diesen Stellen Korrosion stattfindet, ist Lochfraß ein häufiges Zeichen für elektrochemische Korrosion.

Elektrochemisches Element

Bei einem elektrochemischen Element werden zwei Metalle jeweils in die Lösung eines ihrer Salze getaucht. Im Bild sind das Kupfer (Cu) in einer Kupfersulfatlösung und Zink (Zn) in einer Zinksulfatlösung. Metallstücke in den Lösungen ihrer Salze bezeichnet man als Metallelektroden. Zwischen den Behältern ist eine Trennwand, die von Ionen, hier den Sulfationen SO_4^{2-}, passiert werden kann. Die beiden Metalle sind über einen elektrischen Leiter, einen Draht mit Spannungsmesser, miteinander verbunden. Zink hat das Bestreben, sich in der Lösung aufzulösen. Da Zink als Metall zwei Elektronen mehr besitzt als das Zinkion in Lösung, werden diese zwei Elektronen frei:

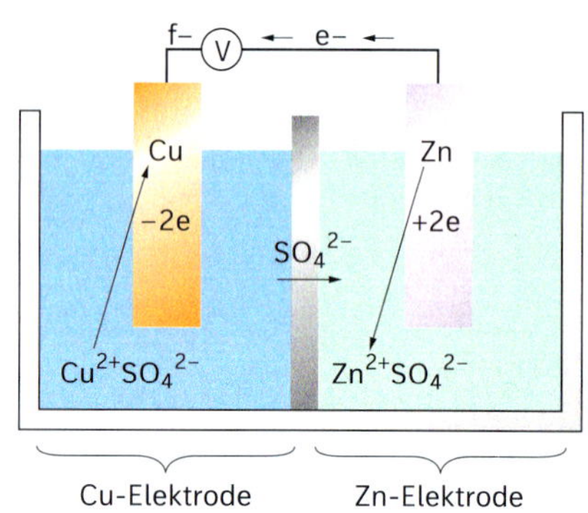

$$Zn \rightarrow Zn^{2+} + 2\,e^-$$

Kupfer ist edler als Zink und löst sich daher nicht auf. Es scheidet sich aus der Kupfersulfatlösung als metallisches Kupfer auf der Elektrode ab:

$$Cu^{2+} + 2\,e^- \rightarrow Cu$$

Bei diesem Vorgang werden zwei Elektronen benötigt. Die Elektronen werden durch den Draht vom Zink zum Kupfer geleitet. Daher kann hier eine Spannung gemessen werden. Die Größe dieser Spannung in Volt ist charakteristisch für die jeweiligen Metalle. Bei dem hier abgebildeten Daniell-Element beträgt diese Spannung ca. 1,1 V (siehe Werte für Cu und Zn in der Spannungsreihe, Abb. 1 auf S. 15).

Die Korrosion von Stahl im Beton kann ebenfalls elektrochemisch ablaufen. Die Vorgänge unterscheiden sich aber etwas von denen eines Lokalelementes, wie in Abb. 1 gezeigt wird.

Das Eisen korrodiert und bildet unter Abgabe von zwei Elektronen Eisenoxid (Rost). Dies geschieht bevorzugt an Stellen, wo Risse im Beton sind oder die Betonschicht über dem Stahl dünn ist. Diese zwei Elektronen können durch den Bewehrungsstahl geleitet werden. An einer anderen Stelle der Stahloberfläche wird durch die Elektronen Sauerstoff (O_2) zu Hydroxydionen (Base, OH^-) reduziert. Da die Orte der Eisonoxidation und der Sauerstoffreduktion meterweit auseinander liegen können, spricht man hier von einer **Makroelementkorrosion** (makro, abgeleitet vom griechischen makros = groß, Abb. 2).

1 Korrodierter Betonstahl

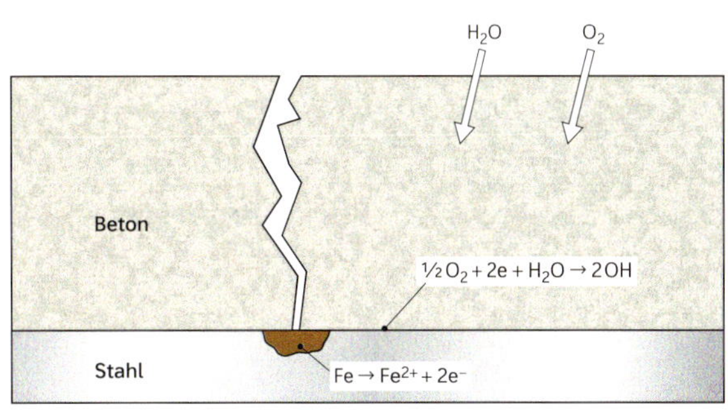

2 Schema der Makroelementkorrosion

5.2.5 Weitere Korrosionsarten

Korrosionsarten werden auch anhand des Ortes ihres Auftretens oder der Ausprägung des Schadens bezeichnet. Abb. 3 zeigt einige Korrosionsarten als Schema.

Bei **gleichmäßiger Flächenkorrosion** wird der Werkstoff von der Oberfläche aus nahezu gleichförmig abgetragen. **Lochfraßkorrosion** bezeichnet kleinflächige, aber oft tiefe Korrosionsstellen.

Bei **Muldenkorrosion** werden Mulden gebildet, deren Durchmesser größer ist als ihre Tiefe.

Spaltkorrosion ist eine örtliche Korrosion, die in einem Spaltbereich abläuft. Der Spalt kann sich zwischen der Metalloberfläche und einer anderen Oberfläche (metallisch oder nicht metallisch) befinden.

Bimetallkorrosion oder **Kontaktkorrosion** ist die elektrochemische Korrosion, bei der die Elektroden von unterschiedlichen Metallen gebildet werden. Eine Form der Kontaktkorrosion ist das **Lokalelement**.

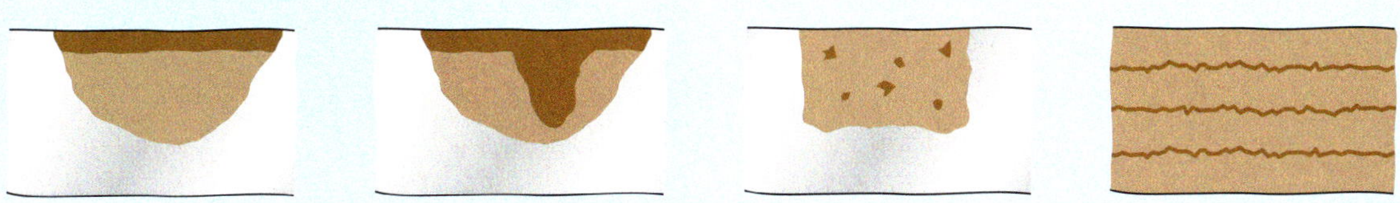

Gleichmäßige Korrosion | Lochfraß | Korrosion bestimmter Bestandteile | Schichtkorrosion

3 Korrosionsarten

Blasenbildung kann an beschichtetem Metall durch Verlust der Adhäsion zwischen der Beschichtung und dem Metall auftreten (örtliche Korrosion).

Eine Übersicht häufiger Korrosionsarten zeigen die Fotos in Tab. 1.

5.2.6 Korrosionsschutz

In Kapitel 5.2.1 wurde bereits der Unterschied zwischen einem Korrosionsereignis und einem Korrosionsschaden herausgestellt – nicht jede Korrosion stellt gleich einen Schaden dar. So käme wohl niemand auf die Idee, eine Straßenbahnschiene aus hochwertigem Stahl (Abb. 1) mit einem Korrosionsschutz zu versehen, da trotz sichtbarer Korrosion kein Schaden auftritt. Der Zaun in Abb. 2 ist jedoch aus Gusseisen, korrodiert schneller und hat auch optische Funktionen zu erfüllen. Er wird daher mit einer Korrosionsschutzbeschichtung versehen.

Korrosionsschutz dient nicht dazu, Korrosion zu verhindern. Das ist in vielen Fällen auch nicht möglich. Korrosionsschutz soll Korrosionsschäden verhindern.

Man unterscheidet zwischen verschiedenen Arten des Korrosionsschutzes, je nachdem, welche Prinzipien dabei verfolgt werden.

- **Konstruktiver Korrosionsschutz** hält korrosionsfördernde Einflüsse durch Bauformen und Bauarten vom Metall fern. So zählen Wasserrinnen oder Ablaufwinkel zum konstruktiven Korrosionsschutz. Auch die Auswahl von Metallen, die von sich aus widerstandsfähig gegen Korrosion sind, kann zum konstruktiven Korrosionsschutz gerechnet werden.

- **Passiver Korrosionsschutz** hält korrosive oder korrosionsfördernde Substanzen, vor allem Wasser und Sauerstoff, vom Metall fern. Hierzu zählen alle Überzüge wie Beschichtungen, Passivierungen oder galvanische Überzüge.

1 Korrodierte Straßenbahnschiene

2 Eiserner Zaun mit Korrosionsschutzbeschichtung

Tab. 1: Korrosionsarten

Flächenkorrosion auf einer gekrümmten Stahlfläche

Spaltkorrosion an einer Schweißnaht

Bodenkorrosion an einem Geländerfuß, ggf. auch als Spaltkorrosion (zwischen Stahlfuß und Beton) bezeichnet

Unterrostung einer Beschichtung mit fast völligem Verlust der Beschichtung

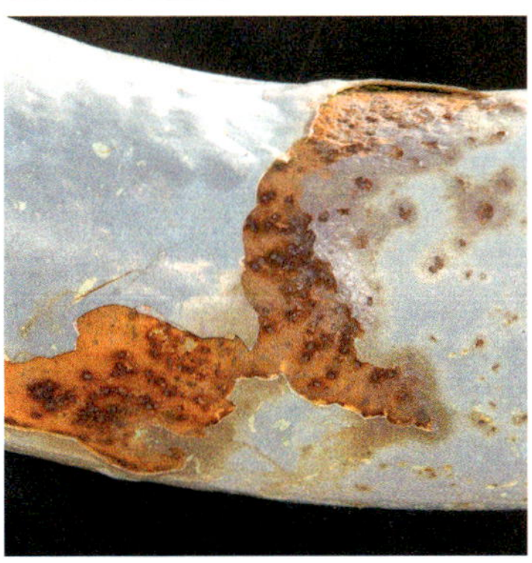

Unterrostung einer Beschichtung mit Aufwölbung der Beschichtungsbereiche

Durchrostung

Kontaktkorrosion durch Verwendung unterschiedlicher Stahlsorten

Gehäufte Ablagerung von Korrosionsprodukten

- **Aktiver Korrosionsschutz** greift direkt in die Korrosionsvorgänge ein und verringert oder verhindert diese. Zum aktiven Korrosionsschutz zählen z. B. der kathodische Korrosionsschutz oder der Einbau von Opferanoden. Im Rahmen dieses Kapitels wird der passive Korrosionsschutz durch Beschichtungen behandelt.

5.3 Reinigungs- und Entschichtungsarbeiten

Bevor Untergründe vom Maler und Lackierer mit Anstrichstoffen beschichtet werden können, müssen Vorbehandlungsmaßnahmen durchgeführt werden.

Dazu gehört die Entschichtung bereits beschichteter Flächen sowie die Reinigung und Oberflächenvergrößerung neuer oder bislang unbeschichteter Objekte. Einige Reinigungsverfahren lassen sich auch zur Entschichtung verwenden.

In technischen Merkblättern wird stets darauf hingewiesen, dass der Untergrund trocken, fettfrei und sauber zu sein hat. Besonders nach Schleif- und Strahlarbeiten muss man einen Untergrund ausreichend reinigen. Würden sich Wasser, Fett, Staub oder andere Verunreinigungen auf dem zu beschichtenden Objekt befinden, hätte das einen negativen Einfluss auf die Adhäsion der Beschichtung.

5.3.1 Abwaschen, Entfetten

Bei der Herstellung von Stahlblechen werden Gleit- und Trennmittel verwendet. Ebenso versieht man für den Korrosionsschutz während der Lagerung und des Transports Bleche häufig mit einem siliconhaltigen Fett.

Vor der Weiterverarbeitung müssen diese Materialien vom Blech entfernt werden (Abb. 1). Dazu verwendet man Siliconentferner, Entfettungsmittel oder Reinigungsverdünnungen. Das Reinigungsmittel sprüht man auf die Fläche oder wischt es mit einem getränkten Lappen ab. Rückstände sind hinterher mit einem anderen Tuch aufzunehmen. Beim Abwaschen von Oberflächen mit lösemittelhaltigen und sonstigen hautschädigenden Stoffen sind geeignete Handschuhe zu tragen (Abb. 2). Welches Handschuhmaterial auszuwählen ist, wird meist auf dem Sicherheitsdatenblatt beschrieben. Sollten dort keine Informationen zu finden sein, muss beim Lieferanten oder Herstellerbetrieb nachgefragt werden, um Gesundheitsschäden vorzubeugen.

Spezialhandschuhe verfügen über eine Beschriftung mit Piktogrammen, die auf die Einsatzmöglichkeiten hinweisen (Seite 90 ff.).

Bauteile aus Kunststoff, die werksseitig nicht beschichtet worden sind, haben verarbeitungsbedingt oft silicon- oder wachshaltige Trennmittel auf der Oberfläche und im Kunststoff selbst. Diese Trennmittel sorgen bei der Produktion dafür, dass das Bauteil nicht in der Herstellungsform oder Presse kleben bleibt, sondern einfach herausgenommen werden kann.

1 Manuelle Reinigung eingefetteter Bleche

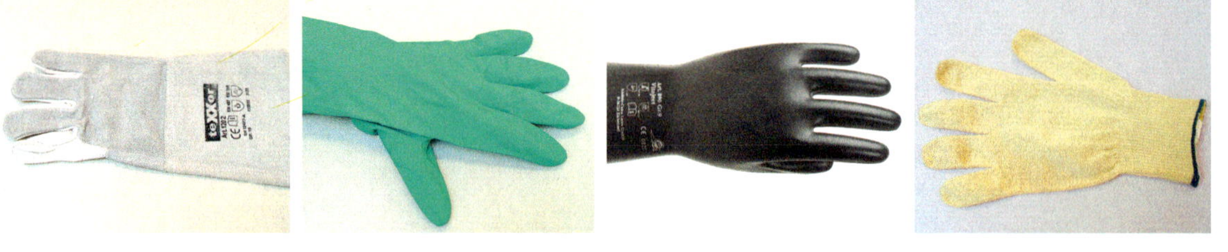

2 Handschuhmaterial

Gefahren durch Altbeschichtungen

In Altbeschichtungen können gefährliche Stoffe enthalten sein. Diese Beschichtungen sind zu einer Zeit appliziert worden, als noch weniger auf den Gesundheitsschutz geachtet worden ist.

Der Maler und Lackierer kann beim Entschichten und Schleifen mit giftigen Blei- und Chromverbindungen (Bleimennige, Chromatfarben), die sich häufig in Korrosionsschutzanstrichen befinden, konfrontiert werden. Bei Schleifarbeiten muss konsequent ein Atemschutz mit Partikelfilter getragen und auf eine intensive Reinigung des Raumes nach der Arbeit geachtet werden. Das Nassschleifen solcher Untergründe vermeidet die Entwicklung gefährlicher Stäube.

Die Trennmittelrückstände können mit Spezialreiniger abgewaschen werden. Ähnlich wie beim Entfetten von Blechen muss auch hier mit einem sauberen Lappen nachgereinigt werden. Befinden sich Fremdmaterialien innerhalb des Bauteils, muss man diese durch Tempern entfernen (→ LF 2).

Verzinkte Bleche müssen zur Verbesserung der Haftfestigkeit mit einer ammoniakalischen Netzmittelwäsche (Gemisch aus Wasser, Salmiakgeist und Spülmittel) gereinigt werden (Abb. 3 und → LF 3).

Hierbei ist das Mischungsverhältnis von 10 : ½ l plus einer geringen Menge Spülmittel zu beachten. Salmiakgeist wird auch als Ammoniaklösung, Ammoniakwasser oder Ammoniumhydroxid bezeichnet und ist eine 25 %ige Lösung von Ammoniak (NH_3) in Wasser (H_2O).

Oberflächen aus Aluminiumlegierungen sollen mit einem milden Flüssigreiniger (z. B. Spülmittel) und warmem Wasser abgewaschen werden. Bei oxidierten Flächen ist ein Reiniger mit Säureanteilen zu wählen, der nach der Einwirkzeit mit klarem Wasser abgespült werden muss.

5.3.2 Schleifen

Mit entsprechenden Schleifmitteln (→ LF 1) kann man manuell oder maschinell Beschichtungsschichten entfernen oder unbehandelte Oberflächen anrauen.

Im Regelfall werden nur vergleichsweise glatte Flächen geschliffen, da mit den üblichen Schleifmitteln bloß ein geringer Abtrag erfolgen kann.

Manuelles Schleifen kann durch einen Schleifklotz unterstützt werden. Mit einem Schleifklotz kann eine größere Fläche gleichmäßiger als nur mit der Hand geschliffen werden (Seite 22, Abb. 5).

Man kann trocken oder nass schleifen. Der Nassschliff wird häufig beim Bearbeiten gefüllerter Flächen, beim Zwischenschliff auf Metall oder beim Bearbeiten von Staubeinschlüssen eingesetzt. Dabei schleift man unter Zuhilfenahme einer ausreichenden Wassermenge mit speziellem Wasserschleifpapier.

Ein gröberer Abtrag kann nur durch den Trockenschliff erfolgen; allerdings entsteht dabei Schleifstaub, vor dem man sich mit einer Staubmaske schützen muss (s. auch Kasten „Gefahren durch Altbeschichtungen").

3 Ammoniakalische Netzmittelwäsche

Maschinell wird je nach Untergrundcharakter und gewünschtem Schleifergebnis mit Schwingschleifern („Rutschern"), Exzenterschleifern oder Winkelschleifern gearbeitet (Abb. 1–4).

Elektrisch betriebene **Schwingschleifer** werden mit einem Motor angetrieben, der die rechteckige Schleifplatte in eine schwingende Bewegung bringt. Mittels eines Klemmverschlusses oder einer Kletthaftung werden Schleifpapierstreifen auf die Schleifplatte angebracht (Abb. 1).

1 Schwingschleifer

4 Arbeiten mit einem Schwingschleifer

2 Exzenterschleifer

3 Winkelschleifer

5 Schleifklötze

Exzenterschleifer (Abb. 7) verfügen über eine rotierende Schleifscheibe, bei der versetzt vom Zentrum zusätzlich eine Kreisbewegung ausführt wird. Im Gegensatz zu den meisten Schwingschleifern kann bei Exzenterschleifern die Drehzahl eingestellt und somit der Abtrag beeinflusst werden. Es gibt auf dem Markt Geräte mit unterschiedlichem Hub. Dieser nimmt ebenso Einfluss auf das Abtragen des Materials.

Winkelschleifer werden zum Entfernen fest sitzender Altbeschichtungen und zum Entrosten von Stahl verwendet. Durch die hohe Drehzahl des Werkzeuges entsteht an der Schleifstelle viel Wärme. Vor allem beim Schleifen von Stahl werden daher glühende Späne mit hoher Geschwindigkeit weggeschleudert (Funkenflug). Treffen diese Partikel konzentriert auf brennbares Material, besteht akute Brandgefahr.
Da die Späne Augenverletzungen verursachen können, ist eine Schutzbrille notwendig. Die Verwendung von Arbeitshandschuhen und nicht brennbarer Kleidung wird empfohlen.

Man kann unter Zuhilfenahme der entsprechenden Schleifmittel maschinell sowohl trocken als auch nass schleifen. Allerdings eignen sich nur wenige Maschinen zum Nassschliff. Ein Vergleich unterschiedlicher Schleifbilder zeigt die Tab. 1.

Wegen der Staubentwicklung beim Trockenschliff muss man die Schleifmaschine an einen Industriestaubsauger anschließen (Abb. 7). Die Verwendung von Staubsaugern ersetzt jedoch nicht das Benutzen von Staubmasken.

Tab. 1: Vergleich von Schleifbildern (hier mit Körnung P 80)

Handschliff

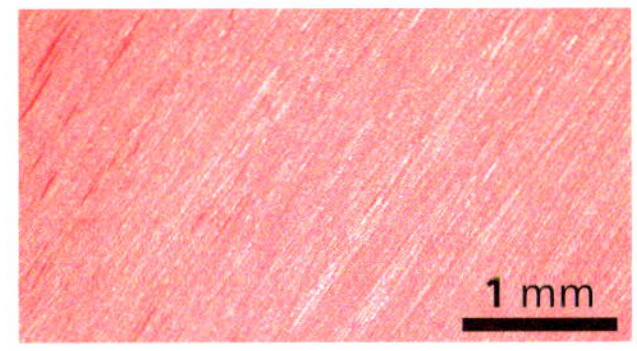

Schleifklotz

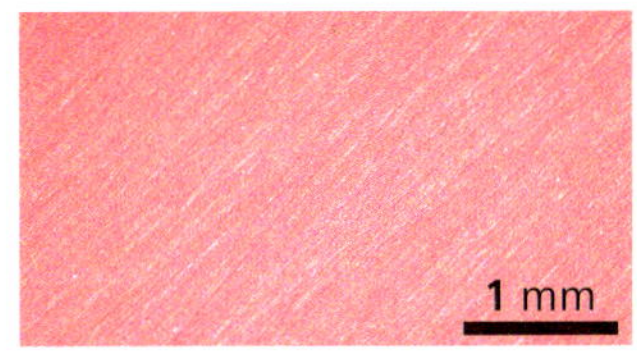

Schwingschleifer

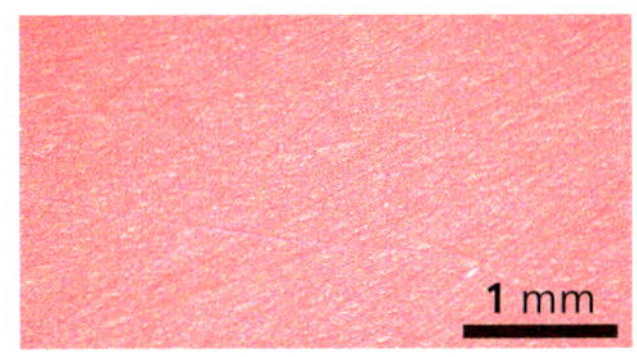

Exzenterschleifer

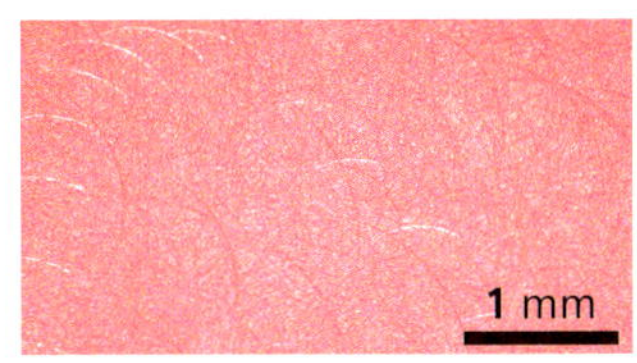

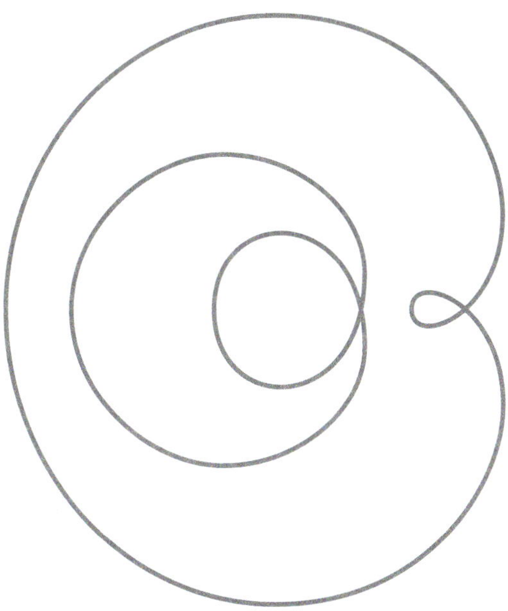

6 Bewegung eines Exzenterschleifers

7 Exzenterschleifer mit Staubabsaugung

Holzfußböden (Parkett, Dielen) werden mit größeren **Walzenschleifmaschinen** (Abb. 1) an- bzw. abgeschliffen. Hierbei werden Schleifpapierkörnungen ab P 16 eingesetzt, die auch fest sitzende Altbeschichtungen entfernen können.

Es ist in Richtung des Dielenverlaufs zu schleifen. Ist der Boden aber uneben oder verfügt über dicke Farbschichten, empfiehlt es sich, den ersten Schliff quer (zum Abnehmen der Beschichtung in den Vertiefungen) oder diagonal (um den Boden zu begradigen) zum Dielenverlauf durchzuführen (Abb. 2).

1 Walzenschleifmaschine

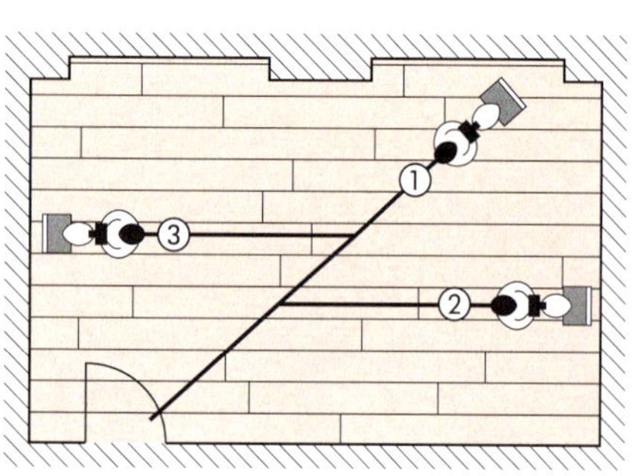

2 Reihenfolge der Schleifgänge auf Holzfußböden

Weitere Schleifgänge werden mit feinerem Papier wieder in Längsrichtung durchgeführt. Die Wahl der Körnung ist vom Zustand des Bodens abhängig. Vor einer Beschichtung muss der Boden sorgfältig staubgesaugt werden.

Man führt die Maschine vorwärts und zieht sie dann auf derselben Spur und mit derselben Geschwindigkeit zurück. Die nächste Spur schleift man um eine halbe Walzenbreite versetzt. Randbereiche werden mit einer kleineren Handschleifmaschine bearbeitet.

5.3.3 Abbürsten

Lose Beschichtungs- oder Rostschichten und fest haftende Verunreinigungen können mit Handbürsten (Stahl- oder Bronzeborsten) entfernt werden (Abb. 3). Maschinell ist die gleiche Arbeit mit einer Bohrmaschine und Bürstenaufsatz (Abb. 4) oder mit einer Nadelpistole ausführbar. Dabei können besonders profilierte Untergründe entrostet oder entschichtet werden. Beim maschinellen Abbürsten ist zum Schutz der Augen vor umherfliegenden Partikeln eine Schutzbrille zu tragen.

5.3.4 Hochdruckreinigung

Poröse und raue Untergründe, wie z. B. Putz-und Betonflächen, sind wegen ihres Oberflächencharakters besonders anfällig für einen Bewuchs mit Pilzen, Moosen, Algen, aber auch für sonstigen Schmutz.

Vor weiteren Arbeiten müssen diese Verunreinigungen entfernt werden. Dazu wird meistens ein Dampfstrahlgerät bzw. ein **Hochdruckreiniger** verwendet (Abb. 5). Diese Geräte werden elektrisch betrieben und können je nach Verschmutzungsgrad mit bis zu 2500 bar Wasserdruck ggf. unter Zusatz von Reinigungsmitteln angewendet werden. Bei hartnäckigeren Verschmutzungen

3 Drahtbürste

4 Zopfbürstenaufsatz

kann die Reinigungsleistung mittels einer rotierenden Düse verbessert werden.

Geräte, die mit einem Arbeitsdruck von über 500 bar funktionieren, werden je nach Hersteller auch **Höchstdruckreiniger** genannt.

Dem Wasser werden je nach Anwendung z. T. Granulat oder Sand zugegeben. Bedingt durch den Druck können mehrere Millimeter einer Beschichtung abgetragen werden.

Das Arbeitsergebnis entspricht in etwa dem des Sandstrahlens.

Höchstdruckreiniger können folgende Entschichtungen vornehmen:

- Entfernung von Beschichtungen auf festen Untergründen,
- Abtrag von Putz und Mörtel,
- Entfernung von Graffiti,
- Abtrag und Reinigung von Beton (Abb. 7),
- Entfernung von Zementschlamm,
- Freilegen von Fugen,
- Entfernen von Markierungen, z. B. auf Parkplätzen.

Bei Arbeiten mit Hoch- und Höchstdruckreinigern muss Nässeschutz und je nach Arbeitsdruck auch eine Schutzbrille oder Gesichtsschutz getragen werden.

5 Hochdruckreiniger

6 Höchstdruckreiniger

7 Reinigung eines Betonbodens mit einer Rotordüse

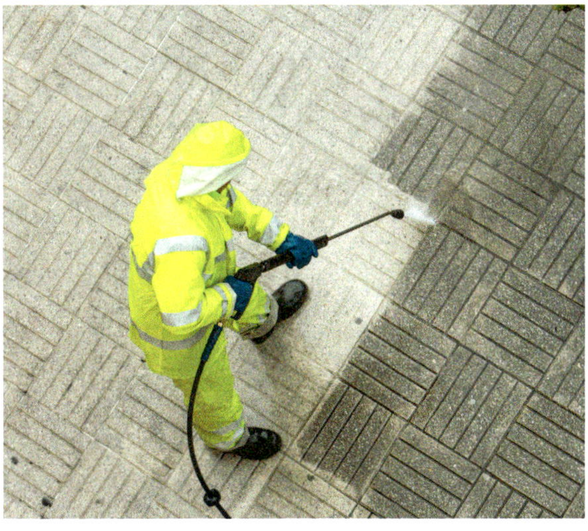

8 Reinigung von Holzterrassendielen

Abwässer z. B. aus der Fassadenreinigung dürfen nicht in die Kanalisation geleitet, sondern müssen aufgefangen und entsorgt werden (Abb. 1).

5.3.5 Strahlen

Oberflächen können mit unterschiedlichen Verfahren gestrahlt werden. Dazu gehören das Sandstrahlen und das Kugelstrahlen.

Das **Sandstrahlen** ist besonders zum Aufrauen von Betonoberflächen oder Entrosten von Stahl (z. B. Bewehrungen) geeignet. Beim Sandstrahlen werden Quarzsand, Kupferhüttenschlacke oder Schmelzkammerschlacke durch eine Düse auf die zu bearbeitende Fläche gestrahlt.

Das Problem beim Sandstrahlen ist die Staubentwicklung. In jedem Fall hat der Verarbeiter unter Vollschutz zu arbeiten, da der Quarzsand beim Einatmen Silikose („Staublunge") verursachen kann (Abb. 2).

Einzelne Bauteile können in einer Strahlkabine bearbeitet werden. Bei nicht transportablen Objekten kann es trotz einer Einhausung zu Emissionen kommen. Wegen dieser Sicherheitsgründe und der daraus resultierenden Kosten kommt das Sandstrahlen selten zum Einsatz.

1 Auffangen von Abwässern mit einer Folienwanne

Beim **Kugelstrahlen** (Abb. 3) werden mithilfe eines Schleuderrads metallisches Strahlmittel maschinell auf eine Betonfläche aufgebracht. Dadurch kann man Zementschlämme, Gummiabrieb oder dünne Beschichtungen und Spachtelmasse vom Untergrund entfernen. Strahlmittel und Strahlstaub werden abgesaugt, gereinigt und in den Strahlmittelkreislauf zurückgeführt.

2 Sandstrahlen

3 Kugelstrahlgerät

Darüber hinaus kommen noch weitere, beschädigungsfreie Strahlverfahren zum Einsatz, die im Vergleich zu konventionellen Verfahren recht teuer sind:

- **Partikelstrahlen**
  Oberflächenreinigung mit Sand, Glasperlen, Wasser, Reinigungslösungen für grobe Flächen, z. B. Böden, Wände, Fassaden.

- **Sweepen**
  Anrauen mit metallischem Strahlmittel, meist auf verzinkten Untergründen.

- **Trockeneisstrahlen**
  Trockeneis-Pellets (festes Kohlendioxid, –79 °C kalt) unterkühlen Altbeschichtungen, die sich dadurch ablösen.

- **Laserreinigung**
  Aufbringen eines sehr kurzen (Sekunden-Bruchteile) Laserstrahls auf die Oberfläche, welcher die Energie absorbiert und die Altbeschichtung kalt verdampfen lässt.

Diese können nur von Spezialbetrieben angeboten werden, welche über die notwendigen Geräte und Anlagen verfügen. Deren Fachleuchte sind für diese sehr präzisen Arbeiten besonders geschult und müssen neben den anspruchsvollen Entschichtungsarbeiten z. T. sehr aufwendige Sicherheitsbestimmungen einhalten.

5.3.6 Abbrennen, Flammstrahlen

Sollen auf porösen Untergründen Reste von Wurzeln oder sonstiger Pflanzenbewuchs entfernt werden, kann dies mit einem Gasbrenner („Lötlampe") durchgeführt werden. Mit dem gleichen Gerät können auf Holzuntergründen auch Altbeschichtungen entfernt werden. Dabei wird die Flamme über die Altbeschichtung geführt, bis sich die Farbe vom Holz trennt. Die Farbschichten werden sofort mit einem Spachtel abgehoben und entfernt. Bei dieser Technik ist Vorsicht angebracht, um das Holz nicht zu verbrennen. Der Anwender muss eine Atemschutzmaske tragen, da die Verbrennung der Beschichtungen gesundheitsschädliche Gase freisetzt.

Mit einem Heißluftgebläse kann man in ähnlicher Technik Holzbeschichtungen entfernen.

Auch Betonflächen können abgebrannt werden; dieses Verfahren nennt man Flammstrahlen. Dabei wird eine Betonfläche mit einem breiten Brenner befahren, der

4 Abbrennen einer Altbeschichtung

Flammen mit einer Temperatur von bis zu bis 1 500 °C erzeugt (Abb. 4).

Man kann mit diesem Verfahren oberflächlich eingedrungene Öle und Fette, chemische Verunreinigungen und Anstriche entfernen. Anschließend muss Fräsen, Kugelstrahlen oder Bürsten erfolgen, um die Oberfläche für weitere Arbeiten vorzubereiten.

5.3.7 Fräsen

Um Betonböden vor einer neuen Beschichtung von Schlämmen, Altbeschichtungen, Resten von Isolierungen oder Verunreinigungen millimetergenau zu befreien, werden diese abgefräst.

In den Fräsen sind Diamantscheiben oder Stahllamellen auf einer Walze angeordnet. Sie rotieren und haben je nach Typ schneidende, spanende oder schlagende Wirkung auf den Untergrund. Man kann beim Fräsen mehrere Millimeter einer Schicht entfernen.

5.3.8 Abbeizen, Entschichten mit Lösemitteln

Das Abbeizen von Altbeschichtungen erfordert den Einsatz von Abbeizern auf lösemittelhaltiger oder alkalischer Basis. Diese Materialien sind sowohl für die menschliche Gesundheit als auch für die Umwelt gefährlich. Daher sollte das Abbeizen nur als letzte Möglichkeit verwendet werden, wenn technisch oder wirtschaftlich kein anderes Verfahren in Betracht kommt.

Es existieren zwei Arten von Abbeizern:
- Ablauger und
- Abbeizfluide.

Ablauger enthalten **alkalische** Verbindungen, wie z. B. **Natronlauge**, **Ammoniak** und **Natriumcarbonat**. Sie sind anwendbar bei ölhaltigen Beschichtungen und Alkydharzlacken.

Abbeizfluide bestehen aus Lösemittelgemischen (u. a. Kohlenwasserstoffen) und können bei Dispersionen, Kunstharzputzen und Acryllacken eingesetzt werden.

Nach dem Anlösen der Altbeschichtung mittels eines Pinsels mit Kunststoffborsten oder einer Bürste muss man eine Einwirkzeit abwarten. Dann werden die alten Schichten zunächst abgekratzt und getrennt entsorgt (Abb. 1). Damit lässt sich der Aufwand des Abspülens verringern. Durch das notwendige Nachreinigen der Oberfläche zum Entfernen von Abbeizerresten fällt Abwasser an, das nicht ohne weiteres in die Kanalisation geleitet werden darf. Die Abwässer müssen aufgefangen und fachgerecht entsorgt werden.

1 Abkratzen einer abgebeizten Fläche mit einem Spachtel

5.3.9 Abkratzen, Abschaben

Flache Oberflächen können in vielen Fällen durch einfaches Abkratzen oder Abschaben gereinigt werden. Je nachdem, ob man in Ecken oder auf abgerundeten Partien arbeiten will, gibt es entsprechende Schaber oder Spachtel (Abb. 2–5). Man muss beim Abschaben und Abkratzen darauf achten, keine tiefen Spuren in die Oberfläche zu kratzen, die dann nachgearbeitet werden müssten.

Gefahren beim Abbeizen

Folgende Hinweise im Umgang mit Abbeizern sind zu beachten:

- Abbeizer, die Dichlormethan (DCM) enthalten, werden wegen ihrer universellen Einsetzbarkeit immer noch häufig verwendet. Das Gefahrenpotenzial dieser Materialien ist aus der Kennzeichnung nur unzureichend ersichtlich. Aufgrund der hohen Flüchtigkeit des Dichlormethans ist bei Tätigkeiten mit DCM-haltigen Abbeizern mit hohen Konzentrationen zu rechnen, auch im Freien.
- Bei Aufnahme von flüssigem Dichlormethan (auch über die Haut) oder Dichlormethandämpfen treten Vergiftungserscheinungen auf wie Kopfschmerzen, Schwindel, Appetitlosigkeit, bis hin zu narkoseähnlichen Zuständen. Hohe Konzentrationen von Dichlormethan können zur Bewusstlosigkeit und zum Tod durch Ersticken führen.
- Dichlormethandämpfe sind schwerer als Luft und können in Bodennähe konzentrierter auftreten. Man sollte Raumluftabsaugung in Bodenhöhe vorsehen und unter Abzug oder Absaugung arbeiten. Die Dämpfe dürfen auf keinen Fall eingeatmet werden.
- Beim Umgang mit Dichlormethan sollte Schutzkleidung einschließlich Handschuhen getragen werden. Latex- oder Nitril-Kautschukhandschuhe sind nicht ausreichend. Stattdessen sollten Handschuhe aus Viton oder Butylkautschuk verwendet werden.
- Diese aufwendigen und teuren Schutzmaßnahmen, die beim Arbeiten mit Abbeizern erforderlich sind, werden in der Regel leider nicht getroffen. Untersuchungen der Berufsgenossenschaften bei Betrieben zeigten, dass sie sich der Gefahren nicht bewusst waren. Auch war nicht klar, dass weniger gefährliche Ersatzstoffe eingesetzt werden können.

2 Handschaber

3 Wand- und Deckenschaber

4 Bodenschaber

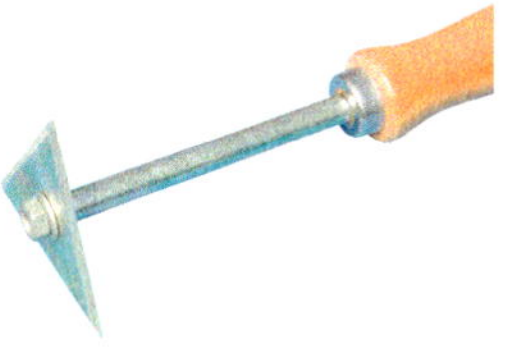

5 Dreikantschaber

5.4 Korrosionsschutzbeschichtungen

5.4.1 Anforderungen an Korrosionsschutzbeschichtungen

Korrosionsschutzbeschichtungen gehören in den Bereich des passiven Korrosionsschutzes. Sie sollen korrosive Einflüsse und Substanzen vom Metall fernhalten (Abb. 6, 7, 8, 9).
Dazu ist es wichtig, dass die Beschichtungen eine geringe Durchlässigkeit (Permeabilität) aufweisen. Sauerstoff und Wasser dürfen nicht durch die Beschichtung gelangen. Sie sind wichtige Bestandteile der Korrosionsreaktionen. Ohne Sauerstoff und Wasser kann keine Korrosion stattfinden. Auch Schadgase wie Schwefeloxide oder Stickoxide sollten als korrosionsfördernde Stoffe nicht durch die Beschichtung gelangen.

Außerdem muss die Beschichtung gut haften, d. h. eine gute Adhäsion haben. Dadurch wird gewährleistet,

6 Korrosionsschutzbeschichtung auf einer Stahlbrücke

8 Korrosionsgeschütztes Stahltragwerk

7 Korrosionsgeschütztes Tragwerk

9 Korrosionsschutz im Tunnel

dass keine Unterwanderung durch Flüssigkeiten auftreten kann. Diese Unterwanderung kann an Kanten, die nicht beschichtet werden, auftreten. Auch Risse, die in der Beschichtung auftreten können, bringen die Gefahr der Unterwanderung mit sich. Rost, der sich unter der Beschichtung bildet, oder Wasser, das durch die Beschichtung dringt, können Druck von unten ausüben.

Abb. 1 fasst diese Schutzwirkungen schematisch zusammen.

5.4.2 Korrosionsschutzpigmente

Weitere Schutzwirkungen können durch Korrosionsschutzpigmente (Tab. 1) erreicht werden. Pigmente sind im Bindemittel der Beschichtung verteilte Feststoffe, die auf unterschiedliche Weise die Korrosion verlangsamen können.

Phosphatpigmente, **Bleipigmente** und **Chromatpigmente** verlangsamen die Korrosionsreaktion. **Plättchenpigmente** wie Glimmer (Mica) oder Aluminiumplättchen machen die Beschichtung undurchlässiger. **Metallpigmente** wie Zinkpulver oder Aluminiumpulver korrodieren selbst, bevor das geschützte Metall angegriffen wird. Aufgrund der Giftigkeit von Blei-und Chromatpigmenten werden diese heute in vielen Bereichen vermieden. Sie finden aber noch Einsatz im schweren Korrosionsschutz oder bei Schiffsbeschichtungen. Auch beim Anschleifen von Altbeschichtungen können diese Pigmente gefährlich sein.

5.4.3 Rostumwandler

Manchen Korrosionsschutzbeschichtungen werden Rostumwandler zugesetzt. Dies sind flüssige Stoffe, die zur Umkehrung des Oxidationsprozesses von Eisenoberflächen dienen sollen. Durch eine chemische Reaktion wird der Rost in besser haftende Eisenverbindungen umgewandelt. Diese Produkte können allerdings nur bei dünnen Rostschichten eine gewisse Wirksamkeit erzielen. Diese kann darin bestehen, die Adhäsion des Anstrichs zu erhöhen. Bei dicken, abblätternden Rostschichten sind die Produkte nicht wirksam.

5.4.4 Bindemittel für Korrosionsschutzbeschichtungen

Die Beschichtungsstoffe für den Korrosionsschutz können nach verschiedenen Kriterien eingeteilt werden. Meist wird aber nach den Bindemitteln gegliedert. Die können wiederum in ein- und zweikomponentige, chemisch härtende und physikalisch trocknende oder in lösemittel- und wasserverdünnbare unterschieden werden.

Tab. 2 gibt eine Auswahl von Bindemitteln an. Ausführlich sind die Bindemittel in der Norm DIN EN ISO 12944-5 beschrieben. Hier wird auf die oft benutzten Bindemittel Alkydharz, Epoxidharz und Acrylharz eingegangen (Seite 32).

Alkydharze werden aus Polyestern und Ölen hergestellt. Durch diese „künstliche“ Herstellung im Gegen-

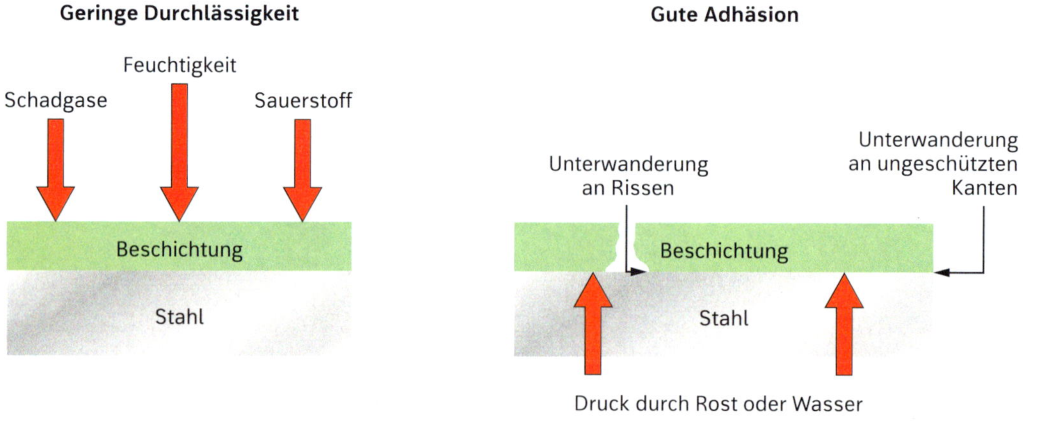

1 Schutzwirkung einer Beschichtung auf Metall, z. B. Stahl

Tab. 1: Korrosionsschutzpigmente, Beispiele

Name	Formel	Beschreibung
Mennige	Pb_3O_4	bleihaltig
Calciumplumbat	Ca_2PbO_4	bleihaltig
Glimmer	z. B. $KAl_2[AlSi_3O_{10}(OH)_2]$	plättchenförmiges Mineral
Bariumborat	$BaO \cdot B_2O_3 \cdot H_2O$	borathaltig
Strontiumchromat	$SrCrO_4$	chromathaltig
Zinkgelb	$3ZnCrO_4 \cdot K_2CrO_4$	chromathaltig
Zinktetraoxidchromat	$ZnCrO_4 \cdot 4Zn(OH)_2$	chromhaltig, Mischpigment
Zinkoxid	ZnO	Oxid
Zinkphosphat	$Zn_3(PO_4)_2$	phosphathaltig
Zinkpulver	Zn	reines Metall

Tab. 2: Bindemittel für den Korrosionsschutz

Bindemittel	Eigenschaften
Acrylharze	thermoplastisch, 1 K, physikalisch trocknend, lösemittel- oder wasserverdünnbar
Alkydharze	Duromer, 1 K, chemisch härtend, meist lösemittelverdünnbar
Bitumen	thermoplastisch, 1 K, physikalisch trocknend, lösemittel- oder wasserverdünnbar
Chlorkautschuk	Elastomer, 1 K, physikalisch trocknend, lösemittelverdünnbar
Epoxidharze	Duromer, 2 K, chemisch härtend, lösemittel- oder wasserverdünnbar oder lösemittelfrei
Kieselsäureester	anorganisch, chemisch härtend, 1 oder 2 K, lösemittelverdünnbar
Öle	Duromer, 1 K, chemisch härtend, lösemittelverdünnbar
Polychloropren	Elastomer, 2 K, chemisch härtend, lösemittelverdünnbar
Polyurethan	Elastomer bis Duromer, 2 K, chemisch härtend, meist lösemittelverdünnbar oder lösemittelfrei

1 K/2 K = Ein-oder Zweikomponentenverarbeitung

satz zu den früher gebräuchlichen natürlichen Ölen spricht man im Zusammenhang mit Alkydharz auch von Kunstharz. Alkydharzlacke sind mit Lösemitteln zu verdünnen. Sie werden einkomponentig angewendet, da sie mit dem Sauerstoff der Luft chemisch härten (oxidative Trocknung). Diese sollte nicht mit der physikalischen Trocknung, d. h. dem Verdampfen von Lösemittel oder Wasser, verwechselt werden. Durch die chemische Härtung vernetzen die Alkydharze. Typisches Anwendungsgebiet ist der Korrosionschutz im Bereich mittlerer Belastungen wie bei Balkongeländern, Treppengeländern und anderen gering mechanisch belasteten Metallbauteilen im Außenbereich.

Epoxidharze bestehen aus den Epoxidharzkomponenten und Aminhärtern, sind also zweikomponentig. Sie werden als wasserverdünnbare Dispersionen, als lösemittelhaltige Systeme oder lösemittelfrei angeboten. Epoxidharz ist im ausgehärteten Zustand ein duroplastischer Kunststoff und von hoher Festigkeit und chemischer Beständigkeit. Zur Herstellung müssen die Harzkomponente und der Härter sehr sorgfältig im angegebenen Mischungsverhältnis gemischt werden. Je nach Harztyp und Umgebungstemperatur erfolgt die Aushärtung des flüssigen Gemisches innerhalb von wenigen Minuten bis einigen Stunden. Das typische Anwendungsgebiet der Epoxidharze ist der schwere Korrosionsschutz im Außenbereich. Bauwerke wie Stahlbrücken (Abb. 1) oder Stahlträger werden durch Epoxidharze geschützt.

Acrylharze oder **Acrylate** sind dispergierte oder gelöste thermoplastische Kunststoffe, die physikalisch trocknen. Die wasserverdünnbaren, dispergierten Beschichtungsstoffe werden umgangssprachlich auch als „Wasserlacke" bezeichnet. Acrylharze werden in allen Bereichen von geringer bis mittlerer Belastung eingesetzt.

1 Korrosionsschutzarbeiten an einer Stahlbrücke

Sie können teilweise auch mit anderen Materialien zu Beschichtungssystemen kombiniert werden.

5.4.5 Schichtaufbauten und Schichtdicken

Die notwendigen Schichtdicken einer Korrosionsschutzbeschichtung richten sich nach der Korrosivität der Umgebung. In Kapitel 5.2.2 wurde gezeigt, dass unterschiedliche Umgebungen aggressiv wirken. DIN EN ISO 12944-2 teilt die Umgebungen in Korrosivitätsklassen von C1 bis C5 ein. Dabei ist C1 sehr wenig korrosiv und erfordert keinen Korrosionsschutz, C5 ist sehr korrosiv und erfordert stabile Korrosionsschutzsysteme. Zusätzlich wird noch nach der erwarteten Schutzdauer unterschieden. Hohe Schutzdauer bedingt in der Regel hohe Schichtdicken. Die Norm DIN EN ISO 12944-5 differenziert mehr als 100 unterschiedliche Schichtaufbauten je nach Korrosivität der Umgebung, Bindemittel und erwarteter Schutzdauer. In Tab. 1 sind einige Beispiele aufgeführt. Kurze Schutzdauer bedeutet hier zwei bis fünf Jahre, mittlere Schutzdauer fünf bis 15 Jahre und lange Schutzdauer über 16 Jahre.
In der Praxis ist die Unterscheidung in **Dünnschicht- und Dickschichtsysteme** oft anzutreffen. Diese bezieht sich jedoch nicht auf die Gesamtschichtdicke, die, wie oben erläutert, von den Anforderungen abhängig ist. Dick- oder Dünnschichtsystem bezieht sich auf die Zahl von Schichten, aus denen ein System aufgebaut ist. Abb. 2 zeigt ein Schemata für ein Dünn- und ein Dickschichtsystem gleicher Gesamtschichtdicke.

Weiterhin werden für unterschiedliche Bereiche eines Stahlbauwerkes unterschiedliche Beschichtungssysteme (Tab. 2) eingesetzt. Neben den Bereichen, die sich

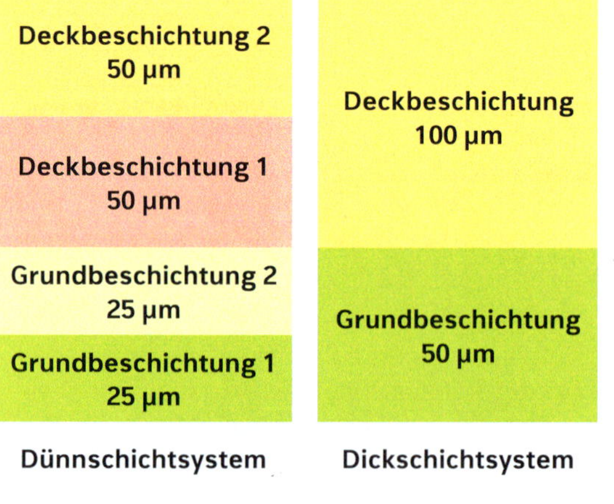

2 Schema eines Dick- und eines Dünnschichtsystems

Tab. 1: Korrosivitätskategorien nach DIN EN ISO 12944-2

Korrosivitäts-kategorie	Dickenverlust im 1. Jahr [µm]		Beispiele typischer Umgebungen	
	C-Stahl	Zink	Freiluft	Innenraum
C1 unbedeutend	≤ 1,3	≤ 0,1	–	≤ 60 % relative Luftfeuchtigkeit, geheizte Gebäude (mit neutralen Atmosphären)
C2 gering	> 1,3–25	> 0,1–0,7	Gering verunreinigte Atmosphäre, trockenes Klima, meist ländliche Bereiche	Ungeheizte Gebäude mit zeitweiser Kondensation
C3 mäßig	> 25–50	> 0,7–2,1	Stadt-/Industrieatmosphäre mit mäßiger SO_2-Belastung oder gemäßigtes Küstenklima	Räume mit hoher relativer Luftfeuchtigkeit und etwas Verunreinigungen, Produktionsräume
C4 stark	> 50–80	> 2,1–4,2	Industrieatmosphäre und Küste mit mäßiger Salzbelastung	Z. B. Produktionshallen in der chemischen Industrie, Schwimmbäder
C5-I sehr stark	> 80–200	> 4,2–8,4	Industrieatmosphäre mit hoher relativer Luftfeuchtigkeit und aggressiver Atmosphäre	Gebäude mit nahezu ständiger Kondensation und starker Verunreinigung
C5-M sehr stark	> 80–200	> 4,2–8,4	Küsten- und Offshorebereich mit hoher Salzbelastung	

Tab. 2: Beschichtungssysteme nach DIN EN ISO 12944-5 (Auswahl)

System-Nr. nach DIN	Korrosivitätskategorie	Grundbeschichtung(en)			Deckbeschichtung(en)			Schichtdicke gesamt in µm	Schutzdauer
		Bindemitteltyp	Anzahl der Schichten	Schichtdicke in µm	Bindemitteltyp	Anzahl der Schichten	Schichtdicke in µm		
A2.01	C2	Alkyd	1	40	–	–	–	40	Kurz
A1.01	C2	Acrylat	1–2	100	–	–	–	100	Mittel
A2.15	C2	Epoxi	1–2	80	Epoxi	1	80	160	Lang
A03.03	C3	Alkyd	1–2	80	Alkyd	1–2	80	160	Kurz
A3.23	C3	Epoxi	1	60	Acrylat	1	140	160	Lang
A4.01	C4	Alkyd	1–2	80	Alkyd	2–3	120	200	Kurz
A4.13	C4	Epoxi	1	80	Epoxi	1–2	160	240	Mittel
A5 I.04	C5	Epoxi	1	150	Epoxi	1	150	300	Mittel
A5M06	C5	Epoxi	1	250	Epoxi	1	250	500	Lang

aus den Korrosivitätskategorien (Seite 33, Tab. 2) ergeben, werden auch Funktionsbereiche besonders behandelt. Dazu gehören z. B.

- Kanten,
- Nieten,
- Verbindungsbereiche allgemein (Abb. 1),
- Bodenzonen (siehe auch Korrosivitätskategorien),
- besonders belastete (z. B. befahrene) Bereiche,
- Durchbrüche von Leitungen und Rohren.

Abb. 2 zeigt hierzu einige Beispiele als Übersicht.

1 Aufbringen eines schweren Korrosionsschutzes

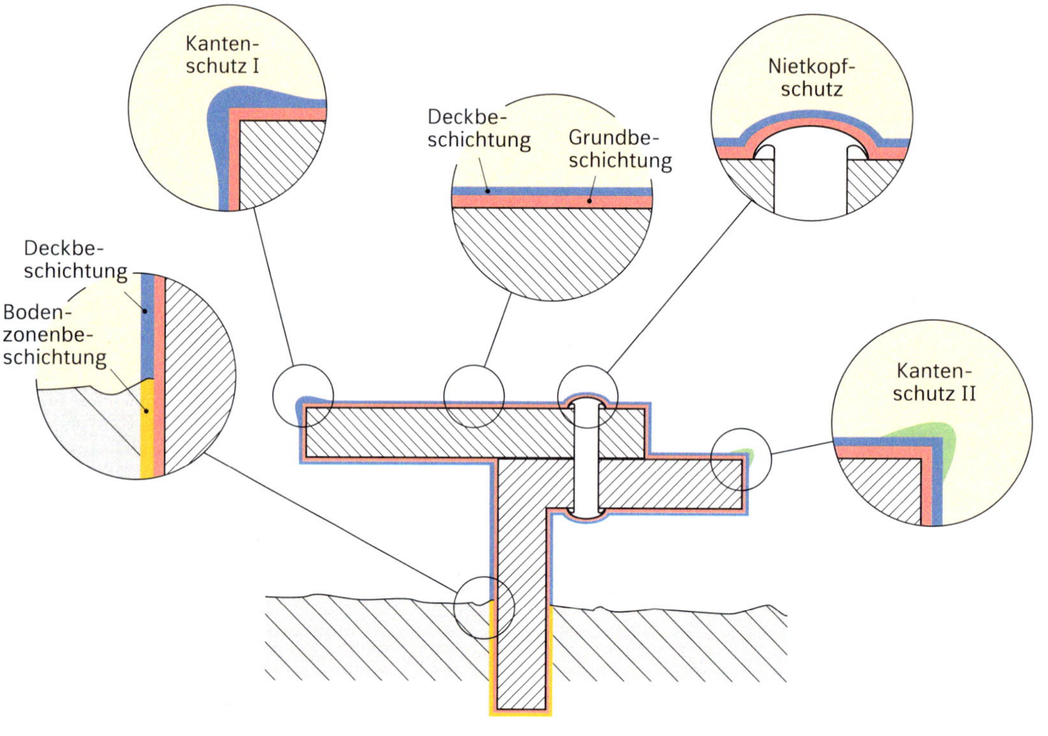

2 Besonders zu behandelnde Bereiche des Korrosionsschutzes

Aufgaben zu Kapitel 5.1 bis 5.4

1. Nennen und beschreiben Sie drei unterschiedliche Korrosionsarten.

2. Was sind Korrosivitätskategorien nach DIN EN ISO 12944?

3. Wie unterscheidet sich ein Dickschichtsystem von einem Dünnschichtsystem für den Korrosionsschutz?

4. Nennen Sie Beispiele für aktiven und passiven Korrosionsschutz.

5. Nennen Sie Gründe, warum ein Korrosionsschutzsystem an einem Bauwerk unterschiedliche Schichtaufbauten benötigen kann.

6. Erläutern Sie die Schutzfunktionen eines Korrosionsschutzsystems.

7. Ordnen Sie den Bildern a) bis c) die Bezeichnungen für die Korrosionsarten zu:

a)

b)

c)

5.5 Witterungsschutz

Alle Schutzfunktionen für Holz, die nicht unter den im Kapitel 11.6 behandelten Holzschutz fallen, können im weitesten Sinne als Witterungsschutz bezeichnet werden. Geschützt werden muss vor allem vor UV-Licht und Wasser. Hier spielen auch rein optische Gesichtspunkte eine Rolle. So dient der UV-Schutz vor allem dazu, eine Farbveränderung des Holzes zu vermeiden.

5.5.1 Vergrauung

Eine Vergrauung an der Holzoberfläche ist eine natürliche Erscheinung. Unter Einfluss des UV-Lichts laufen fotochemische und biologische Prozesse durch Mikroorganismen, Pilze und Bakterien ab. Dazu kommen Auswaschungen durch Regenwasser. Dabei verändert sich die Holzoberfläche. So lange die Prinzipien des konstruktiven Holzschutzes gewährleistet sind, ist dies kein Schaden. Es handelt sich um einen optischen Effekt, der aber oft nicht erwünscht ist.

Chemisch gesehen wird in der Holzoberfläche durch UV-Licht das Lignin abgebaut. Dies führt zu einer Braunfärbung. Die Abbauprodukte werden dann durch Regenwasser ausgewaschen. Die zurückbleibenden, weißen Zellulosefasern wirken dann silbriggrau.

Eine natürliche Vergrauung ist vor allem an alten und sehr stark bewitterten Holzbauwerken zu finden (Abb. 1).

5.5.2 Feuchteschutz

Feuchteschutz ist ein wichtiger Faktor im Rahmen des Holzschutzes (Kapitel 11.6). Daneben ist der Schutz vor Wasser auch wichtig, um

- Auswaschungen zu vermeiden und
- schädliche Quell- und Schwindvorgänge des Holzes zu vermindern.

Eine Beschichtung kann für diesen Feuchteschutz sorgen.

1 Vergrautes Holz eines alten Speichers

5.5.3 Beschichtungen auf Holz im Außenbereich

Beschichtungen auf Holz im Außenbereich dienen dem Feuchteschutz und dem UV-Schutz. Daneben sollen sie optische Funktionen erfüllen. Weiterhin darf die Beschichtung keine negativen Folgen für das Holz haben. So kann eine zu dunkle Beschichtung zu sehr hohen Oberflächentemperaturen bei Sonneneinstrahlung führen. Abb. 2 zeigt die Temperatur von Fichtenholz im Verlauf eines Sommertages. Der Verlauf der Temperatur ist von der Farbe der Beschichtung abhängig. Auch die höchste Temperatur schwankt zwischen ca. 40 °C für eine weiße Beschichtung und fast 80 °C für eine Ebenholzlasur.

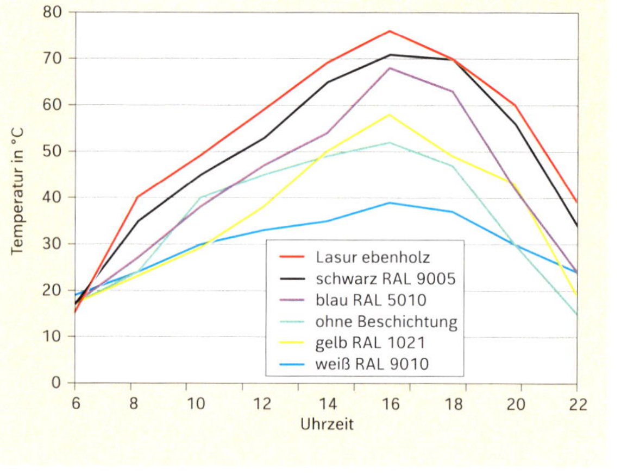

2 Temperaturverläufe unterschiedlich farbiger Holzoberflächen an einem Sommertag

An die Eigenschaften der Beschichtungen sind besondere Forderungen zu stellen.

Die Beschichtungen müssen:

- UV-Licht von der Holzfläche abschirmen, z. B. mit einer Pigmentierung,
- eine geschlossene Oberfläche mit gleichmäßigen Schichtdicken bilden,
- undurchlässig für Wasser sein,
- das Holz vor Temperaturschwankungen schützen, z. B. durch Meiden dunkler Pigmente,
- Haarrissbildung im Holz überbrücken.

Um möglichst viele dieser Forderungen zu erfüllen, sind unterschiedliche Beschichtungstypen im Einsatz (Abb. 3). Sie werden teilweise nach ihrer Transparenz und teilweise nach ihren Schichtdicken unterschieden.

a) Dünnschichtlasur

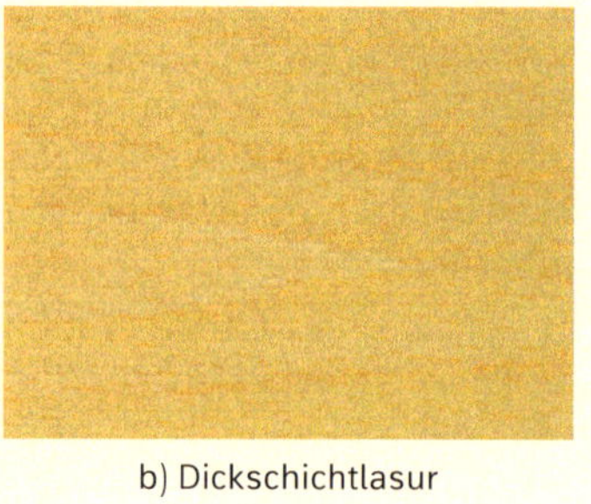

b) Dickschichtlasur

c) Lack

3 Unpigmentierte Beschichtungen auf Buchenholz

4 Beschichtete Holzfassade

5 Beschichtete Holztür

Lacke haben Schichtdicken, die größer sind als 60 µm – das entspricht etwa der Dicke eines menschlichen Haares. **Lasuren** haben geringere Schichtdicken, Dünnschichtlasuren bis etwa 30 µm und Dickschichtlasuren bis etwa 60 µm. Oft werden auch durchscheinende, wenig pigmentierte Beschichtungsstoffe unabhängig von ihrer Schichtdicke als Lasuren bezeichnet. Diese Bezeichnung ist aber eher beschreibend als technischer Natur. Fachleute unterscheiden Lasuren und Lacke anhand der **Schichtdicken**.

Aufgrund der unterschiedlichen Schichtdicken haben Lacke, Dünnschicht- und Dickschichtlasuren jeweils eine verschiedene Lebensdauer. Sie müssen nach unterschiedlicher langer Zeit erneuert werden. Aufgrund der unterschiedlichen Dicke sind sie auch unterschiedlich durchlässig für UV-Licht. Wasser wandert ebenfalls unterschiedlich schnell durch die Schichten. Diese und einige andere Unterschiede sind in Tab. 1 aufgeführt.

Tab. 1: Holzbeschichtungen für den Außenbereich

Beschichtung	Schichtdicke in µm	UV-Schutz	Feuchteschutz	Anwendungsbereich Beispiele	Wartungsintervalle
Keine	–	–	–	Nicht maßhaltige Bauteile (Verbretterungen, Gartenmöbel, Zäune usw.)	–
Farblose Beschichtung, „Klarlack“	**Für Holz im Außenbereich in der Regel ungeeignet**				
Dünnschichtlasur	0–30	Gering	Mäßig	Nicht maßhaltige Bauteile, ggf. für Fenster und Türen	1 Jahr
Dickschichtlasur	30–60	Gut	Gut	Maßhaltige Bauteile (Fenster und Türen)	2 Jahre
Deckender Lack	> 60	Vollständig	Sehr gut	Für alle Bauteile geeignet	5 Jahre

Transparente, unpigmentierte Beschichtungsstoffe werden auch **Klarlacke** genannt. Ohne Pigmente können sie nicht vor UV-Licht schützen. Dies schädigt sowohl das Holz als auch das Bindemittel der Beschichtung. Sie sind daher für Außenanwendungen ungeeignet.

5.6 Betonschutz

Beton besteht aus Wasser, Zement, Gesteinskörnung, Zusatzstoffen und Zusatzmitteln (Aushärtung von Beton → LF 2). Der erhärtete Beton wird von vielen für unzerstörbar gehalten. Dies ist so nicht richtig. Äußere Einflüsse können schädigend auf den Beton wirken. Zu diesen äußeren Einflüssen gehören

- Wasser und darin gelöste Stoffe,
- Kohlendioxid (CO_2) aus der Luft,
- Schadgase wie Stickoxide (NO_x) und Schwefeldioxid (SO_2) und
- Frost.

Die Beschädigung des Betons durch äußere Einflüsse bezeichnet man auch als Betonkorrosion.

5.6.1 Betonkorrosion

Wasser transportiert gelöste Salze, z. B. Streusalz. Diese können schwer lösliche Bestandteile des Betons in leicht lösliche Bestandteile verwandeln. Dadurch verliert der Beton an Bindemittel. Die Festigkeit sinkt dadurch.

Auch im Wasser gelöste Schadgase können den Beton angreifen. Löst sich zum Beispiel Schwefeldioxid in Wasser, entsteht eine Säure. Auch diese löst das Bindemittel auf. Dadurch sinkt auch die Festigkeit.

In den Betonporen kann Wasser gefrieren. Da das Volumen des Eises größer ist als das des flüssigen Wassers, wird dadurch der Beton beschädigt.

In den Beton gelangendes Kohlendioxid führt zur Carbonatisierung. Kohlendioxid reagiert mit dem Wasser im Beton als Kohlensäure. Auch diese reagiert mit dem Bindemittel. Hierbei wird der pH-Wert des Betons gesenkt.

Diese Vorgänge greifen das Bindemittel des Betons an und werden daher insgesamt als Betonkorrosion bezeichnet. Diese ist nicht zu verwechseln mit der Korrosion des Stahls im Beton, die als Folge der Carbonatisierung auftreten kann (Abb. 2).

5.6.2 Schutz vor Betonkorrosion

Um den Beton vor Korrosion zu schützen, können unterschiedliche Maßnahmen ergriffen werden. Alle Maßnahmen sind darauf ausgelegt, einen oder mehrere der schädlichen Einflüsse fernzuhalten. So können fast alle schädlichen Einflüsse durch dichte Beschichtungen ferngehalten werden. Epoxidharzbeschichtungen sind beispielsweise chemisch stabil und so dicht, dass der Kontakt mit allen genannten Einflüssen vermieden werden kann.

Dispersionsbeschichtungen können den Einfluss des Kohlendioxids stark vermindern. Sie setzen die CO_2-Diffusion herab. Dadurch wird die Carbonatisierung stark verlangsamt.

Ein anderer Weg ist, das Wasser fernzuhalten. Dies kann durch z. B. durch Hydrophobierungen geschehen.

1 Betonieren

2 Betonkorrosion

5.6.3 Oberflächenschutz

Der Oberflächenschutz von Beton umfasst das Glätten des Betons durch Spachteln und die Beschichtung durch Oberflächenschutzsysteme.

Beim Spachteln werden zementgebundene, oft zur besseren Haftung mit Polymerdispersionen versetzte Mörtel (PCC, polymer cement concrete) als Spachtelmaterialien verwendet. Mit ihnen können Ausbrüche, Kiesnester, Poren und Lunker verschlossen werden und damit ein geeigneter Untergrund für die nachfolgende Beschichtung hergestellt werden. Ausbrüche sind durch mechanische Einwirkung beim Entschalen entstandene Löcher. Kiesnester sind Anhäufungen von Gesteinskörnung, die zu Unebenheiten führen. Lunker sind bei der Erstarrung des Betons entstandene Hohlräume.

Die Grundsätze, die bei der Beschichtung mineralischer Untergründe zu beachten sind, gelten auch für Beton. Da die Beschichtung von Betonoberflächen, egal ob diese neu ist oder repariert wird, zur Betoninstandsetzung gezählt wird, gelten die Regeln für die Betoninstandsetzung auch hier. Bei der Betoninstandsetzung ist man durch die Instandsetzungsrichtlinie des Deutschen Ausschusses für Stahlbeton auf bestimmte zu verwendende Beschichtungssysteme festgelegt. Die Instandsetzungsrichtlinie nennt unterschiedliche Oberflächenschutzsysteme (abgekürzt OS), die von einer nicht filmbildenden Hydrophobierung (OS 1) über Anstriche mit Dispersionsfarben (OS 4)bis hin zur rissüberbrückenden Beschichtung (z. B. OS 11) reichen. Tabelle 1 zeigt die Systeme, ihre Anwendungsbereiche und die wichtigsten Festlegungen in der Übersicht.

Tab. 1: Oberflächenschutzsysteme

System	Beschreibung	Bindemittel
OS 1	Imprägnierende Hyrophobierung	Silan, Siloxan
OS 2	Beschichtung für n. b. u. b. F.[1] ohne Spachtelung, ≥ 2 Schutzschichten	Polymerdispersionen auf Acrylatbasis
OS 4	Beschichtung für n. b. u. b. F. mit Spachtelung, ≥ 2 Schutzschichten, typischer Fassadenanstrich	Polymerdispersionen auf Acrylatbasis
OS 5	Beschichtung für n. b. u. b. F., geringe Rissüberbrückung, mit Kratzspachtelung	Polymerdispersion oder Polymer-Zement-Gemisch
OS 8	Beschichtung für begeh- und befahrbare Flächen, nicht rissüberbrückend, Grundierung, Schutzschicht, evtl. mit Deckversiegelung	Epoxidharze, Polyurethane
OS 9	Beschichtung für n. b. u. b. F., erhöhte Rissüberbrückung, mit Kratzspachtelung	Epoxidharze, Polyurethane
OS 10	Dichtungsschicht mit hoher Rissüberbrückung, sog. Spritzabdichtung	Polyurethane
OS 11a	Beschichtung mit erhöhter Rissüberbrückung, Grundierung, nicht vorgefüllter elastischer Schutzschicht und verschleißfester Deckschicht; Deckversiegelung	Epoxidharze, Polyurethane
OS 11b	Beschichtung mit erhöhter Rissüberbrückung, Grundierung, vorgefüllter verschleißfester Schicht = Schutz- und Deckschicht; Deckversiegelung	Epoxidharze, Polyurethane
OS 13	Beschichtung für begeh- und befahrbare überdachte Flächen, keine dynamische Rissüberbrückung, Grundierung, Schutzschicht, Deckversiegelung	Epoxidharz

1 n. b. u. b. F. = nicht begehbare und befahrbare Flächen (Decken, Wände usw.)

5.7 Kostenberechnung und ökonomische Effizienz

Bei jedem Auftrag, den ein Malerbetrieb ausführt, entstehen Kosten. Für die Kalkulation des Angebots müssen diese Kosten möglichst genau bekannt sein.Dabei müssen die Ausgaben unter ökonomischen Gesichtspunkten genau kalkuliert werden. Es sollten weder für den Kunden Kosten anfallen, die zu hoch sind, noch darf die Rechnung für die zu erbringenden Leistungen so niedrig veranschlagt werden, dass der Gewinn für den Betrieb zu gering ausfällt. Für die Kalkulation und somit für die Angebotserstellung und Abrechnung gibt es drei Möglichkeiten:

Abrechnung nach Arbeitszeit

Hier wird nach geleisteten Arbeitsstunden und verbrauchtem Material abgerechnet. Es ist die genaueste und gerechteste Abrechnungsart, allerdings auch die für den Kunden mit der größten Unsicherheit verbundene. Sie wird vor allem angewendet bei Renovierung von Altbauten, bei denen häufig nicht vorhersehbare Schwierigkeiten bei der Arbeitsausführung entstehen können.

Abrechnung nach Quadratmeter

Beim Quadratmeterpreis ergibt sich der Gesamtpreis aus der bearbeiteten Fläche. Diese Methode hat den Vorteil, dass die Preise verschiedener Betriebe leicht vergleichbar sind und eine weitgehende Sicherheit über den zu bezahlenden Betrag besteht. Wird ein Vertrag nach VOB abgeschlossen, gelten für die Ermittlung der Fläche deren Regeln (→ LF 12). Der Malerbetrieb muss für die Ermittlung des Quadratmeterpreises aber die entstehenden Kosten genau kennen, damit der Preis auch kostendeckend ist.
Diese Abrechnungsart eignet sich vor allem im Neubaubereich, bei dem standardisierte und genormte Arbeitsverfahren und Materialien eingesetzt werden.

Abrechnung mit Festpreis

Nennt ein Malerbetrieb dem Kunden einen Festpreis für einen Auftrag, so ist dieser Betrag auf jeden Fall fix, d. h. unabhängig von den tatsächlich anfallenden Kosten. Der Festpreis ist für den Malerbetrieb meist mit einem höheren Risiko verbunden, da er zusätzliche notwendige Arbeiten nicht bezahlt bekommt. Es kann sich aber auch zugunsten des Betriebs auswirken, wenn die Arbeit z. B. schneller ausgeführt wird als ursprünglich kalkuliert.

5.7.1 Berechnung des Materialbedarfs

Der Bedarf an Material ergibt sich aus der Größe der zu bearbeitenden Fläche und dem Verbrauch bzw. Ergiebigkeit. Diese sind im Technischen Merkblatt und meist auch auf den Eimern oder Dosen angegeben.
Der **Verbrauch** wird in ml/m² oder kg/m² angeben. Er gibt somit an, welche Menge Material für 1 m² Fläche benötigt wird. Die **Ergiebigkeit** besagt dagegen, wie viel m² mit 1 L oder 1 kg eines Materials beschichtet werden kann. Die Größeneinheit ist deshalb der Kehrbruch des Verbrauchs, nämlich m²/l oder m²/kg.

$$\text{Verbrauch} = 1 : \text{Ergiebigkeit}$$

Beispiel: $130\ \text{ml/m}^2 = 1 : 0{,}130\ \text{l/m}^2 = 7{,}692\ \text{m}^2\text{/l}$

Meist ist eine bestimmte Spannbreite aufgeführt (z. B. 100–130 ml/m²) mit dem Hinweis, dass der genaue Wert anhand von Probeanstrichen zu ermitteln ist. Die tatsächlich benötigte Menge hängt von vielen Faktoren ab, z. B.:

- Saugfähigkeit des Untergrundes,
- Rauheit des Untergrundes,
- Beschichtungsverfahren,
- Viskosität des Materials,
- Schichtdicke.

Tab. 1: Beispiele für Verbrauch und Ergiebigkeit verschiedener Materialien

Material	Verbrauch (Mittelwert)	Ergiebigkeit (Mittelwert)
Dispersionsfarbe	220 ml/m²	4,54 m²/l
Lack	100 ml/m²	10,00 m²/l
Lasur	90 ml/m²	11,11 m²/l
Kunstharzputz	3000 g/m²	0,33 m²/kg

Basierend auf dem angegebenen Verbrauch kann man für eine bestimmte Fläche leicht die benötigte Menge an Material bestimmen:
$\mathbf{130\ ml/m^2 \cdot 100\ m^2 = 13000\ ml = 13\ l}$

Ausgehend von der Ergiebigkeit ergibt sich folgende Rechnung: $\mathbf{100\ m^2 : 7{,}692\ m^2/l = 13\ l}$

5.7.2 Berechnung der Arbeitskosten

Bei der Rechnung für einen Auftrag macht der Betrag für die geleisteten Arbeitsstunden meist den größten Anteil aus. Die Kosten ergeben sich aus der abrechenbaren

Arbeitszeit und dem Stundenverrechnungssatz. Dieser ist abhängig vom Stundenlohn des Handwerkers und den daraus entstehenden Kosten für den Betrieb, wie z. B. dem betrieblichen Anteil der Sozialversicherungen. Außerdem werden hier auch noch die sonstigen betrieblichen Kosten einkalkuliert.
Die Arbeitszeit muss hier in Dezimalschreibweise angegeben werden, z. B. 7,5 Std.

Tab. 2: Einheiten für die Arbeitskosten

Stundenverrechnunssatz	Lohnminute	Arbeitswert 1 AW = 5 Min	Kosten pro Arbeitswert
42 €/Std.	0,70 €/Min.	3,50 €/AW	4,20 €/AW

Die Kosten für die Arbeitszeit bei einem **Stundenverrechnungssatz** von 42 €/Std. betragen dann
7,5 Std. · 42 €/Std. = 315 €.

Als kleinste Einheit für die Arbeitskosten wird häufig die Lohnminute verwendet. Sie gibt an, wie viel ein Arbeiter in einer Minute Arbeitszeit kostet. Da eine minutengenaue Abrechnung meist nicht möglich ist, wird in Rechnungen als kleinste Einheit ein Arbeitswert (AW) angeführt. 1 AW entspricht meist 5 oder 6 Minuten.

Tab. 3: Schreibweisen von Zeiteinheiten

Stunden und Minuten	Bruch	Dezimal
7 Std. 30 Minuten	7 ½ Std.	7,5 Std.

Die Arbeitskosten können auch im Verhältnis zur bearbeiteten Fläche berechnet werden. Bei einem Stundenverrechnungssatz von 42 €/Std., einer Arbeitszeit von 7,5 Std. und einer bearbeiteten Fläche von 120 m^2 ergeben sich folgende m^2-Kosten:
42 €/Std. · 7,5 Std. : 120 m^2 = 2,625 €/m^2

Wenn man diesen Wert weiß, können bei einer vergleichbaren Arbeit, bei der die Fläche bekannt ist, die Kosten schnell errechnet werden. Bei einer Fläche von 210 m^2 ergibt sich folgende Rechnung:
2,625 €/m^2 · 210 m^2 = 551,25 €

Beispiel für eine Kalkulationstabelle

Minutenverrechnungssatz: 0,67 | Materialgemeinkosten (MGKS): 25 %

Beschreibung:
Werkstoff: | Verbrauch • Faktor = Menge • Preis • MGKS = Gesamtkosten

MPA 06
Silikatfarbe der PG 2
eine Zwischen- und eine Schlussbeschichtung mit Silikatfarbe, matt, wetterbeständig, Farbstufe 2, auftragen

Zeitvorgabe:		14,50 • 1,000 = 14,50 • 0,67 € =	9,72 €
Werkstoffvorgabe:			
Reinsilikatfarbe	PG 2	0,200 • 1,000 = 0,20 • 7,65 € • 1,25 =	1,91 €
Reinsilikatfarbe	PG 2	0,200 • 1,000 = 0,20 • 7,65 € • 1,25 =	1,91 €

Gesamtpreis für 1 m^2 der zu behandelnden Fläche:

Vorgabezeit .... :	14,50 Min.
Lohnanteil .... :	9,72 €
Werkstoffanteil .... :	3,83 €
Nettopreis: .... :	13,55 €

5.8 Mess-und Prüfgeräte

Zu allen Phasen des Beschichtungsvorganges können Mess- und Prüfgeräte eingesetzt werden. Oft sind sie zur Kontrolle des korrekten Ablaufs unerlässlich. Sie dienen zur

- Überprüfung des Beschichtungsmaterials,
- Prüfung des Untergrundes,
- Messung der noch nicht trockenen Beschichtung und
- Prüfung der festen Beschichtung.

Messgeräte sind dabei solche Geräte, mit denen eine Messung vorgenommen werden kann und deren Ergebnis ein Messwert (Zahl mit Einheit) ist. Prüfgeräte lassen lediglich eine **Ja/Nein-Entscheidung** zu: Ein Prüfergebnis ist geeignet zum Beschichten oder nicht geeignet zum Beschichten.

5.8.1 Beschichtungsmaterial

Der **Auslaufbecher** nach DIN EN ISO 2431 dient zur vergleichenden Messung der Viskosität. Damit kann beispielsweise die Veränderung durch Lagerung des Materials oder die korrekte Verdünnung eines Materials überprüft werden. In technischen Merkblättern ist oft ein Viskositätswert in Sekunden angegeben. Um diesen Wert zu ermitteln, wird der Auslaufbecher benutzt. Hierzu wird die Öffnung des Bechers verschlossen und der Messbecher vollständig mit dem zu messenden Beschichtungsstoff gefüllt. Die zu ermittelnde Zeit beginnt mit der Freigabe der Auslaufdüse. Ende der Zeitermittlung ist, wenn der Beschichtungsstoff zum ersten Mal das Auslaufen unterbricht.

Zur Prüfung der **Deckkraft** eines Beschichtungsstoffes werden Kontrastkarton und Kastenrakel benutzt (Abb. 2 und 3). Mit dem Kastenrakel wird durch Befüllen und Ziehen eine definierte Schichtstärke erzeugt. Im Beispiel Abb. 2 wäre dies eine Nassschichtdicke von 360 µm. Der Begriff Nassschichtdicke bezeichnet die Schichtdicke des frischen Anstrichfilms bevor er anfängt zu trocknen. Mit dem Kastenrakel wird das Beschichtungsmaterial auf einen Kontrastkarton aufgetragen. Abb. 2 zeigt einen Streifen eines roten Alkydlackes auf dem Kontrastkarton. Der Kontrastkarton ist schwarz-weiß gemustert. Verschwindet das schwarz-weiße Muster durch den Beschichtungsstoff in der gewählten Schichtdicke vollständig, ist ein deckender Anstrich erreicht. Abb. 2 zeigt einen unvollständigen Deckungsgrad.

Das **Grindometer** dient zur Bestimmung der **Kornfeinheit** eines Beschichtungsstoffes. Die Kornfeinheit bezieht sich auf die Größe der in ihm enthaltenen

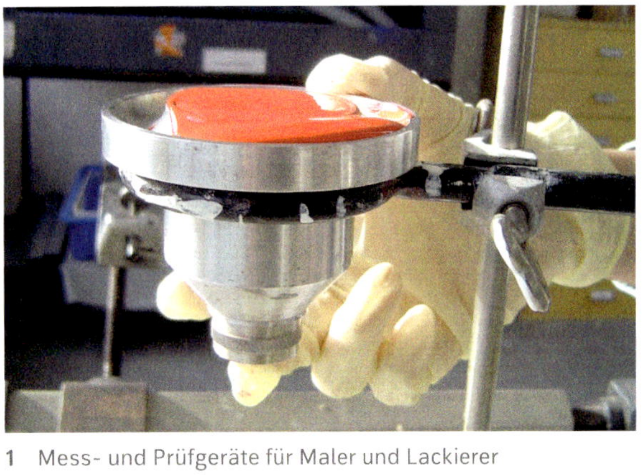

1 Mess- und Prüfgeräte für Maler und Lackierer

3 Kastenrakel, die Unterseite erzeugt einen Nassfilm von 360 µm Dicke

2 Kastenrakel und Kontrastkarton

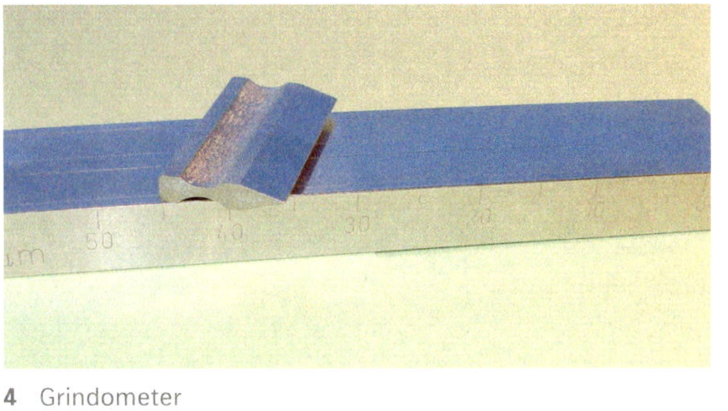

4 Grindometer

5 Aufbringen des Beschichtungsstoffes auf das Grindometer

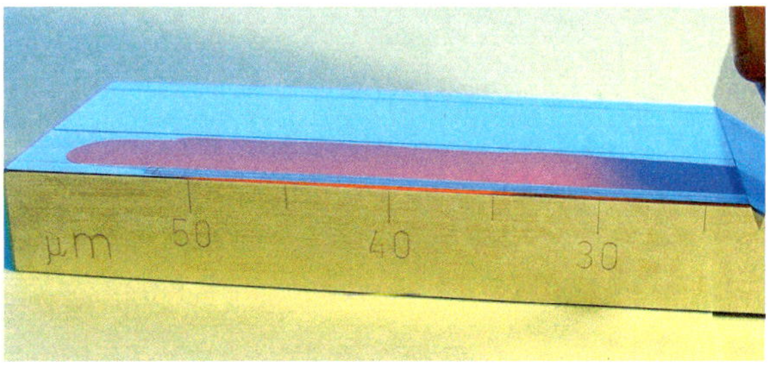

6 Ausziehen des Beschichtungsstoffes und Ablesen

Pigment- und Füllstoffteilchen. Die Korngröße ist vom Vermahlungsgrad bei der Herstellung des Beschichtungsstoffes abhängig. Durch langes Lagern eines Beschichtungsstoffes kann die Körnung durch Agglomeration (Zusammenlagerung) der Pigment- und Füllstoffteilchen wieder gröber werden. Die Kornfeinheit beeinflusst Glanz, Verlauf, Deckkraft und Schichtdicke. Das Grindometer (nach Hegmann; DIN EN ISO 1524) besteht aus einem Stahlblock mit keilförmiger Rinne und einem Rakel (Schaber), (Abb. 5). An der Seite des Stahlblocks ist die Tiefe der Rinne in µm angegeben. Zur Einordnung der Korngröße existiert u. a. eine Klassifizierung wasserverdünnbarer Beschichtungsstoffe nach maximaler Korngröße (DIN EN 13300) mit folgenden Grenzwerten:

- fein: bis zu 100 µm,
- mittel: bis zu 300 µm,
- grob: bis zu 1500 µm,
- sehr grob: über 1500 µm.

An die tiefste Stelle der Rinne des Grindometers werden einige Tropfen Lack gegeben (Abb. 5). Nach dem Ausziehen des Lackes mit dem Schaber wird die Probe sofort unter einem Blickwinkel von 20° bis 30° visuell beurteilt (Abb. 6). Mit dieser Methode lässt sich die für die Messung entscheidende Anhäufung von Körnchen am besten erkennen.

Auf der Skala wird die Rinnentiefe am Ort der Anhäufung abgelesen und die Körnigkeit in µm angegeben. In Abb. 6 befindet sie sich bei etwas mehr als 50 µm.

5.8.2 Untergrund

Zur Prüfung des Untergrundes findet eine ganze Reihe von Mess- und Prüfverfahren Anwendung. **Wischprobe, Kratzprobe** und **Alkalitätsprüfung** werden in LF 12 im Zusammenhang mit dem Tapezieren näher betrachtet. In LF 3 wurde bereits auf einfache Prüfungen für den Metalluntergrund eingegangen und in LF 2 ein **Holzfeuchtemessgerät** vorgestellt.

Zur Messung der Feuchte mineralischer Untergründe kommt das **CM-Verfahren** (**C**arbid-**M**ethode) zum Einsatz. Eine Probe des Estrichs wird zerkleinert, gewogen und im druckdichten Behälter mit Calciumcarbid (CaC_2) umgesetzt, nach der Gleichung:

$CaC_2 + 2\,H_2O \rightarrow C_2H_2 + Ca(OH)_2$

entsteht Ethin (C_2H_2), das einen Druck erzeugt, der proportional der vorhandenen Feuchtigkeit ist. Das Ergebnis wird in CM-Masseprozent angegeben. Abb. 7 zeigt das Verfahren schematisch, in Abb. 8 wird ein

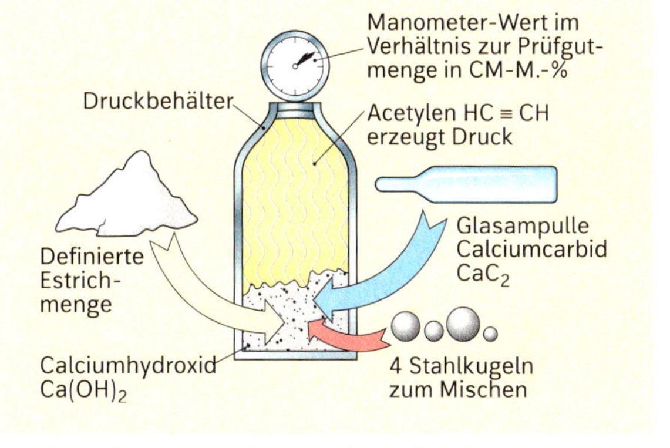

7 Prinzip des CM-Verfahrens (schematisch)

8 CM-Messkoffer, in der Mitte Druckflasche und Manometer

1 CM-Verfahren im Baustelleneinsatz

2 Schmidt-Hammer im Einsatz

Messkoffer gezeigt. Abb. 1 zeigt das Verfahren im Baustelleneinsatz.

Der **Rückprallhammer** oder **Schmidt-Hammer** (Abb. 2) dient der näherungsweisen Messung der Druckfestigkeit eines mineralischen Untergrundes. Meistens wird er für Betonuntergründe eingesetzt. Eine im Gerät befindliche Stahlstange mit rundem Ende wird mit einer gespannten Feder auf die Betonoberfläche geschlagen. Die Stahlstange prallt gegen die Feder zurück. Das Maß, wie weit die Stange zurückschlägt, wird als Maß für die Festigkeit des Betons genommen. Ausgewertet wird mit einem beim Gerät befindlichen Diagramm. Die Methode hinterlässt nur kleine Druckstellen im Beton und arbeitet zerstörungsfrei. Es ist daher möglich, bei größeren Flächen zu überprüfen, ob die Untergrundqualität einheitlich ist. Abb. 6 zeigt das Gerät im Einsatz.

Mit dem **Rissbreitenmaßstab** kann die Breite von Rissen festgestellt werden. Schwarze Streifen mit gekennzeichneter Breite werden an den Riss gehalten. Durch Vergleich kann so einfach die Breite in Millimeter ermittelt werden. Im Beispiel wird an einem Mauerwerk eine Rissbreite von 0,6 mm gemessen (Abb. 3).

5.8.3 Nasser Beschichtungsfilm

Der **Messkamm für die Nassschichtdicke** (Abb. 4) dient der Messung der Nassschichtdicke. Zum Schutz des Untergrundes ist eine bestimmte Schichtdicke erforderlich. In einigen Fällen wird die Schichtdicke durch Normen vorgeschrieben, beim Korrosionsschutz (DIN EN ISO 12 944) oder bei Brandschutzbestimmungen. Daher muss die Schichtdicke oft schon beim Beschichten kontrolliert werden. Die Abb. 5 und 6 zeigen die Handhabung des Messkammes. Abb. 7 zeigt das Prinzip.

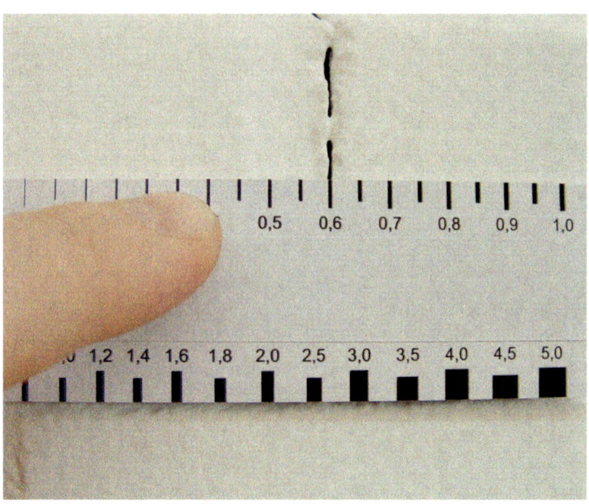

3 Rissbreitenmaßstab

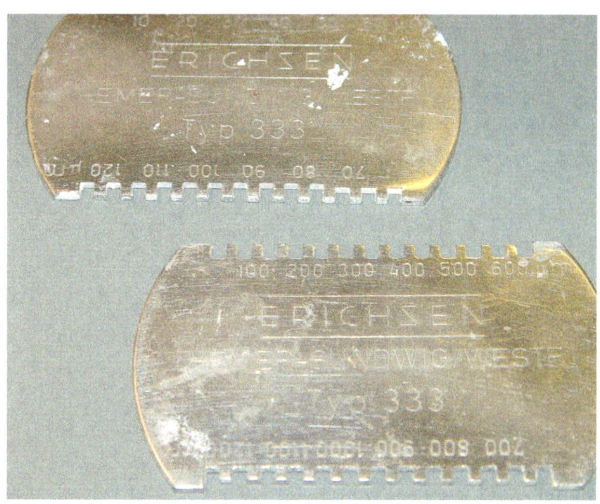

4 Messkamm für Nassschichtdicke

5 Aufsetzen des Messkamms

6 Ablesen des Messkamms

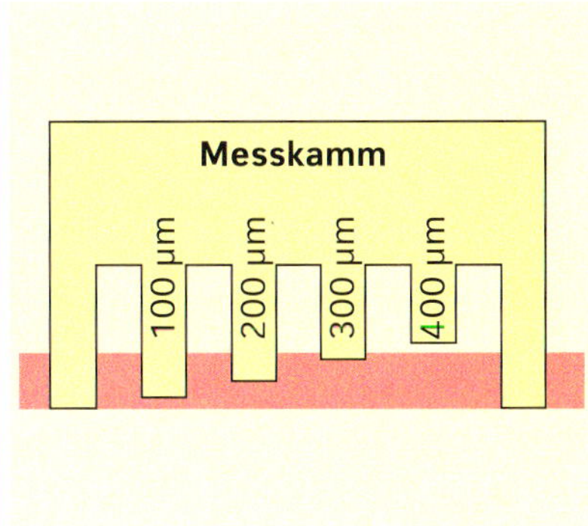

7 Prinzip des Messkamms

Die beiden äußeren Zähne des Kammes ruhen auf dem Beschichtungsuntergrund. Der letzte, noch von der Beschichtung benetzte Zahn zeigt die Schichtdicke an, im Beispiel zwischen 300 und 400 µm (Abb. 7).

Die Messung sollte an mehreren Stellen wiederholt werden, um ein sicheres Messergebnis zu gewährleisten. Je nach Auftrag kann eine Mindestzahl von Messungen pro Quadratmeter festgelegt sein.

5.8.4 Trockener Beschichtungsfilm

Am trockenen Beschichtungsfilm kann die **Schichtstärke** mit der Schichtdickenmessuhr (Abb. 8) gemessen werden. Dazu wird die zu prüfende Beschichtung ca. 3 mm breit vorsichtig bis zum Untergrund abgeschabt. Der Untergrund darf dabei nicht verletzt werden. Die zuvor mit dem Rädchen in Nullstellung gebrachte Uhr wird so aufgesetzt, dass die beiden äußeren Füßchen auf der Beschichtung stehen und der dazwischen liegende Fühler freiliegt. Mit dem Rädchen wird der Taster bis auf den Untergrund herabgelassen und die Trockenschichtstärke auf der Skala abgelesen. Im Beispiel der Abb. 8 beträgt die Trockenschichtdicke der Wandbeschichtung 0,17 mm = 170 µm. Die Messung sollte an mehreren Stellen wiederholt werden, um ein sicheres Messergebnis zu gewährleisten. Je nach Auftrag kann eine Mindestzahl von Messungen pro Quadratmeter festgelegt sein.

Neben der Messung der Trockenschichtdicke mit der Messuhr kommt auch die Messung mit elektronischen Geräten zum Einsatz. Die Geräte, die nach dem magnet-induktiven Verfahren und Wirbelstromverfahren arbeiten, sind für metallische Untergründe geeignet. Auf nicht metallischen Untergründen, die auf die oben genannten, elektrischen Messverfahren nicht ansprechen, kann z. B. die Messung mit Ultraschallverfahren eingesetzt werden. Abb. 9 zeigt ein Gerät für metallische Untergründe.

Neben der Trockenschichtdicke kann an der festen Beschichtung die Haftung durch den **Gitterschnitttest**

8 Trockenschichtdickenmessuhr

9 Schichtdickenmessgerät

nach DIN EN ISO 2409 geprüft werden. Hierbei wird mit einem Kopfmesser die Lackschicht 6 x (im Abstand von 1 mm bei Schichtstärken unter 60 µm, im Abstand von 2 mm bei Schichtstärken von 60–120 µm, im Abstand von 3 mm bei Schichtstärken über 120 µm) eingeschnitten, danach wird rechtwinklig ein Querschnitt zum Längsschnitt durchgeführt. Dazu können entweder spezielle Messer mit mehreren Klingen (Abb. 1) oder ein Messer mit entsprechender Schnittschablone benutzt werden.

Hierzu und zu den passenden Schnittabständen bei unterschiedlichen Bedingungen macht DIN EN ISO 2409 ausführliche Angaben. Anschließend an den Schnitt kann zusätzlich der Klebebandtest durchgeführt werden. Dazu wird ein in der Norm definiertes Klebeband auf das entstandene Schnittraster geklebt, angedrückt und senkrecht wieder abgezogen. Die Belastung der Beschichtung wird hierdurch erhöht. Das so entstandene Gitter kann nach der Tab. 1 beurteilt werden. Das Messergebnis wird als Gitterschnittwert protokolliert. Im Beispiel der Abb. 2 entspricht dieses dem Gitterschnittkennwert (GT) 1.

Tab. 1: Auswertung des Gitterschnitttestes nach DIN EN ISO 2409

Gitterschnittkennwert	Beschreibung	Aussehen der Oberfläche im Bereich des Gitterschnittes, an der Abplatzung aufgetreten ist (Beispiel für sechs parallele Schnitte)
0	Die Schnittränder sind vollkommen glatt; keines der Quadrate des Gitters ist abgeplatzt.	–
1	An den Schnittpunkten der Gitterlinien sind kleine Splitter der Beschichtung abgeplatzt. Abgeplatzte Fläche nicht größer als 5 % der Gitterschnittfläche.	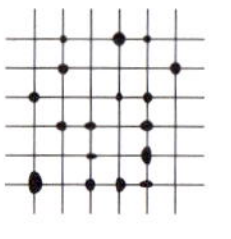
2	Die Beschichtung ist längs der Schnittränder und/oder an den Schnittpunkten der Gitterlinien abgeplatzt. Abgeplatzte Fläche größer als 5 %, aber nicht größer als 15 % der Gitterschnittfläche.	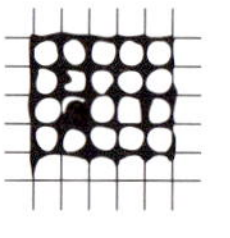
3	Die Beschichtung ist längs der Schnittränder teilweise oder ganz in breiten Streifen abgeplatzt, und/oder einige Quadrate sind teilweise oder ganz abgeplatzt. Abgeplatzte Fläche größer als 15 %, aber nicht größer als 35 % der Gitterschnittfläche.	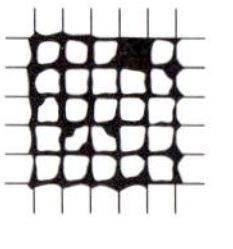
4	Die Beschichtung ist längs der Schnittränder in breiten Streifen abgeplatzt, und/oder einige Quadrate sind ganz oder teilweise abgeplatzt. Abgeplatzte Fläche größer als 35 %, aber nicht größer als 65 % der Gitterschnittfläche.	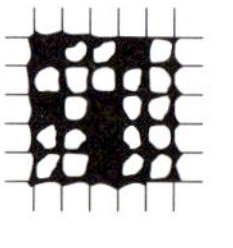
5	Jedes Abplatzen, das nicht mehr als Gitterschnittkennwert 4 eingestuft werden kann.	–

1 Gitterschnitt mit dem Kopfmesser

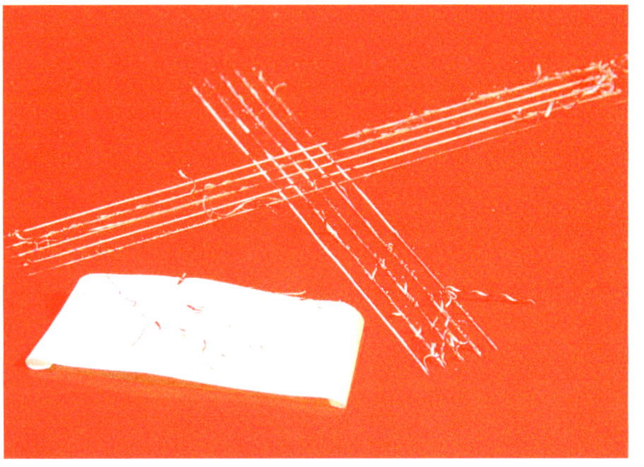

2 Messergebnis nach dem Klebebandtest

Aufgaben zu Kapitel 5.5 bis 5.8

1. Nennen Sie die Unterschiede zwischen Vergrauen und Verblauen des Holzes.
2. Was sagen die Prüfprädikate eines Holzschutzmittels aus?
3. Erklären Sie einem Kunden den Zusammenhang zwischen Schichtdicke und Wartungsintervallen bei Fensterbeschichtungen.
4. Nennen Sie Faktoren, die zur Betonkorrosion beitragen.
5. Beschreiben Sie, warum Kohlendioxid den Beton angreift.
6. Mit welchen Stoffen kann man Wasser vom Beton fernhalten?
7. Nennen Sie den Verwendungszweck eines Auslaufbechers.
8. Listen Sie die Geräte auf, mit denen die Deckkraft eines Anstrichstoffes überprüft werden kann.
9. Mit welchem Gerät kann die Festigkeit eines Betonuntergrundes geprüft werden?
10. a) Welche Eigenschaften einer Beschichtung werden durch die Kornfeinheit beeinflusst?
    b) Beschreiben Sie, wie die Kornfeinheit gemessen werden kann.

11. Treffen Sie Aussagen zur folgenden Abbildung.

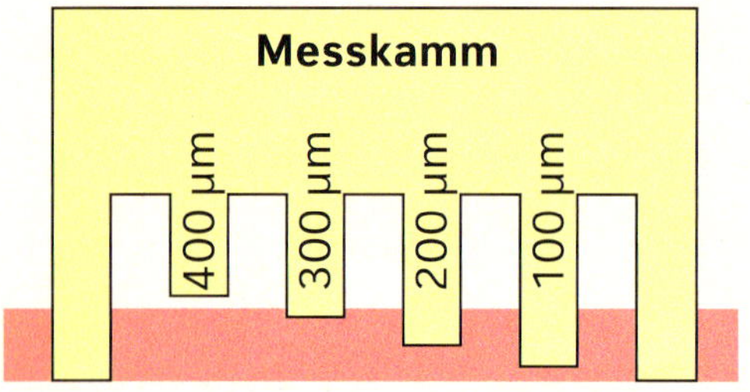

12. a) An einem Gebäude wird eine Fläche von 325 m^2 beschichtet. Es wird eine Siliconharzfarbe verwendet, für die ein Verbrauch von 180–250 ml/m^2 angegeben ist. Berechnen Sie die benötigte Menge in Litern bei einem mittleren Verbrauchswert.

b) An diesem Auftrag arbeiteten der Geselle A insgesamt 9 Stunden und 15 Minuten, der Geselle B insgesamt 12 ½ Stunden. Der Stundenverrechnungssatz für einen Gesellen beträgt 42,– €. Wie hoch ist der Lohnpreis, der dem Kunden in Rechnung gestellt wird?

13. Geben Sie für die Abbildung an,

a) um welches Messinstrument es sich handelt.

b) was in der Abbildung gemessen wird (Messgröße und Einheit).

6 Trockenbauelemente verarbeiten

KUNDENAUFTRAG

Ausbau eines Dachgeschosses mit Trockenbauelementen

Arbeitsauftrag

In einer ehemaligen Werkstatthalle soll das Dachgeschoss, das bisher als Lagerraum gedient hat, als Wohnung ausgebaut werden. Die Innenwände sollen in Trockenbauweise erstellt werden. Ein Grundrissplan liegt bereits vor. Die neu gestalteten Räume sollen jeweils eine Tür erhalten. Alle Wände sind für eine Tapezierung vorzubereiten.

Auszuführende Arbeiten

1. Vorhandene Dachdämmung prüfen und fachgerecht instandsetzen
2. Dachschräge mit Gipskartonplatten verkleiden
3. Metallständerwerk nach Plan erstellen. Türöffnungen nach Planvorgabe berücksichtigen
4. Anbringen von Dämmung und Gipskartonplatten
5. Fugen verspachteln

Objektbeschreibung

Dachschräge
Zwischen den Dachbalken ist eine Dämmung sehr locker eingebracht und mit einer Dampfsperre versehen. Diese weist mehrere Löcher auf. Das Dichtklebeband löst sich an einigen Stellen.

Boden
Der Boden besteht aus Verbundestrich und ist in einem guten Zustand.

Leistungsbeschreibung

Dachschräge dämmen und verkleiden
Die bereits vorhandene Dämmung ist auf Fehler zu überprüfen. Die Dampfsperrfolie ist zu reparieren und teilweise zu erneuern.

Die Dachschräge ist mit Hutprofilen zu versehen und mit Gipskartonplatten zu verkleiden.

Metallständerwerk erstellen
Die Räume sind durch ein Metallständerwerk zu gliedern, die Türöffnungen sind dabei zu berücksichtigen.

Dämmen und Bekleiden der Wände
Die neu gestalteten Wände sind fachgerecht zu dämmen und mit Gipskartonplatten zu bekleiden. Brand- und Schallschutz müssen berücksichtigt werden.

Spachteln der Fugen
Alle Fugen sind gemäß der geforderten Qualitätsstufe zu verspachteln.

Die im Plan weiß dargestellten Wände bestehen schon. Die grau gezeichneten Wände sollen in Trockenbauweise erstellt werden.

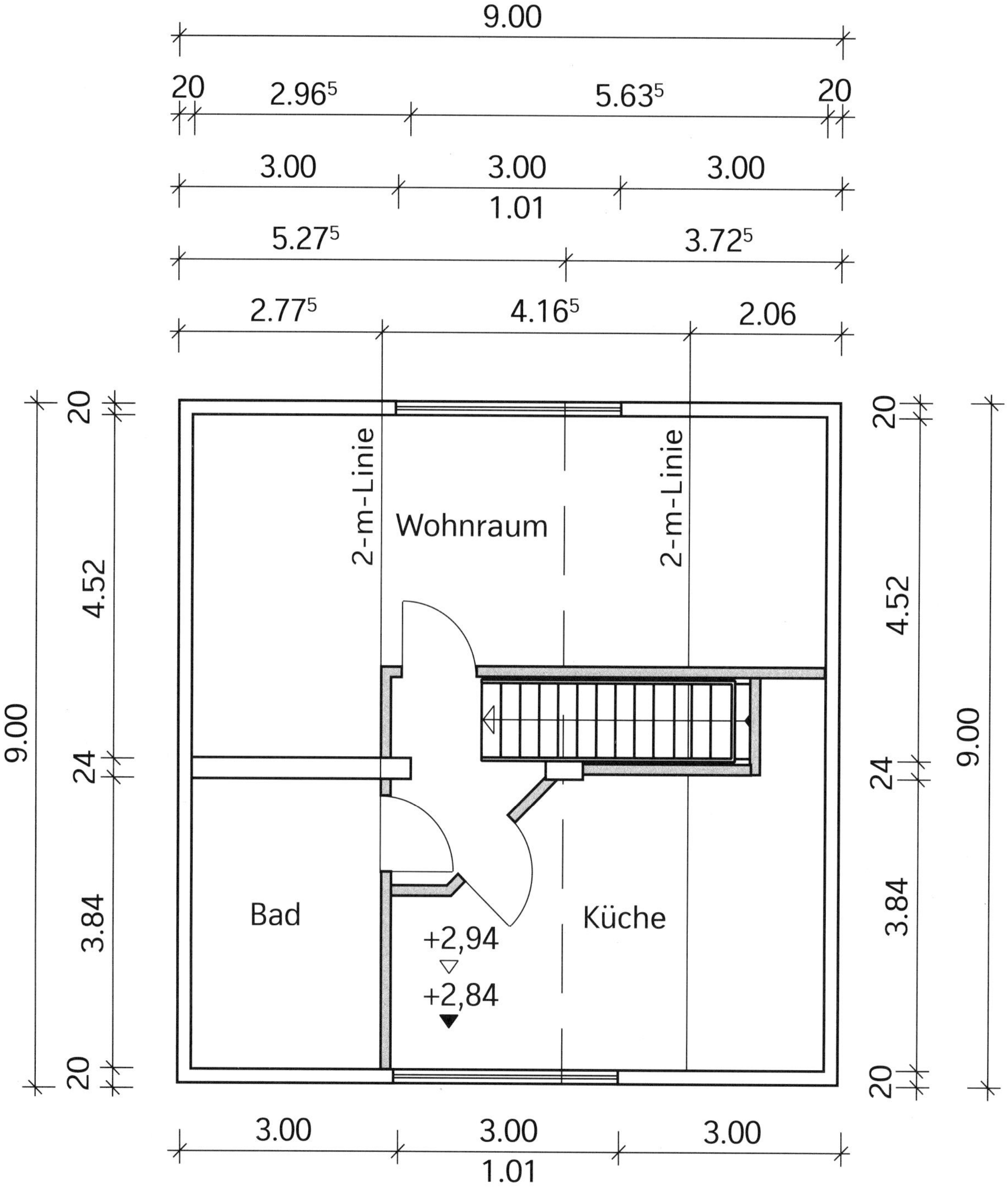

Dachgeschoss M 1:100

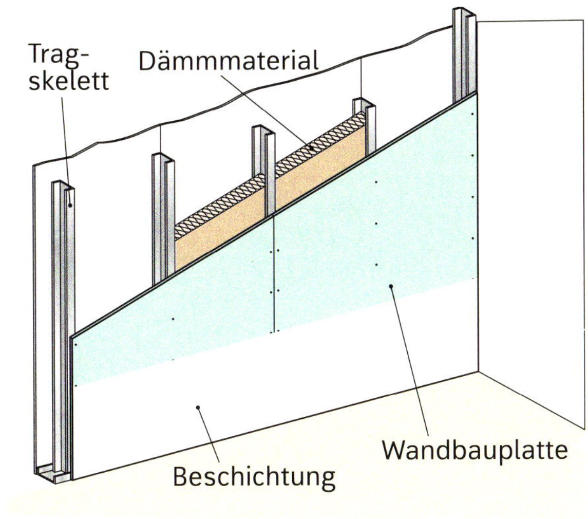

1 Aufbau einer Trockenbauwand

2 Wandaufbau in Riegelbauweise

6.1 Trockenbau

6.1.1 Begriffsbestimmung und Vorteile

Herkömmliche Wände werden mit Steinen aufgebaut, die mit „nassem“ Mörtel zu einem festen Verbund zusammengefügt werden. Im Gegensatz dazu wird beim Trockenbau ein Tragskelett aus Metall oder Holz erstellt, auf das dann Platten geschraubt werden.

Durch diese Bauweise können mit wenig Aufwand schnell und kostengünstig Wände erstellt werden, die auf die gewünschte Raumsituation abgestimmt sind. Eine Trockenbauwand hat eine relativ geringe Masse, deshalb ist diese Bauweise vor allem im Dachgeschossausbau besonders geeignet.

Im Objektbereich (Geschäfte und Büros) werden Räume auch deshalb im Trockenbau erstellt, weil hier Kabel und Installationsleitungen ohne Brucharbeiten verlegt und die Wände im Bedarfsfall auch leicht wieder demontiert werden können.

6.1.2 Aufbau einer Trockenbauwand

Der Aufbau einer Trockenbauwand kann vielfältig gestaltet werden. Die Festlegung einer bestimmten Bauweise hängt vor allem von den Anforderungen des Schall-, Brand- und Wärmeschutzes ab. Außerdem muss man auch auf die Masse der Wandkonstruktion achten, um die Tragfähigkeit des Fußbodens nicht zu überfordern.

Jede Trockenbauwand (Abb. 1) besteht aus folgenden Teilen:

- Tragskelett,
- Wandbauplatten,
- Dämmmaterial,
- Beschichtung.

Die einfachste Konstruktion setzt sich aus einem einzelnen Ständerwerk mit einer einlagigen Beplankung zusammen. Dies ist für den normalen Dachgeschossausbau in einer Wohnung ausreichend. Soll ein erhöhter Schallschutz vorhanden sein, kann die Wand mit einem doppelten Ständerwerk ausgeführt werden und dazu noch zwei- oder sogar dreilagig beplankt werden. Das tragende Skelett für die Wand kann aus Holz oder Metall hergestellt werden.

Unterkonstruktion aus Metall

Metallkonstruktionen für Trockenbauwände bestehen aus verzinkten Stahlblechprofilen. Diese sind stabiler als Holz bei gleichzeitig geringerem Gewicht. Außerdem bieten sie bei einem Brand länger Widerstand. Metallprofile haben zudem einen höheren Grad an Vorfertigung

1 Unterkonstruktion von Trockenbauwänden in Holzständerbauweise

als Kanthölzer. Man kann z. B. Löcher für Stromkabel oder andere Installationen integrieren sowie gewölbte oder gebogene Wände darstellen. Anzahl und Abstand der Verschraubungen sowie die Spannweiten der Metallunterkonstruktionen sind in der DIN 18182-1 festgelegt.

Die senkrechten Metallständer für Wände werden nach ihrer Form des Querschnitts als CW-Profile bezeichnet. Sie werden bei der Ständerbauweise in die waagerechten UW-Profile gesteckt. Bei der Riegelbauweise (Seite 53, Abb. 2) werden die UW-Profile senkrecht angebracht und die CW-Profile waagrecht eingeschoben. Für einen besseren Schallschutz können MW-Profile verwendet werden. Diese leiten durch zusätzliche Einkerbungen den Schall weniger als CW-Profile. Für Decken werden UD- und CD-Profile verwendet, die etwas stabiler sind als die Ständer für Wände. Gängige Profilbreiten sind 50, 75 und 100 mm; die Profile sind bis zu 5 m lang.

Unterkonstruktion aus Holz

Holz bietet bei Verwendung für eine Unterkonstruktion den Vorteil, dass es beim Dachgeschossausbau aus dem gleichen Material besteht wie der Dachstuhl und sich deshalb physikalisch ähnlich verhält (Abb. 1). Es lässt sich leicht verarbeiten, verfügt über gute Dämmeigenschaften und ist etwas kostengünstiger als Metall. Kunden, die ökologisches Bauen bevorzugen, wählen diesen Baustoff häufiger aus. Eine Holzunterkonstruktion genügt in einer Trockenbauwand hohen Brandschutzanforderungen. Nachteilig ist beim Holzständerbau, dass sich das Material verziehen kann, sodass Risse in einer Innenwand entstehen können. Deshalb wird Holz nicht bei Feuchträumen eingesetzt.

Für den Wandaufbau in Holzständerbauweise ähneln die auszuführenden Arbeiten denen, die bei der Konstruktion mit Metallprofilen anfallen. Im Bereich, an dem die Wand entstehen soll, werden zuerst Kanthölzer an Decke, Wand und Boden befestigt, welche den Rahmen im Holzständerwerk bilden. Aus Schallschutzgründen werden die Seiten eines Kantholzes mit Kontakt zu Boden, Wand oder Decke häufig mit Dichtklebern beklebt. Zwischen den waagerechten Kanthölzern an Boden und Decke werden senkrecht weitere eingefügt, sodass ein Art Gitter entsteht. An dieser Unterkonstruktion werden Trockenbauplatten verschraubt. Bei Notwendigkeit können Dämmmaterialien oder -platten in das Holzständerwerk eingefügt werden.

Wandbauplatten

Die für eine Trockenbauwand möglichen Platten können aus unterschiedlichen Materialien hergestellt werden. Es handelt sich meist um Verbundwerkstoffe, d. h., es sind zwei Materialien miteinander kombiniert, die sich in ihren Eigenschaften ergänzen. Am weitaus häufigs-

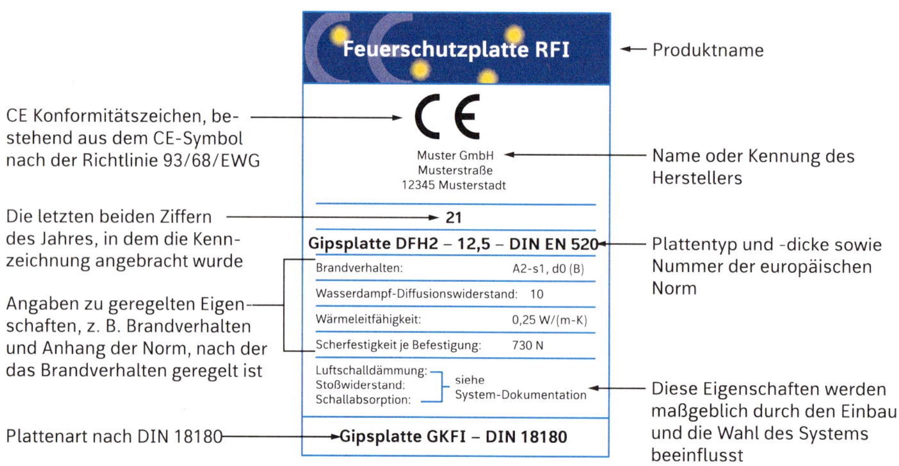

2 Kennzeichnung einer Gipsplatte

ten werden Bauplatten aus Gips mit einer Oberfläche aus Karton verwendet. Gips hat die für diesen Zweck positiven Eigenschaften, dass er nicht brennbar sowie brand- und schalldämmend ist. Außerdem kann er eine große Menge an Feuchtigkeit aufnehmen und trägt dadurch zu einem angenehmen Raumklima bei. Der Nachteil von Gips ist seine geringe Elastizität und Härte. Damit die Bauplatten nicht brechen, sind sie von einer Kartonschicht umgeben.

In Räumen mit höherer Feuchte (Bäder, Kellerräume usw.) ist es notwendig, dass Trockenbauwände gegen Luftfeuchtigkeit geschützt werden. Das einzusetzende Material hängt davon ab, ob es sich nur um geringe Feuchtebelastungen wie z. B. in einem Gäste-WC oder einer Küche handelt oder Wände in Duschräumen oder Saunen eingebaut werden. Für den Trockenbau in Feuchträumen werden imprägnierte Gipskartonplatten und zementgebundene Materialien angeboten (Abb. 3). Diese Platten nehmen Wasser nur in geringer Menge oder überhaupt nicht auf. Sie verfügen über eine hohe Festigkeit, können aber von Hand bearbeitet werden. Sie sind entweder an der grünen Oberfläche oder an einer sichtbaren Kennzeichnung erkennbar. Nach dem Einbau müssen diese Platten abgedichtet werden, da sich bei andauernder Feuchtebelastung deren Festigkeit reduziert. Je nach Anforderungen können als Abdichtungsmaterialien Polymer- und Kunstharzdispersionen, Kunststoff-Zement-Mörtel-Kombinationen, Reaktionsharze oder für größere Flächen Folien und Bahnen auf Kunststoff- oder Bitumenbasis eingesetzt werden. Zudem sind Eck-, Anschluss- und Dehnungsfugen mit geeigneten Dichtbändern zu versehen, damit an diesen Stellen die Funktion der Abdichtung nicht verschlechtert wird.

Nach DIN EN 520 werden folgende Gipsplatten unterschieden:

- **Typ A**
  Standard-Gipsplatte
- **Typ D**
  Gipsplatte mit einer Dichte von mindestens 800 kg/m^3
- **Typ F**
  Feuerschutzplatten, die auch bei höheren Temperaturen stabil bleiben
- **Typ H**
  Imprägnierte Platten, die weniger Feuchtigkeit aufnehmen; sie sind vorgeschrieben beim Einsatz in Feuchträumen.
- **Typ I**
  Gipsplatte mit erhöhter Oberflächenhärte
- **Typ P**
  Putzträgerplatte, deren Ansichtsseite speziell zum Auftrag von Putzen geeignet ist

3 Imprägnierte Trockenbauplatten in einem Badezimmer

- **Typ R**
  Gipsplatte mit erhöhter Festigkeit
- **Typ E**
  Gipsplatten für die Außenbeplankung von Außenwandelementen

Die Platten sind mit den entsprechenden Buchstaben, die meistens kombiniert sind, gekennzeichnet.
Außer den Gipsplatten werden auch Produkte aus nachwachsenden Rohstoffen verwendet, vor allem Holzfaserplatten. Diese bestehen aus gepressten Holzspänen. Sie weisen allerdings schlechtere Schall-, Wärme- und Brandschutzeigenschaften auf als Gipsplatten.

Die Dimensionen der Bauplatten können sehr unterschiedlich sein. Die Standardplatte hat eine Breite von 1,25 m und eine Höhe von 2,50 m. Sie ist damit für normale Neubauräume geeignet und gut zu transportieren.

Es werden aber noch weitere Platten in meist kombinierbaren Dimensionen angeboten (Tab. 1).

Die Platten werden mit Schnellbauschrauben an der Unterkonstruktion befestigt. Diese werden ohne Vorbohren direkt in das Holz bzw. Metall eingedreht.

Tab. 1: Übliche Maße für Trockenbauplatten

Breiten in mm	Höhen in mm	Dicken in mm
625	2000	9,5
900	2500	12,5
1000	2750	15
1245	3000	18
1250		20
		25

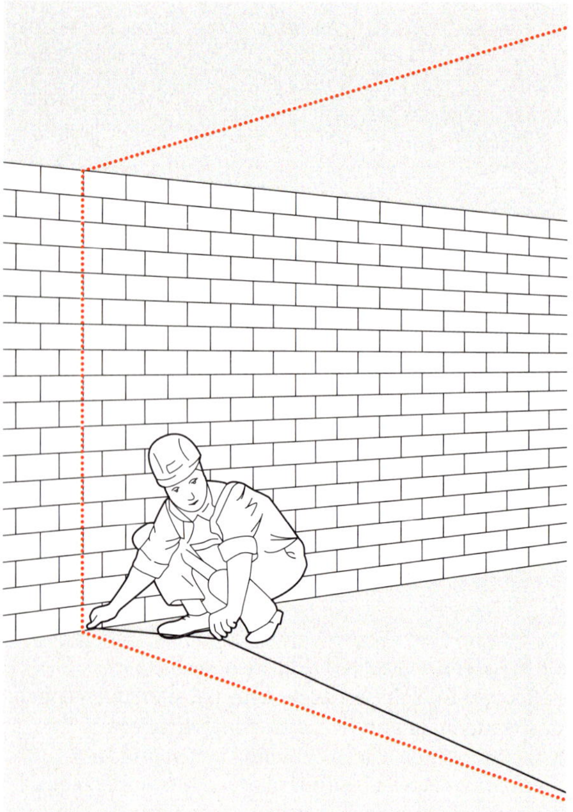

1 Anzeichnen des Wandverlaufs

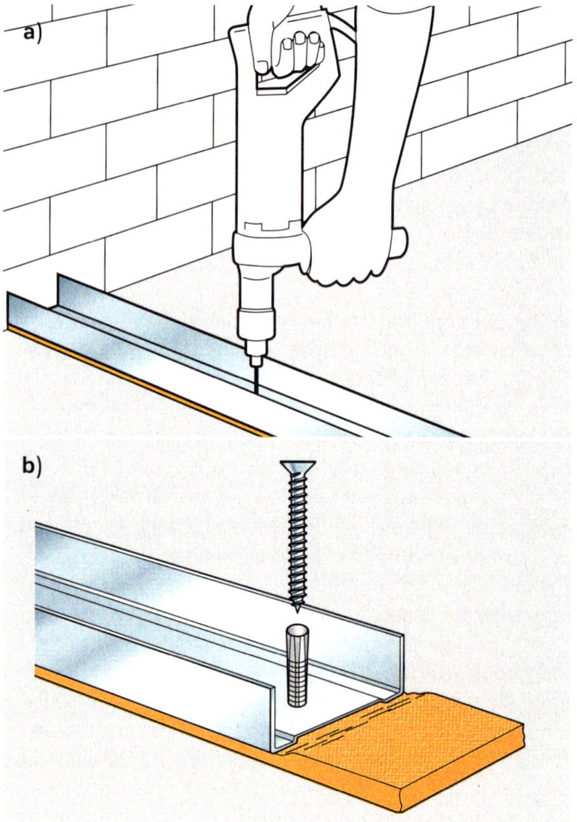

2 Befestigen des UW-Profils mit unterlegtem Dämmstreifen

6.1.3 Arbeitsschritte beim Trockenwandbau

Anzeichnen des Wandverlaufs
Beim Festlegen des Wandverlaufs sollte darauf geachtet werden, dass möglichst lange Montagewandstücke aneinanderstoßen (Abb. 1).

Aufbringen des Dämmstreifens am Boden und an der Decke
Die Dämmstreifen aus Filz oder geschäumtem Kunststoff sind nötig, um eine Übertragung des Schalls auf die anschließenden Wände zu verhindern (Abb. 2a).

Anschrauben der UW-Profile
Die Profile müssen genau im rechten Winkel am Boden und an der Decke verschraubt werden. Dies geschieht je nach Material der Wände mit Schnellbauschrauben oder Dübeln (Abb. 2b).

Einstellen der CW-Profile
Die senkrechten CW-Profile werden im Abstand einer halben Plattenbreite (gemessen von der Mittelachse) in die UW-Profile eingesteckt und mit einer Krimperzange

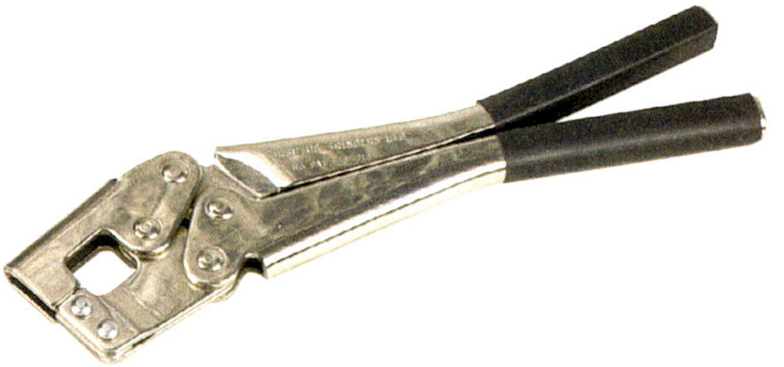

3 Krimperzange zum Fixieren der Profile

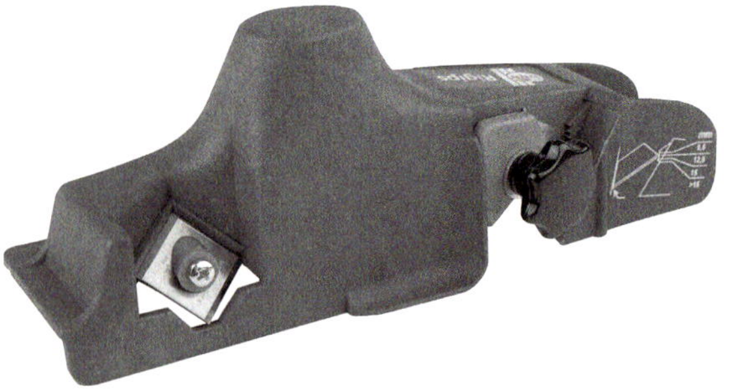

4 Kantenhobel zum Anfasen der geschnittenen Platten

5 Einstellen der CW-Profile

6 Anbringen der ersten Seite

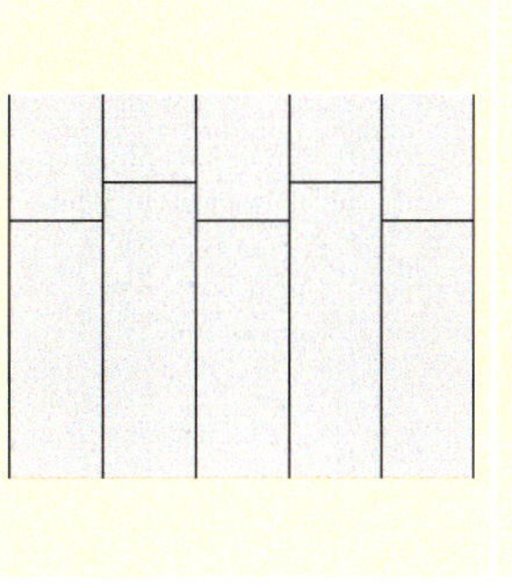
7 Versetzte Anordnung der Platten

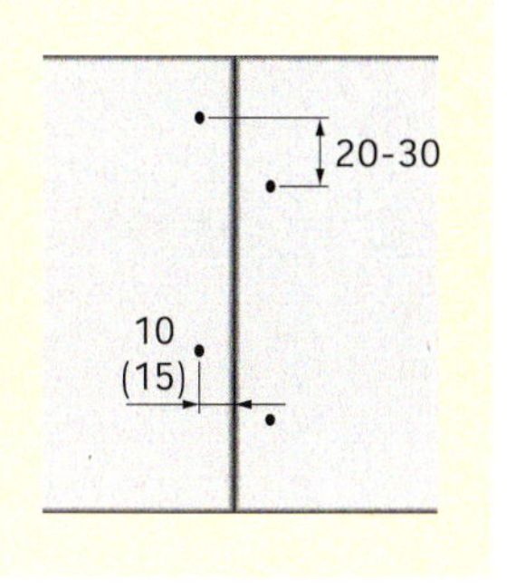

8 Abstände der Schrauben

fixiert. Man beginnt das Setzen der Profile am besten von der Türöffnung her, da hier auf beiden Seiten durchgehende CW-Profile stehen müssen (Abb. 5).

Die Profile können mit einer Eisensäge oder einem Stanzwerkzeug („Knabber") gekürzt werden. Ein Winkelschleifer sollte dazu nicht benutzt werden, da dadurch die Zinkschicht des Profils beschädigt werden könnte. Wenn die Raumhöhe größer ist als die Länge eines CW-Profils, können zwei Profile ineinander gesteckt werden.

Befestigen der Platten auf der ersten Seite
Die erste Platte wird senkrecht mit ca. 5 mm Abstand zum Boden zur Wand links und rechts und in der Mitte an die CW-Profile angeschraubt. Der Abstand der Schrauben beträgt ca. 25 cm. Bei der nächsten Platte sollten die Schrauben etwas versetzt werden. Eventuell notwendige horizontale Fugen müssen mit Versatz angebracht werden, sodass keine Kreuzfugen entstehen (Abb. 6–8).

Zum Kürzen müssen die Platten entweder mit einem Cutter angeritzt und dann gebrochen oder mit einer Stichsäge geschnitten werden. Die aneinander stoßenden Seiten einer horizontalen Fuge müssen auf jeden Fall gefast, d. h. schräg angeschnitten werden. So kann der Gips, mit dem die Fuge geschlossen wird, einen ausreichenden Halt finden.
Die Schrauben müssen so tief in die Platten eingedreht werden, dass sie nach der Verspachtelung nicht mehr sichtbar sind. Sie dürfen jedoch nicht so weit eingedreht werden, dass sie die Kartonummantelung durchdringen.

Einlegen des Dämmmaterials
Die Dämmmatten werden so eingelegt, dass möglichst keine Lücken bleiben. Sie sollten aber auch nicht zusammengedrückt werden, weil sonst die Schalldämmung vermindert wird.

1 Einlegen des Dämmmaterials

2 Befestigen der Platten auf der zweiten Seite

Befestigen der Platten auf der zweiten Seite
Nach dem Verlegen der elektrischen Leitungen und sonstiger Installationen kann die zweite Seite mit den Platten geschlossen werden. Es ist wegen der Stabilität der Gesamtkonstruktion darauf zu achten, dass die Plattenstöße versetzt zur anderen Wand laufen (Abb. 2 und Seite 57, Abb. 6).

Verspachteln der Fugen und der Schraublöcher
Es muss zunächst kontrolliert werden, ob alle Platten ausreichend verschraubt und alle Schrauben tief genug versenkt sind.

Zum Verspachteln wird spezieller Gips verwendet, der kleine Fasern enthält und deshalb besonders reißfest ist. In horizontale Fugen muss meistens ein Bewehrungsstreifen aus Glasfaser eingelegt werden, um ein späteres Reißen zu verhindern (Abb. 3).

Zunächst sind die Vertiefungen zwischen den Platten zu füllen und mit einer Traufel oder einem Spachtel scharf abzuziehen. Die Schraublöcher müssen ebenfalls gefüllt werden. Weitere Spachtelgänge hängen davon ab, welche Oberflächenqualität erreicht werden soll und wie Eck- und Anschlussausbildung ausgeführt wird.

3 Einlegen des Bewehrungsstreifens

6.1.4 Anschlüsse an Mauerwerk und Boden

Ein besonders schwieriger Bereich bei der Konstruktion einer Trockenbauwand ist die Verbindung zu bestehenden gemauerten oder betonierten Wänden und Böden.

4 Schattenfugen im Anschluss an eine Betonsäule

Diese bestehen aus Werkstoffen, die sich bei Temperaturänderung anders verhalten können als die Trockenbaumaterialien. Außerdem nehmen diese Wände die Bewegungen eines Gebäudes in anderer Weise auf. Deshalb ist die Entstehung eines Risses an diesen Übergangsstellen nicht unwahrscheinlich.
Durch die Art und Weise der Eckausbildung kann man die Rissbildung bis zu einem gewissen Grad steuern bzw. auffangen.

Geschlossene Fugen
Die häufigste Methode, die Anschlussstellen zwischen unterschiedlichen Bauteilen zu gestalten, ist das Ausfüllen mit dehnbaren Fugenstoffen (s. Seite 62, Abb. 1–4). Dabei ist darauf zu achten, dass die Platten von zwei aneinanderstoßenden Wänden nicht starr (z. B. durch die Verspachtelung) miteinander verbunden sind. Die Trennung der Bauteile kann dadurch erfolgen, dass an die anstoßende Mauer ein Klebeband aufgebracht wird, das nach der Beschichtung der Wände abgeschnitten wird. Auf diesem Klebeband haftet die Verspachtelung schlechter als an den anderen Stellen. Deshalb verläuft die Fuge dann genau an dieser Stelle. Um eine gerade Kante und somit auch eine gerade Fuge zu erhalten, kann an die anstoßende Platte ein Eckschutzprofil eingespachtelt werden.
Außerdem darf die Fuge nicht durch eine Tapete zugeklebt oder durch die Beschichtung überdeckt werden, da diese unweigerlich reißen würden.

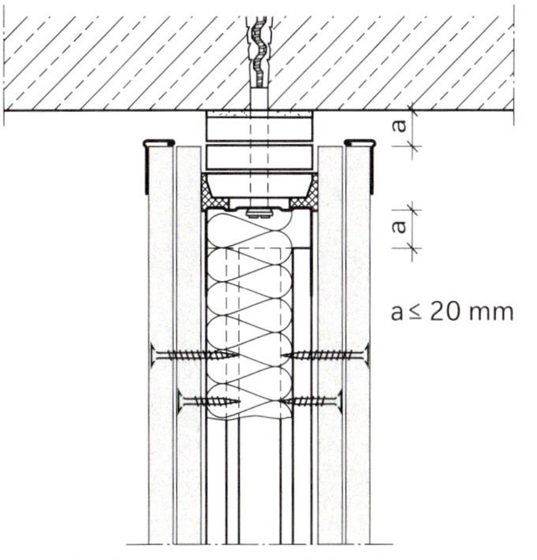

5 Gleitender Deckenanschluss bei einer Trockenbauwand

Offene Fugen
Man kann Wandanschlüsse so gestalten, dass die Fuge sichtbar bleibt. Die Bewegungen der Wände können hier ungehindert erfolgen. Das Ziel ist, die entstehende Fuge optisch ansprechend auszuformen.
Die Fuge kann auch durch ein Abschlussprofil überdeckt werden. Wichtig ist, dass das Profil nur auf einer Seite befestigt ist, sodass die beiden Wände sich ungehindert bewegen können.
Wenn größere Bewegungen der Wandteile zu erwarten sind, ist die Gestaltung durch eine Schattenfuge eine optisch ansprechende Lösung. Allerdings muss man darauf achten, dass trotz der offenen Fuge die Schall- und Brandschutzanforderungen erfüllt werden.
Die Konstruktion eines solchen gleitenden Deckenanschlusses einer Trockenbauwand zeigt Abb. 5. Wichtig ist hierbei, dass die Platten nicht mit dem UW-Profil verschraubt werden sondern nur mit den CW-Profilen. Nur so haben die Platten genügend Bewegungsfreiheit, um die zu erwartenden Durchbiegungen der Decke auszugleichen.

6.1.5 Oberflächengüten

Nach Abschluss der Beschichtungsarbeiten an einer Trockenbauwand zeichnen sich häufig die Plattenstöße an der Wand ab. Dies kann zu Reklamationen führen.
Der Maler, der die Wand bearbeitet, kann zu diesem Zeitpunkt nicht eindeutig feststellen, ob sich die Plattenstöße später abzeichnen werden, da die Lichtverhältnisse im bewohnten Raum anders sein können. Wenn z. B. Deckenfluter als Lichtquelle verwendet werden, entsteht ein extremes Streiflicht, das kleinste Unebenheiten sichtbar macht. Um solche Überraschungen zu vermeiden, sollte der Verarbeiter die

1 Trockenbauwand bei Frontallicht

2 Dieselbe Wand bei Streiflicht

Fugen mit einem Strahler im Streiflicht anstrahlen. Eventuelle Unebenheiten können so rechtzeitig erkannt werden (Abb. 1 und 2).

Als allgemein anerkannte Richtlinien zur Ebenheit von Trockenbauwänden haben sich die Oberflächengüten des Bundesverbandes der Gipsindustrie durchgesetzt. Hier werden vier Qualitätsstufen unterschieden:

Qualitätsstufe 1 (Q1) – Grundverspachtelung
Die Fugen werden einmal verspachtelt und dann scharf abgezogen. Sie zeichnen sich nach der Beschichtung auch bei günstigeren Lichtbedingungen ab. Deshalb ist diese Oberflächengüte nur für niedrige optische Ansprüche geeignet (z. B. Abstellraum) oder zum Bekleben mit Fliesen.

3 Gerissener Weichfaserputz im Bereich der Plattenfugen

Qualitätsstufe 2 (Q2) – Standardverspachtelung
Diese Qualitätsstufe genügt den üblichen Anforderungen an Wand- und Deckenflächen. Es werden hier die Fugen nach der Verspachtelung wie bei Q1 noch einmal breiter nachgespachtelt und anschließend geschliffen. Die Qualitätsstufe Q2 ist geeignet für strukturierte, matte Anstriche, Putze mit Korngröße über 1 mm und grob oder mittel strukturierte Tapeten. Das Abzeichnen der Plattenfugen ist bei Q2 nicht auszuschließen.

Qualitätsstufe 3 (Q3)
Werden höhere Ansprüche an die Ebenheit der Oberfläche gestellt, muss die Qualitätsstufe Q3 erreicht werden. Zusätzlich zu den Verspachtelungen wie bei Q1 und Q2 werden die Gipskartonplatten vollflächig überzogen, scharf abgezogen und anschließend geschliffen. Diese Qualitätsstufe muss erreicht werden, wenn anschließend Putze mit Korngröße unter 1 mm, matte bzw. nicht strukturierte Anstriche oder fein strukturierte Tapeten aufgebracht werden. Unter ungünstigen Bedingungen zeichnen sich auch hier die Plattenstöße ab.

Qualitätsstufe 4 (Q4)
Für höchste Ansprüche an die Oberflächenebenheit muss die Oberflächengüte Q4 geschaffen werden. Dazu wird zusätzlich zu den vorhergehenden Verspachtelungen die Fläche vollflächig verspachtelt (Schichtdicke ca. 3 mm) und anschließend geschliffen. Solche vorbereiteten Flächen sind geeignet für Beschichtungen bis zu mittlerem Glanz, glatte Wandbekleidungen und hochwertige Glättetechniken. Bei dieser aufwendigen Bearbeitung der Wand lassen sich auch bei ungünstigem Streiflicht Schattierungen meist vermeiden. Ganz ausschließen kann man sie aber trotzdem nicht.

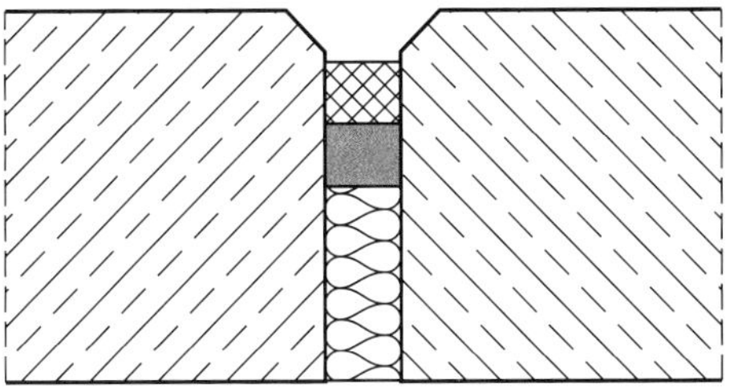
4 Fugendichtstoff

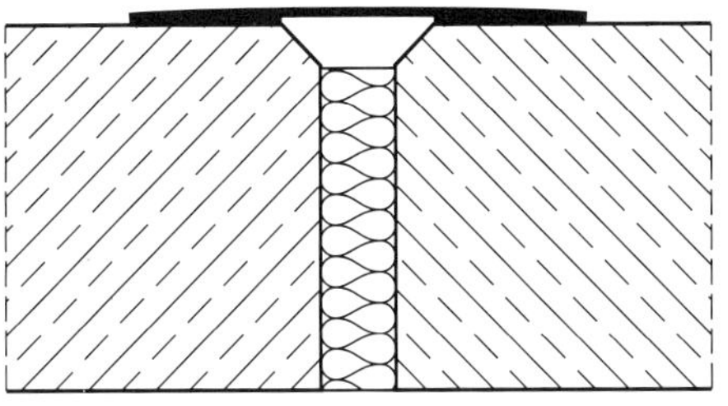
5 Fugenband

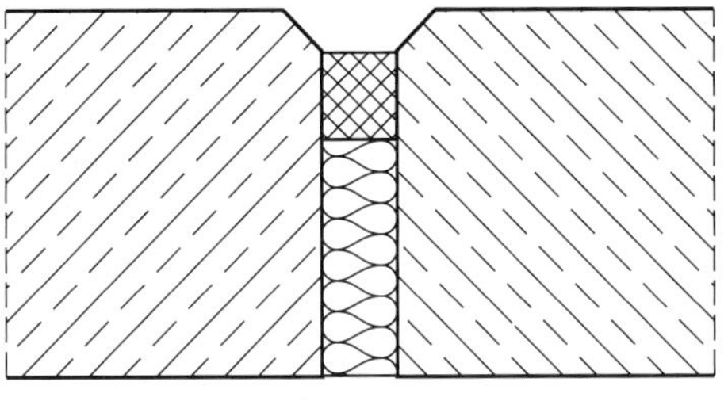
6 Dichtband (Kompriband)

6.1.6 Beschichtung

Die Verspachtelung der Trockenbauwände erfolgt mit kunststoffvergüteten Gipsspachtelmassen. Diese lassen sich sehr gut verziehen und sind gut schleifbar. Man muss allerdings beim Anmischen die Hinweise des Herstellers genau beachten. Besonders die richtige Menge an Wasser ist wichtig, um eine gut zu verarbeitende Masse zu erhalten. Den angerührten Gips kann man ca. 30 Minuten lang verarbeiten. Bereits angehärtetes Material darf man auf keinen Fall mit Wasser wieder verdünnen, da dieses anschließend nicht mehr fest wird und zudem schlechter haften würde.

Nach der vollständigen Trocknung der verspachtelten Wände müssen die Trockenbauplatten grundiert werden. Damit wird ein gleichmäßig saugender und farblich einheitlicher Untergrund für die nachfolgende Beschichtung geschaffen. Als Grundiermittel wird meist ein wasserverdünnbarer Tiefengrund verwendet, dem noch feiner Quarzsand zugesetzt sein kann. Damit wird eine bessere Haftung der nachfolgenden Schicht erreicht. Es ist allerdings auch möglich, mit verdünnter Dispersionsfarbe zu grundieren.

Es sollte beobachtet werden, ob sich an einzelnen Platten Verfärbungen abzeichnen. Diese müssten dann mit einer Isolierbeschichtung abgesperrt werden, da es sich hierbei um gelöste Inhaltsstoffe des Kartons handelt, die später durch die Beschichtung hindurchschlagen können. Ursache für diese Verfärbungen ist meist die falsche Lagerung der Platten vor der Verarbeitung. Wenn eine Platte längere Zeit der Sonne ausgesetzt ist, kann sie sich verfärben, ebenso wenn sie nass wird.

Die vorbereitete Wand kann nun mit unterschiedlichen Materialien beschichtet oder beklebt werden.

Beim Tapezieren muss darauf geachtet werden, dass ein Kleister verwendet wird, der für Gipsuntergründe geeignet ist. Das Aufbringen eines Tapetenwechselgrundes erleichtert bei einer späteren Renovierung das Entfernen der Tapete erheblich.

6.2 Fugen und Fugenmassen

Fugen sind Bereiche zwischen angrenzenden Bauteilen. Sie dienen zur Vermeidung von Spannungen und/oder zum Erzielen eines problemlosen Zusammenfügens dieser Bauteile.

Je nach ihrer Funktion unterscheidet man:
- Dehnfugen oder Dehnungsfugen,
- Arbeitsfugen,
- Bewegungsfugen,
- Trennfugen,
- Scheinfugen.

Fugen können zwischen allen Arten von Bauteilen auftreten und unterschiedliche Zwecke haben. Daher ist die Zahl möglicher Fugenkonstruktionen groß (Abb. 4–6). Je nach Art und Ort der Fugen (im Beton, im Estrich, im Mauerwerk etc.) gelten verschiedene Normen in diesem Bereich.

Eine der möglichen Fugenausbildungen ist die Behandlung mit elastischen Füllmassen. Bevor in die Fuge das Fugenmaterial eingebaut wird, werden in der Regel die Fugenflanken behandelt. Ein Primer oder Sperrgrund sorgt dafür, dass das Fugenmaterial gut und dauerhaft haftet (Seite 62, Abb. 1). Danach wird ein Hinterfüllstoff eingebaut, der für den Abschluss des Materials nach innen sorgt. Meist sind dieses Schnüre aus Polyethylenschaum (PE). Sie werden in gleichmäßigem Abstand zur Bauteiloberfläche in die Fuge gedrückt.

1 Aufstreichen des Primers auf die Fugenflanken

2 Einbau des Fugenmaterials

3 Ankleben des Fugenbandes

4 Verspachteln des Fugenbandes

Zum Schluss wird das Fugenmaterial eingebaut. Die Dicke des Fugenmaterials muss an den Flanken am höchsten sein. Dadurch wird gewährleistet, dass die Adhäsion an den Bauteilen groß genug ist.

Fugen werden stark beansprucht. Die Bewegungen der angrenzenden Bauteile strapazieren die Fugen mechanisch. Wind, Temperaturwechsel, UV-Strahlung und Regen beanspruchen die Oberfläche des Fugenmaterials.

Die Materialien der angrenzenden Bauteile und eine nachfolgende Beschichtung können chemisch auf das Fugenmaterial einwirken. Daher ist es wichtig zu wissen, welche Dichtstoffe als Fugenmaterialien verwendet werden.

Ein möglicher Dichtstoff muss ein Werkstoff zum Abdichten von Fugen, Spalten und Durchbrüchen sein. Er wird in der Regel flüssig oder pastös verarbeitet und verfestigt sich zu einem plastischen, elastoplastischen oder elastischen Material. Plastische Stoffe lassen sich verformen wie Knetmasse. Elastische Stoffe gehen wie Gummi nach einer Verformung in den Ausgangszustand zurück. Elastoplastische Stoffe haben Anteile beider Verhaltensweisen. Der Dichtstoff muss an den Fugenflanken haften, damit er wirksam ist. Statt des Begriffes „Dichtstoff“ werden in der Praxis auch die Begriffe Dichtmasse, Fugendichtmasse oder Fugendichtstoff benutzt.

Man unterscheidet chemisch reaktive und nicht reaktive Dichtstoffe.

Zu den **reaktiven Dichtstoffen** gehören:
- Silicone bzw. Dichtstoffe auf Basis silanmodifizierter Polymere (SMP),
- Polyurethane,
- Polysulfide.

Polyurethane werden häufig im Hochbau eingesetzt. Polysulfide gelten als besonders chemikalienbeständig, während Silicone besonders wasserabweisend sind. Silicone können in der Regel nicht beschichtet werden.

Der früher gebräuchliche Fensterkitt ist ebenfalls ein reaktiver Dichtstoff aus Leinöl und Füllstoffen.

Zu den **nicht reaktiven Dichtstoffen** gehören:
- Acrylate bzw. Dispersionsdichtstoffe,
- lösemittelhaltige Dichtstoffe,
- Butyldichtstoffe.

Butyldichtstoffe sind rein plastisch. Sie werden wie Knetmasse in die Fuge gedrückt und können keine äußeren Kräfte aufnehmen. Die angrenzenden Bauteile müssen mechanisch miteinander verbunden sein.

Dispersionsdichtstoffe trocknen ebenso wie lösemittelhaltige Dichtstoffe physikalisch. Durch den Verlust an Wasser oder Lösemitteln beim Trocknen ergeben sich konkave Oberflächen.

6.3 Berechnung des Materialbedarfs

Für die Erstellung einer Trockenbauwand werden unterschiedliche Materialien benötigt, die teilweise recht teuer sind. Deshalb muss man vor jedem Auftrag den Materialbedarf möglichst genau berechnen, um den Aspekt der ökonomischen Effizienz (s. Kapitel 5.7) nicht zu vernachlässigen.

Es gibt hier unterschiedlich genaue Methoden der Berechnung. Welche angewendet wird, hängt von der Größe und Schwierigkeit des Auftrags ab.

Berechnung mithilfe einer Tabelle
Bei einfachen Raummaßen kann der Bedarf sehr schnell mithilfe von Tabellen berechnet werden. Diese werden von den Herstellern zur Verfügung gestellt. Voraussetzung für diese Berechnung ist, dass die Fläche der zu erstellenden Wand oder Decke bekannt ist. In Tab. 1 (Seite 64) ist der Bedarf der einzelnen Materialien pro Quadratmeter angegeben. Somit müssen diese Werte nur noch mit der Fläche multipliziert werden, um die benötigten Mengen zu ermitteln. Der tatsächliche Verbrauch kann allerdings auch abweichen. Wenn z. B. viele Türen in einer Wand eingebaut werden, steigt die Anzahl der Profile.

Verlegeplan
Bei komplizierten Wandaufbauten empfiehlt es sich, einen Verlegeplan zu zeichnen. Hier werden in einer maßstäblichen Zeichnung alle Profile und Platten in ihrer geplanten Lage eingezeichnet. Mit einem solchen Plan lassen sich auch konstruktive Probleme erkennen.

Die benötigten Mengen kann man aus der Zeichnung entnehmen und somit genau berechnen (Abb. 5).

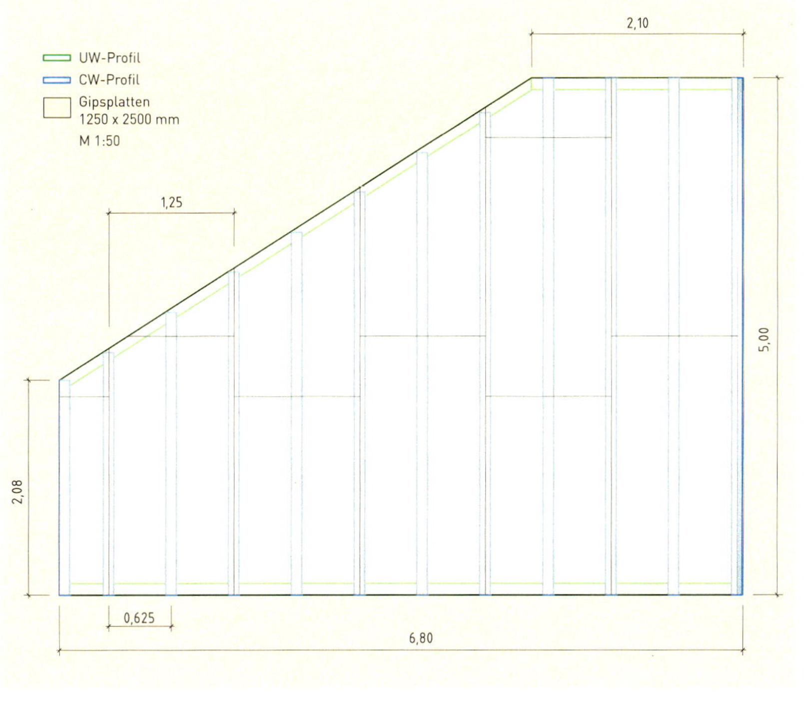

5 Beispiel für einen Verlegeplan

Tab. 1: Beispiel für eine Bedarfstabelle

Materialbedarf pro m² für beide Seiten	
Gipsplatten 12,5 mm	2,0 m²
Wandprofil CW 75, verzinkt	1800 mm
Wandprofil UW 75, verzinkt	700 mm
Anschlussdichtung Filz, einseitig selbstklebend, 75 mm	1100 mm
Nageldübel (6 x 40 mm)	1,33 St.
Schnellbauschrauben TN 25 x 3,5 mm	24 St.
Mineralwolle	1,0 m²
Fugenspachtel	0,30 kg

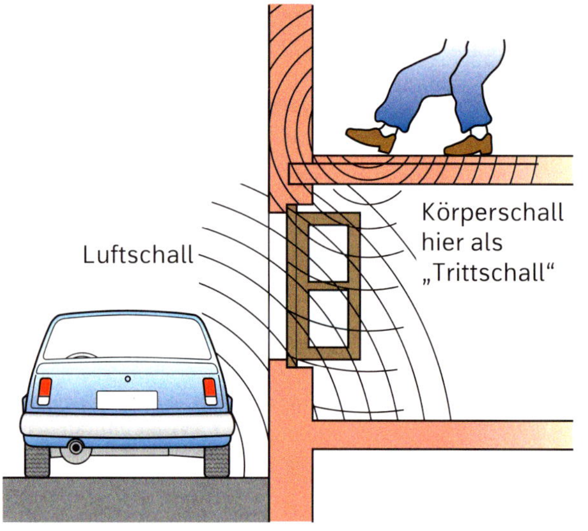

3 Luft- und Körperschall

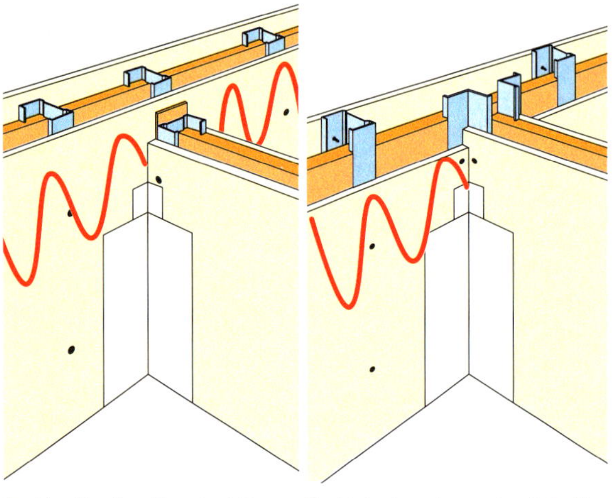

1 Ungünstige Konstruktion des Wandabzweigs 2 Unterbrechung des Schallwegs

Berechnung über die Längen
Man kann auch ohne Verlegeplan den Materialbedarf errechnen. Allerdings bleibt hier eine Ungenauigkeit bestehen, sodass man hier meist einen Zuschlag dazurechnet.

Die Berechnung der Anzahl der ganzen Platten erfolgt im Wesentlichen so wie beim Tapetenbedarf (Seite 350 ff.). Da aber bei Gipsplatten auch Reststücke verwendet werden können, ist die Berechnung über die Fläche ausreichend genau.

Die Anzahl der Profile wird bestimmt durch die Breite und die Höhe der Wand. Da links und rechts an jeder Wand senkrecht Profile stehen müssen, muss man einen Ständer dazuzählen. Es ergibt sich folgende Rechnung:

Anzahl der Ständer = Länge der Wand : Achsabstand der Ständer + 1

Für das Beispiel aus dem Verlegeplan:

Anzahl Ständer = 6,80 : 0,625 + 1 =
= 11,88 ≈ 12 Stück

Passend zur Raumhöhe muss die optimale Profillänge ausgesucht werden, damit möglichst wenig abgeschnitten werden muss.

6.4 Schalldämmung

Die Qualität einer Wohnung wird u. a. dadurch bestimmt, dass innerhalb eines Raumes Geräusche nicht zu laut empfunden werden und dass die Wohnung nicht zu „hellhörig" ist, d. h. wenig Geräusche aus den anliegenden Räumen übertragen werden.

Ist ein Bewohner dauerhaft störenden Geräuschen ausgesetzt, kann dies zu Schlafstörungen, Konzentrationsschwächen, Kopfschmerzen und anderen psychischen und physischen Schäden führen.

Der Schall entsteht, weil durch die Bewegung eines Körpers auch die umliegende Luft bewegt wird. Diese Bewegung setzt sich wellenförmig fort, bis sie auf einen

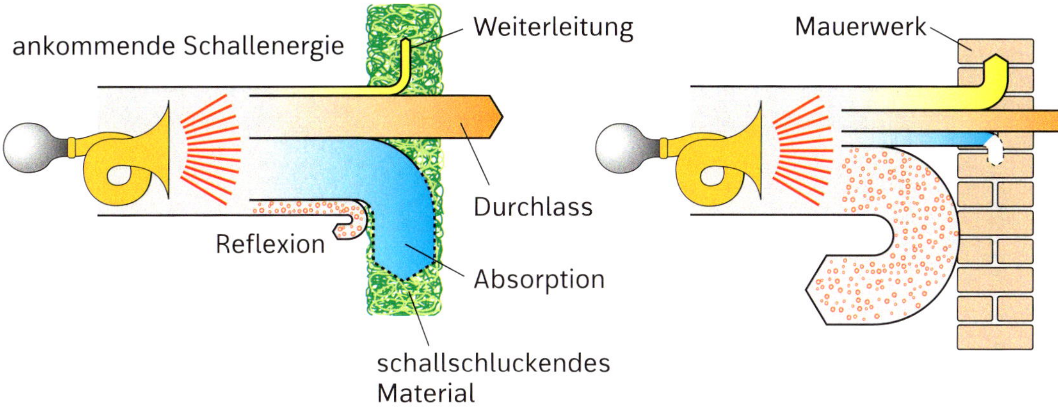

4 Übertragungswege des Schalls in den angrenzenden Raum

Widerstand trifft oder mit zunehmender Entfernung von der Schallquelle „ausläuft“. Der Schall kann bei tiefen, lauten Tönen mit dem ganzen Körper gespürt werden, das empfindlichste Sinnesorgan für die Wahrnehmung des Schalls ist aber das Ohr.

Der Schall kann durch die Schwingung des festen Körpers oder durch die Schwingung der Luft übertragen werden (Abb. 3 und 4). Man bezeichnet dies entsprechend des Leitmediums entweder als Körperschall oder als Luftschall. In einem Gebäude treten beide Schallarten auf, letztendlich werden aber die Schallwellen durch die Luft auf das Ohr übertragen. Der Schall lässt sich physikalisch durch den Druck und die Geschwindigkeit der Schwingung messen. Die Stärke eines Geräusches wird durch den A-Schalldruckpegel ausgedrückt. Er wird in der Einheit Dezibel angegeben mit dem Kurzzeichen dB(A) (Tab. 2). Die Dezibelzahl nimmt mit zunehmender Entfernung sehr stark ab.

Um die Ausbreitung von Schall einzudämmen, kommen Materialien zum Einsatz, die den Schall nicht weiterleiten, sondern absorbieren. Dies sind Materialien, die weich und wenig elastisch sind. Die einfachste Form sind dabei Bänder aus geschäumten Kunststoff oder Filz, die zwischen zwei Wandteile geklebt werden, um den Übergang des Körperschalls von einem Teil zum anderen zu unterbinden.

Aufwändiger zu verarbeiten sind Schüttdämmungen, die z. B. zwischen Boden und Tragkonstruktion einer Etagendecke aufgebracht werden. Dadurch wird der Trittschall gleichmäßiger auf die Fläche verteilt und absorbiert.

Entscheidend ist auch die Wanddicke. Je dicker eine Wand, desto schlechter kann sie schwingen und den Schall in einen anderen Raum übertragen.

Tab. 2: Schallpegel verschiedener Geräusche

Geräusch	A-Schalldruckpegel in dB(A)
Ruhiger Raum, nachts	10 ... 20
Ruhiger Raum, tagsüber	25 ... 30
Leise Sprache	50
Normale Sprache	60
Zimmerlautstärke	60 ... 70
Verkehrslärm	70 ... 80
Hauptverkehrsstraße	80 ... 90
Disco	90 ... 110
Presslufthammer	100 ... 120
Schmerzschwelle	120

6.5 Brandschutz

Durch Brände entstehen große materielle Schäden, zahlreiche Menschen können verletzt werden oder sterben. Deshalb gibt es entsprechende Vorschriften beim Bau eines Gebäudes, die verhindern sollen, dass ein Brand entsteht oder sich schnell ausbreitet.

Das Ausmaß der Schutzmaßnahmen hängt davon ab, wie das Gebäude genutzt wird. Bei öffentlichen Gebäuden, in denen sich sehr viele Menschen aufhalten, gelten

Tab. 1: Brandschutz – Baustoffklassen **DIN 4102**

Baustoff-klasse	Brandverhalten	Beispiele
A1	nicht brennbar, keine brennbaren Bestandteile, keine Rauchentwicklung, kein brennendes Abtropfen	Beton, Glas, Ziegel, Mörtel, Sand, Mineralfasern
A2	nicht brennbar, geringe Anteile brennbarer Bestandteile, keine Rauchentwicklung, kein brennendes Abtropfen	Gipskartonplatten
B1	schwer entflammbar, darf nach Entfernen der Zündquelle nicht selbstständig weiterbrennen	Gipskartonplatten mit gelochter Oberfläche, HWL-Platten, Wärmedämmputz
B2	normal entflammbar, Entzündbarkeit muss bei einer Beflammung mit kleiner Flamme auf das in DIN 4102-1 vorgegebene Maß beschränkt bleiben	Rohre aus PVC-U, Holz und Holzwerkstoffe mit einer Rohdichte $\geq 400\ kg/m^3$ und einer Dicke > 2 mm
B3	leicht entflammbar	Papier, Schaumkunststoffe, Stroh

Tab. 2: Brandschutz – Baustoffklassen **DIN EN 13501**

Baustoff-klasse	Definition	Unter-klasse	Definition
A	kein Beitrag zum Brand	s1	geringe Rauchentwicklung
B	sehr begrenzter Beitrag zum Brand	s2	mittlere Rauchentwicklung
C	begrenzter Beitrag zum Brand	s3	hohe Rauchentwicklung
D	hinnehmbarer Beitrag zum Brand	d0	kein brennendes Abtropfen
E	hinnehmbares Brandverhalten	d1	begrenztes Abtropfen
F	keine Begrenzung des Brandverhaltens	d2	starkes Abtropfen

sehr strenge Vorschriften, die auch regelmäßig überprüft und aktualisiert werden. In einer Privatwohnung müssen weniger Vorgaben eingehalten werden. Aufgrund der Aktualisierung von Brandschutzvorschriften kann eine Modernisierung von Gebäuden notwendig werden.

Beim Brandschutz spielen Gebäudeklassen eine Rolle, die angeben, wie hoch ein Gebäude ist, ob es frei steht oder sich in der Nähe anderer Gebäude befindet. In Deutschland ist hierzu die europäische Norm DIN EN 13501 zusammen mit der deutschen Norm DIN 4102 maßgeblich. In diesen Normen wird ein Baustoff danach klassifiziert, wie er sich unter Hitzeeinwirkung verhält. Dazu gehören neben der Brandtemperatur und der Brandausbreitungsgeschwindigkeit auch das Rauchverhalten und die Schmelzbarkeit, da schmelzende Baustoffe durch abtropfendes Brennen Brände schnell weiterverbreiten können. Tabelle 1 zeigt die Baustoffklassen nach DIN 4102, Tabelle 2 die entsprechenden Klassen nach DIN EN 13501 und die dort definierten ergänzenden Unterklassen für Rauch und Abtropfen.

Bei der Beurteilung der Brennbarkeit einer Wand muss immer der Gesamtaufbau betrachtet werden, da hier unterschiedlich brennbare Materialien verwendet werden können.

Bei der Einteilung nach Feuerwiderstandsklassen wird beurteilt, wie lange ein Bauteil dem Feuer Widerstand leistet, ohne sich zu verformen oder seine Tragfähigkeit zu verlieren. Außerdem wird gemessen, wie hoch die Temperatur auf der dem Feuer abgewandten Seite ist.

Tab. 3: Grenzwerte von Staubarten

Staubart	Arbeitsplatzgrenzwert (AGW) nach TRGS 900	Beispiele Überschreitung des Grenzwertes bei Arbeiten ohne Schutzmaßnahmen
E-Staub	10 mg/m³	▪ Anmischen pulverförmiger Putze ▪ Putze abschlagen ▪ Schleifen einer gespachtelten Fläche bei einer Trockenbauwand
A-Staub	1,25 mg/m³	
Quarzstaub	0,05 mg/m³	

Tab. 4: Staubklassen

Staubklasse	Beschreibung	Beispiele
L	relativ grobkörniger Staub 1 mg/m³	Hausstaub, Stäube aus Glimmer, Kalk und reinem Gips
M	feinere Staubpartikel AGW ≤ 0,1 mg/m³	quarzhaltiger Staub, Holzstäube, Metallstäube, Staub aus Gipsputz, Overspray (Lack und Farbpartikel)
H	krebserregende Stoffe AGW < 0,1 mg/m³	Bleistaub, Schimmelstaub
H-Asbest	asbesthaltiger Staub	Asbest

Soll bei einer Wand eine hohe Feuerwiderstandsklasse erreicht werden, so muss auch die Gesamtkonstruktion darauf ausgerichtet sein. Wenn z. B. die Wandanschlussfugen nicht entsprechend ausgebildet sind, kann ein Feuer über diese Stellen auf die benachbarten Räume übergreifen. Die Feuerwiderstandsklassen sind in DIN EN 13501-2 nach Bauteilen differenziert geregelt.

6.6 Staub

Bei vielen Maler- und Lackiererarbeiten, so auch beim Schleifen der Trockenbauwände, entsteht Staub. Da Stäube gesundheitsgefährdend sind, sollte darauf geachtet werden, so staubarm wie möglich zu arbeiten. Da dies aber nicht immer möglich ist, wie z. B. beim Abbau einer Trockenbauwand oder beim Abschlagen von Putz, muss die Staubbelastung mit technischen Mitteln verringert werden. Eine Gefährdungsbeurteilung und eine daraus resultierende Betriebsanweisung für Arbeiten, bei denen Staub freigesetzt wird, sind obligatorisch.

6.6.1 Staubarten

Nicht nur Stäube, die Gefahrstoffe enthalten, sind gefährlich. Auch gefahrstofffreie Stäube können zu Lungenschäden führen, da die Lunge durch die feinen Stoffe überlastet wird. Die Grenzwerte von Stäuben werden durch die von ihnen ausgehenden Einflüsse auf die menschliche Gesundheit definiert.

- E-Staub: Anteil des Staubes, der eingeatmet werden kann
- A-Staub: Anteil des Staubes, der so klein ist, dass er eingeatmet werden kann und dabei in die Lungenbläschen (Alveolen) vordringen kann
- Quarzstaub: Stäube, die kristallines Siliciumdioxid enthalten. Quarzstäube gehören zum A-Staub, da sie in die Alveolen eindringen und Krebs auslösen können.

6.6.2 Möglichkeiten zur Staubminimierung

Eine Minimierung der Staubbelastung fördert den Gesundheitsschutz und ist eine Arbeitserleichterung, da am Arbeitsplatz später weniger gereinigt werden muss. Folgende Möglichkeiten zur Staubminimierung werden genutzt:

- staubarme Putze, Kleber und Spachtelmassen,
- gebrauchsfertige Materialien,
- Geräte mit integrierter Absaugung,

1 Entstauber an einem Schleifgerät

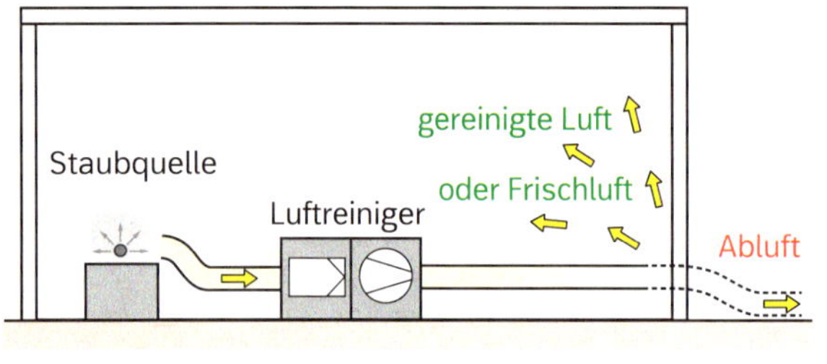

2 Schematische Darstellung eines Luftreinigers

3 Abschotten eines Arbeitsbereiches im Innenraum

4 Staubschutztür

- Luftreiniger,
- Staubsauger, Entstauber,
- Staubschutztüren.

Staubsauger und Entstauber
Mit Staubsaugern saugt man Staub auf, der sich bereits abgelagert hat. Entstauber können außerdem an Hand- und Elektromaschinen angeschlossen werden, um den bei der Arbeit entstehenden Staub direkt aufzunehmen (Abb. 1). Trockenes Fegen oder das Abblasen von Staub ist nicht zulässig.

Staubsauger und Entstauber sind nach DIN EN 60335-2-69, Anhang AA gekennzeichnet. Auf Baustellen, auf denen Stäube entstehen, müssen Geräte verwendet werden, die mindestens die Kennzeichnung M besitzen.

Luftreiniger
Bei Bau-Luftreinigern wird die Luft angesaugt und gefiltert (Abb. 2). Die gereinigte Luft wird mit einem Schlauch wieder abgelassen. Entweder werden diese Geräte direkt dort eingesetzt, wo der Staub entsteht, oder sie kommen zur Reinigung der Raumluft zum Einsatz. Staub verbleibt sehr lange in der Luft, bevor er sich am Boden absetzt. Ein Ansaug- und Abluftschlauch am Gerät macht es möglich, einen großen Abstand zwischen der noch verschmutzten und der bereits gereinigten Luft zu lassen.

Luftreiniger, welche die verschmutze Luft nur nach draußen leiten, sollten nicht eingesetzt werden. Das Problem wird hierbei nämlich nur verlagert, die verschmutzte Luft besitzt auch im Außenbereich eine schädigende Wirkung.

Um die Ausbreitung der Stäube aus dem Arbeitsbereich zu vermeiden, sollte dieser z. B. abgetrennt (Abb. 3) oder durch eine Staubschutztür (Abb. 4) abgeschottet werden. Der Einsatz von Luftreinigern wird somit effektiver und nach der Arbeit müssen weniger Bereiche gereinigt werden.

Aufgaben zu Kapitel 6

1. Erklären Sie, warum sich an kalten Stellen besonders leicht Schimmel bilden kann.
2. Beschreiben Sie, warum die Außendämmung eines Gebäudes meist besser als eine Innendämmung ist.
3. Erklären Sie, auf welche Weise sich der Schall ausbreitet.
4. Wie lange muss eine feuerhemmende Wand bei einem Brand ihre Tragfähigkeit beibehalten?
5. Mit welcher Formel wird der Wärmedurchgangskoeffizient *U* berechnet?
6. Nennen Sie die einzelnen Bestandteile eines Wärmedämmverbundsystems.
7. Wo werden Perimeterplatten eingesetzt?
8. Nennen Sie die möglichen Befestigungsarten für Dämmplatten und deren jeweilige Vor- und Nachteile.
9. Von welchen Faktoren hängt die Anzahl der Dübel für die Befestigung der Wärmedämmplatten ab?
10. Welche Bindemittel können für Fassadenfarben und Putze verwendet werden?
11. Aus welchen Materialien kann das Tragskelett einer Trockenbauwand hergestellt werden?
12. Nennen Sie den Verwendungszweck für folgende Profile: CW-Profil, UW-Profil und CD-Profil.
13. Welche Eigenschaften hat eine Gipsplatte, die mit HF nach DIN EN 520 gekennzeichnet ist?
14. Eine Wand soll in Trockenbau-Ständerbauweise erstellt werden. Nennen Sie die einzelnen Arbeitsschritte.
15. Nennen Sie drei nach ihrer Funktion unterschiedliche Fugenarten.
16. Nennen Sie die wichtigste Voraussetzung für das gute Funktionieren eines Dichtstoffes in der Fuge.
17. Nennen Sie den wesentlichen Unterschied zwischen plastischen und elastischen Dichtstoffen.

7 Putzoberflächen herstellen und instand setzen

KUNDENAUFTRAG

Putzarbeiten an einem Einfamilienhaus durchführen

Arbeitsauftrag

Ein im Jahr 1938 erbautes Einfamilienhaus ist seit längerer Zeit nicht mehr renoviert worden. Die Fassade ist abgewittert und weist einige Abplatzungen und Risse auf. Die Außenwände bestehen aus Vollklinker und sind mit Münchner Rauputz verputzt.

Im Flur und Treppenaufgang des Hauses befinden sich mehrere feine Risse an den Wänden.

Im Kellergeschoss sind Feuchtigkeitsschäden, Ausblühungen und mehrere Putzabplatzungen festgestellt worden.

Auszuführende Arbeiten

1. Instandsetzen der Putzflächen im Außenbereich mit artgleichem Putzmaterial.
2. Schließen der Risse im Bereich des Flurs und Treppenaufgangs.
3. Beseitigen der Feuchtigkeitsschäden und Ausblühungen. Neues Verputzen der schadhaften Stellen mit artgleichem Material.

Objektbeschreibung

Außenwände
Die Außenwände aus Vollklinker sind verputzt mit Münchner Rauputz, Kalk-Zement der Mörtelgruppe P II. Sie weisen mehrere kleine und großflächige Abplatzungen auf. Eine größere Anzahl an Rissen ist im Mauerwerk vorhanden.

Wohnbereich
Der Wohnbereich besitzt einen Putz der Mörtelgruppe PI. Im Flur und Treppenaufgang befinden sich mehrere feine Risse.

Kellergeschoss
Die betonierten Außenkellerwände sind mit Kalkzementputz verputzt. Die Wände zeigen deutliche Feuchtigkeitsschäden mit Ausblühungen. Die Altbeschichtung kreidet.
Die Innenwände aus Vollklinker weisen Abplatzungen vor allem im Bodenbereich auf.

7.1 Fassadenputze

7.1.1 Anforderungen an den Putz

Die meisten Fassaden in Deutschland sind zumindest teilweise verputzt. Ein Außenputz ist wesentlich stärkeren Einflüssen ausgesetzt als ein Innenputz. Deshalb sind die Anforderungen an die Eigenschaften des Materials besonders hoch. Der Putz sollte möglichst lange an der Wand haften, um die Instandsetzungsintervalle möglichst lange zu halten. Dabei sollte er wasserabweisend, aber trotzdem diffusionsoffen sein, keine Risse bilden und nicht verschmutzen. Außerdem soll er auch sein Aussehen möglichst nicht verändern und deshalb nicht kreiden oder verblassen. Der Verarbeiter möchte ein Material, das sich über einen längeren Zeitraum in gleich bleibender Qualität aufziehen lässt und gleichmäßig in jeder Schichtdicke durchhärtet.

Diese sich teilweise widersprechenden Anforderungen konnten früher nur durch das Aufbringen von mehreren Schichten erfüllt werden. Der„klassische“ Putzaufbau besteht aus drei Schichten (Abb. 1). Zunächst wird eine dünne Zementschlämme aufgeworfen, um eine gute Haftung der nächsten Schichten zu erreichen. Anschließend erfolgt der Auftrag des Unterputzes, der mit relativ vielen Zuschlagstoffen versehen ist. Zuletzt wird der Oberputz aufgezogen. Er sorgt für ein einheitliches Aussehen des Putzes und muss auf die gewünschte Struktur abgestimmt sein.

Da die einzelnen Putzschichten mehrere Tage oder Wochen trocknen müssen, bis die nächste Schicht aufgetragen werden kann, ist der dreilagige Putzaufbau sehr zeitaufwendig. Deshalb werden heute meist nur noch zwei Schichten oder nur eine Schicht aufgetragen.

Die gesamte Schichtdicke des Putzes auf dem Mauerwerk beträgt ca. 1,5 cm.

7.1.2 Putzarten

Als mineralische Putzbindemittel im Außenbereich sind Kalk, Zement und Kaliwasserglas geeignet. Gips ist nicht wasserbeständig und kann an Fassaden nicht verwendet werden (LF 2, Kapitel 2.2.2). Außerdem kommen noch verschiedene Kunststoffdispersionen zusammen mit Siliconharzzusätzen zum Einsatz.

In Deutschland gibt es nach DIN 4108 Gebiete mit unterschiedlichen Schlagregenbeanspruchungen, die in die Gruppen I bis III eingeteilt werden:
I: Windarme Gebiete mit < 600 mm Jahresniederschlag

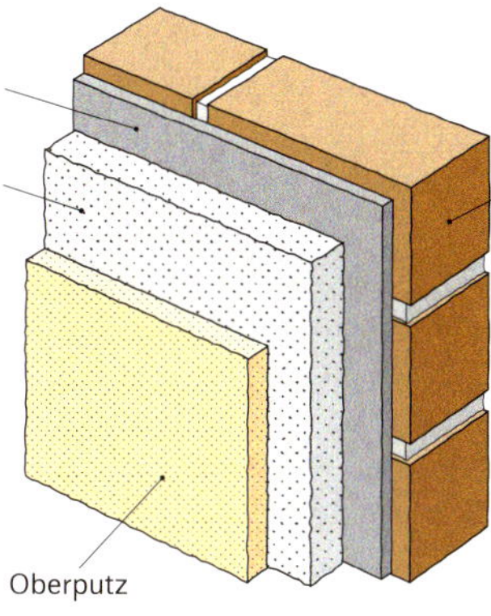

1 Aufbau eines dreilagigen Putzes

II: Gebiete mit 600 bis 800 mm Jahresniederschlag; in geschützten Lagen auch bei > 800 mm Niederschlag
III: Gebiete mit > 800 mm Jahresniederschlag und windreiche Gebiete mit geringerer Niederschlagsmenge, z. B. Küstengebiete, Mittel- und Hochgebirge

Der Norm kann man entnehmen, in welchem Gebiet man sich befindet. Es müssen dann unterschiedlich wasserfeste Putze eingesetzt werden. Den Herstellerangaben kann man entnehmen, ob es sich um Putz ohne Nachweis zum Regenschutz für Gebiet I, um wasserhemmenden Putz für Gebiet II oder um wasserabweisenden Putz für Gebiet III handelt. Die unterschiedliche Regenfestigkeit wird durch die Auswahl des Bindemittels und geeigneter Zusatzstoffe erreicht.

Kalkputze
Kalkputze der Mörtelgruppe P I werden heute kaum noch an Fassaden verarbeitet, da sie wenig druckfest und bei aggressiver Luft wenig wetterbeständig sind. Meist sind bis zu 5 % hydraulische Bestandteile zugesetzt, um die Eigenschaften zu verbessern.

Zementputze
Die Putze der Mörtelgruppe P III sind besonders druckfest und werden deshalb vor allem an stark belasteten Teilen des Gebäudes verwendet (z. B. Sockel).

Kalkzementputze
Kalkzementputze (Mörtelgruppe P II) vereinigen die Eigenschaften von Kalk- und Zementputzen und sind deshalb die am meisten verwendete Putzart im Außenbereich. Je nach Anteil des Zements bzw.Kalkes können die Eigenschaften eher zu denen der Mörtelgruppe P III oder P I tendieren.

Silikatputze
Das Bindemittel beim Silikatputz ist Kaliwasserglas. Die Erhärtung erfolgt wie bei der Silikatfarbe durch

Verkieselung (→ LF 10). Deshalb haftet Silikatputz besonders gut auf allen mineralischen Untergründen. Auf nicht mineralischen Untergründen (z. B. alten Dispersionsfarbenanstrichen) kann ein Silikatputz nicht angewendet werden. Im Gegensatz zu den Kalk-und Zementputzen werden sie in verarbeitungsfertiger pastöser Form angeliefert.

Kunstharzputze
Kunstharzputze, auch als Kunststoffputze bezeichnet, enthalten als Bindemittel eine Kunststoffdispersion oder Epoxidharze und gehören deshalb zu den organischen Putzen. Sie haften auf allen Untergründen und sind deshalb besonders zum Renovieren von beschichteten Altputzen geeignet.
Kunstharzputze sind wasserabweisender als mineralische Putze.

Silikonharzputze
Durch die Kombination einer Kunststoffdispersion mit einer Silikonharzemulsion wird ein Putz geschaffen, der wasserabweisend und relativ diffusionsoffen ist und auf allen Untergründen haftet.

Funktionsputze
Die Hersteller von Putzen versuchen, für jede auftretende Problemstellung einen Putz herzustellen, der genau die richtigen Eigenschaften hat. Dies führt zu einer Vielzahl von speziellen Putzen, von denen hier nur einige genannt werden:

- **Leichtputze** enthalten besonders leichte Zuschlagstoffe und werden vor allem auf Porenbeton verwendet.
- **Sanierputze** können durch viele Poren Salze speichern und verhindern dadurch Abplatzungen des Putzes und der Beschichtung.
- **Buntsteinputze** enthalten runde Steinchen in verschiedenen Farben, die einen besonderen dekorativen Effekt erzeugen.
- **Wärmedämmputze** sollen durch ihren porösen Aufbau und ihre schlecht wärmeleitenden Bestandteile den Wärmeverlust durch die Wand verhindern. Dies funktioniert allerdings in merkbarem Maß nur bei einer sehr hohen Schichtstärke.

7.1.3 Verarbeitung von Putzen

Putze werden entweder in pastöser Form in Eimern, Wannen oder Silos angeliefert oder als Werktrockenmörtel in pulvriger Form in Säcken oder Silos. Die Zugabe des Wasser muss genau nach den Herstellerangaben erfolgen.Das Anmischen kann kontinuierlich durch eine Putzmaschine erfolgen oder, bei kleineren Flächen, im Mörteltrog.

1 Ungleichmäßige Rillenstruktur

Der Untergrund muss tragfähig und staubfrei sein. Meist wird vor dem Verputzen eine Grundierung aufgetragen, die die Saugfähigkeit verringert und lose Teilchen bindet.

Bei mineralischen Putzen muss man darauf achten, dass alle Glas- und Marmorflächen abgedeckt sind, da durch die Alkalität des Putzes Flecken entstehen, die nicht mehr entfernt werden können. Das Tragen von Handschuhen sollte eine Selbstverständlichkeit sein. Zusätzlich sollte beim Öffnen und Einschütten von zementhaltigen Säcken ein Partikelfilter getragen werden, um die Atemwege vor Verätzungen zu schützen.
Da die Putze bei höheren Temperaturen und niedriger Luftfeuchtigkeit schneller erhärten, muss an heißen Tagen der aufgezogene Putz feuchtgehalten werden. Außerdem sollte der Untergrund vorgenässt werden, um ein Aufbrennen des Putzes zu verhindern.

Die Mindest- und die Höchstschichtdicke des Putzes sollten unbedingt eingehalten werden. Bei Putzen für eine Rillenstruktur darf der Putz nur bis zur Kornstärke aufgetragen werden, da sonst beim Verreiben die Struktur zugeschmiert wird (Abb. 1).

7.1.4 Werkzeuge und Geräte

Für die Verarbeitung von Putzen benötigt man je nach Arbeitsschritt und optischen Anforderungen unterschiedliches Werkzeug (Abb. 2 und Tab. 1).

Manueller Auftrag
Für Putzarbeiten eigenen sich Flächenspachtel und Glättekellen aus Stahlblech. Die Spachtel und Kellen

2 Putzauftrag mit einer Glättekelle

müssen rostfrei sein, da sie wegen des Wasseranteils des Putzes ansonsten schnell rosten würden.

Bei sehr glatten Untergründen kann ein Spritzbewurf nötig sein, wodurch die Adhäsionsoberfläche größer wird. Hierfür wird dünne Spachtelmasse angerührt und mit der Aufladekelle (auch als Gipserkelle bezeichnet) an die Wand geworfen. Der Bewurf erfolgt mit Schwung aus dem Handgelenk und erfordert handwerkliches Geschick und Übung. Es existieren unterschiedliche Ausführungen von Aufladekellen, die z. B. als „Süddeutsche Kelle" oder „Berliner Kelle" bekannt sind.

Für eine stärkere Materialschicht auf einer Fläche sind Putzlehren oder -leisten zu empfehlen. Diese Putzlehren werden aus Aluminium, verzinktem Stahl, Edelstahl und gelegentlich noch aus Holz verwendet. Sie werden in der Stärke der späteren Putzschicht benötigt und mit Klammern an den Rändern der zu verputzenden Fläche befestigt. Nachdem der Putz aufgebracht wurde, zieht man diesen mit einer Trapezkartätsche aus Aluminium oder einer Richtlatte aus Holz ab und glättet die Fläche dadurch.

Für den Aufziehvorgang mit der Glättekelle (auch als Traufel bezeichnet) wird Putz mit der Aufladekelle auf die Längsseite der Glättekelle gelegt und diese leicht gegen den Untergrund geneigt. Durch eine vertikale Ziehbewegung von unten nach oben wird das Material gleichmäßig auf den Untergrund aufgebracht.

Tab. 1: Werkzeuge zur Putzverarbeitung

	Glättekelle
	Aufladekelle
	Außen-Eckkelle
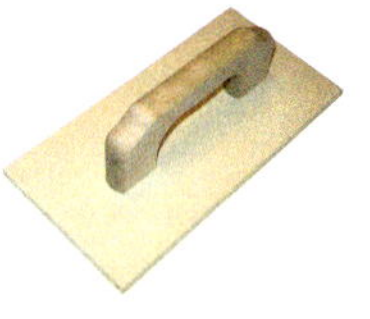	Reibebrett

Durch eine zusätzliche waagerechte Ziehbewegung wird die gleichmäßige Verteilung des Materials auf dem Untergrund unterstützt. Nachdem die Fläche leicht „angezogen" ist, lässt sich die Fläche mit dem Glätter abziehen. Hierbei wird in vertikalen oder horizontalen Ziehbewegungen – mit verstärktem Druck auf einer Seite des Glätters – die Fläche abgezogen. Das Überarbeiten erfolgt in der Richtung, auf der der stärkere Druck lag, wodurch sich Grate vermeiden lassen.

Mit einer Eckkelle kann man den Putz an Ecken und Kanten besser andrücken und erhält so einen optisch ansprechenden und stabilen Abschluss.

Um dem Putz eine größere Festigkeit und eine Struktur zu geben, werden Reibebretter verwendet. Reibebretter gibt es in unterschiedlichen Ausführungen und Größen. Die Reibefläche kann aus Moosgummi, Holz oder Filz bestehen.

Weitere Gestaltungsmöglichkeiten für die Putzoberfläche ergeben sich durch den Einsatz von Bürsten, Schwämmen, Spachteln und Rollen mit unterschiedlichen Strukturreliefs.

Putzmaschinen
Der Auftrag von großen Putzflächen wird durch den Einsatz von Maschinen erleichtert. Werksmäßig vorgefertigte Trockenputze werden zunächst in einem Silo (Abb. 1) oder einem Container auf der Baustelle gelagert. Wird weniger Material benötigt, kann auch Sackware eingesetzt werden.

Über eine Förderanlage wird der Putzmörtel zu einem Mischgerät transportiert, wo er mit Wasser verarbeitungsfähig gemacht wird. Eine Pumpe fördert den Putz durch einen Schlauch zur Düse bzw. Pistole an der Verarbeitungsstelle.

Üblicherweise arbeiten drei bis vier Handwerker mit einer Putzmaschine. Eine Person befüllt und kontrolliert das Gerät, ein zweiter trägt den Putz auf und ein bis zwei weitere ziehen den Putz glatt. Ein eingespieltes Team kann beim maschinellen Putzauftrag im Vergleich zum manuellen Auftrag sehr viel Zeit sparen.

1 Kleinsilo zum Bereitstellen von Putz

7.2 Gestaltungstechniken an Fassaden

Schon immer haben Menschen versucht, ihre Häuser durch Malereien oder Ornamente zu schmücken. Die verwendeten Materialien und die Art des Aufbringens auf den Untergrund können recht unterschiedlich sein. Neben dem Aufmalen mit einem Beschichtungsstoff kann die Fassade auch durch Putzstrukturen gestaltet werden.

Fresco
Die Frescotechnik wird seit dem Mittelalter zur Bemalung von Fassaden und auch von Innenräumen angewendet (Abb. 2).
Es wird hier auf den noch feuchten (italienisch „fresco“), aber bereits angezogenen Putz gemalt. Dabei werden mit Wasser verdünnte Pigmentpasten ohne Bindemittel verwendet. Die Pigmente dringen in den Putz ein und verbinden sich beim Erhärten des Putzes mit diesem. Weil die Farbe nicht nur oberflächlich auf dem Untergrund aufliegt, sind die Malereien sehr lange haltbar.
Die Anfertigung einer Frescomalerei erfordert viel Übung, da man beim Malen auf dem feuchten Untergrund die spätere Farbe noch nicht erkennen kann. Erst beim Trocknen des Putzes kommen die Farben zum Vorschein. Man muss das Aufziehen des Putzes und das Aufmalen der Farbe sehr genau aufeinander abstimmen, da der Abbindegrad des Putzes das Aussehen und die Haltbarkeit der Malerei beeinflusst.

2 Fresco

Secco
Die einfachste und deshalb auch am meisten verwendete Maltechnik ist die Seccomalerei. Hier wird der flüssige Beschichtungsstoff auf den trockenen (italienisch „secco“) Putz aufgebracht. Da hier die Farbe als dünne Schicht auf dem Putz liegt, kann sie leicht durch die Witterung abgetragen werden. Haltbare Malereien erreicht man durch das Auftragen von mehreren dünnen Schichten mit dünnflüssigen Beschichtungsstoffen.

Lüftlmalerei
Besonders verbreitet ist die teils sehr aufwendige Bemalung von Fassaden bis heute im südbayerischen und tiroler Raum. Sie wird hier als Lüftlmalerei bezeichnet (Abb. 3). Die Bezeichnung geht wohl auf das Heimathaus des Fassadenmalers Seraph Zwinck zurück, das den Hausnamen „Zum Lüftl“ trug.
Die Lüftlmalerei kann illusionistische Graumalereien von Architekturelementen wie Säulenportale, Fenstereinfassungen und Stuckaturen beinhalten. Daneben werden auch Figuren aus der Geschichte, der christlichen Glaubenslehre und des bäuerlichen Alltags dargestellt.

Sgraffito
Bei der Sgraffitotechnik wird die ornamentale Gestaltung durch das Herauskratzen von Putzschichten erreicht. Die Herstellung eines Sgraffitos ist sehr aufwendig. Es werden zunächst zwei bis vier unterschiedlich eingefärbte Putzschichten in genau gleichbleibender Schichtstärke aufeinander aufgezogen. Diese dürfen jeweils nur leicht abgebunden sein, sodass man anschließend mit verschiedenen Kratzeisen die gewünschten Formen herauskratzen kann. Je nachdem wie tief man kratzt, kommen die verschieden farbigen Putzschichten zum Vorschein (Abb. 6).
Mit dieser Technik können kaum Farbübergänge geschaffen werden. Es dominieren klare Konturen. Deshalb ist man in der Gestaltung eingeschränkt. Der Vorteil der Sgraffittotechnik ist allerdings, dass sie sehr lange haltbar ist.

Putzstrukturen
Das Aussehen einer Fassade wird neben der Farbgebung auch durch die Putzstruktur beeinflusst (Abb. 5).

3 Lüftlmalerei

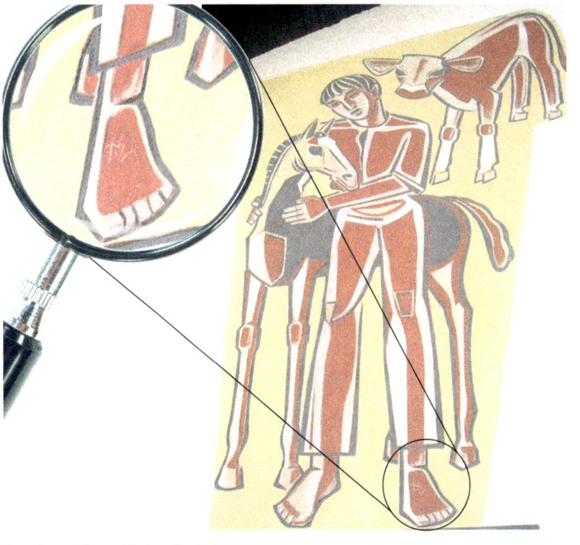
4 Sgraffito, links Detail

5 Waschputzstruktur neben einem Reibeputz

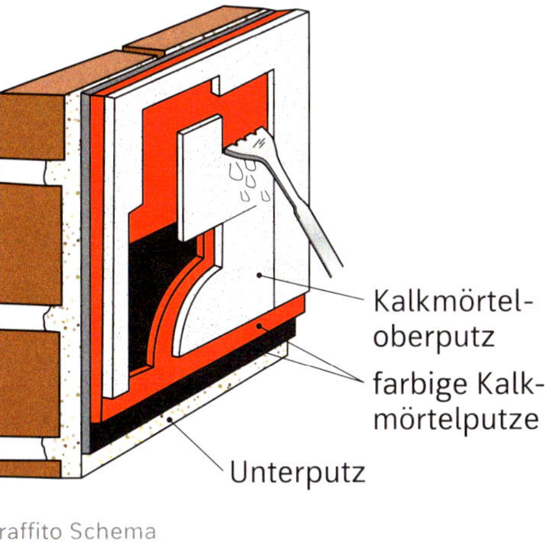

6 Sgraffito Schema

Die Putzstruktur, wie z. B. Scheibenputz, Kratzputz oder Rauputz, muss zum Charakter des Gebäudes passen. An eine feingliedrige, moderne Fassade passt ein fein gefilzter Putz, während ein rustikaler Gasthof mit einem grob strukturierten Waschputz versehen sein kann.

Putzstrukturen

1 Echter Kratzputz

2 Reibeputz

3 Rauputz

4 Rillenputz, verschiedene Varianten

5 verschiedene Putzkontraste

7.3 Rissbearbeitung

Mit Rissen kann der Maler z. B. bei Putzuntergründen konfrontiert werden. Dort unterscheidet man, abgesehen von bauwerksbedingten Rissen, zwischen Fugenrissen, Netzrissen und Haarrissen (LF 2). Risse treten im Putz auf, wenn der Oberputz eine höhere Festigkeit als untere Putzschichten aufweist oder wenn eine zu hohe Putzdicke vorhanden ist. In Innenräumen können Risse mit Glasgewebe oder Vlies überklebt werden, nachdem die Risse mit elasto-plastischer Fugenmasse ausgefüllt worden sind (Abb. 6 und 7). Das Gewebe kann anschließend mit herkömmlichen Tapeten überklebt werden.

6 Füllen von Rissen mit elastoplastischer Fugenmasse

7 Überkleben der gefüllten Risse mit Glasgewebe

Auf Außenwänden muss der Putz je nach Schaden ausgebessert oder erneuert werden. Zur Erneuerung des Putzes wird der Altputz abgeschlagen und komplett neu verputzt. Die Ausbesserung von Haar- und Netzrissen im Putz kann mit elastischen Rissfüllmassen und Anstrichsystemen vorgenommen werden. Bei Fugenrissen wird zur Rissüberbrückung zunächst ein Armierungsgewebe aus Kunststoff aufgeklebt, ehe mit elastischen Beschichtungen weitergearbeitet wird (Abb. 8).

Bei Altbauten wird bei Putzschäden oder Rissen oft aus Gründen des Wärmeschutzes ein Wärmedämmverbundsystem (WDVS, LF 10) auf die schadhafte Fassade aufgebracht, das anschließend verputzt wird. Somit verschwinden die Risse und gleichzeitig wird Energie gespart.

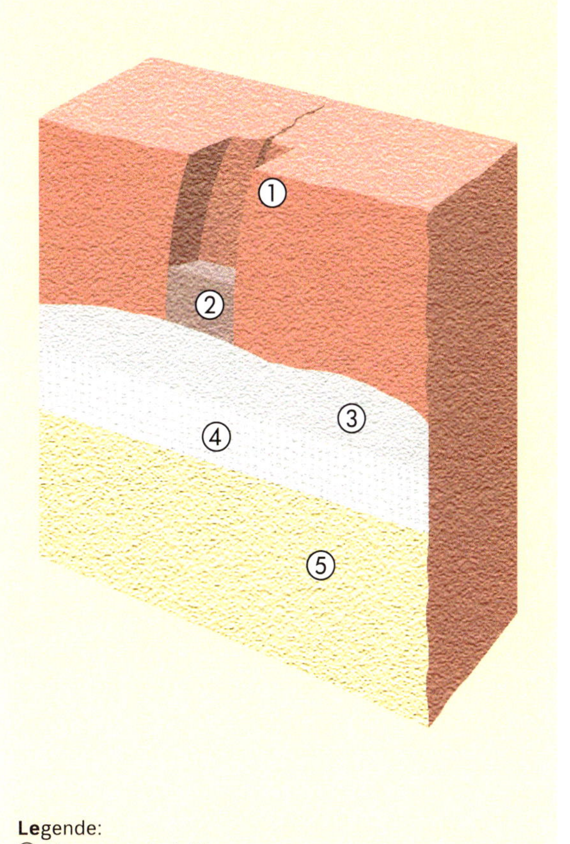

Legende:
① Untergrund mit Riss
② Fugenmasse
③ Grundierung
④ Armierung
⑤ Putzoberfläche mit farbigem Anstrich, wenn eine zu hohe Putzdicke vorhanden ist

8 Schema: Rissüberbrückung mit Armierungsgewebe

1 Wärmedämmverbundsystem

7.4 Entsorgung von Abfallstoffen

Je nach Art und Umfang der Auftragserteilung an den Malerbetrieb muss die Entsorgung von Abfallstoffen sehr unterschiedlich gehandhabt werden.

Der Umgang mit Abfällen muss nach folgenden Gesichtspunkten vom Betrieb strukturiert werden:
- Abfallvermeidung,
- Abfallerfassung an der Arbeitsstelle,
- Abfalltrennung und Vorbereitung zur Entsorgung,
- Abtransport der Abfälle,
- Dokumentation der Entsorgung.

7.4.1 Planung der Abfallentsorgung

Die Voraussetzung für die richtige Abfallentsorgung auf der Baustelle ist die Berücksichtigung der maximal anfallenden Abfallmengen sowie der Entsorgungsmöglichkeiten. Der zu erwartende Aufwand der Entsorgung muss insbesondere bei der Kalkulation von Angeboten mit einbezogen werden. Bei größeren Aufträgen wird empfohlen, ein detailliertes Entsorgungskonzept zu erstellen.

Folgende Gesichtspunkte sind bei der Planung der Abfallentsorgung zu berücksichtigen:
- Umgang mit ggf. gefährlichen Abfällen,
- Abfalltrennung,
- Bereitstellung von Sammelbehältern,
- Rücktransport von Abfällen in den Betrieb zur Entsorgung,
- Entsorgungsmöglichkeiten von Abfällen auf der Baustelle,
- Einweisung der Mitarbeiter vor Ort.

7.4.2 Abfallvermeidung

Die rechtliche Grundlage für den Umgang mit Abfällen ist das „Kreislaufwirtschafts- und Abfallgesetz". Dieses ist das zentrale Gesetz des deutschen Abfallrechts und wird durch spezielle Rechtsverordnungen (z. B. Gewerbeabfallverordnung, Verpackungsverordnung) ergänzt. Das Abfallrecht fordert, das Entstehen von Abfällen grundsätzlich zu vermeiden. Es gilt der Grundsatz „Vermeidung vor Verwertung vor Beseitigung". Die Vermeidung von Abfall ist für einen Betrieb auch wirtschaftlich sinnvoll, da sowohl Entsorgungskosten als auch Arbeitsaufwand der eigenen Mitarbeiter reduziert werden können.

Die Abfallvermeidung setzt schon z. B. bei der Bestellung von Gebinden mit Beschichtungsmaterial an. Bestellt man zu viele Kleingebinde, erhöht dies den Verpackungsmüll. Werden zu große Gebinde geordert, bleiben häufig nicht mehr verarbeitbare Materialreste übrig, die entsorgt werden müssen.

Zum Beispiel trägt schon die mehrmalige Verwendung von Abdeckfolien oder -papier zur Müllreduzierung bei. Der dennoch anfallende Abfall des Betriebes muss nach wiederverwertbaren Materialien und Bau- bzw. Abbruchabfällen getrennt werden. Nur dann kann er separat verwertet oder entsorgt werden. Die Einzelheiten werden in der Gewerbeabfallverordnung geregelt.

Für Verdünnungen, Putze und sonstige in Malerbetrieben und auf Baustellen verwendete Großmengen können Pfandgebinde, Kleinsilos usw. verwendet werden.

Komplett restentleerte, trockene oder durchgehärtete Gebinde können in den regulären Gewerbemüll gegeben oder an den Hersteller zurückgegeben werden. Das Aushärten und Austrocknen von Restbeschichtungsstoffen kann auch die Gefährlichkeit der Materialien verringern.

Im Rahmen kleinerer Baustellen, bei denen nur geringe Mengen Abfall entstehen, muss der Rücktransport des Mülls in die Firma oder zur Annahmestelle gewährleistet werden.
Die Behälter, in denen der Abfall getrennt nach Sorten gesammelt wird, müssen auch transportierbar sein.

Kalkulationsblatt für die Abfallentsorgung (Bauleitung)															
Baustelle: Kasseler Straße – *Beispielkalkulation* –															
Grundlage: Leistungsverzeichnis (Rohbau)															
	Erwartete Abfallmenge in m³											Kosten (EUR)	Entsorgt		
	in Position												Menge (m³/t)	Kosten (EUR)	
Abfallart	**1**	**2**	**3**	**4**	**5**	**6**	**7**	**8**	**9**	**Re**	**Ges**				**Behälter**
Erdaushub															
Bauschutt				5	10				1	10	26	307	60 m³	450	Cont. / 7 m³
Holz				20	10						30	869	52 m³	1435	Cont. / 7 m³
Schrott				1							1	51	1 m³	0	lose
Verpackungen, allg.															
Folien					5						5	26	5 m³	0	Säcke
Papiersäcke					2						2	5	5 m³	0	Säcke
Umreifungsbänder					2						2	5	0	0	Säcke/Schrott
Styropor															
Grüner Punkt											2	0		0	Gelbe Säcke
Bitumenanstrich								10			10	10	Rückgabe		lose
Baustellenabfälle					1			1		15	17	1534	16 m³	617	Cont. / 7 m³
hausmüllä. Gewerbeabfall											5	153	5 m³	107	Abfalleimer
Mineralrolle					2						2	128	3	61	Säcke
Styrodur					2						2	2128	3	67	Säcke
Sonderabfälle															
hausmüllä.: hausmüllähnlich Re: Abfälle aus Baustellenreinigung Ges.: erwartete Gesamtmenge															

1 Kalkulation der Abfallentsorgung auf der Baustelle

Bei größeren Mengen werden von Spezialfirmen Container zum Sammeln des Abfalls bereitgestellt und später abgeholt. Der Malerbetrieb muss während der Verwendung darauf achten, dass niemand z. B. stark verschmutzte Abfälle oder Fremdmaterialien (Altöl, Autoreifen usw.) in die Behälter werfen kann, was die Entsorgung verteuern könnte. Daher sind Container abzudecken oder deren Deckel abzuschließen, wenn sie nicht gebraucht werden.

Verpackungsmaterialien mit dem „Grünen Punkt" sowie Kartons, Verpackungsfolien, Kanister, Fässer, Eimer, Paletten usw. können über Recycling-Systeme zurückgegeben werden. Über diese Möglichkeiten kann sich der Malerbetrieb bei seinem Lieferanten erkundigen.

Beschichtungsmaterialreste werden nach wasser- und lösemittelverdünnbaren getrennt (Seite 82, Abb. 1) und von Spezialfirmen entsorgt.

2 Leere Kunststoffgebinde

Verschmutzte Altverdünnungen können in einem Sammelbehälter an den Lieferanten zurückgegeben werden. Der Hersteller kann aus diesen Materialien unter Zuhilfenahme eines Destilliergeräts Lösemittel rückgewinnen, die als Wasch- bzw. Reinigungsverdünnung wiederverwendet werden können (Abb. 4).

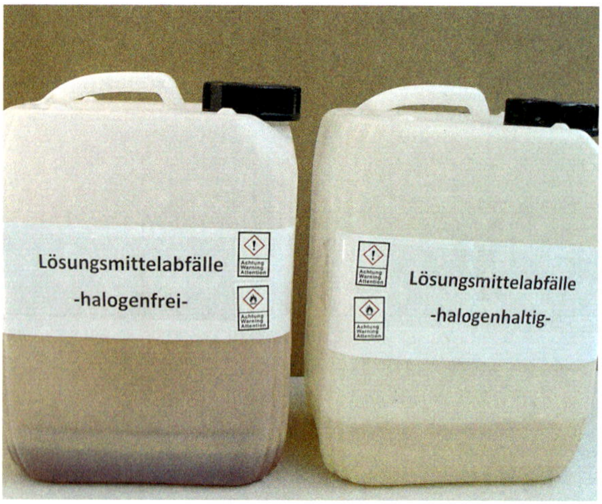

1 Sammelbehälter für Altverdünnung

3 Baustellencontainer

2 Gesammelte Reste von Anstrichstoffen

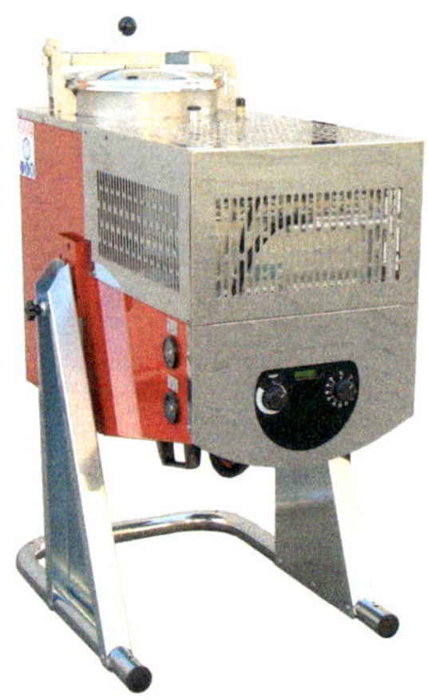

4 Destilliergerät zum Recyceln von Lösemitteln

Tab. 1: Trennung von Baustellenabfällen nach Gewerbeabfallverordnung

Bauabfälle	Verpackungsabfälle
Bauschutt Mörtel und Zement, Fliesen, Keramik, Mauerbruch, Betonreste	**Papierverpackungen** Papier, Pappe, Papiersäcke (restentleert)
Holzabfälle Bretter, beschädigte Paletten, Verschnittreste	**Styroporverpackungen** Saubere Formteile und Chips, keine Dämmstoffe/Baustyropor!
Schrott Rohrabschnitte, restentleerte Blechgebinde, Umreifungsbänder aus Stahl	**Folienverpackungen** Saubere Folien, restentleerte Säcke
Baustellenabfälle Baufolien, verschmutzte Verpackungen, Abdeckpapier, Gipskarton usw.	**Umreifungen** Kunststoffumreifungen Stahlumreifungen · Schrott
Sonderabfälle Sammelstelle, Abgabe nur in Anwesenheit eines Poliers	**Kunststoffgebinde** Restentleerte Kanister, Hobbocks (Rundeimer), Fässer

7.5 Arbeitsbühnen

Für die Arbeit an höher gelegenen Stellen können statt Leitern und Gerüste auch Arbeitsbühnen verwendet werden. Das Aufstellen der Arbeitsbühnen geht im Vergleich zu einem Gerüst sehr schnell und ist deshalb auch besonders kostengünstig. Vor allem bei kleinflächigen Arbeiten in großer Höhe sind sie bestens geeignet. Ungünstig ist der Einsatz bei Objekten, bei denen an einer größeren Fläche mehrere Arbeiter gleichzeitig beschäftigt sind. Beispiel: Mehrere Personen rollen die Fassade, während andere die Laibung ausmalen.
Für Malerarbeiten werden meist Arbeitsbühnen verwendet, die auf einem Anhänger montiert sind. Im Innenbereich sind besonders die kleinen Maße des eingefahrenen Gerätes wichtig, damit es durch die Türen passt.
Die Anschaffung einer eigenen Arbeitsbühne lohnt sich für einen Malerbetrieb meist nicht. Deshalb werden sie von Spezialfirmen für bestimmte Objekte ausgeliehen.

7.5.1 Arten von Hubarbeitsbühnen

Teleskoparbeitsbühne
Bei einer Teleskoparbeitsbühne wird die erforderliche Länge dadurch erreicht, dass sich das letzte Segment in die Länge ausfahren lässt. Das Teleskopgestänge ist an einer Stelle drehbar auf dem Gestell befestigt (Abb. 5).

Scherenarbeitsbühne
Scherenarbeitsbühnen lassen sich nur senkrecht nach oben fahren. Ihr Vorteil ist die Standsicherheit und der breitere Korb, in dem auch mehrere Personen gleichzeitig arbeiten können (Abb. 6).

5 Teleskop und Gelenkteleskop-Hebebühne

Gelenkarbeitsbühne
Im Gegensatz zu reinen Teleskoparbeitsbühnen sind Gelenkarbeitsbühnen an mehreren Gelenkpunkten drehbar. Durch den mehrfachen Knick und Drehung können auch schwierig zu erreichende Stellen an einem Gebäude bearbeitet werden. Wenn das letzte Segment teleskopartig ausfahrbar ist, handelt es sich um eine Gelenkteleskoparbeitsbühne (Seite 84, Abb. 1).

7.5.2 Sicherheitsbestimmungen

Allgemeine Hinweise
Hubarbeitsbühnen dürfen nach den Regeln der Berufsgenossenschaft (BGR 260) nur Personen bedienen, die entsprechend ausgebildet und vom Unternehmer dafür beauftragt sind. Jugendliche unter 18 Jahren dürfen im Rahmen ihrer Berufsausbildung Arbeitsbühnen nur unter Aufsicht einer dafür vorgesehenen Person bedienen.
Die Arbeitsbühnen müssen sicher auf einer waagrechten Position aufgestellt sein. Die Ausleger sind auszufahren. Die Stützen müssen bei weichem Untergrund mit Brettern unterlegt werden.

6 Scherenhubarbeitsbühne

7 Spezialarbeitsbühne mit Raupenfahrwerk

1 Gelenkteleskoparbeitsbühne

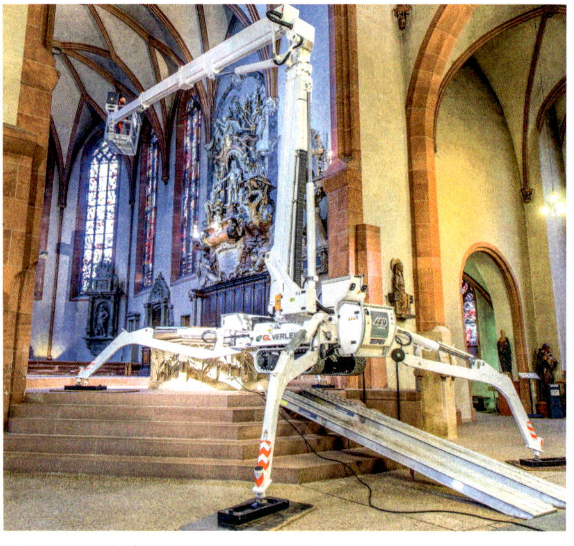

2 Kettenarbeitsbühne im Einsatz

Besonders bedeutsam ist bei der Arbeit mit Arbeitsbühnen die Sicherung der Verkehrswege. Es muss sichergestellt sein, dass sich keine Personen unter dem Arbeitsbereich befinden. Wenn die Arbeitsbühne auf öffentlichen Straßen steht, ist die Gefahr besonders groß, dass vorbeifahrende Fahrzeuge einen Standfuß berühren und dadurch eine Person aus dem Arbeitskorb geschleudert wird. Deshalb muss das Gerät ausreichend gesichert werden.

Abstand zu Hochspannungsleitungen

Besonders zu beachten ist der Abstand zu elektrischen Hochspannungsleitungen. Die Abstände nach Tab. 2 müssen unbedingt eingehalten werden, da sonst schwerste Verletzungen und Tod drohen.

Tab. 1: Normen für Schutzgerüste und Arbeitsbühnen

DIN 4420-1	Arbeits- und Schutzgerüste – Teil 1: Schutzgerüste – Leistungsanforderungen, Entwurf, Konstruktion und Bemessung
DIN EN 280	Fahrbare Hubarbeitsbühnen – Berechnung – Standsicherheit – Bau – Sicherheit – Prüfungen; Deutsche Fassung prEN 280: 2018
DIN EN 1004	Fahrbare Arbeitsbühnen aus vorgefertigten Bauteilen – Werkstoffe, Maße, Lastannahmen und sicherheitstechnische Anforderungen; Deutsche Fassung EN 1004: 2020

Tab. 2: Abstände zu Hochspannungsleitungen nach VDE 0105-100

Spannung	Mindestabstand
Bis 1 kV	1 m
1 kV – 110 kV	3 m
110 kV – 220 kV	4 m
220 kV – 380 kV	5 m

Auffanggurte

Die wichtigste persönliche Schutzausrüstung (PSA) ist der Auffanggurt (Abb. 3). Dieser muss beim Aufenthalt im Korb ständig angelegt sein. Das Halteseil sollte so kurz wie möglich eingestellt sein, damit bei einer unvorhergesehenen Bewegung des Korbes der Arbeiter nicht hinausstürzen kann.

3 Person mit Auffanggurt

7.6 Einhausung

Unter einer Einhausung versteht man eine großflächige Verkleidung von Bauteilen, um einen Arbeitsbereich von seiner Umgebung zu trennen und diese vor schädlichen Emissionen wie Staub zu schützen. Die Einhausung schützt den Arbeiter und das Bauteil vor Witterungseinflüssen und erhöht die Sicherheit an der Baustelle. Die unterschiedlichen Arten von Einhausungen werden im Folgenden näher erläutert.

Netze
Diese schützen Passanten vor Staub, Bauschutt und herabfallenden Werkzeugen (Abb. 4). Besonders engmaschige Netze schützen außerdem vor der Witterung. Wenn die netzartige Behausung als Schutznetz und damit als vorbeugende Maßnahme vor Abstürzen angewendet wird, ist die DIN EN 1263 „Temporäre Konstruktionen für Bauwerke – Schutznetze (Sicherheitsnetze)“ zu beachten.

Planen und Folien
Gerüstplanen bieten einen Sichtschutz für die Handwerker auf dem Gerüst und eigenen sich gut als Schutz vor Witterungseinflüssen. Planen sind in verschiedenen Ausführungen und Qualitäten erhältlich, damit sie auf die Arbeiten abgestimmt werden können. Planen aus Luftpolsterfolie haben einen wärmedämmenden Effekt und werden zum Schutz gegen niedrige Temperaturen eingesetzt.

Planen mit einer Beschichtung aus PVC sind staub- und wasserdicht. Bei Sandstrahl- und Korrosionsschutzarbeiten bieten sie den Vorteil, dass keine Emissionen wie das Strahlgut in die Umwelt gelangen. Hier kommen häufig Kederplanen mit einem Saum zum Einsatz, die mithilfe eines eigenen Systems am Gerüst montiert werden.

Schrumpffolien sind absolut dicht, da die Nähte der Folien thermisch verschweißt werden. Sie werden beispielsweise bei der Asbestsanierung eingesetzt.

4 Einhausung von Gerüsten mit Netzen

Bei einer Einhausung mit windundurchlässigen Planen muss die Statik des Gerüstes auf die Windlasten abgestimmt werden.

Temporäre Schutzwände
Diese bestehen aus einer Unterkonstruktion und montierten Kassettenelementen wie z. B. OSB-Platten (ein Holzwerkstoff, auch Grobspanplatte genannt). Sie sind blickdicht, schlag- und stoßfest und schützen die Umgebung vor Baustellenlärm. Sie werden auch als Schutzzäune eingesetzt um z. B. Einbrüche auf Baustellen zu verhindern.

Wetterschutzdach und Winterbauzelte
Diese besonderen Formen der Einhausung werden z. B. bei Winterbaustellen eingesetzt.

7.7 Klimatisierung

7.7.1 Bautrockner

Ein Bautrockner kommt üblicherweise bei einem Wasserschaden wie z. B. einem Rohrbruch zum Einsatz. Aber auch bei einem Neubau oder einer Sanierung wird er zunehmend eingesetzt, da während der Bauphase viel Wasser in ein Gebäude eingebracht wird. Die Feuchtigkeit sollte durch konsequentes Lüften und Heizen entfernt werden, bevor es zu Schäden wie Schimmel kommt. Auf Winterbaustellen kann es zudem durch die Feuchtigkeit zu Frostschäden kommen.

Bautrockner werden eingesetzt bei:

- Sanierung nach einem Wasserschaden,
- Neubau,
- Sanierung/Renovierung.

Funktion
Mithilfe eines Ventilators wird die feuchte Luft an Kühlelementen vorbeigeführt. Diese kühlen die Luft ab und sorgen dafür, dass sich die Feuchtigkeit aus der Luft als Kondenswasser niederschlägt. Das flüssige Wasser wird aufgefangen und in einem Behälter gesammelt oder mithilfe eines Schlauches abgeführt. Der Bautrockner wärmt die entfeuchtete Luft leicht an und gibt sie wieder in die Raumluft ab.

Bei kalten Temperaturen sollten Bautrockner in Kombination mit Heizgeräten verwendet werden. Sie erfüllen ihre Funktion in der Regel ab einer Temperatur von 15 °C, besser ab 20 °C.

7.7.2 Bauheizung

Putzarbeiten sollten nicht unter 5 °C ausgeführt werden. Dabei ist nicht nur die Lufttemperatur, sondern auch die Temperatur des Untergrundes und die des Materials zu berücksichtigen. Frisch aufgebrachter Putzmörtel muss während des Erhärtungsvorganges vor Frost geschützt werden. Um diese Voraussetzungen auch bei Winterbaustellen zu erfüllen, werden mobile Bauheizungen eingesetzt.

Vorteile von Bauheizungen sind:

- Es gibt keinen Zeitverlust wegen der Witterungsverhältnisse.
- Das Gebäude und die Baustoffe werden vor Witterungseinflüssen geschützt.
- Baustoffe wie Putze oder Estriche können nach Herstellervorgaben verarbeitet werden.
- Der Bau/Neubau trocknet schneller aus.

Nachteilig sind der Energieaufwand und die damit verbundenen Kosten. Allerdings sollte auch ein ruhender Rohbau im Winter vor Feuchtigkeit und Kälte z. B. durch ein Notdach oder eine Einhausung geschützt werden, damit es nicht zu frostbedingten Schäden kommt.

Arten von Bauheizungen
Man unterscheidet elektrisch betriebene Bauheizungen sowie Geräte, die mit Öl- oder Gas betrieben werden.

1 Elektrisch betriebene Bauheizung

2 Ölbetriebene Baustellenheizung mit Außenaufstellung

Tab. 1: Unterscheidung nach Energieträger

	Elektrisch	Öl	Gas
Art	Warmluftgebläse 3–30 kW	▪ Brenner erzeugt Wärme, die die Raumluft erhitzt. ▪ Es gibt direkte und indirekte Befeuerung. ▪ 3–100 kW	
Vorteile	Einfach zu installieren	▪ Leistungsstark ▪ Lange Laufzeiten ▪ Relativ einfache Installation bei einem integriertem Brennstofftank	▪ Leistungsstark ▪ Flüssiggas verbrennt geruchsneutral. ▪ Lange Laufzeit ▪ Gasflaschen relativ leicht austauschbar
Nachteile	Nicht so leistungsstark	Bei direkter Befeuerung geben sie Abgase in den Raum ab. Sie dürfen nur in gut belüfteten Räumen aufgestellt werden. Bei der Verbrennung entstehen Schadstoffe.	Räume müssen gut belüftet sein, da Schadstoffe in den Raum gelangen. Gasflaschen müssen fachgerecht behandelt werden.

7.8 Berufsgenossenschaften

Im Jahr 1885 trat das Unfallversicherungsgesetz in Kraft. Es wurde von Reichskanzler Otto von Bismark auf Anraten des deutschen Kaisers Wilhelm I. verwirklicht.

Dieses Gesetz war die Geburtsstunde der **Berufsgenossenschaften**.
Derzeit gibt es sechsundzwanzig gewerbliche Berufsgenossenschaften, welche nach Wirtschaftszweigen und Regionen (Landesverbände) gegliedert sind. Berufsgenossenschaften sind die Träger der gesetzlichen Unfallversicherung für die in Deutschland tätigen Unternehmen und ihre Beschäftigten. Berufsgenossenschaften gehören zu den Sozialversicherungen.

Die Aufgaben der Berufsgenossenschaften sind das Verhindern von
- Arbeits- und Wegeunfällen,
- Berufskrankheiten sowie
- arbeitsbedingten Gesundheitsgefahren.

Zur Durchführung dieser Aufgaben erlassen Berufsgenossenschaften Unfallverhütungsvorschriften, die als **Berufsgenossenschaftliche Vorschriften (BVG)** bezeichnet werden. Die Vorschriften werden durch Aufsichtspersonen überwacht. Diese sind z. B. befugt, sicherheitsgefährdende Arbeitsgeräte stillzulegen.

Weiterhin beraten die Berufsgenossenschaften Unternehmen in Fragen des Gesundheits- und Arbeitsschutzes. Sie schulen und unterweisen die Sicherheitsbeauftragen der Firmen.

Berufsgenossenschaften finanzieren sich ausschließlich aus den Pflichtbeiträgen der zugeordneten Unternehmen.

Beschäftigte, die an einer Berufskrankheit leiden oder einen Arbeitsunfall erlitten haben, werden von der Berufsgenossenschaft medizinisch und finanziell unterstützt. Es können auch Umschulungsmaßnahmen zur notwendigen Wiedereingliederung in das berufliche Arbeitsleben durchgeführt werden.

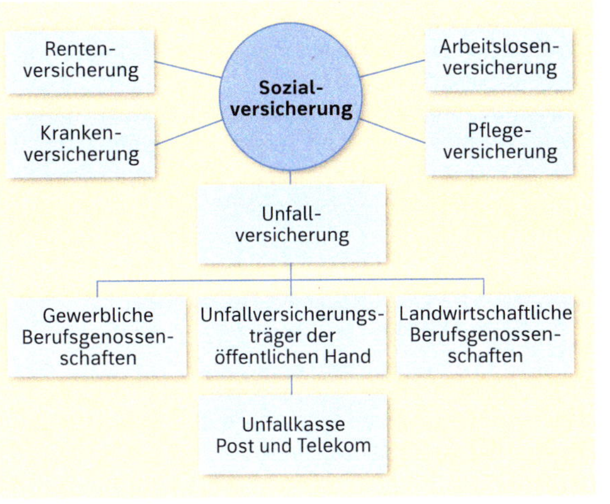

3 Struktur der Sozialversicherungen

4 Symbol der gewerblichen Berufsgenossenschaften

5 Karte der Landesverbände

7.9 Persönliche Schutzausrüstung

Maler und Lackierer kommen nicht nur mit gefährlichen Arbeitsstoffen in Kontakt, sondern auch mit risikoreichen Arbeitsstellen. Um Unfälle und Gesundheitsgefährdungen zu vermeiden, ist eine entsprechende persönliche Schutzausrüstung unverzichtbar.

Diese ist den Mitarbeitern oft nicht bekannt. Der Arbeitgeber ist jedoch verpflichtet dem Arbeitnehmer diese zur Verfügung zu stellen.
Neben der Bereitstellung der Schutzausrüstung müssen alle Mitarbeiter über die im Betrieb verwendeten Gefahrenstoffe und die dazu nötigen Schutzmaßnahmen einmal im Jahr informiert werden.

7.9.1 Sicherheitskennzeichnung am Arbeitsplatz

Ist am Arbeitsplatz mit Gefahren und Belastungen zu rechnen, müssen entsprechende Sicherheits- und Gefahrensymbole sichtbar angebracht sein (LF 1).
Die Umsetzung ist in der Berufsgenossenschaftsverordnung (BGV) A8 (Sicherheits- und Gesundheitsschutzkennzeichnung am Arbeitsplatz) geregelt.
Zweck jeder Sicherheitskennzeichnung ist es, schnell und leichtverständlich die Aufmerksamkeit auf Gegenstände und Sachverhalte zu lenken, die bestimmte Gefahren verursachen können.

Begriffsbestimmung
Im Sinne der Unfallverhütungsvorschriften ist

- **Sicherheits- und Gesundheitsschutzkennzeichnung** eine Kennzeichnung, die – bezogen auf einen bestimmten Gegenstand, eine bestimmte Tätigkeit oder eine bestimmte Situation – jeweils mittels eines Sicherheitszeichens, einer Farbe, eines Leucht- oder Schallzeichens, eines Sprechzeichens oder eines Handzeichens eine Sicherheits- und Gesundheitsschutzaussage (Sicherheitsaussage) ermöglicht.
- **Ein Sicherheitszeichen** ist ein Zeichen, das durch Kombination von geometrischer Form und Farbe sowie Bildzeichen eine bestimmte Sicherheits- und Gesundheitsschutzaussage ermöglicht.

Welche persönliche Schutzausrüstung zu tragen ist, wird mit den Gebotszeichen gekennzeichnet.

7.9.2 Leichter Atemschutz

Als leichter Atemschutz werden Masken gegen Partikel (feste oder flüssige Teilchen) bezeichnet. Sie sind unter anderem bei Schleifarbeiten zu verwenden und schützen gegen Stäube, Rauch und Nebel.

Für Asbestarbeiten sind diese Partikelmasken nicht geeignet.

Masken gegen Partikel werden in drei Filterstufen eingeteilt. Je höher die Filterstufe, desto besser die Filterung.

Die Zuordnung der Filterstufe zur Tätigkeit kann der Tab. 1 entnommen werden.

Tab. 1: Tätigkeiten und die richtige Filterstufe

Tätigkeit		Filterstufe
Schleifen, Schneiden, Bohren	Rost, Eisen, Spachtelmasse/Füller	P1
	Mauerwerk/Beton, Stein	P1
	Zement, Holz, Stahl	P2
	Farben/Lacke/Rostschutzanstriche	P2
	Stahl, hochlegiert (Edelstahl)	P3
	Anti-Fouling-Lacke	P3
Schweißen	Baustahl, Zink	P2
	Edelstahl	P3
	Löten	P2
Verarbeiten von Glas- und Mineralfasern		P2
Müllsortierung		P3
Spritzen	Dispersionsfarben	P2
	Pflanzenschutzmittel (wässrige Lösung)	P2
Schutz bei Allergien	Pollen	P1
	Mehlstaub	P2
Umgang mit:	Schimmel/Pilzsporen	P2
	Bakterien	P2
	Dieselruß/Rauch	P2

1 Gebotszeichen „Leichter Atemschutz“

3 Gebotszeichen Atemschutz

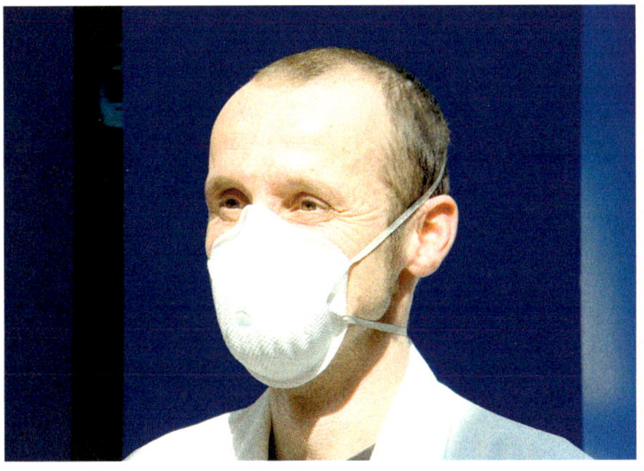

2 Staubmaske

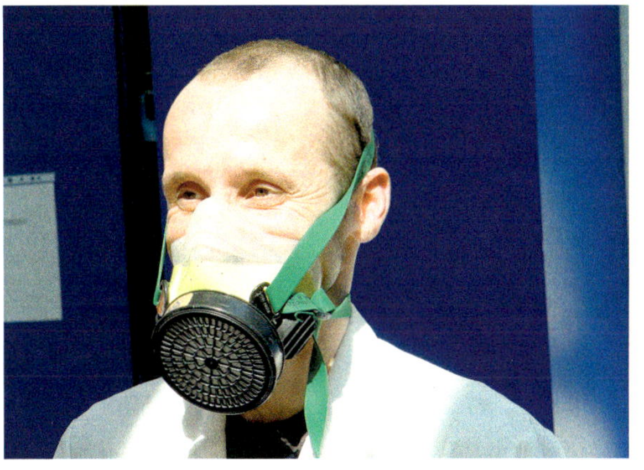

4 Maske mit wechselbarem Filter

7.9.3 Atemschutz

Bei diesem Gebotszeichen (Abb. 3) sind Masken, die gegen Gase, Dämpfe und Partikel geeignet sind, zu benutzen. Die zu verwendenden Atemschutzmasken werden in drei Kategorien eingeteilt:

- Halbmasken,
- belüftete Halbmasken,
- belüftete Sicherheitshauben.

Filter und deren Anwendungsbereiche werden durch unterschiedliche Buchstaben und Kennfarben unterschieden (Tab. 1).

Halbmasken werden meist mit Kombinationsfilter bestückt (Seite 90, Abb. 1). Das gilt sowohl für Partikelfilter mit dem Kennbuchstaben P und der Kennfarbe Weiß, als auch Filter für Gase und Dämpfe mit dem entsprechenden Kennbuchstaben A und der daraus resultierenden Kennfarbe.

So entsteht zum Beispiel die Kennung:
A2P2 welche als gängige Kombination für Lackierarbeiten eingesetzt wird.

Die Lebenszeit eines Filters ist von der Einsatzdauer abhängig. Daher kann man keinen festen Zeitraum nennen. Wird bei der Verarbeitung jedoch das Lösemittel trotz Maske durch die Nase wahrgenommen, muss unverzüglich der Filter gewechselt werden.

Bei längeren Arbeitsunterbrechungen ist der Filter auszubauen. Die Maske ist in einem luftdurchlässigen Behälter zu lagern. Der Filter ist luftdicht zu verpacken. Dies verhindert einen schnelleren Abbau der Aktivkohle im A-Filter.

Halbmaske
Halbmasken sind geeignet für Schleifarbeiten, leichte Lackierarbeiten und Umfüllen von Lösemitteln. Vorteile dieser Masken sind der geringe Preis in der Anschaffung, die leichte Tragbarkeit und ein uneingeschränktes Sichtfeld. Nachteile dieser Masken sind das erschwerte Ein- und Ausatmen, die ungeschützten Augen und das leichte Schwitzen unter der Maske (Seite 90, Abb. 1).

Belüftete Halbmaske
Diese Masken sind geeignet bei längeren Spritzarbeiten. Gegenüber den Halbmasken mit Filter ist hier ein leichtes Ein- und Ausatmen möglich. Die Maske ist von der Umgebungsluft unabhängig. Nachteile dieses

Tab. 1: Filter und deren Anwendungsbereiche

Kennbuchstabe	Anwendungsbereich	Farbe
A	Gegen organische Gase und Dämpfe, z. B. Lösemittel wie Terpentin, Nitro-Verdünnung, Benzin, Toluol, Xylol mit Siedepunkt > 65 °C	Braun
B	Gegen anorganische Gase und Dämpfe, wie z. B. Chlor, Brom, Schwefelwasserstoff	Grau
E	Gegen saure Gase und Dämpfe, z. B. Schwefeldioxid, Hydrogenchlorid	Gelb
K	Gegen Ammoniak und organische Ammoniumverbindungen z. B. Dimethylamin	Grün
AX	Gegen niedrigsiedende organische Verbindungen mit einem Siedepunkt < 65 °C	Braun
P	Partikelfilter	Weiß

1 Halbmaske

2 Belüftete Halbmaske

3 Belüftete Sicherheitshaube

Tab. 2: Tätigkeiten und die zu benutzenden Filter

Tätigkeit	Gefahrstoff	Kurzzeichen
Abbeizen	Organische Lösemittel/ Dichlormethan	AX
	Ammoniakhaltige Abbeizmittel	ABEK
Streichen	Lösemittelbasierende Lacke	A2
	Wasserbasierende Lacke mit Restlösemittel	A1
Spritzen	Lösemittelhaltige Lacke, Kunstharze	A2P2
	Isocyanathaltige Lacke	A2P2
	Pflanzenschutzmittel (organisch/verdampfend)	A2P2
Kleben	Lösemittelhaltiger Kleber	A1
Umgang mit:	Schwefeldioxid	ABE
	Hydrogenchlorid (Salzsäure)	ABE
	Ammoniak	K
	Waschbenzin/Nitroverdünnung	A2

Maskentyps sind die ständige Anbindung an einen Kompressor und die damit eingeschränkte Reichweite sowie der fehlende Augenschutz (Abb. 2).

Belüftete Sicherheitshaube
Belüftete Sicherheitshauben sind für gesundheitsschädliche Arbeitsverfahren, Strahlarbeiten und die Verarbeitung giftiger Stoffe besonders geeignet. Der Benutzer hat stets eine saubere Atemluft und ist umgebungsluftunabhängig. Größter Vorteil dieses Maskentyps ist der Komplettschutz des gesamten Gesichtsfeldes. Diese Maske ist von allen Maskentypen die teuerste, aber auch die sicherste. Einziger Nachteil ist der eingeschränkte Sichtbereich (Abb. 3).
Die Zuordnung der Filter zur Tätigkeit kann der Tab. 2 entnommen werden.

7.9.4 Schutzhandschuhe

Die am häufigsten verletzten Körperteile bei Arbeitsunfällen sind nach Statistiken der Berufsgenossenschaften die Hände und Finger. Daher ist das Tragen von Schutzhandschuhen unverzichtbar.
Ein Schutzhandschuh ist Bestandteil der persönlichen Schutzausrüstung zum Schutz der Hand oder aller Handbereiche vor Verletzungen. Der Handschuh

4 Gebotszeichen Schutzhandschuhe

kann auch einen Teil des Unterarms oder Armes bedecken.
Die Auswahl des richtigen Schutzhandschuhes setzt die richtige Beurteilung der Arbeitsbedingungen, der Gefährdungen und der entstehenden Belastungen mit den daraus folgenden Risiken voraus.

Es gibt keinen universell einsetzbaren Schutzhandschuh. Die im europäischen Markt in Verkehr gebrachten Schutzhandschuhe müssen bestimmte Norm-Voraussetzungen erfüllen und werden nach diesen in Gruppen eingeteilt:

- **DIN EN 388:** Schutzhandschuhe gegen mechanische Risiken,
- **DIN EN 374:** Schutzhandschuhe gegen Chemikalien und Mikroorganismen,
- **DIN EN 407:** Schutzhandschuhe gegen Wärme und Feuer.

Zusätzlich regelt die Norm **DIN EN 420** die allgemeinen Anforderungen von Schutzhandschuhen.

Allgemeine Anforderungen an Schutzhandschuhe (EN 420)

- **Gestaltung und Konstruktion**
  Die Handschuhe müssen den höchstmöglichen Schutz bei den spezifischen Einsätzen gewährleisten. Bei Handschuhen mit Nähten darf die Naht die Leistungsfähigkeit des Handschuhes nicht beeinträchtigen.

- **Unschädlichkeit**
  Die Handschuhe dürfen keine Schädigung des Anwenders verursachen.
  Der pH-Wert der Handschuhe muss zwischen 3,5 und 9,5 betragen.

- **Größe**
  Die Passformangaben können der Tab. 1 entnommen werden.

- **Kennzeichnung und Produktinformation**
  Jeder in der EU verwendete Schutzhandschuh muss folgende Kennzeichnungen tragen:
  - Name des Herstellers,
  - Handschuh- und Größenbezeichnung,
  - CE-Kennzeichnung,
  - entsprechende Piktogramme und geltende Leistungsindikatoren,
  - Gebrauchsinformationen, z. B. einfache Ausführung für nur minimale Risiken oder mittlere und höchste Ausführung mit entsprechenden Piktogrammen.

Die Kennzeichnung muss während der ganzen Lebensdauer des Schutzhandschuhes lesbar sein. Ist die Kennzeichnung aufgrund der spezifischen Eigenschaften des Handschuhes nicht möglich, muss sie auf der Außenverpackung angegeben sein.

Schutzhandschuhe zum Schutz vor mechanischen Risiken
Bei diesen Handschuhen handelt es sich um Handschuhe zum Schutz vor physischen oder mechanischen Verletzungen durch Abrieb, Klingen, Stiche oder Risse (Seite 92, Abb. 1).

Die Schutzfunktion gegen mechanische Verletzungen wird mit einem Piktogramm und vier Ziffern (Leistungsindikatoren) angezeigt (Seite 92, Abb. 2–3). Diese weisen auf die entsprechenden Leistungstestergebnisse hin.

Tab. 1: Passform Schutzhandschuhe – Handschuhgrößen nach DIN EN 420

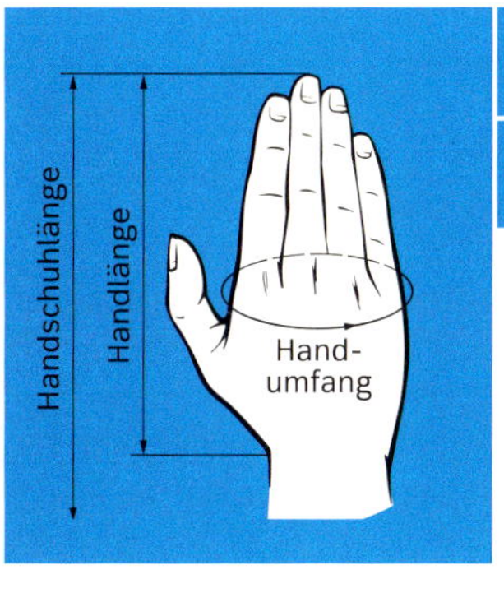

	(in mm)		
Größe	**Handumfang**	**Handlänge**	**Handschuhmindestlänge**
S	165	165	165
M	190	176	176
L	216	187	187

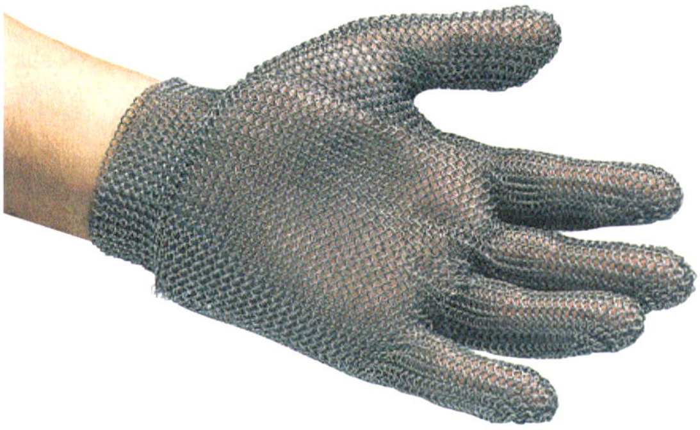

1 Schutzhandschuh gegen mechanische Risiken

3 Piktogramm mechanische Risiken

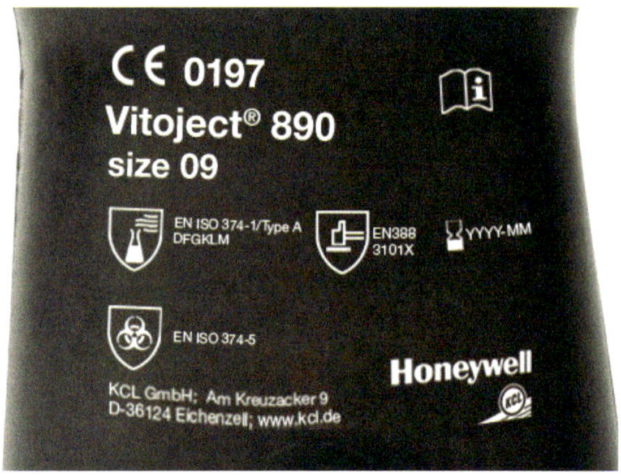

2 Kennzeichnung eines Schutzhandschuhs

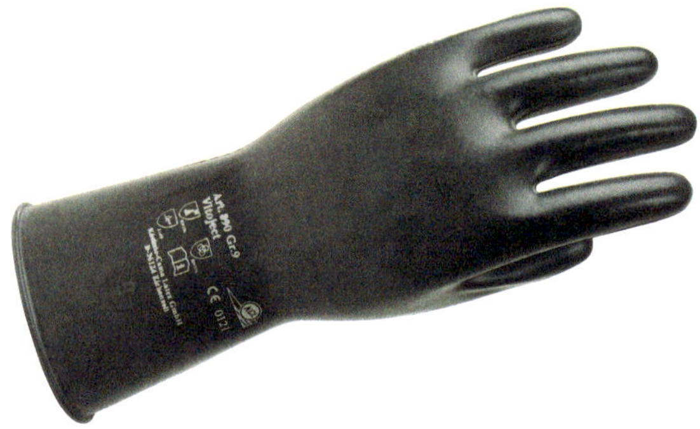

4 Schutzhandschuh gegen Chemikalien

Das Piktogramm „Mechanische Gefahren" wird von einem vierstelligen Zahlencode ergänzt. Die einzelnen Zahlen geben eine bestimmte Prüfwertung an. Die Zahlenbereiche bewegen sich von 0 bis 4 (bei Schnittfestigkeit bis 5, Abb. 3). 0 bedeutet die geringste Sicherheit, 4 bzw. 5 ist die höchste Sicherheit. Sollte ein X in der Zahlenreihe stehen, bedeutet dies „nicht geprüft".

Bedeutung der Kennzahlen:

- Die erste Zahl gibt die Abriebfestigkeit an.
- Die zweite Zahl gibt die Schnittfestigkeit an.
- Die dritte Zahl gibt die Reißfestigkeit an.
- Die vierte Zahl gibt die Stichfestigkeit an.

Schutzhandschuhe zum Schutz vor Chemikalien und Mikroorganismen

Diese Handschuhe schützen den Anwender vor Chemikalien und/oder Mikroorganismen (Abb. 4). Um einen wirksamen Schutz zu gewährleisten, müssen sie vor jeder Benutzung auf Beschädigungen überprüft und gegebenenfalls erneuert werden.

Zur Verwendung des richtigen Handschuhs muss zuerst überprüft werden, welche Anforderungen an den Schutzhandschuh gestellt werden.

Weiterhin sind folgende Kriterien auch noch für die Auswahl des geeigneten Handschuhmaterials von Bedeutung:

- **Permeation:** Durchtritt von festen, flüssigen oder gasförmigen Stoffen im molekularen Bereich.

- **Degradation:** Verschlechterung des Materials durch Einwirkung von Chemikalien.

Für diese Kriterien werden für jeden Handschuhtyp Schutzklassen von 0–6 abgeleitet (Tab. 1).

Handschutz zum Schutz vor thermischen Risiken

Diese Handschuhe schützen vor Hitze und/oder Flammen (Abb. 6). Die Art und der Grad der Schutzfunktion wird von einem Piktogramm und sechs Leistungsindikatoren (von 0–4) in Verbindung mit spezifischen Schutzeigenschaften angegeben (Abb. 7).

Tab. 1: Einteilung der Schutzklassen nach DIN EN 374

Gemessene Durchbruchzeit	Schutzklasse	Gemessene Durchbruchszeit	Schutzklasse
> 10 Minuten	Klasse 1	> 120 Minuten	Klasse 4
> 30 Minuten	Klasse 2	> 240 Minuten	Klasse 5
> 60 Minuten	Klasse 3	> 480 Minuten	Klasse 6

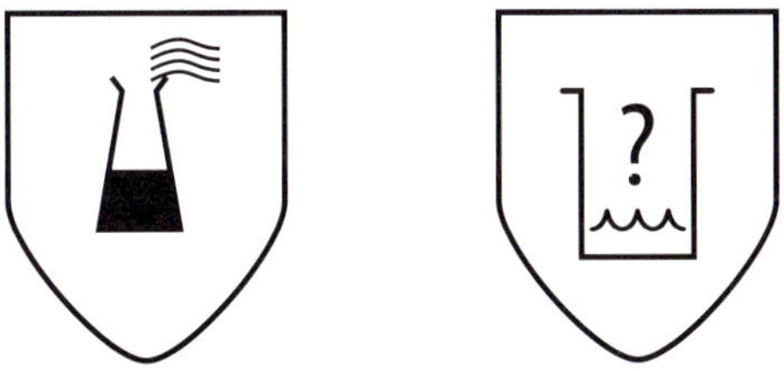

Chemikalien-festigkeit

Geringe Chemika-lienfestigkeit

5 Piktogramme Chemikalien

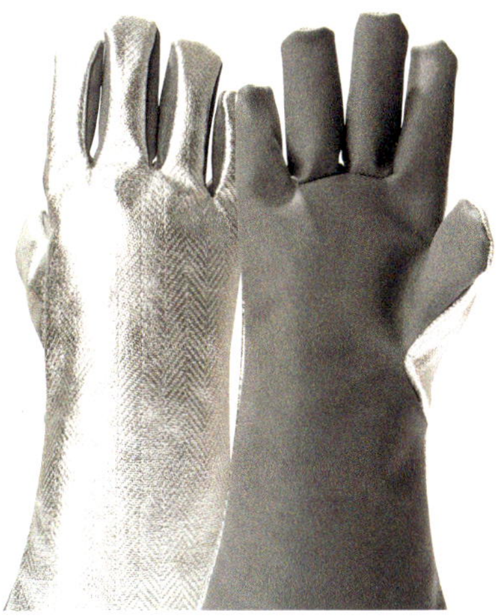

6 Schutzhandschuh gegen thermische Risiken

123456

Die Leistungsindikatoren sind:
1 Brandfestigkeit,
2 Kontakthitzefestigkeit,
3 Konfektionshitzefestigkeit,
4 Strahlhitzefestigkeit,
5 Festigkeit gegen Schmelzmetallspritzer,
6 Festigkeit gegen große Schmelzmetallspritzer.

7 Leistungsindikatoren

7.10 Qualitätssicherung

Die Qualität einer Dienstleistung oder eines Produkts zielt darauf ab, dass die vom Gesetzgeber, vom Hersteller und vom Kunden geforderten Leistungen und Anforderungen erfüllt werden. Die damit erreichte Zufriedenheit der Kunden ist Grundvoraussetzung dafür, dass die Leistung eines Betriebs erneut in Anspruch genommen wird.

Der Zweck der Qualitätssicherung ist somit, dass Produkte und Dienstleistungen einen gleichbleibend hohen Standard aufweisen.

7.10.1 Qualitätsmanagement

Während sich die Qualitätssicherung auf das Endprodukt einer Arbeit konzentriert, kümmert sich das Qualitätsmanagement um das „große Ganze". Qualitätsmanagement sorgt dafür, dass alle Prozesse eines Arbeitsablaufs reibungslos funktionieren, um so ein hohes Maß an Qualität sicherzustellen. Dieses wirkt sich direkt oder indirekt auf die Kundenzufriedenheit aus.

Die Ziele eines Qualitätsmanagements sind:

- Qualitätsplanung, Ermitteln der Qualitätsanforderungen und Formulieren von Qualitätszielen,
- Festlegen der Prozesse und Arbeitsabläufe, die nötig sind, um die Kundenwünsche unter Berücksichtigung der gesetzlichen Vorgaben und Sicherheitsanforderungen zu erfüllen,

- Qualitätslenkung, also vorbeugende Überwachung und korrigierende Tätigkeiten, die zur Erfüllung der festgelegten Qualitätsziele führen,
- Qualitätssicherung und Analyse der Qualitätsabweichungen, ggf. Beheben der Qualitätsmängel,
- Effektivitätskontrolle und Qualitätsverbesserung für zukünftige Arbeiten.

7.10.2 Kontrollliste zur Auf- und Abnahme von Maler- und Beschichtungsarbeiten

Um eine geforderte Leistung bei den Kunden zu erfüllen, müssen der Raum oder das Gebäude analysiert und Bedürfnisse erkannt werden. Es erfolgt also eine Bestandsaufnahme.

Die genaue Aufnahme des Istzustands und des geforderten Sollzustands muss schriftlich dokumentiert werden. Der exakte Leistungsumfang und die Ausführungsanforderungen müssen festgehalten werden.

Zugrunde liegen allen Maler-, Lackier- und Beschichtungsarbeiten die Vorgaben der DIN 18363 VOB „Vergabe- und Vertragsordnung für Bauleistungen – Teil C: Allgemeine Technische Vertragsbedingungen für Bauleistungen (ATV) Maler- und Lackierarbeiten – Beschichtungen“.

Prüfungen im Vorfeld der Tätigkeiten:

- Ist der Untergrund tragfähig?
- Herrscht eine zu starke Saugfähigkeit des Untergrunds?
- Kreidet der Untergrund?
- Sind Schimmelbefall, Ausblühungen oder feuchte Stellen zu sehen?
- Sind Wasserflecken durchgeschlagen?
- Ist das Holz befallen von Bläue, Insekten, Fäulnis oder Ähnlichem?
- Sind die Qualitätsstufen des Untergrunds ausreichend für die nachfolgenden Arbeiten?
- Müssen Risse, Dellen, Lunker o. Ä. beseitigt werden?
- Welche Altbeschichtung ist vorhanden?
- Ist die Altbeschichtung tragfähig für nachfolgende Beschichtungen oder Beläge?

Gegebenenfalls müssen vom Auftragnehmer Bedenken bezüglich des Untergrunds angemeldet werden.

Prüfungen während der Tätigkeiten:

- Gibt es Veränderungen der klimatischen Verhältnisse (zu heiß, zu kalt, zu trocken oder zu feucht)?
- Herrscht ein einwandfreier Zustand der Materialen (keine Verunreinigung o. Ä.)?
- Befinden sich die Arbeitsabläufe im vorgegebenen Zeitrahmen?

Prüfungen und Aufgaben nach Durchführung der Tätigkeiten:

- Kontrolle der beauftragten, ausgeführten Tätigkeiten auf z. B. einwandfreie Oberflächen (kein Lösen vom Untergrund, keine Läufer, Partikeleinschlüsse o. Ä.),
- Prüfen auf saubere (Kanten)abschlüsse,
- Prüfen, ob Farbtonexaktheit eingehalten wurde,
- Hinterlassen eines sauberen, aufgeräumten Arbeitsplatzes, Entsorgen von Müll,
- Abnahme mit den Kunden und Dokumentation.

Aufgaben zu Kapitel 7.1 bis 7.10

1. Nennen Sie allgemeine Anforderungen an einen Außenputz.

2. Silikatputze sollten nur auf mineralischen Untergründen angewendet werden. Erklären Sie den Grund.

3. Nennen Sie zwei Putze, die auf mit Kunststoffdispersionsfarbe beschichteten Altputzen aufgebracht werden können.

4. Unterscheiden Sie knapp die Gestaltungstechniken Fresco und Secco.

5. Beschreiben Sie die Sgraffitotechnik und nennen Sie die gestalterischen Merkmale.

6. Beschreiben Sie Möglichkeiten zur Abfallvermeidung im Maler- und Lackiererhandwerk.

7. Sie bringen von einem Kunden folgende Dinge zur Entsorgung mit: restentleertes Gebinde eines lösemittelhaltigen Lacks, Gebinde mit verschmutzter Nitroverdünnung, verschmutzte Folie zum Abdecken. Beschreiben Sie den weiteren Entsorgungsweg.

8. Bei der Arbeit in einer Hubarbeitsbühne muss ein Auffanggurt getragen werden. Nennen Sie Gründe, warum die Gefahr des Absturzes von einer Arbeitsbühne besonders groß ist.

9. Sie arbeiten in der Nähe einer 100-kV-Hochspannungsleitung. Nennen Sie den Abstand, den Sie mindestens einhalten müssen.

10. Sie führen Strahlarbeiten an einer Brücke über einem Gewässer aus. Wählen Sie eine geeignete Gerüsteinhausung aus.

11. Nennen Sie die Aufgaben der Berufsgenossenschaften.

12. Wer zahlt die Beiträge zur Unfallversicherung?

13. Für welche Arbeiten ist ein leichter Atemschutz nicht geeignet?

14. Erklären Sie die Filterkennung A2P2.

15. Erklären Sie die Begriffe Permeation und Degradation.

16. Auf Schutzhandschuhen finden Sie die folgenden Abbildungen. Gegen welche Risiken schützen diese Schutzhandschuhe?

17. Nennen Sie das Ziel von Qualitätssicherung.

18. Eine genaue und sorgfältige Dokumentation ist beim Qualitätsmanagement unerlässlich. Erklären Sie den praktischen Nutzen.

8 Oberflächen bekleiden und gestalten

KUNDENAUFTRAG

Neugestaltung der Innenräume eines Restaurants

Arbeitsauftrag

Die Innenräume eines Speiserestaurants sollen neu gestaltet werden. Hierbei handelt es sich um einen Komplettumbau der Gaststätte. Nur die Küche und die beiden Lagerräume werden nicht bearbeitet.

Durch den Einsatz von Gestaltungstechniken soll das Restaurant ein exklusives Erscheinungsbild erhalten.

Auszuführende Arbeiten

1. An sämtlichen Decken ist der Untergrund für eine Tapezierung mit Glattvlies vorzubereiten, anschließend mit Glattvlies zu tapezieren und nachfolgend zu beschichten.
2. Der Eingangsbereich mit Garderobe und die daran anschließenden Sanitärräume sind mit Glättetechnik zu gestalten.
3. Die Wände des Speisesaals sind mit Lasurtechnik zu versehen. Zur Decke hin soll eine schablonierte Bordüre umlaufend aufgebracht werden.
   Das Podest im Speisesaal ist mit Glasvlies zu tapezieren und nachfolgend zu beschichten.
   Die Pfeiler im Speisesaal sollen mit einer Gestaltungstechnik versehen werden, die mit der Lasurtechnik der Wände harmoniert.
4. Der abgetrennte Nebenraum soll mit Strukturvlies tapeziert und anschließend passend zur Farbgebung des Speisesaals beschichtet werden.
5. Die neuen Türen sind fachgerecht zu lackieren. Beschriftungen an den Türen und Wänden sind anzubringen.
6. Im Nebenraum soll Teppichboden verlegt werden.

Objektbeschreibung

Decken
Die Decken sämtlicher Räume sind verputzt mit Kalkputz der Mörtelgruppe P II. Feine Haarrisse sind zum Teil vorhanden.

Wandflächen im Eingangsbereich und der Sanitärräume
Die Wände des Eingangsbereichs sind verputzt mit Kalkputz der Mörtelgruppe P II. Die Trennwand zwischen den beiden Sanitärräumen und die freistehende Wand zur Abtrennung der Garderobe sind in Trockenbauweise gefertigt worden. Spachtel- und Verfugungsarbeiten sind daran noch nicht vorgenommen worden.

Wände des Speisesaals
Die Wände des Speisesaals sind mit Kalkputz der Mörtelgruppe P II verputzt und weisen einen intakten Altanstrich mit Kunstharzdispersionsfarbe auf. Einige Schrammen sind in der Putzfläche vorhanden.

Nebenraum
Die Wände des Nebenraums sind mit Kalkputz der Mörtelgruppe P II verputzt und mit Kunststoffdispersionsfarbe beschichtet. Der Boden besteht aus Zementestrich, belegt mit einem textilen Teppichboden, der starke Gebrauchsspuren aufweist.

Türen
Die Glastüren im Eingangsbereich besitzen einen Aluminiumrahmen. Die Aluminiumrahmung ist neu und unbehandelt. Sämtliche weitere Türen sind neue unbehandelte Holztüren.

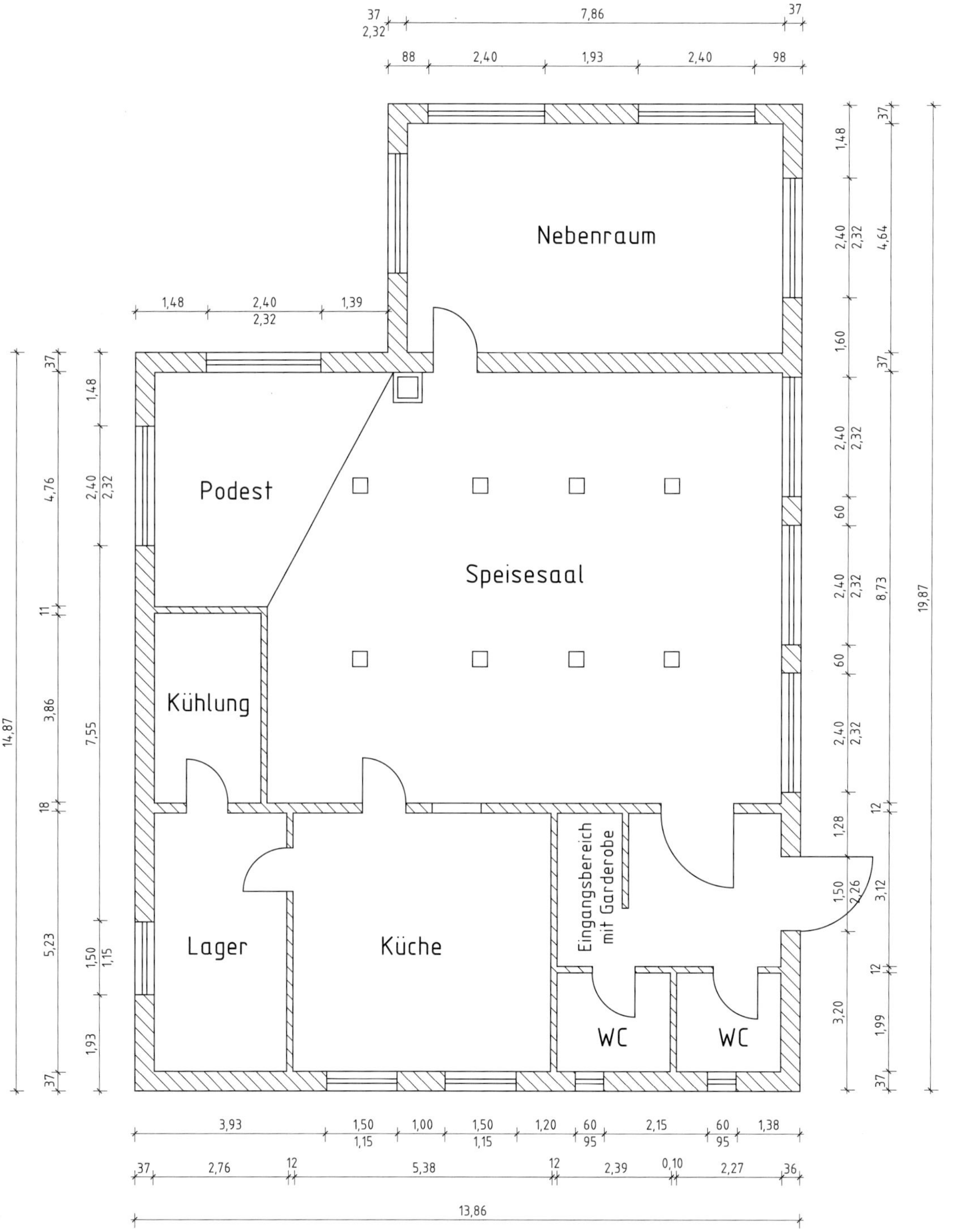

1 Grundriss des Restaurants

Leistungsbeschreibung

Deckenflächen des Speisesaals
Der Untergrund ist vorzubereiten und mit Glattvlies zu tapezieren. Die Deckenflächen sind mit weißer Dispersionsfarbe der Nassabriebklasse 2 zu beschichten.

Wandflächen des Eingangsbereichs und der Sanitärräume
Die Trennwände im Sanitärbereich und im Garderobebereich sind in der entsprechenden Qualitätsstufe zu verspachteln und anschließend mit Grundierung und Grundspachtelschicht zu glätten. Nachfolgend ist im gesamten Eingangs- und Sanitärbereich eine Glätte-Spachteltechnik mit mineralischer Spachtelmasse auszuführen.

Wandflächen des Speisesaals
- Die Wände sind zu grundieren und mit einem Grundanstrich zu versehen.
- Darauf soll eine Wischtechnik ausgeführt werden.
- Eine schablonierte Bordüre ist umlaufend im oberen Bereich der Wände aufzubringen.
- Die Wände im Podestbereich sind mit Glasvlies zu tapezieren und zu beschichten
- Die acht Pfeiler des Speisesaals sind mit einer zum Konzept passenden Gestaltungstechnik zu versehen.

Nebenraum
Die Wandflächen sind mit Strukturvlies zu tapezieren und passend zur Farbgebung zu beschichten.
Auf dem Fußboden ist ein strapazierfähiger Teppichboden zu verlegen.

Türen
- Die Rahmen der Eingangstür und der Tür zum Speisesaal sind zu grundieren und mit wasserverdünnbarem Acryllack zu beschichten.
- Eine Folienbeschriftung mit dem Restaurant-Logo ist auf der Glasscheibe anzubringen (Abb. 3).
- Die weiteren Holztüren sind zu grundieren und mit wasserverdünnbarem Acryllack zu beschichten. Anschließend sind entsprechende Beschriftungen und Kennzeichnungen aufzubringen.

Beschriftungen
- Neben dem Durchgang zur Küche soll der Schriftzug „Küche" aufgebracht werden.
- Der Schriftzug „Toiletten" soll an zwei Stellen wegweisend im Lokal angebracht werden.
- An der Stellwand im Eingangsbereich ist der Schriftzug „Garderobe" aufzubringen.

3 Logo des Restaurants

2 Vorlage zum Erstellen eines Farbentwurfs

8.1 Gestaltungslehre Farbe

Um Objekte und Oberflächen nach einem selbst erarbeiteten Farbplan zu gestalten, existieren zwei Möglichkeiten. Zum einen die monochrome (einfarbige) Gestaltung, bei der mit Abstufungen eines einzigen Farbtons gearbeitet wird. Der Grundfarbton wird dabei in unterschiedlichen Stufen aufgehellt oder abgedunkelt. Solche Gestaltungen wirken ruhig, passiv, harmonisch und verhalten. Sollen Gestaltungen lebendiger und auffälliger wirken, sollte die polychrome (vielfarbige) Farbgestaltung angewandt werden. Hierbei eignet sich eine Anordnungmithilfe von **Kontrasten**. Kontrast bedeutet, dass zwischen zwei zu vergleichenden Farbwirkungen deutliche Unterschiede oder Intervalle festzustellen sind. Das Anfertigen einer kontrastreichen Farbgestaltung kann z. B. durch Anwendung eines der Farbkontraste nach J. Itten erfolgen (→ LF 4):

- Farbe-an-sich-Kontrast,
- Hell-Dunkel-Kontrast,
- Kalt-Warm-Kontrast,
- Komplementärkontrast,
- Qualitätskontrast,
- Quantitätskontrast (Proportionskontrast),
- Simultankontrast/Sukzessivkontrast.

Quantitätskontrast (Proportionskontrast)
Der Quantitätskontrast beschäftigt sich mit den Größenverhältnissen von zwei oder mehr Farbflächen zueinander. Die Wirkung des Kontrastes wird durch die Leuchtkraft und die Flächengröße der Farbe bestimmt. Jede Farbe besitzt eine eigene Leuchtkraft, den sogenannten Lichtwert.

Um die Leuchtkraft (Lichtwerte) der einzelnen Farben festzustellen, werden diese vor einem neutralen grauen Hintergrund miteinander verglichen.Dabei ergeben sich Zahlenwerte, die bereits Goethe festgehalten hat.

Tab. 1: Goethes Lichtwerte

Gelb	:	Orange	:	Rot	:	Violett	:	Blau	:	Grün
9	:	8	:	6	:	3	:	4	:	6

Aus der Tab. 1 ergibt sich, dass Gelb z. B. dreimal so stark leuchtet wie Violett. Das entspricht einem Verhältnis von 9 : 3. Soll eine violette Fläche gegenüber dem Gelb gleichwertig wirken, muss das Violett in einer dreimal so großen Fläche vorliegen.

Wird beispielsweise mit zwei gleich großen Farbflächen nebeneinander gestaltet, tritt die Fläche mit der größeren Leuchtkraft in den Vordergrund. Orange würde in Kombination mit Blau nach vorne, das Blau in den Hintergrund treten.

Möchte man eine harmonische, gleichwertige Farbgestaltung vornehmen, müssen die Lichtwerte in Flächengrößen verwandelt werden. Dabei werden die Lichtwerte umgetauscht (Abb. 1).

Bei der Verwendung von Primär- und Sekundärfarben ergeben die Flächengrößen der entsprechenden Komplementärfarben in ihrer Addition immer die Summe 12.

Gelb + Violett = 3 + 9 = 12
Blau + Orange = 8 + 4 = 12
Rot + Grün = 6 + 6 = 12

1 Harmonische Flächenaufteilung

Um eine ausdrucksstarke, spannungsreiche Gestaltung zu erzielen, müssen die Größenverhältnisse verändert werden. Setzt man eine Farbe mit einem hohen Lichtwert nur punktuell in ganz kleiner Fläche ein, so tritt diese Fläche intensiv in den Vordergrund. Sie hat Signalwirkung erhalten (Abb. 2).

Simultankontrast/Sukzessivkontrast
Simultan und sukzessiv erzeugte Farben und Helligkeitseindrücke sind reine Sinnesempfindungen. Dennoch können sie in der Gestaltung von Bedeutung sein, da sie

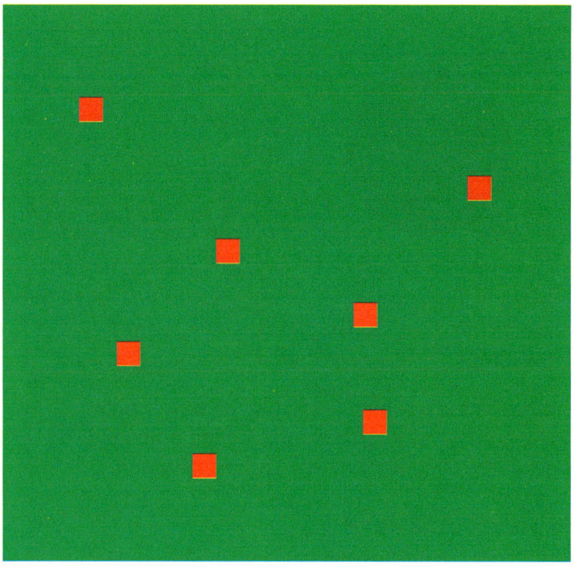

2 Signalwirkung durch die „Kleine Menge Farbe“

die Wahrnehmung einer Gestaltung oder die Lesbarkeit eines Schriftzuges verstärken oder vermindern können.

Der **Simultankontrast** besagt zum einen, dass das Auge zu einem Farbton gleichzeitig (simultan) die Ergänzungsfarbe (Komplementärfarbe) erzeugt. Deshalb erscheinen graue Flächen, die neben oder auf farbigen Flächen stehen, in der Komplementärfarbe des angrenzenden Farbtons. Wird z. B. ein gelbes Motiv auf eine graue Wand gemalt, so erscheint das Grau leicht violett, eine blaue Musterung würde die graue Fläche schwach orange erscheinen lassen (Abb. 3).

Der Simultankontrast bewirkt durch dieses Phänomen eine Kontraststeigerung, also eine empfundene Steigerung der Farbintensität.

Sollen simultane Eindrücke vermieden werden, so muss mit Farbtönen in unterschiedlicher Helligkeit bzw. Sättigung gearbeitet werden, oder es werden dem bunten Farbton geringe Mengen der entsprechenden Komplementärfarbe beigemischt.

Zum anderen sagt der Simultankontrast aus, dass das Auge zu jeder Helligkeit eine entgegensetzte Helligkeit hervorruft. Das bedeutet, dass beispielsweise eine intensiv farbige Motivgestaltung auf einer weißen Wand dunkler wirkt als auf einer dunkel gestrichenen (Abb. 4).

Sukzessive Erscheinungen sind farbige Nachbilder. Sie erscheinen in komplementären Farben beziehungsweise in entgegengesetzten Helligkeiten. Zu beobachten ist dieses Phänomen sowohl auf andersfarbigen Flächen, als auch vor den geschlossenen Augen.

Betrachtet man z. B. einige Sekunden lang ein rotes Quadrat und schaut anschließend sofort auf eine weiße

3 Simultane Farberscheinungen

4 Simultane Helligkeitseindrücke

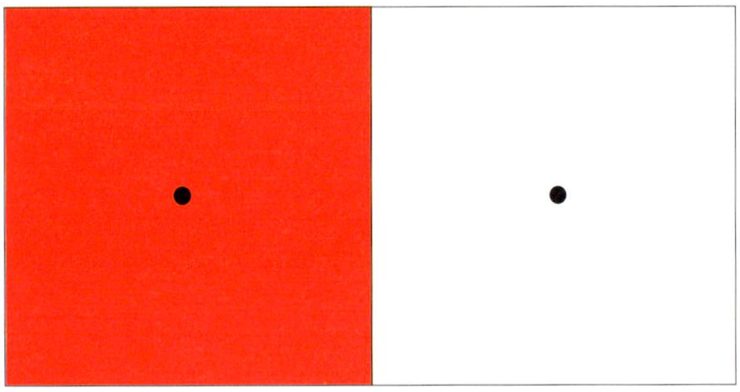

1 Sukzessive Farberscheinungen

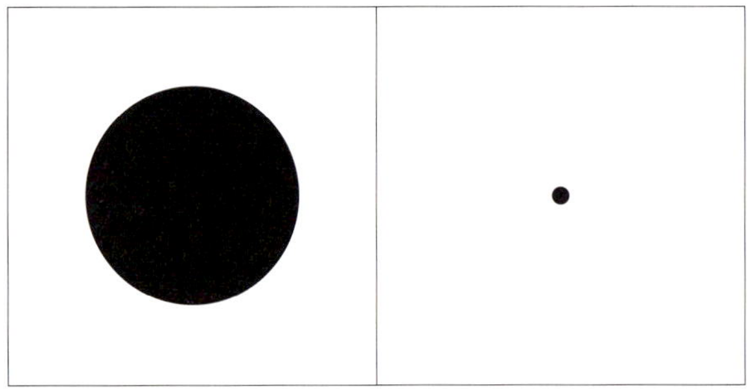

2 Sukzessive Helligkeitseindrücke

Fläche, so entsteht dem Anschein nach ein hellgrünes Quadrat auf der weißen Fläche (Abb. 1).

Betrachtet man einige Zeit lang den schwarzen Kreis aus Abb. 2 und fixiert danach sofort den Punkt rechts daneben, taucht im weißen Quadrat ein noch hellerer Kreis als sukzessive Helligkeitserscheinung auf.

Sukzessive Nachbilder entstehen bevorzugt und besonders stark ausgeprägt bei der Verwendung reiner, ungebrochener Farbtöne. Zu beobachten sind diese Erscheinungen jedoch auch beim Gestalten mit getrübten oder aufgehellten Farbtönen.

Sollen Nachbilder unterbleiben, kann zum einen der Helligkeitskontrast zwischen den dargestellten Flächen verringert werden. Zum anderen wird der simultane Effekt vermindert, wenn gebrochene Farbtöne zum Einsatz kommen.

8.2 Gestaltungslehre Form

8.2.1 Gestaltbeziehungen

Der Charakter, den ein Raum ausstrahlt, wird nicht nur durch Material- und Farbtonwahl bestimmt, sondern auch durch den Einsatz von unterschiedlichen Formen. Die Wirkung der Gestaltungselemente Punkt, Linie, Fläche und deren Formenanordnung wurde bereits in LF 4 erläutert. Im Folgenden werden, daran anknüpfend, die Beziehungen von Gestaltungen und Formen dargestellt.

Gestaltbeziehungen entstehen durch die Unterscheidungsmerkmale der einzelnen Formen und deren Anordnung auf der Fläche bzw. im Raum. Eine geschickte Anordnung kann den Ausdruck einer Gestaltung positiv beeinflussen.

Unter Gestaltbeziehungen versteht man u. a. die Schwerpunktbildung, die optische Mitte und die Proportionen, die Flächen zueinander aufweisen.

Schwerpunktbildung
Durch die Positionierung eines einzelnen Gestaltungsmerkmals bildet sich an dieser Stelle ein Schwerpunkt. Dieser Ort wird „schwerpunktmäßig" betont, er tritt in den Vordergrund (Abb. 3).

Optische Mitte
Die optische Mitte ist etwas höher angesetzt als die geometrische Mitte. Der Betrachter empfindet die geometrische Mitte immer als ein wenig zu tief liegend. Wird eine mittige angeordnete Gestaltung hingegen etwas höher gesetzt, wird diese als harmonisch und ästhetisch angesehen. Das Arbeiten mit der optischen Mitte findet man häufig in der Bildgestaltung wieder (Abb. 4).

Proportionen
Proportionen sind die Maßverhältnisse der einzelnen Teile, der Formen und Gestaltungen zum Ganzen. Werden Räume gestaltet, so sollte für das Auge ein harmonisches Ganzes entstehen. Dazu ist es notwendig, die Proportionen des Raumes (Verhältnisse zwischen Helligkeit, Farbe und Größe) zu erfassen. Das führt dazu, dass z. B. die Anordnung eines Gestaltungselements auf einer Wand in einem harmonisch wirkenden Verhältnis von Größe und Platzierung auf der Wandfläche gelingt.

Im Wesentlichen existieren drei Möglichkeiten, Flächen proportional zu teilen.

Die einfachste Proportion ergibt sich aus der **fortlaufenden Halbierung** einer Strecke oder Fläche.

Wird eine Fläche im Verhältnis 1 : 2, 1 : 3, 1 : 4 und so weiter geteilt, erhält man eindeutige, klare Proportionen. Mit ansteigender Teilung (1 : 11, 1 : 12) erreicht man allerdings weniger harmonische Proportionen (Abb. 5).

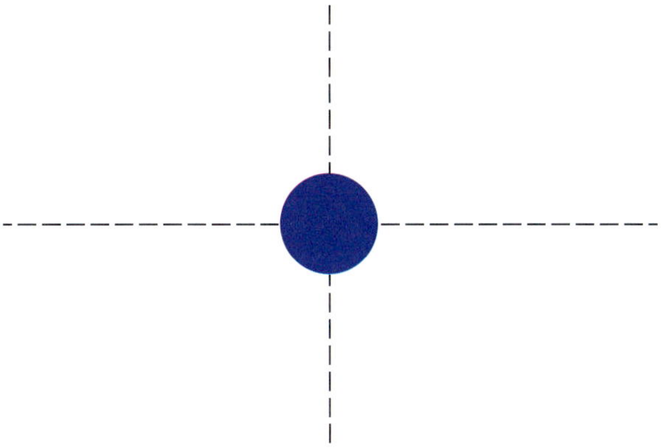

3 Betonung einer Fläche durch Setzen eines Schwerpunkts

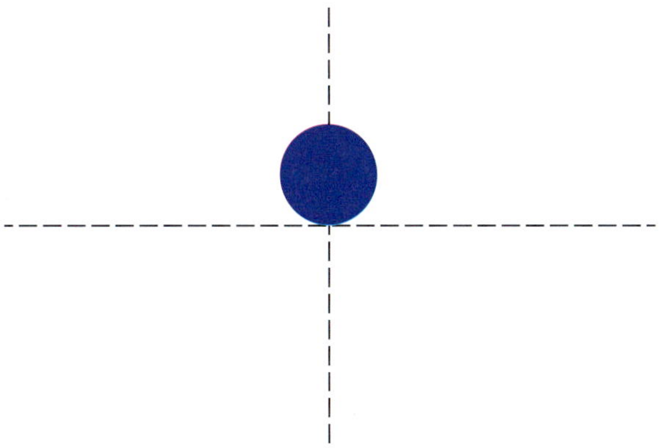

4 Setzen des Schwerpunkts auf der optischen Mitte

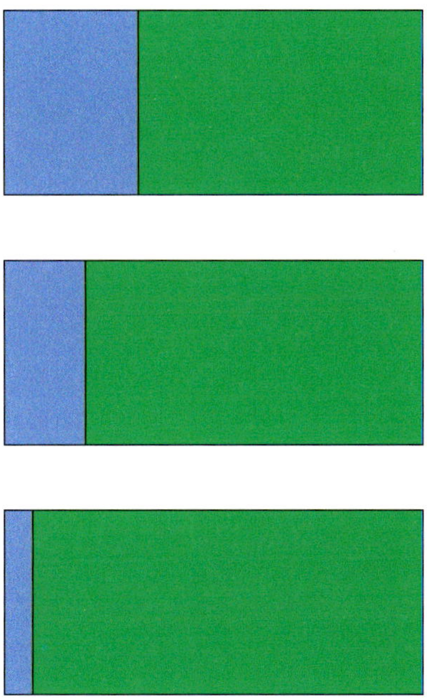

5 Teilung einer Fläche in den Verhältnissen 1 : 3, 1 : 5, 1 : 11

Der Goldene Schnitt

Eine Gestaltung nach dem Goldenen Schnitt wird stets als harmonisch und ausgeglichen wahrgenommen, da sich die Proportionen in der Natur und am menschlichen Körper wiederfinden. Da der Goldene Schnitt als Inbegriff von Ästhetik und Harmonie empfunden wird, wurde und wird dieser vorrangig in Architektur, Kunst und im Maler- und Lackiererhandwerk angewendet (Abb. 6).

6 Wandgestaltungen nach dem Goldenen Schnitt

Mithilfe des Goldenen Schnitts können harmonische Flächen- und Raumaufteilungen erreicht werden. Die Teilung einer Strecke im Goldenen Schnitt heißt, dass sich bei der Teilung einer Strecke (AB), der kleinere Teil der Strecke, der Minor (CB), zum größeren Teil, dem Major (AC) verhält, wie der Größere zum Ganzen.

Konstruktion des Goldenen Schnitts
Der Einfachheit halber kann bei der Gestaltung im Goldenen Schnitt mit angenäherten Zahlenverhältnisse von 2:3; 3:5; 5:8; 8:13 und so weiter gearbeitet werden. Soll die Teilung mathematisch exakt erfolgen, ergibt sich das rechnerische Verhältnis von etwa 1:1,618.

Die genaue Teilung einer Strecke (Abb. 1) kann durch die Konstruktion mit Lineal und Zirkel in folgenden Arbeitsschritten erfolgen:

- Auf einer vorgegebenen Stecke AB wird auf dem Punkt B eine Senkrechte mit der Hälfte der Länge der Strecke AB gezeichnet. Dies ergibt den Punkt C.
- Zwischen den Punkten AC wird eine Linie gezeichnet.
- Um C wird ein Kreis mit dem Radius BC geschlagen. Daraus entsteht der Schnittpunkt D.
- Um A wird ein Kreis mit dem Radius AD geschlagen.
- Dadurch wird der Teilungspunkt E ermittelt, der die Strecke im Verhältnis des Goldenen Schnitts teilt.

Auch Flächen können nach den Regeln des Goldenen Schnitts geteilt werden. Die Teilung erfolgt ebenfalls nach den Verhältnissen 3:5, 5:8. 8:13 usw. Um weitere Größenverhältnisse zu errechen, werden erstens die Zahlen der vorigen Verhältnisse addiert. Zweitens ergibt die größere Zahl der vorhergehenden Zahlenreihe die kleinere Zahl der folgenden Reihe. Beispielsweise ergibt sich 21 aus 8 plus 13 als größere Zahl. Die 13 der vorangegangenen Reihe bildet die kleinere Zahl der neuen Verhältnisreihe. Würde z. B. eine Fläche von 160 cm × 320 cm nach diesem Verhältnis geteilt, ergäbe sich die Teilung von ca.:
160 cm in 60 cm zu 100 cm und
320 cm in 120 cm zu 200 cm.

Dabei entsteht ein kleineres Rechteck und ein Quadrat. Die fortlaufende Teilung der Fläche würde immer wieder ein Quadrat und ein Rechteck ergeben.

So geteilte Flächen wirken einerseits ausgewogen und ruhig, andererseits erzeugen sie durch die leichte Asymmetrie Spannung in einer Gestaltung.

Ob bei der Plakatgestaltung, bei der Schriftanwendung oder einer Wand-Gestaltung, das gestalterisch Wichtige sollte da platziert werden, wo die imaginäre Linie die Fläche nach den Proportionen des Goldenen Schnitts teilt.

8.2.2 Optische Täuschungen

Eine optische Täuschung entsteht, wenn das, was das Auge sieht, nicht der Realität entspricht. Das liegt daran, dass der Mensch sich auf seine Sinne verlässt. In rasanter Geschwindigkeit müssen immer wieder neue Eindrücke aus der Umwelt, die auf unsere Sinne einwirken, verarbeitet werden. Um nicht stets Neues erlernen zu müssen, greift das Gehirn zum Teil auf bereits verarbeitete, gespeicherte Eindrücke zurück. Hierbei kann das Auge fehlgeleitet werden und nimmt etwas wahr, was nicht existiert.

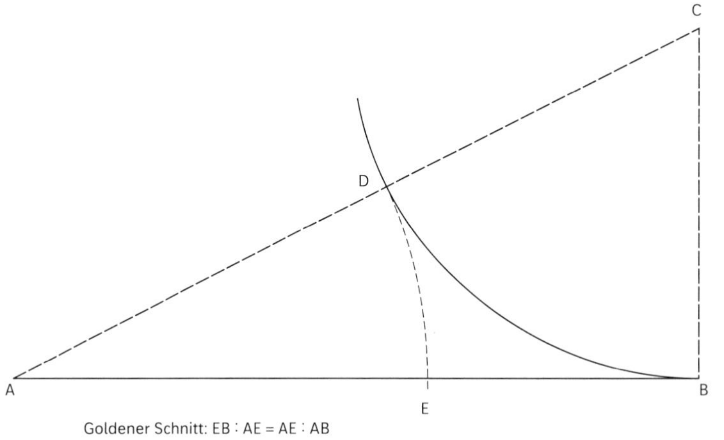

1 Konstruktion des Goldenen Schnitts

2 Illusionsmalerei

3 Mustertapete, senkrechte Streifen

4 Mustertapete, waagerechte Streifen

5 Waagerechte Paralleltäuschung

6 Diagonale Paralleltäuschung

Allgemein kann man zwei Gruppen von optischen Täuschungen unterscheiden. Zum einen die, die durch den Hintergrund geschaffen werden und die, die durch die Figur selbst hervorgerufen werden.

Auch im Maler- und Lackiererhandwerk treten optische Täuschungen in Form von Linien-, Größen-, Farb und Helligkeitstäuschungen auf. Die Linien- und Größentäuschungen müssen z. B. bei Wandgestaltungen oder bei der Anordnung von Schrift beachtet werden.

Die Farb- und Helligkeitstäuschungen haben Einfluss auf die Illusionsmalerei. Der Einsatz von optischen Täuschungen verstärkt die Tiefenwirkung der Malereien (Abb. 2).

Auch gemusterte Tapeten können helfen, die Proportionen von Räumen zu verändern. Sie lassen Räume höher, tiefer, länger oder breiter erscheinen, als sie in Wirklichkeit sind (Abb. 3 und 4).

Linientäuschungen
In Abb. 5 erscheinen die Balken keilförmig angeordnet. Tatsächlich verlaufen sie parallel und die vermeintlichen Trapeze sind quadratisch.

Die Linien in Abb. 6 wirken abgelenkt, nicht parallel, durch die kleinen Querstriche, die die langen Linien im spitzen Winkel schneiden. In Wirklichkeit sind sie exakt parallel ausgerichtet.

Größentäuschungen
Die scheinbare Größe von Flächen und Strecken wird von den Dingen beeinflusst, die sie umgeben. So erscheinen die blauen Kugeln in Abb. 1 unterschiedlich groß, obwohl sie in Wirklichkeit gleich groß sind.

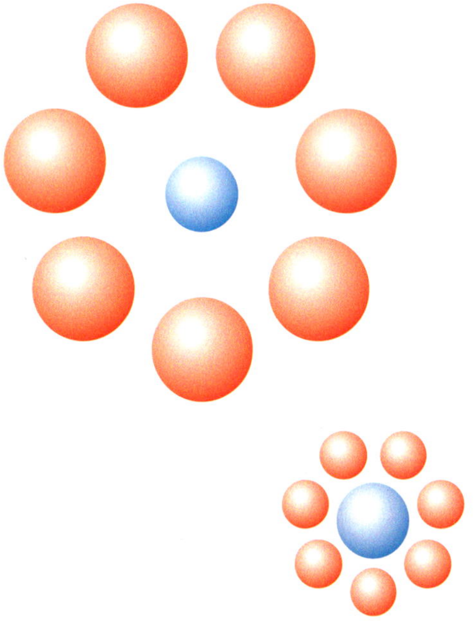

1 Größentäuschung

Da das Auge auch Gegenstände immer im Zusammenhang mit der Umgebung sieht, erscheint der hintere Zylinder in Abb. 2 am größten. Die gewonnene Erfahrung lehrt das Auge, dass sich in perspektivischen Zeichnungen die hinteren Gegenstände immer verkleinern. Deshalb wirken die Zylinder im Säulengang von vorne nach hinten zunehmend hoch. Tatsächlich sind sie alle gleich hoch.

Farbtäuschungen
Der Simultan- und der Sukzessivkontrast (Kapitel 8.1) zeigen deutlich, dass die Wahrnehmung von Farbtönen vom umgebenden Farbton abhängig ist. So erscheinen die inneren Ringe in Abb. 3 durch verschieden farbige Untergründe unterschiedlich hell (simultane Täuschung).

Eine sukzessive Täuschung ist in Abb. 4 zu sehen. Schaut man einige Sekunden auf das blaue Quadrat und im Anschluss auf das weiße, so scheint sich das weiße Quadrat mit der Komplementärfarbe Orange zu überziehen.

Helligkeitstäuschungen
Helligkeitstäuschungen entstehen wiederum durch Einwirkung der umgebenden Helligkeiten. Dunkle Hintergründe lassen Gegenstände heller aussehen, als sie tatsächlich sind.

2 Größentäuschung durch Perspektive

3 Simultane Täuschung

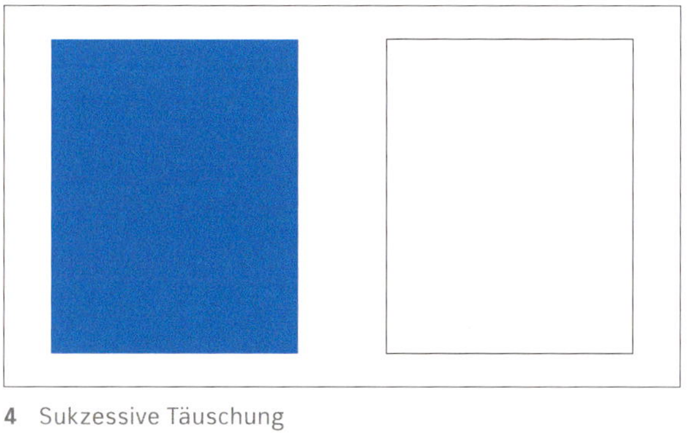

4 Sukzessive Täuschung

Als weiteres Phänomen der optischen Täuschung gilt die Tatsache, dass dunkle Gegenstände kleiner erscheinen als helle Gegenstände der gleichen Größe. Der schwarze Kreis in Abb. 5 sieht kleiner aus als der identisch große weiße Kreis in Abb. 6.

Der graue Balken in Abb. 7 wird vom menschlichen Auge als ein Balken mit einem Verlauf des Grauwerts von hell nach dunkel wahrgenommen. In Wirklichkeit allerdings besitzt der Balken einen einheitlichen Grauntonwert.

5 und **6** Helligkeitstäuschungen

7 Simultane Veränderung des Grauwerts

Aufgaben zu Kapitel 8.1 und 8.2

1. Erklären Sie den Unterschied zwischen Simultan- und Sukzessivkontrast.

2. a) Erläutern Sie die Wirkungsweise des Quantitäts- und des Qualitätskontrasts.
   b) Nennen Sie je ein Beispiel, bei dem die Kontraste gestaltend eingesetzt werden können. Begründen Sie Ihre Wahl.

3. Die Trennwand der Eingangshalle eines Jugendzentrums (siehe Abbildung) soll farbig gestaltet werden.
   a) Erstellen Sie jeweils einen Gestaltungsvorschlag. Wählen Sie einen geeigneten Maßstab, in dem Sie Ihre Vorschläge darstellen.

b) Präsentieren Sie dem Kunden Ihre Ergebnisse, indem Sie die Wirkung der von Ihnen gewählten Farben und Formen erklären.

4. Erläutern Sie den Unterschied zwischen Schwerpunktbildung und optischer Mitte.

5. a) Die 6,60 m × 2,30 m große Wand eines Veranstaltungsraumes soll eine Gestaltung mithilfe des „Goldenen Schnitts" erhalten.
Wenden Sie die Konstruktion des Goldenen Schnittes so an, dass Sie die Fläche in mindestens fünf Teile zerlegen.

b) Zeichnen Sie diese Fläche im Maßstab 1 : 20.

8.3 Raumanalyse

Betritt man einen Raum, so nimmt man die Stimmung und Atmosphäre des Raumes wahr. Damit sich die Bewohner privater oder öffentlicher Räume wohlfühlen, müssen die Räume mithilfe von Farbton, Form und Material entsprechend gestaltet werden.

Man unterscheidet zwischen generellen und individuellen Wohnbedürfnissen. **Generelle** Wohnbedürfnisse sind Grundbedürfnisse wie Schutz vor Witterungseinflüssen, Sicherheit oder der Platz zum Schlafen, Essen und Entspannen. **Individuelle** Wohnbedürfnisse sind abhängig vom Alter, Geschlecht und den persönlichen Neigungen der Bewohner.

Die Gestaltung von Räumen richtet sich nach deren Funktionalität. Büroarbeitsplätze müssen anders gestaltet werden als Wohnräume oder rein repräsentative Plätze.

Um den jeweiligen Wohnbedürfnissen gerecht zu werden, muss zum einen eine Istanalyse des Raumes erstellt werden. Zum anderen sollten die Interessen und Wünsche der Nutzer mithilfe einer Bedarfanalyse mit einbezogen werden. Das Erkennen der Wohn- und Raumbedürfnisse sorgt für eine Atmosphäre, in der die Bewohner sich wohlfühlen können.

Im Folgenden werden Grundregeln der Raumgestaltung aufgeführt. Diese sollen helfen, ein stimmiges Gesamtkonzept zu erstellen.

8.3.1 Istanalyse des Raumes

Die Istanalyse beschäftigt sich mit dem Raum, ohne die Bewohner einzubeziehen. Hier werden die baulichen Gegebenheiten festgehalten durch:

- Grundriss,
- Detailzeichnungen der speziellen Raumform (Erker, Säulen ... usw.) z. B. durch Schnittzeichnungen,
- ggf. Aufmaß,
- Installationen wie Wasserleitungen, Steckdosen, Lichtanschlüsse, Verkabelungen für TV, Lautsprecher, Netzwerke usw.,
- Zustand des Untergrundes (→ LF 2).

8.3.2 Bedarfsanalyse des Raumes

Die Bedarfsanalyse dient dazu, in Gesprächen die Zielvorstellungen des Kunden zu ermitteln. Dementsprechend wird dann der Gestaltungsentwurf erarbeitet. Bei der Bedarfsanalyse sollte Folgendes betrachtet werden:

- Raumnutzer: Einzelperson, Familien oder arbeitende Gruppen
- Nutzeranalyse: Interessen, Wünsche, Vorlieben, Hobbys, Tätigkeit, Alter usw.
- Raumnutzung: privat, gewerblich, repräsentativ
- Raumlage: räumlicher Zusammenhang zu angrenzenden Räumen
- Lichtverhältnisse: vorhandene und gewünschte Beleuchtung, Lichteinfall durch Fensterflächen
- Stilrichtung: modern, nüchtern, sachlich, festlich-elegant, historisch, natürlich usw.
- Materialen im Raum: Parkett, Fliesen, Vertäfelungen usw.
- Ggf. Vorschriften: für Beleuchtungsstärken, Brandschutzmaßnahmen usw.

8.3.3 Anfertigen des Entwurfs

Mithilfe der Analysen im Vorfeld wird ein Konzept erstellt. Damit der Kunde die Gestaltungsidee nachvollziehen kann, werden unterschiedliche Präsentationsmedien angefertigt. Dazu können z. B. eine Ideen- oder Stimmungsskizze, ein Farbentwurf, eine Materialkollage, ein Grundriss, eine Abwicklung und eine perspektivische Zeichnung genutzt werden.
Die **Ideen- oder Stimmungsskizze** bildet die Grundlage für das Farb- und Materialschema unter Berücksichtigung der Kundenwünsche (Abb. 1).

1 Stimmungscollage

Steht das Grundkonzept fest, werden genauere **Farbentwürfe** gefertigt. Die Farbentwürfe können manuell oder am Computer erstellt werden (Seite 113, Abb. 1 und → Kapitel 8.5).

Farbtöne gehören zu den stärksten optischen Reizen. Ziel der Farbgestaltung ist es, die Farbtöne so zu wählen, dass keine Eintönigkeit und keine Reizüberflutung, sondern Anregung und Ausgleich entstehen.

Je nach Raumnutzung werden immer wieder neue Farbkonzepte benötigt. Dabei spielen die psychologische Wirkung der Farbtöne, die Farbharmonien und die Farbkontraste eine große Rolle (Tab. 1, → LF 4 und Kapitel 8.1).

Tab. 1: Farbwirkungen im Raum

Farbton	Wirkung	Einsatz
Gelb	Verbreitet Optimismus und Fröhlichkeit; verstärkt Strukturen; weitet optisch Räume; bringt Helligkeit; fördert Kommunikation und Kreativität	Besprechungs- und Diskussionsräume; Esszimmer, Kinderzimmer, Jugendzimmer; enge, dunkle Räume auch ohne Tageslicht
Dunkelblau Hellblau	Sachlich, kühl, frisch, beruhigend; konzentrationsfördernd; Dunkelblau wirkt Raum verkleinernd, Hellblau erweiternd; lässt andere Farben zur Geltung kommen	Lebensmittel- und Frischebereich; Arbeits- und Schlafräume; Küche, Bad; Räume im Norden wirken noch kühler; Hellblau an Decken himmelartig
Rot	Aktivierend bis aggressiv; regt geistig und körperlich an; in Verbindung mit Gold edel; helles Rot wirkt kalt, Rot mit Braunanteilen warm und gemütlich	Bars und Restaurants; in kleinen Räumen und in großer Fläche ermüdend
Grün Dunkelgrün	Beruhigend und anregend zugleich; natürlich; gibt Sicherheit und Geborgenheit; appetitanregend; leicht zu kombinieren; Dunkelgrün wirkt warm und trittfest, Hellgrün zart bis kühl	Gaststätten, Arbeitszimmer, Flure, Haustüren (wirkt einladend); Modesalons (verleiht Gesicht frisches Aussehen)
Orange	Heiter und stimulierend; in großen Flächen dominant; mit Erdtönen warm und raumverkleinernd	In Nordzimmern, in Räumen mit zu wenig Licht, in Sport- und Bewegungsstätten
Violett	Feierlich, majestätisch, sakral; luxuriös in Kombination mit Gold und Silber	Empfangsräume, Räume zur Meditation und zum Hören von Musik
Rosa	Romantisch, feminin, sanft, warm; engt nicht ein; in Kombination mit Gold edel	Für kleine Räume, kleine Farbflächen für Kinderzimmer, Beautystudios
Beige	Neutral, beruhigend, unaufdringlich; gut mit anderen Farben zu kombinieren	Für alle Räume
Braun	Wärmend, dämpfend, beruhigend; tragend, trittfest	Kaffeebars; Hellbraun in allen Räumen, Dunkelbraun nur in kleineren Flächen
Schwarz	Einengend, abstrakt	An Decken drückend, nur in Kombination mit kontrastierenden Farben
Weiß	Sauber, frisch, neutral; Strukturen werden hervorgehoben; starke Veränderung durch Licht und Schatten; weitet Räume	Harmoniert in allen Räumen mit allen Farben
Grau	Lässt andere Farben leuchten, in Kombination mit Silber edel	Empfangs- und Arbeitszimmer als Kombinationsfarbe
Helle, gebrochene Farben	Sind in ihrer Wirkung abgeschwächter, leichter; lassen dunkle Räume größer erscheinen; verbreiten Ruhe und Harmonie	Ruheräume, Schlafzimmer

Als harmonisch werden Farbgestaltungen mit monochromen Farbtönen (Farbtöne innerhalb einer Farbtonreihe) empfunden. Einfarbige Gestaltungen wirken stets ausgeglichen und verhalten. Die Betrachter werden einer solchen Farbgestaltung nicht schnell überdrüssig. Um Eintönigkeit zu vermeiden, müssen unterschiedliche Materialstrukturen und Musterungen verwendet werden. Das Arbeiten mit Farbtönen gleicher Sättigung und Helligkeit bewirkt im Raum eine ebenso ruhige Grundstimmung wie das Gestalten mit Farbtönen, die im Farbkreis dicht beieinanderliegen.

Die Kombination von unterschiedlichen Farbtönen kann durch die jeweils eigene Farbwirkung z. B. anregend und dynamisch wirken. Kontrastierende Farben beeinflussen sich gegenseitig, wirken lebhaft und interessant. Werden jedoch komplementäre Farbenpaare in hoher Sättigung verwendet, so wirken diese Räume leicht grell.

Beispielsweise sollten in Räumen, in denen sich die Nutzer sehr lange aufhalten, keine intensiven, reinen Farbtöne über alle Wände hinweg verwendet werden. Andernfalls kann es zu Konzentrationsproblemen und Nervosität kommen.

In Kindergärten sollte die Farbigkeit einladend, hell und freundlich wirken. Ein solches Konzept vermittelt zugleich Sicherheit und Lebensfreude.

Allein der geschickte Einsatz von warmen und kalten Farbtönen lässt Räume höher oder niedriger, beengend oder weitend erscheinen. Soll die Decke optisch tiefer erscheinen, müssen dunkle Farbtöne verwendet werden. Wird der gewählte Farbton bis auf die Wände heruntergezogen, verstärkt sich der Eindruck noch. Helle Decken und senkrecht gestreifte Wände hingegen bewirken, dass der Raum optisch an Höhe gewinnt (LF 4 und Kapitel 8.2.2).

Proportionen

Die gewünschte Wirkung der gewählten Farbkontraste und Farbharmonien wird durch gezielte Verhältnisgrößen erreicht (Abb. 1). Man unterscheidet dominante, subdominante (kontrastierende Flächen) und akzentuierte Farbflächen. Dies kann im Farbentwurf zum Ausdruck gebracht werden (Seite 113, Abb. 2). Als aufeinander abgestimmt wird eine flächenmäßige Aufteilung von ungefähr 60 % für die Dominante, 30 % für die Subdominante und 10 % für die Akzentfarbe empfunden.

- Die **Dominante** macht den flächenmäßig größten Anteil aus und bestimmt damit die Grundstimmung des Raumes. Sie darf keinen zu hohen Buntanteil aufweisen, damit das Auge diesen als harmonisch empfindet und dennoch Abwechslung bietet.
- Dazu gewählt wird die **Subdominante**. Dieser Farbton dient als Begleitfarbe, die auf die Dominante abgestimmt ist und dennoch Abwechslung bietet. Als Subdominante kann ein Farbton mit höherem Sättigungsgrad oder Reinheit zur Dominante gewählt werden.

1 Manueller Farbentwurf

- Die verwendeten **Akzentfarben** können in höchster Sättigungsstufe auftauchen. Sie dürfen allerdings nur in kleinen Mengen benutzt werden. Akzentfarben sind Blickfänge. Sie heben Raumdetails hervor und beleben eine Gestaltung.

Sollen die vorhandenen **Raummaterialien** erhalten bleiben, müssen diese in die Gestaltung und das Farbkonzept miteinbezogen werden. Sie prägen den Ausdruck des Raumes. Eine Möglichkeit der Gestaltung wäre, die Raumstimmung zu unterstützen. In diesem Fall wird die Farbgebung der bereits vorhandenen Materialien farbig aufgegriffen. Alternativ können bewusst Gegensätze gebildet werden. Durch den Kontrast von Farbton und Material, z. B. hell-dunkel oder matt-glänzend, entsteht eine spannungsreiche Atmosphäre im Raum (Abb. 1, Tab. 1).

Wand, Decke und **Boden** bilden entweder eine Einheit oder es wird gegensätzlich gearbeitet. Der Boden ist ein Raum bestimmendes Element. Er kann zurückhaltend

1 Hell-Dunkel-Kontrast

Tab. 1: Materialwirkung

Oberfläche	Materialbeispiele	Wirkung
Gegliedert, strukturiert	Mauerwerk, Naturstein, Gewebe ...	Belebend, raumgliedernd, auffällig, deutliche Hervorhebung der Struktur durch seitlich einfallendes Licht (Streiflicht), diffuse oder direkte Lichteinstrahlung mindern die Struktur
Rau, körnig	Raufaser, Naturwerkstofftapete, Putzflächen, Ton, Stein, Holz, Wildleder ...	Behaglich wärmend, angenehm, diffus, lichtbrechend
Hochglänzend	Spiegelflächen, Metall, Lack, Glattleder, Fliesen, Glas, Beschichtungsstoffe ...	Edel, kalt, sauber, auffällig, lichtreflektierend
Mattglänzend	Keramik, Seidentapeten, Textilien, Laminat, weiche Bodenbeläge, Beschichtungsstoffe ...	Zurückhaltend, bescheiden, farblos
Hell/matt	Gewebe, Leder, Keramik, Bodenbeläge, Beschichtungsstoffe ...	Schlicht, dezent, tritt nicht in den Vordergrund, raumweitend
Dunkel/matt	Gewebe, Leder, Keramik, Bodenbeläge, Beschichtungsstoffe ...	Behaglich, wärmend, manchmal düster, raumengend

oder hervorgehoben gestaltet werden, z. B. durch Intarsien, Muster und Farbtöne. Selbst wenn ein Fußboden als Designelement dient, sollte er strapazierfähig sein.

Auch die vorhandenen oder gewünschten **Lichtverhältnisse** spielen eine große Rolle. Eine entsprechende Beleuchtung kann erwünschte Stimmungen erzeugen. Dunkle Farbtöne sollten beispielsweise nur in Räumen verwendet werden, die nach Süden ausgerichtet sind und viel natürliches Licht besitzen. Mangelnde Helligkeit und zu starke Hell-Dunkel-Kontraste können z. B. zu Ermüdungserscheinungen führen.

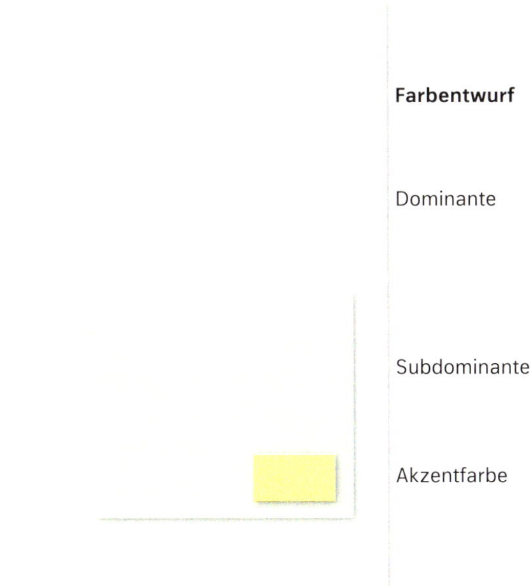

2 Farbentwurf

Folgende lichttechnische Kriterien sollten bei der Raum- und Bedarfsanalyse berücksichtigt werden:

- Grund- und Allgemeinbeleuchtung: Versorgung des ganzen Raumes mit gleichmäßiger Beleuchtung, z. B. Deckeneinbau- oder Pendelleuchten
- Akzentbeleuchtung: Punktlichtquellen zur Betonung der Raumarchitektur oder effektvolle Inszenierungen mit wechselnden Farben
- Geeignete Lichtfarbe: je nach Einsatzbereich warmweiß, neutralweiß, tageslichtweiß
- Angemessene Beleuchtungsstärke: Je schwieriger die Sehaufgabe ist, desto höher muss die Beleuchtungsstärke sein.
- Schutz vor Blendung: Direktblendung: Verhinderung durch abgeschirmte Lampen, Reflexblendung: Verhinderung durch matte anstelle hochglänzender Flächen (→ LF 4)

Materialcollage
Die Materialcollage oder Mustertafel verdeutlicht das gewählte Farb- und Materialschema (Abb. 3).

3 Materialcollage

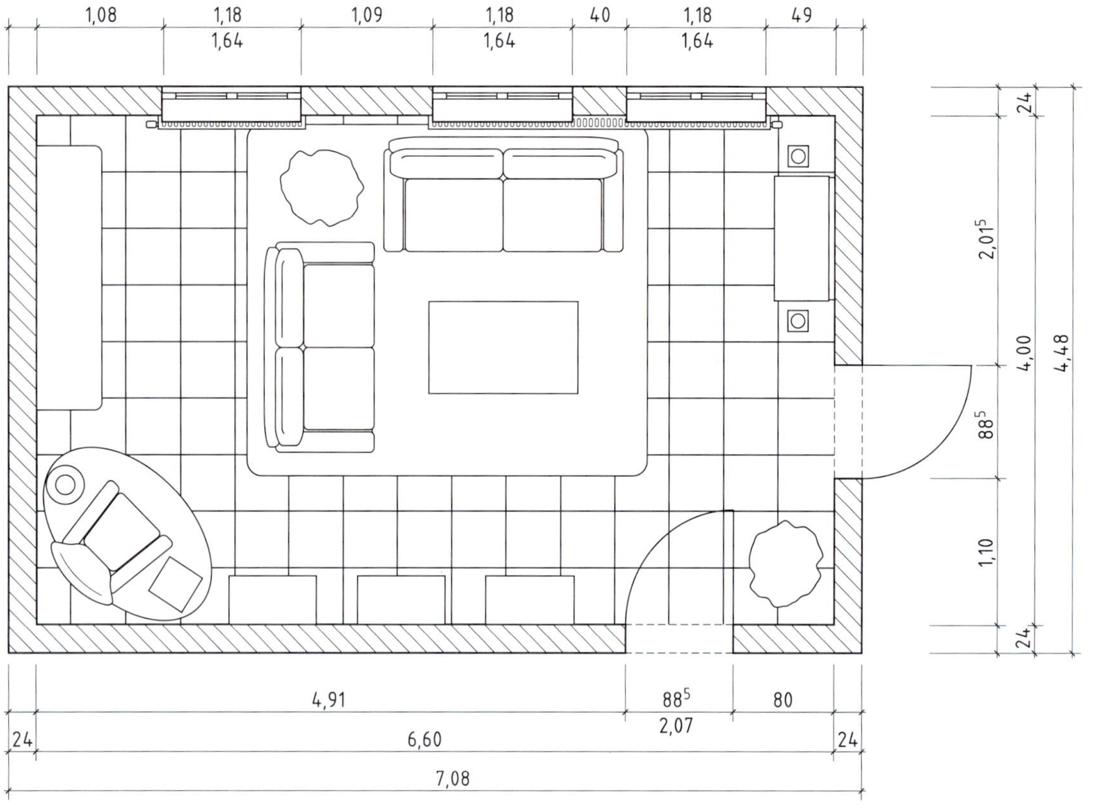

1 Möblierter Grundriss

Die Intensität der verwendeten Farbtöne sowie die Wirkung der ausgewählten Materialien und deren Musterung (Textur) werden im Zusammenklang zum Ausdruck gebracht.

Um eine Mustertafel möglichst professionell zu gestalten, sollten einige Regeln beachtet werden:

- Mindestens 1 cm Rand an allen Seiten lassen.
- Oberen Rand und Seitenrand gleich groß wählen, den unteren etwas breiter anlegen (optische Mitte, Kapitel 8.2).
- Muster gerade und rechteckig schneiden, einzeln aufkleben.
- Saubere Beschriftung (Normschrift, Kapitel 8.7.1) möglichst bündig aufkleben.
- Die Tafel nicht überladen, spezielle Details besser separat präsentieren.

Grundriss
Ist der maßstabsgetreue Grundriss beim Kunden nicht vorhanden, muss dieser erstellt werden. Die Zeichnung kann durch Detailskizzen ergänzt werden. Beispielsweise kann eine vorhandene Möblierung mithilfe von maßstabsgetreuen Schablonen oder Computerprogrammen eingezeichnet werden. Es können Einrichtungsvorschläge gemacht werden oder ein Lichtkonzept eingebaut werden (Abb. 1).

Perspektivische Zeichnung
Die Anfertigung der perspektivischen Zeichnung sollte den farbigen Eindruck des Entwurfs vermitteln (Kapitel 8.4 und LF 4). Dazu ist es nicht notwendig, die gesamte Zeichnung zu kolorieren. Einen Farbeindruck erhält der Kunde auch mittels einer teilkolorierten Zeichnung. So können Details hervorgehoben werden, ohne dass die Zeichnung überfüllt wirkt (Abb. 2).

8.3.4 Präsentation

Um den Kunden von seinem Gestaltungskonzept zu überzeugen, sollte die abschließende Präsentation einen stichhaltigen, professionellen Charakter aufweisen.

2 Perspektivische Zeichnung, teilkoloriert

Die Demonstration der Material- und Farbproben sollten nachvollziehbar sein.

- Dazu gehört die genaue Angabe der gewählten Produkte. Farbtonbezeichnung der Hersteller, Codierung der Farbsysteme (NCS, RAL), Sättigung, Buntheit, Helligkeit, (LF 4) Art der Beschichtungsmittel und Wahl des Beschichtungsverfahrens müssen aufgeführt sein.
- Die Präsentationsmedien sollten möglicht einheitlich groß sein und auf einheitlichem Untergrund gezeigt werden.
- Es ist sinnvoll, das vollständige Gestaltungskonzept in einer geeigneten Mappe zusammenzufassen.
- Denken Sie bei Ihrer Vorstellung unbedingt an Ihre Körpersprache und das Verhalten beim Kunden (Band 1, Lernfeldübergreifender Anhang). Nur so können Sie Ihr in sich stimmiges Konzept auch erfolgreich beim Kunden vertreten.

Aufgaben zu Kapitel 8.3

1. a) Erstellen Sie eine Bedarfsanalyse für eine Klasse von 24 Erstklässlern.

   b) Stellen Sie begründet ein Farbkonzept für die Gestaltung eines Klassenraums einer Grundschule zusammen.

   c) Beschreiben Sie in diesem Zusammenhang kurz die Begriffe Dominante, Subdominante und Akzentfarbe. Ordnen Sie für den unter b) zusammengestellten Farbentwurf die jeweiligen Farben den drei Begriffen zu.

2. In einem Architekturbüro soll eine neue Beleuchtung für einen Arbeitsplatz mit drei Mitarbeitern installiert werden.
   Nennen Sie sämtliche lichttechnischen Kriterien, die dabei beachtet werden müssen.

8.4 Räumliche Darstellungen

Um Objekte zeichnerisch so darzustellen, wie das menschliche Auge sie sieht, eignen sich perspektivische Zeichnungen. Mithilfe der Fluchpunktperspektive, auch Zentralperspektive genannt, können dem Kunden Vorschläge für Farbgestaltungen auch räumlich und somit besser verständlich nahe gebracht werden.

Das heißt für Darstellungen in der Zentralperspektive, dass Dinge im Hintergrund auch kleiner gezeichnet werden müssen.

Darstellungen in der Fluchtpunktperspektive sind abhängig vom Standort und der Augenhöhe des Zeichnenden (Abb. 1).

Die Zentralperspektive eignet sich zur naturgetreuen Darstellung von Innenräumen und Gegenständen, da dadurch räumliche Tiefe erreicht wird. Nachteilig ist der relativ hohe zeichnerische Aufwand im Gegensatz z. B. zur Parallelperspektive (→ LF 4).

Bei der Konstruktion einer Zentralperspektive ist zu beachten, dass alle Linien, die in der Wirklichkeit senkrecht verlaufen, auch in der Zeichnung senkrecht bleiben. Alle Linien, die in der Wirklichkeit waagerecht verlaufen, treffen sich in der Zeichnung in den Fluchtpunkten auf der Horizontlinie. Linien, die direkt vor dem Betrachter in der Abbildungsebene liegen, werden maßstabsgetreu dargestellt. Linien, die hinter der Abbildungsebene liegen, werden verkürzt gezeichnet.

1 Raumdarstellung in Fluchtpunktperspektive

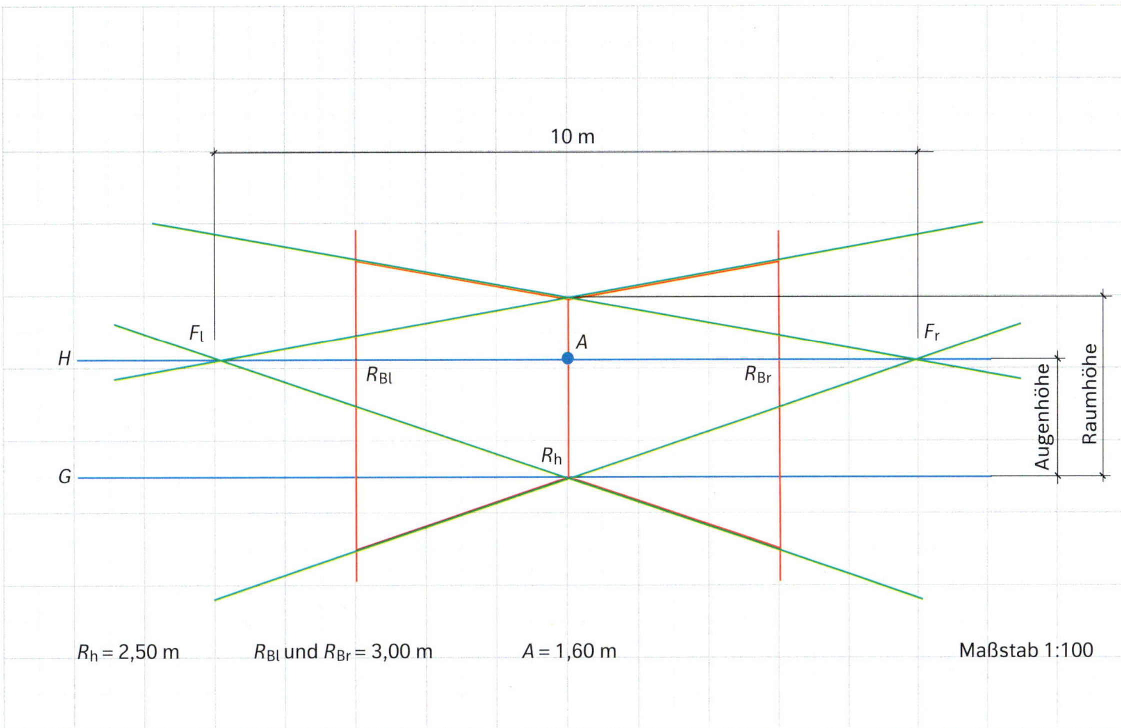

2 Konstruktion einer Zimmerecke

8.4.1 Zwei-Fluchtpunktperspektive – Konstruktion einer Raumecke

Im Folgenden wird beispielhaft die Anleitung zur Konstruktion einer Zimmerecke mithilfe einer vereinfachten Zentralperspektive mit zwei Fluchtpunkten gegeben (Abb. 2).

Maßvorgaben
Maßstab 1 : 100
Raumhöhe= 2,50 m
Raumbreite je Wand = 3,00 m

Konstruktionsschritte

1. Zeichnen der Grundlinie (*G*).
2. Raumeckenhöhe (R_h) im angegebenen Maßstab mittig auf *G* einzeichnen.
3. Auf R_h die Augenhöhe (*A*) von ca. 1,60 m eintragen.
4. Durch *A* die Horizontlinie (*H*) einzeichnen.
5. Maßstäblich die Raumbreite (R_B) mit den jeweiligen Endpunkten rechts (R_{Br}) und links (R_{Bl}) auf *H* markieren.
6. An den beiden Enden der Horizontlinie die Fluchtpunkte links (F_l) und rechts (F_r) eintragen. Der Abstand der Fluchtpunkte voneinander beträgt ca. 10 m (bei Räumen bis ca. 4 m je Wandbreite). Sind beide Wände identisch groß, sind die Fluchtpunkte von *A* gleich weit entfernt. Bei unterschiedlichen Wandgrößen wird eine Aufteilung im Verhältnis zu den jeweiligen Wandflächen vorgenommen.
7. Ausgehend von F_r und F_l jeweils durch das obere und untere Ende der Raumhöhe hindurch Fluchtlinien zeichnen. Diese ergeben die Raumseiten mit Ober- und Unterkante.
8. Durch R_{Br} und R_{Bl} hindurch Senkrechten errichten, die sich in allen Fluchtlinien schneiden und die Raumseiten begrenzen.

8.4.2 Zwei-Fluchtpunktperspektive – Konstruktion eines Sitzwürfels

Die Konstruktion eines Gegenstands, z. B. eines Möbelstücks, wird mithilfe einer anderen Darstellung vorgenommen. Nachstehend wird beispielhaft eine Anleitung zur Konstruktion eines einfachen Sitzmöbels gegeben (Abb. 1).

Maßvorgaben
Maßstab 1:20; Höhe, Breite und Tiefe des Sitzwürfels je = 1,00 m.

Konstruktionsschritte

1. Zeichnen der Grundlinie (*G*).
2. Parallel zu *G* wird die Horizontlinie (*H*) eingezeichnet. Den Abstand der beiden Linien voneinander maßstäblich (z. B. 1 : 20) so wählen, dass er der Augenhöhe eines sitzenden Menschen, ca. 1,20 m, entspricht.
3. Den Punkt der Augenhöhe (*A*) mittig auf *H* markieren.
4. Von der Grundlinie durch *A* eine Senkrechte mit der maßstäblichen Höhe des Sitzwürfels errichten.
5. Auf *G* rechts von dieser Senkrechten maßstäblich die Breite (*B*), links davon die Tiefe (*T*) des Würfels einzeichnen.
6. Auf *H* den rechten und linken Fluchtpunkt (Fr und Fl) einzeichnen. Der Abstand der Fluchtpunkte von A beträgt jeweils die 1,7 bis 2,0fache Breite, bzw. Tiefe des Möbels.
7. Einzeichnen von Schnittstellen auf H. Schnittstelle rechts (Sr) von A, Schnittstelle links (Sl) links von A. Der Abstand der Schnittstelle von A muss jeweils 5/8 der Breite bzw. der Tiefe betragen.
8. Vom unteren und vom oberen Ende der Senkrechte auf *G* Fluchtlinien jeweils durch F_l und F_r hindurchziehen.
9. Von *B* durch S_l und von *T* durch S_r hindurch Fluchtlinien zeichnen.
10. Von den Schnittstellen der unteren Fluchtlinien jeweils Senkrechte bis zu den oberen Fluchtlinien errichten.
11. Von den beiden entstandenen oberen Endpunkten Fluchtlinien zu den **gegenüberliegenden** Fluchtpunkten zeichnen.

Alle weiteren möglichen Details, z. B. Armlehnen, können nach demselben Konstruktionsverfahren an ein Möbelstück wie den Sitzwürfel gezeichnet werden.

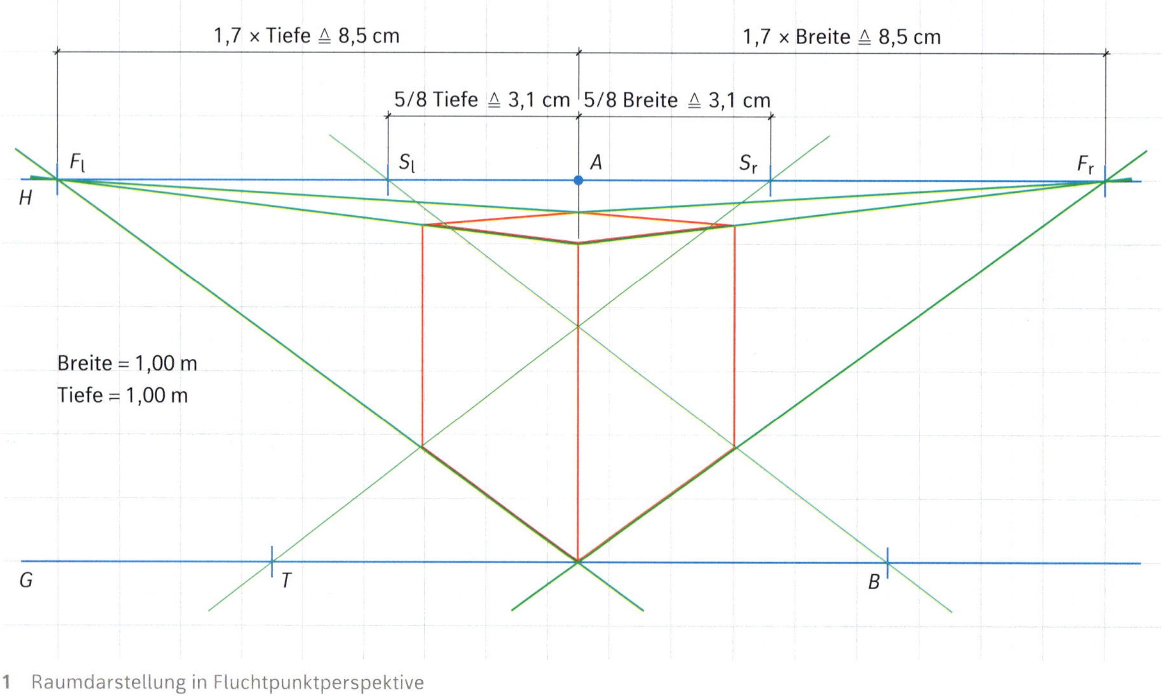

1 Raumdarstellung in Fluchtpunktperspektive

8.5 Farbentwürfe am Computer

Mithilfe eines Computers lassen sich schnell und kostengünstig viele Variationen einer Farbgestaltung eines Raumes oder Gebäudes darstellen (→ LF 4).
Für solche digitalen Farbentwürfe kann fast jedes Bildbearbeitungsprogramm verwendet werden. Es gibt aber auch spezielle Software, bei denen die Funktionen auf das benötigte Maß reduziert sind und die Bedienbarkeit vereinfacht ist. Auch wenn sich die verschiedenen Programme in der Oberfläche unterscheiden, so sind doch die einzelnen Arbeitsschritte zur Erstellung eines Entwurfs überall dieselben.

Bildvorlage

Man benötigt für einen Farbentwurf ein digitales Bild mit einer möglichst guten Auflösung (z. B. 300 dpi). Auf dem Bild sollten wenig störende Elemente abgebildet sein. Es sollte den Raum oder das Gebäude mit seinen charakteristischen Seiten zeigen. Die Lichtverhältnisse müssen so sein, dass sich verschiedene Flächen kontrastreich voneinander abheben.

Retusche

Meist muss das vorgelegte Bild noch optimiert werden. Durch die Veränderung von Helligkeit, Kontrast und Intensität kann man die Ausdrucksstärke des Bildes verbessern. Wenn ein Farbstich vorhanden ist, kann man diesen durch Veränderung des Farbtons beseitigen. Es können auch störende Flecken beseitigt oder Strukturen angepasst werden.

Festlegen der Flächen

Zuerst muss auf dem Bild festlegt werden, wo sich die Flächen befinden, deren Farbe geändert werden soll. Dazu gibt es verschiedene Werkzeuge. Bei geradlinigen Formen können die Flächen durch das Eingrenzen mit Linien erzeugt werden. Bei unregelmäßigen, aber einfarbigen Formen kann man durch die Funktion „Zauberstab" die Grenzen der Form finden. Dabei sucht das Programm ähnlich farbige Pixel auf dem Bild, wobei man die Toleranz der Ähnlichkeit festlegen kann. Aus den so definierten Flächen kann man nun Teilflächen, die nicht gefärbt werden sollen (z. B. Fenster oder Bilder), ausschneiden.

Die fertigen Flächen werden abgespeichert und mit einem Namen versehen in einer Liste abgelegt, sodass man schnell wieder darauf zugreifen kann.

Einfärben der Flächen

Wenn alle Flächen festgelegt sind, können diese farbig gestaltet werden. Dazu stehen die Farbpaletten der Farbsysteme (NCS; RAL-Design → LF 4) oder der Farbhersteller zur Verfügung. Man wählt einen Farbton aus und klickt auf die ausgewählte Fläche. Diese Fläche wird nun entsprechend gefärbt, und zwar so, dass die Licht- und Schattentöne erhalten bleiben und eine realistische Wirkung entsteht.
Man kann die Flächen auch mit Strukturen oder Mustern (z. B. Tapeten) füllen. Dazu muss aber erst die Perspektive der entsprechenden Wand festgelegt werden.

2 Ursprüngliches Bild

3 Verbessertes Bild in wärmeren Farbtönen

4 Retuschiertes Bild

Dies erfolgt durch die Ausrichtung eines Gitternetzes entsprechend der Perspektive des Bildes.

Die verschiedenen Farbkombinationen eines Raumes oder Gebäudes können als Variation abgespeichert werden. So kann man dem Kunden verschiedene Vorschläge machen, die man aber auch leicht wieder abändern kann.

Unterschiedliche Beispiele zeigen die Abbildungen unten.

1 Durch Zauberstab erstellte Fläche

2 Durch Linienmaske erstellte Fläche

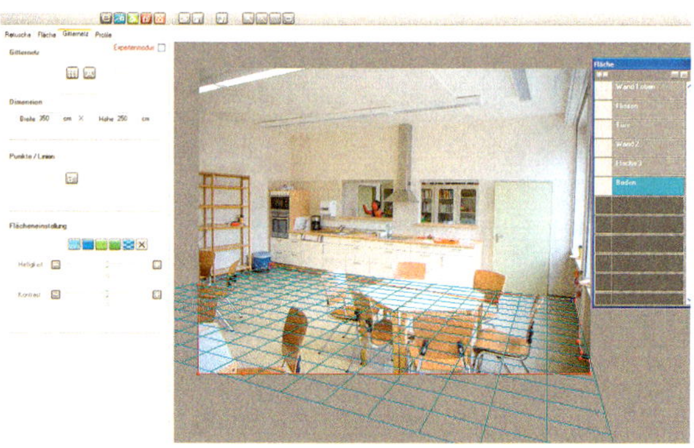

3 Gitternetz zur Definition der Perspektive

4 Farbvariationen des Raumes

8.6 Gestaltungstechniken

Einen Trend im Malerhandwerk bilden die alten Maltechniken, die als Wandgestaltung wiederentdeckt wurden. In den vergangenen Jahrhunderten wurden die Pigmente in Pulverform individuell zu den Bindemitteln wie Knochenleim, Gips oder Kasein hinzugegeben. Die einzigartige Farbgebung, die dabei entstand, ist auch heute noch im Malerhandwerk über das Mischen von Pigmenten in jegliche Art von Beschichtungsstoffen möglich. Anwendung finden die sogenannten „kreativen Gestaltungstechniken" auf den meisten Untergründen, die lediglich eine intakte Untergrundbeschichtung benötigen. Diese Techniken verleihen Räumen dadurch einen Hauch von Individualität.

Im Malerhandwerk existiert eine Vielzahl an Kreativtechniken. Zu den bekanntesten gehören die Wisch-, Wickel- und Stupftechnik, die Illusionsmalerei, die Lasurtechnik, das Schablonieren und die Spachtelglättetechniken.

8.6.1 Wickeltechnik

Die Wickeltechnik lässt eine leicht marmorartige Wirkung entstehen, indem das Muster mit einem gerollten (gewickelten) Tuch oder Fensterleder aufgebracht wird. Es gibt zwei Möglichkeiten, die Wickeltechnik umzusetzen.

Bei der ersten wird der Beschichtungsstoff vorgestrichen, um ihn anschließend mit dem Wickeltuch wieder abzuheben. Dabei ist darauf zu achten, dass dies nur mit langsam trocknenden Beschichtungsstoffen und Lasuren möglich ist. Um keine Ansätze zu erhalten, sollte im Team gearbeitet werden. Eine Person streicht die Beschichtung vor, eine weitere stupft die Fläche mit einer Stupfbürste, um Pinselstrukturen auszugleichen. Die dritte Person wickelt die Fläche ab (Abb. 5–7).

5 Farbe vorstreichen

Bei der zweiten, gängigeren Technik wird die Beschichtung direkt mit dem Wickeltuch aufgebracht (Abb. 8).

6 Farbe stupfen

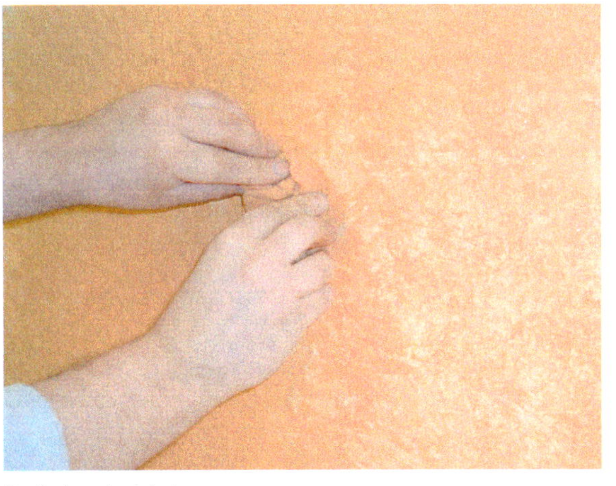

7 Farbe abwickeln

8 Farbe aufwickeln

1 Leichtes Wickeln

2 Starkes Wickeln

Sowohl bei der ersten als auch bei der zweiten Ausführungsmethode, sollte die zu gestaltende Fläche von ein und derselben Person gewickelt werden, da jeder seine eigene „Handschrift" bei dieser Technik hinterlässt. So beeinflusst leichtes oder stärkeres Wickeln das Strukturbild (Abb. 1 und 2).

Der Lappen oder das Leder sollten nicht rund gerollt, sondern leicht verdreht oder verknüllt werden. Ebenso muss der Lappen immer wieder neu geformt werden, um eine zu gleichmäßige Struktur zu vermeiden. Das Vornässen der Wickelrolle verbessert die Verteilung der Beschichtung. Um eine einheitliche Abgabe zu gewährleisten, sollte die Beschichtung stark verdünnt angewendet werden.

Ein Vorteil dieses direkten Auftrages ist es, dass sich neben einfarbigen Varianten auch mehrfarbige durchführen lassen. Hierbei wird der Wickelauftrag mit einem zweiten oder dritten Farbton wiederholt. Mehr als dreilagige Wickeltechniken sollten jedoch vermieden werden, da sonst die gewünschte Struktur kaum mehr in Erscheinung tritt (Abb. 3–5).

Je nach Kundenwunsch erfolgt die jeweilige Ausführung in gleich bleibender Richtung, oder man arbeitet kreuz und quer. Vor der Umsetzung auf dem Objekt ist es ratsam, die Struktur auf einer Übungsunterlage auszuprobieren und dem Kunden zu präsentieren.

4 Einlagiges Muster

3 Zweilagiges Muster

5 Dreilagiges Muster

8.6.2 Wischtechnik, Lasurtechnik

Die Wischtechnik eignet sich für alle nicht saugenden Untergründe. Sie lässt sich rasch und einfach ausführen und ist daher speziell für große Flächen geeignet. Verarbeitet werden Lasuren auf Acryl- oder Silikatbasis, die den Untergrund durchscheinen lassen. Im Handel sind fertige Lasuren erhältlich, die entsprechend abgetönt werden können. Vorteil dieser Fertiglasuren ist die lange offene Zeit. Dies bedeutet, dass die Lasuren nicht zu schnell trocknen und somit Ansatzflecken vermieden werden. Die Lasur wird mit der Lasur- oder Ovalbürste aufgetragen in der gewünschten Richtung verwischt (Abb. 6). Um eine gleichmäßige, leicht wolkige Oberflächenstruktur zu erhalten, hat sich ein Verteilen im Kreuzschlag bewährt (Abb. 7). Das Ausführen einer Lasurtechnik sollte stets von ein und derselben Person ausgeführt werden, da jede Person eine eigene, individuelle Struktur mit der Bürste hinterlässt.

8.6.3 Stupftechnik

Die Stupftechnik kann auf allen Untergründen und mit den meisten Beschichtungsstoffen durchgeführt werden. Bei dieser leicht auszuführenden Technik sind die Deckkraft und der farbliche Kontrast zum Untergrund vom individuellen Geschmack des Auszuführenden bzw. des Kunden abhängig.

Um einen Stupfeffekt zu erzielen, existieren mehrere Möglichkeiten. Gearbeitet wird entweder mit einer speziellen Stupfbürste oder durch das Aufstupfen mit einem Naturschwamm (Abb. 8 und 9). Synthetische Schwämme sind hierbei weniger geeignet, da sie eine zu gleichmäßige Form und Porenstruktur besitzen. Die unregelmäßige Porenstruktur der Naturschwämme sorgt für ein individuelles Strukturmuster und eine gleichmäße, ansprechende Flächenstruktur. Die Gestaltung einer gestupften Fläche kann in der negativen oder der positiven Stupftechnik erfolgen.

7 Kreuzschlag

8 Stupfbürste

6 Lasurbürste

9 Naturschwamm

8.6.5 Folientechnik

Die Folientechnik ist eine einfache und effektvolle Gestaltungstechnik. Sie wird auch als „Abklatschtechnik" bezeichnet.

Bei der Folientechnik darf der Untergrund keine Saugwirkung aufzeigen und muss ohne Unebenheiten sein. Nur bei einem glatten Untergrund kommt die Wirkung der Folientechnik zur kompletten Geltung.

Als Beschichtungsstoff sind alle Materialien geeignet, die eine lange Trocknungsdauer haben. Will man eine Folientechnik mit Kunststoffdispersionsfarbe ausführen, ist es ratsam, diese mit etwas Tapetenkleister zu versetzen. Auf diese Art wird die Trockenzeit verlängert und es können auch größere Flächen bearbeitet werden.

Als Folie können gewöhnliche Haushaltsfolien, aber auch Abdeckfolien verwendet werden. Die Foliengröße richtet sich nach der zu gestaltenden Fläche, die abgedeckt werden muss. Zunächst wird der gewünschte Beschichtungsstoff mit einem Flächenstreicher auf die Fläche appliziert (Abb. 1).

Danach wird die entsprechend große Folie in die noch feuchte Beschichtung eingelegt (Abb. 2). Die eingelegte Folie wird nun mit den Händen angedrückt und zu Falten zusammengeschoben (Abb. 3).

1 Beschichten der Gestaltungsfläche

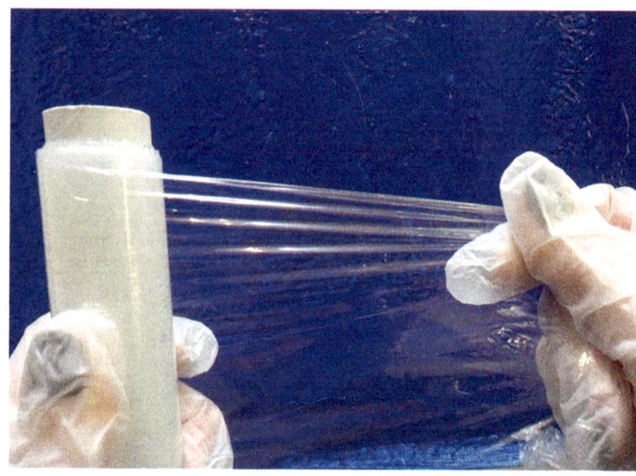
2 Einlegen der Folie

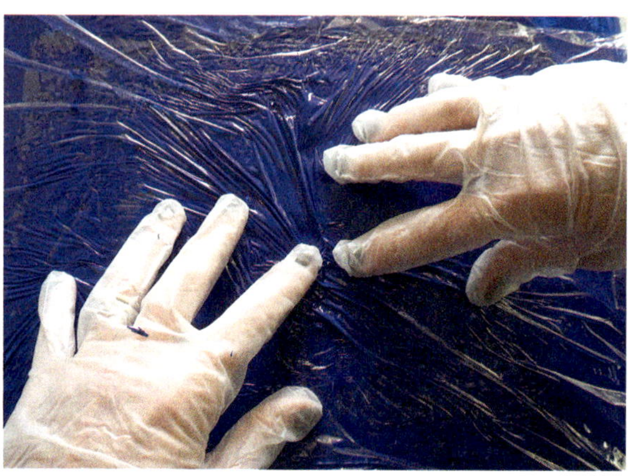
3 Quetschen der Folie

4 Abziehen der Folie

5 Folientechnik

Diese so entstandenen Falten ergeben später den für diese Technik typischen Effekt.

Die Folie bleibt so lange auf der Arbeitsfläche, bis die Beschichtung beginnt an der Folie anzutrocknen. So wird ein Zusammenlaufen der gequetschten Farbstrukturen verhindert. Beim folgenden Abziehen der Folie bleiben Teile der bereits an der Folie angetrockneten Beschichtung haften (Abb. 4). Dadurch ergeben sich helle Adern auf der Oberfläche (Abb. 5).

Sollen größere Flächen gestaltet werden, ist es ratsam, im Team zu arbeiten, da große Folien nur unter Schwierigkeiten allein eingelegt werden können. Ebenso besteht die Gefahr, dass beim Abziehen der Folie ungewollte Strukturen durch Handabdrücke oder zurückfallende Folieteile auf der Fläche entstehen können.

8.6.6 Glätte- und Spachteltechniken

Die Wirkung der Glätte- oder Spachteltechniken beruht auf einer vollständig geglätteten, glänzenden Oberfläche mit marmorartigem Aussehen. Zum Einsatz kommen unterschiedliche Spachteltechniken, z. B. die Venezianische Spachteltechnik oder die Gestaltung mit Japanspachteln. Das Erreichen des marmorähnlichen Aussehens beruht bei sämtlichen Spachteltechniken auf dem Aufbringen mehrerer Spachtelschichten.

Venezianische Spachteltechnik

Die venezianische Spachteltechnik ist entwickelt worden, um einen preiswerten Ersatz für Marmorflächen zu erhalten. Anwendung findet die venezianische Spachteltechnik im Innenraum auf allen tragfähigen, sauberen, festen, trockenen und glatten Untergründen, z. B. mineralische Putze, Gipskartonplatten oder Beton. Gestalterisch wirkungsvoll sind nicht nur vollflächige Wand- und Deckengestaltungen, sondern auch das Veredeln von Teilflächen wie Säulen oder Einfassungen.

- **Ausführung**
  Gearbeitet wird mit einem Kalkspachtel. Die Spachtelmasse kann beliebig farbig pigmentiert sein. Kalkspachtel weisen einen hohen pH-Wert auf, sie sind folglich alkalisch. Deshalb dürfen lediglich Pigmente verwendet werden, die gegen Alkalien beständig sind. Die Gruppen der Eisenoxidpigmente und der Erdfarbenpigmente können beispielsweise problemlos eingesetzt werden.

6 Venezianer Glättekelle

7 Füllende Kunststoff-Dispersionsspachtelmasse

- **Glätten**
  Zu Beginn der Arbeit muss der tragfähige Untergrund von großen Poren befreit werden. Dazu wird eine gut füllende Kunststoff-Dispersionsspachtelmasse verwendet (Abb. 1 und Seite 127, Abb. 7). Die Fläche wird im Anschluss mit einer Körnung von 150 geschliffen und abgestaubt. Im Anschluss wird der Untergrund mit lösemittelfreier Grundierung behandelt.

- **Vorspachtelung**
  Zunächst wird die mineralische Spachtelmasse vollflächig und gleichmäßig mit der Venezianer Glättekelle aufgetragen (Abb. 1). Die Glättkellen für Spachteltechniken weisen abgerundete Ecken auf, um ein Verkratzen der Oberfläche zu vermeiden.
  Anschließend wird die nasse Schicht zuerst mit der Glättekelle in diagonalem Verlauf vorgeglättet (Abb. 2). Sofort im Anschluss wird mit der Glättekelle nachgeglättet. Sämtliche Arbeitsgänge erfolgen „nass in nass".

- **Grundspachtelung**
  Bei der Grundspachtelung, auch 1. Dekospachtelung genannt, wird die Spachtelmasse in kleinen Haufen (Batzen) locker auf dem Untergrund verteilt. Daran anschließend wird die Masse mit der Glättekelle unregelmäßig auf der Fläche verteilt. Hierbei entsteht ein individuelles Erscheinungsbild, da jeder Maler seine eigene „Spachtelhandschrift" in die Wandgestaltung einbringt (Abb. 3).

  Im folgenden 2. Grundspachtelgang werden die entstandenen Grate geglättet und es entsteht eine einheitliche Fläche ohne Fehlstellen. Gearbeitet wird von oben nach unten unter leichtem Druck, nur so kann die Spachtelmasse matt auftrocknen.

1 Glätten des Untergrundes

2 Diagonales Vorspachteln

3 Spachtelgang in Batzen oder Flecken

Ist ein feines Marmorbild gewünscht, muss die Oberfläche vor dem nächsten Arbeitsgang geschliffen und entstaubt werden.

- **Verdichten**
  Das Verdichten der gespachtelten Fläche erfolgt in der Schlussspachtelung, dem 2. Dekospachtelgang. Die mineralische Spachtelmasse wird in Form von Flecken aufgebracht. Die Spachtelflecken müssen in dünner Schicht und unregelmäßig auf dem Untergrund verteilt werden. Direkt im Anschluss wird beim Glätten der Materialüberschuss entfernt. Hierbei ist stets auf eine saubere Glättekelle zu achten. Sind die gespachtelten Stellen leicht matt aber immer noch etwas feucht aufgetrocknet, muss mit dem Verdichtungsvorgang begonnen werden. Bei dem Verdichten wird die Glättekelle mit erhöhtem Anpressdruck von unten nach oben, kreuz und quer über die Fläche geführt. Die Kelle muss während des Glättens wiederholt mit Wasser angefeuchtet werden. Gleichzeitig

4 Verdichtete Fläche

muss wiederum auf eine stets saubere Glättekelle geachtet werden. Auch in diesem Arbeitsschritt entsteht ein individuelles Gestaltungsbild des Malers. Durch das Verpressen wird das Material so weit verdichtet, dass die Oberfläche ein marmorähnliches, glattes und hochglänzendes Aussehen erhält (Abb. 4).

- **Oberflächenbehandlung**
  Benötigen die Oberflächen einen zusätzlichen Schutz, z. B. bei Verwendung in Feuchträumen, können diese abschließend behandelt werden. Hierbei wird meist ein Wachsüberzug gewählt, der aufgrund seiner hydrophoben (wasserunfreundlichen) Eigenschaft das Eindringen von Wasser verhindert, (→ LF 2).

Die Untergründe müssen auch bei der Japanspachtelglättetechnik
- tragfähig,
- sauber,
- fest,
- trocken und
- glatt

sein.

Um sämtliche Unebenheiten zu beseitigen und die nachfolgende Farbspachtelung nicht zu beeinträchtigen, wird der Untergrund mit einer gut füllenden Spachtelschicht überzogen.

Als Spachtelmaterial dienen Spachtelmassen auf mineralischer oder Kunststoffdispersionsbasis. Die mineralischen Spachtelmassen sind eingefärbt im Fachhandel erhältlich. Sie können aber auch, ebenso wie die Kunststoffdispersionsspachtel, mit Volltonfarben beliebig abgetönt werden.

Vorsichtsmaßnahmen:

Vermeidung von Gesundheitsschäden beim Verarbeiten von alkalischen Spachtelmassen, wenn das Gefahrenzeichen Xi (reizend) auf dem Material zu finden ist.

- Nicht einatmen,
- Kontakt mit Haut und Augen vermeiden,
- nicht verschlucken.

Gesundheitsschädlich

Reizend

Erste-Hilfe-Maßnahmen:

- Allgemeine Hinweise: Rasch helfen.
- Einatmen: Nase und Kehle mit viel Wasser ausspülen, eventuell Arzt aufsuchen.
- Hautkontakt: Mit Wasser abwaschen.
- Augenkontakt: Mit viel Wasser ausspülen und den Arzt aufsuchen.
- Verschlucken: Sofort den Arzt aufsuchen, Verpackung mitnehmen und vorzeigen.

Ausführung einer Fleckspachtelung
Als erstes wird ein Spachtelgang mit wenig Material im Fleckspachtelgang ausgeführt.
Hierbei wird in lockerer Struktur nur partiell gespachtelt, sodass nur ca. 30 % der Fläche bedeckt sind (Seite 130, Abb. 1). Dabei ist darauf zu achten, dass beim Abziehen mit dem Spachtel keine Grate entstehen und dass die Spachtelmasse nur sehr dünn aufgetragen wird.

Dieser Arbeitsgang wird nun so oft wiederholt, bis sich die Spachteloberfläche mehr und mehr schließt. Auch

1 Fleckspachtelgang

2 Zweiter Spachtelgang

3 Glätten

4 Wachsüberzug

bei den folgenden Spachtelgängen muss stets dünn und ohne Grate gearbeitet werden (Abb. 2).

Durch das schichtweise Spachteln ergeben sich deckende und transparente Spachtelschichten, die die wolkige, marmorartige Wirkung erzielen.

Die unterschiedlichen Spachtelgänge können, je nach Wunsch, in einem oder in mehreren Farbtönen durchgeführt werden.

- **Glätten**
  Abschließend muss die Oberfläche geglättet werden. Dies geschieht in der Regel mit der sauberen Fläche eines Spachtels (Abb. 3).
  Durch starken Druck mit dem Spachtel erhält die Fläche ihren Glanz. Unebenheiten, sogenannte Nester, die nach dem Glätten zu sehen sind, können noch mit Spachtelmasse ausgeglichen werden.

- **Oberflächenbehandlung**
  Wird ein zusätzlicher Oberflächenschutz gefordert, so wird auch in einer Spachteltechnik ein dünner Wachsüberzug aufgetragen (Abb. 4). Erfolgt der Wachsauftrag zu dick, kann es zu verstärktem Vergrauen der Oberfläche kommen. Ein dünner Wachsüberzug verstärkt zusätzlich die Farbintensität und die Tiefenwirkung der gespachtelten Fläche.

8.6.7 Schablonieren

Die Technik des Schablonierens ist eine historische Technik die ihren Ursprung in der Imitation von Tapeten und Flächengestaltungen hatte. Heute tritt das Schablonieren als „künstlerisches" und „industrielles" Scha-

5 Historische Schablonenmalerei

6 Moderne Schablonenmalerei

blonieren auf. Das „industrielle" Schablonieren ohne gestalterischen Hintergrund findet z. B. bei der Parkhaus- und Fluchtwegbeschriftung seine Anwendung. Das „künstlerische" Schablonieren mit selbstgefertigten oder gekauften Schablonen bietet eine Vielzahl an Farb- und Formeffekten bei der individuellen Gestaltung von Flächen. Die Materialien für die Schablonenherstellung haben sich im Laufe der Zeit geändert. Früher wurde mit mit Öl getränktem oder mit Schellack überzogenem Papier oder Pappe als Schablone gearbeitet. Heute greift man hauptsächlich auf Kunststofffolien zurück. Folien aus Kunststoff gewährleisten eine längere Haltbarkeit, da sie durch die Schablonierfarben nicht aufweichen.

Während der Maler und Lackierer früher die Schablonen selbst herstellen musste, gibt es mittlerweile eine große Anzahl von vorgefertigten Schablonen zu kaufen. Für individuelle Motive müssen jedoch immer noch Schablonen von Hand geschnitten werden.

Zum Schneiden einer Schablone ist ein Schneidemesser für Rundungen besonders geeignet (Abb. 7). Einen Cutter kann man zum Schneiden von geraden Linien verwenden.

Wichtig beim eigenen Herstellen einer Schablone ist das Versehen der Schablone mit Anlegemarken (auch Passermarken genannt) (Abb. 8). Anlegemarken sind Markierungen am Rand. An den Markierungen erkennt man, an welcher Stelle ein erneutes, gezieltes und gerades Anlegen der Schablonen an den bereits schablonierten Teil vorgenommen werden muss. Ohne Anlegemarken kann es zu einem Verschieben des Musterrapports kommen.

7 Schneidemesser

8 Schablone mit Anlegemarken (Kreise)

1 Schablonier- oder Stupfpinsel

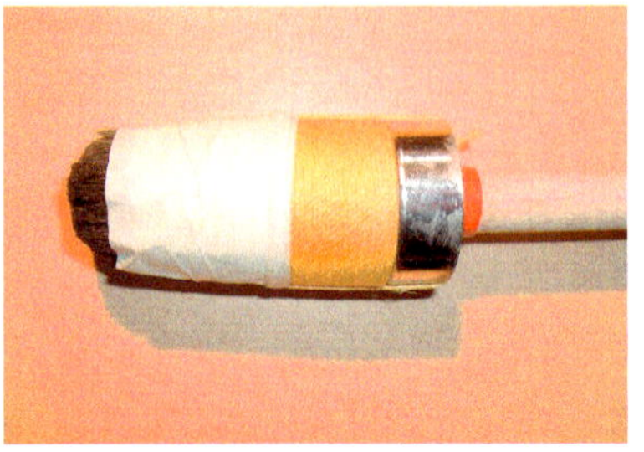

2 Abgebundener Ringpinsel

3 Stupfen einer Schablone

Als Schablonieruntergrund eignen sich alle glatten Flächen. Raue Flächen würden ein unsauberes Schablonenbild ergeben, da Farbe hinter die Schablone laufen kann.

Kleine Schablonen lassen sich bei der Ausführung von Hand an der zu schablonierndenFläche halten, größere Schablonen sollten mit Klebeband fixiert werden.

Für das Aufbringen des Beschichtungsstoffes gibt es spezielle Schablonier- oder Stupfpinsel, aber auch mit einem feinen Schwamm oder einem Farbspray kann der Farbauftrag erfolgen (Abb. 1 und 3). Die gängigste Variante ist das Auftragen der Farbe mit dem Schablonierpinsel. Hierbei ist darauf zu achten, dass der verwendete Pinsel nicht allzu lange Borsten besitzt. Ist dies der Fall, muss der Pinsel mit Klebeband abgebunden werden. Zu lange Borsten würden leicht unter die Schablonenmusterränder gleiten und ein unsauberes Bild ergeben. Durch dieses Verfahren kann man auch aus einem Ringpinsel einen Schablonierpinsel machen (Abb. 2). Um klare saubere Ränder zu erzielen, sollte der Pinsel nur leicht in den Beschichtungsstoff eingetaucht und auf einem Übungspapier abgestupft werden. Zu viel Beschichtungsstoff im Pinsel erhöht wiederum die Gefahr, dass Farbe hinter die Schablone läuft (Abb. 4).

Wird beim Schablonieren nur ein Farbton verwendet, spricht man von einer einschlägigen Schablone. Für die Wiedergabe des Motivs wird in diesem Fall ein Farbton benutzt („Schlag“, Abb. 5 und 6).

Eine mehrfarbige Gestaltung mit einer einschlägigen Schablone ist nur möglich, wenn in ein und das selbe Motiv unterschiedliche Farbtöne gestupft werden, oder die aneinandergereihten Schablonenteile jeweils unterschiedlich farbig gearbeitet werden (Abb. 3).

Fügt sich ein Ornament aus mehreren Schablonen zusammen, spricht man von zweischlägigen, dreischlägigen bzw. mehrschlägigen Schablonen. Das Muster besteht in diesem Fall aus mehreren Schablonen, wobei jeder Schablone ein Farbton zugeordnet wird. Bei mehrschlägigen Schablonen ist es besonders wichtig, die Ansatzmarkierungen jeder einzelnen Schablone genau zu beachten, um ein Verrutschen der übereinanderliegenden Schablonen und somit des Muster zu

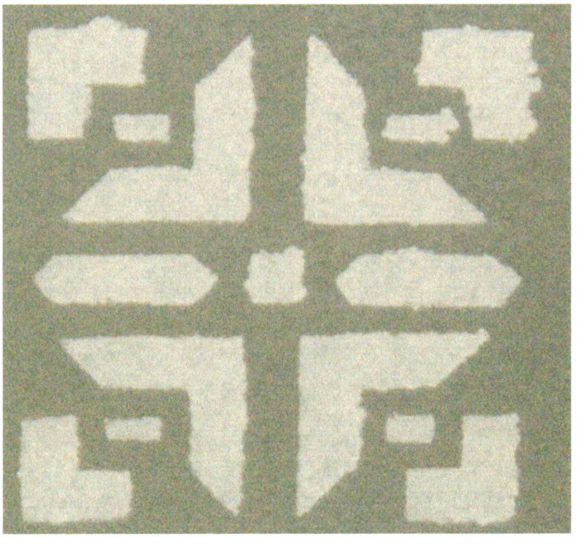

4 Fehlerhafte Schablonierung

5 Einschlägige Schablone

6 Bearbeitete einschlägige Schablone

7 Deckende Schablonierung

8 Lasierende Schablonierung

vermeiden. Sinnvoll ist hierbei die Wahl einer transparenten Schablone, um das Anlegen an die vorangegangene, darunterliegende Schablonierung zu erleichtern (Abb. 9).

Zur Wahl stehen deckende oder lasierende Beschichtungsstoffe, die jeweils eine deckende oder eine leicht schattierende Gestaltung der schablonierten Fläche hervorrufen (Abb. 7 und 8).

9 Dreischlägige Schablone

Aufgaben zu Kapitel 8.6

Ihr Kunde möchte, dass Sie in seinem Wohnzimmer eine kreative Wandgestaltung ausführen.
Zur Wahl stehen die Lasur- und Wischtechnik.

1. Erklären Sie dem Kunden kurz die Unterschiede und die Wirkung der jeweiligen Technik auf der Wand.

2. a) Nennen und beschreiben Sie die verschiedenen Spachtelarten, die bei den Spachteltechniken zum Einsatz kommen können.
   b) Berechnen Sie den Materialverbrauch und die Materialkosten für das Gestalten einer 4,20 m × 2,40 m großen Wand in der „Venezianer Spachteltechnik".

   Nach dem technischen Merkblatt ergibt sich folgender Verbrauch:

Untergrundvorbehandlung (Glätten des Untergrunds):	1 600 g/m²
Vorspachtelung:	120 g/m²
1. Dekogang (Grundspachtelung):	90 g/m²
2. Dekogang (Verdichten):	75 g/m²

   Die Kosten für die Materialien betragen 1,55 €/kg für die Untergrundvorbehandlung und jeweils 6,10 €/kg für die Spachtelungen.

3. Die im Kundenauftrag abgebildeten Pfeiler im Speisesaal sollen mit einer Folientechnik verziert werden. Beschreiben Sie in Stichpunkten die Arbeitsschritte bei der Durchführung.

4. Der Speisesaal (siehe Kundenauftrag) soll eine Schablonierung erhalten. Welche Voraussetzungen sind bezogen auf den Untergrund, das Material und die Werkzeuge zu beachten?

5. Beschreiben Sie, warum eine Wickeltechnik mit mehr als drei Lagen vermieden werden soll.

6. Lasurtechnik soll nur von einer Person ausgeführt werden. Begründen Sie diese Aussage.

7. Begründen Sie, warum synthetische Schwämme für die Stupftechnik ungeeigneter sind als Naturschwämme.

8. Zum Aufbringen der Sprenkel bei der Sprenkeltechnik gibt es verschiedene Möglichkeiten. Nennen Sie diese.

9. Beschreiben Sie, welche Gesundheits- und Vorsichtsmaßnahmen bei der Glätte- und Spachteltechnik berücksichtigt werden müssen.

10. Beschreiben Sie die Aufgabe von Anlegemarken auf einer Schablonenfolie.

8.7 Schriftkonstruktionen

8.7.1 Normschrift

Zur einheitlichen Beschriftung von Zeichnungen wird Normschrift verwendet. Hierbei handelt es sich um eine Schriftart, deren Aussehen in der DIN EN ISO 3098 festgelegt ist.

Für die Normschrift gibt es mehrere genormte Größen von Groß- und Kleinbuchstaben und Linienbreiten.

- Bei einer Linienbreite von 0,25 mm ist eine Schrifthöhe von 2,5 mm festgelegt. Die Höhe der Kleinbuchstaben beträgt 7/10 der Höhe der Großbuchstaben. Das sind in diesem Fall 1,75 mm.
- Bei einer Linienbreite von 0,5 mm ergibt sich eine Schrifthöhe von 5,0 mm. Die daraus folgende Höhe der Kleinbuchstaben ist in diesem Fall 3,5 mm.
- Ist die Linienbreite mit 0,7 mm angegeben, so resultiert daraus eine Schrifthöhe von 7,0 mm. Die Kleinbuchstaben haben dann eine Höhe von 4,9 mm.

Ein Hilfsmittel für das Schreiben von Normschrift ist das Zeichnen von Linien.Es können eine Grund- und Oberlinie für die Großbuchstaben sowie eine Mittellinie für die Kleinbuchstaben gezeichnet werden.

Ein weiteres Hilfsmittel zum Schreiben und Erlernen der Normschrift sind Schablonen. Mit einem Stift werden die ausgestanzten Schriftzeichen nachgefahren. Hat man die Bewegung zum Ziehen der Buchstaben erlernt, können diese danach leichter freihändig geschrieben werden.

1 Schriftschablone

ABCDEFGHIJKLMNOPQRSTUVWXYZ ÄÖÜ

abcdefghijklmnopqrstuvwxyz äöüß±□

[(!?:,''-=+x·:√‾%&)] 1234567890

Beispiel:

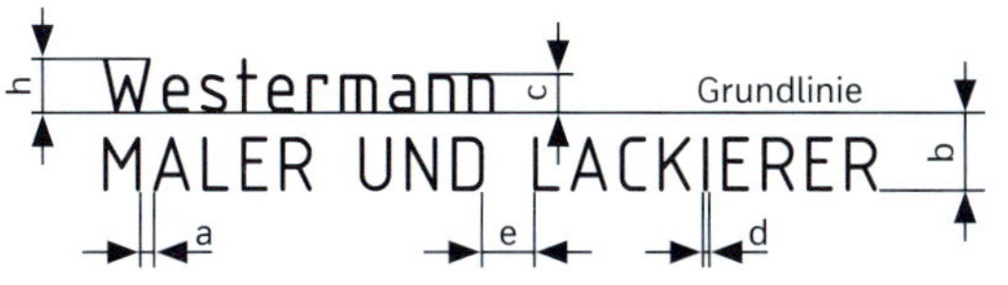

Beschriftungsmerkmal		Verhältnis		Maße in mm/ Schriftform B und (A)		
		Schriftform A	Schriftform B			
Schriftgröße						
Höhe der Großbuchstaben	h	(14/14) h	(10/10) h	3,5	5	7
Höhe der Kleinbuchstaben (ohne Ober- und Unterlängen)	c	(10/14) h	(7/10) h	2,5	3,5	5
Abstand zwischen den Schriftzeichen	a	(2/14) h	(2/10) h	0,7 (0,5)	1 (0,7)	1,4 (1)
Abstand zwichen den Grundlinien	b	(20/14) h	(14/10) h	5	7	10
Abstand zwischen den Wörtern	e	(6/14) h	(6/10) h	2,1 (1,5)	3 (2,1)	4,2 (3)
Linienbreite	d	(1/14) h	(1/10) h	0,35 (0,25)	0,5 (0,35)	0,7 (0,5)
Die Schriftform A und B darf vertikal oder unter einem Winkel von 15° nach rechts geneigt kursiv sein.						

2 Auszug aus der Normschrift nach DIN EN ISO 3098

8.7.2 Schriftkonstruktion

Gelegentlich müssen auch heute noch große einfache Schriften per Hand konstruiert werden.

Buchstabenabstände
Um eine gute Lesbarkeit des Wortes zu gewährleisten, sind die richtigen Buchstabenabstände zu berücksichtigen.

Eine festgelegte Berechnung zur Bestimmung der Buchstabenabstände gibt es nicht. Die folgenden Angaben gehen von einem Standardabstand von 1,5 Teilen (= 1,5 Balkenbreiten) aus. Bei den Angaben handelt es sich um Näherungswerte.

Tab. 1: Buchstabenabstände

Buchstabenkombination	Beispiel	Teile
Geschlossene Buchstaben nebeneinander	**HE**	1,25 Teile
Geschlossene und offene Buchstaben nebeneinander	**KE**	1 Teil
Offene und schräge Buchstaben nebeneinander	**AF**	0,75 Teile
Runde Buchstaben	**OC**	1,5 Teile

Eine Besonderheit ist bei Buchstabenkombinationen z. B. LT und LY zu berücksichtigen. Dabei werden die Buchstaben überlappend angeordnet. Daraus ergibt sich ein Negativabstand von $-\frac{1}{2}$ Teil.

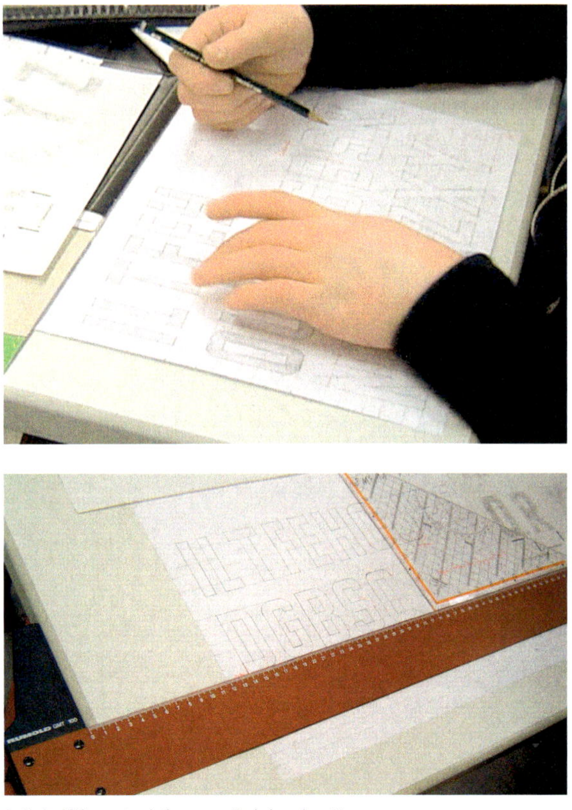

1 Schriftkonstruktion am Zeichenbrett

Beispiel: Im Wort SPALT ragt der obere T-Balken in den unteren L-Balken hinein.

Hilfslinien zur Schriftkonstruktion
Sind Balkenstärke und Schrifthöhe bekannt, kann mit dem Zeichnen der Hilfslinien begonnen werden (siehe Folgeseiten). Wichtig ist dabei sowohl der waagerechte Verlauf zur Blattkante, als auch der parallele Verlauf der Linien zueinander. Wird ungenau gearbeitet, ist eine unsaubere Schriftkonstruktion die Folge.

Die Konstruktionslinien sollten mit einem dünnen Bleistift nur leicht aufgezeichnet werden. Zu weiche Bleistifte können leicht verschmieren. Durch leichtes Anzeichnen der Linien werden unsaubere Schriftkonstruktionen vermieden. Ein Radieren am Ende der Konstruktion wird dadurch überflüssig.

Koordinatensystem zu den Buchstabenabständen
Das Koordinatensystem der Tab. 2 gibt Auskunft über die Buchstabenabstände.

Zur Abstandsermittlung wird in der senkrechten Spalte der vorhergehende Buchstabe gesucht. Danach sucht man in der waagerechten Zeile den nachfolgenden Buchstaben.

Beispiel: FL = 0,5 Teile

Tab. 2: Buchstabenabstände

vorhergehender Buchstabe / nachfolgender Buchstabe	A	B	C	D	E	F	G	H	I	J	K	L	M	N	O	P	Q	R	S	T	U	V	W	X	Y	Z
A	1,25	0,75	0,75	0,75	0,75	0,75	0,75	0,75	0,75	0,75	0,75	0,75	0,75	0,75	0,75	0,75	0,75	0,75	0,75	0	0,75	0,5	0,5	1	0,25	0,75
B	1	1	1,25	1	1	1	1,25	1	1	1	1	1	1	1	1,25	1	1,25	1	1	0,5	1	1	1	1	1	1
C	0,75	0,75	0,75	0,75	0,75	0,75	0,75	0,75	0,75	0,75	0,75	0,75	0,75	0,75	0,75	0,75	0,75	0,75	0,75	0,5	0,75	0,75	0,75	0,75	0,75	0,75
D	1	1	1,5	1	1	1	1,5	1	1	1	1	1	1	1	1,5	1	1,5	1	1	0,5	1	1	1	1	1	1
E	0,75	1	1	1	1	1	1	1	1	1	1	1	1	1	1	1	1	1	1	0,5	1	1	1	1	1	1
F	0	0,5	0,5	0,5	0,5	0,5	0,5	0,5	0,5	0,5	0,5	0,5	0,5	0,5	0,5	0,5	0,5	0,5	0,5	0,5	0,5	0,5	0,5	0,5	0,5	0,5
G	1	1	1	1	1	1	1,5	1	1	1	1	1	1	1	1,5	1	1,5	1	1	0,5	1	1	1	1	1	1
H	0,75	1,25	1	1,25	1,25	1,25	1	1,25	1,25	1	1,25	1,25	1,25	1,25	1	1,25	1	1,25	1	0,5	1	1	1	1	1	1
I	0,75	1,25	1	1,25	1,25	1,25	1	1,25	1,25	1	1,25	1,25	1,25	1,25	1	1,25	1	1,25	1	0,5	1	1	1	1	1	1
J	1	1	1	1	1	1	1	1	1	1	1	1	1	1	1	1	1	1	1	0,5	1	1	1	1	1	1
K	1,25	1	1	1	1	1	1	1	1	1	1	1	1	1	1	1	1	1	1	0,75	1	1,25	1,25	1	1	1
L	0,75	0,5	0,5	0,5	0,5	0,5	0,5	0,5	0,5	0,5	0,5	0,5	0,5	0,5	0,5	0,5	0,5	0,5	0,5	−0,5	0,5	0,5	0,5	0,5	−0,5	0,5
M	0,75	1,25	1	1,25	1,25	1,25	1	1,25	1,25	1	1,25	1,25	1,25	1,25	1	1,25	1	1,25	1	0,5	1	1	1	1	1	1
N	0,75	1,25	1	1,25	1,25	1,25	1	1,25	1,25	1	1,25	1,25	1,25	1,25	1	1,25	1	1,25	1	0,5	1	1	1	1	1	1
O	1	1	1,5	1	1	1	1,5	1	1	1	1	1	1,25	1	1,5	1	1,5	1	1	0,5	1	1	1	1	1	1
P	0,75	1	1,25	1	1	1	1,25	1	1	1	1	1	1	1	1,25	1	1,25	1	1	0,5	1	1	1	1	1	1
Q	1	1	1,5	1	1	1	1,5	1	1	1	1	1	1,25	1	1,5	1	1,5	1	1	0,5	1	1	1	1	1	1
R	1	1	1,25	1	1	1	1,25	1	1	1	1	1	1	1	1,25	1	1,25	1	1	0,5	1	1	1	1	1	1
S	1	1	1	1	1	1	1	1	1	1	1	1	1	1	1	1	1	1	1	0,5	1	1	1	1	1	1
T	0	0,5	0,5	0,5	0,5	0,5	0,5	0,5	0,5	0,5	0,5	0,5	0,5	0,5	0,5	0,5	0,5	0,5	0,5	0,25	0,5	0,75	0,75	0,75	0,75	0,5
U	1	1	1	1	1	1	1	1	1	1	1	1	1	1	1	1	1	1	1	0,5	1	1	1	1	1	1
V	0	1	1	1	1	1	1	1	1	1	1	1	1	1	1	1	1	1	1	0,75	1	1,25	1,25	1,25	1,25	1
W	0,5	1	1	1	1	1	1	1	1	1	1	1	1	1	1	1	1	1	1	0,75	1	1,25	1,25	1,25	1,25	1
X	1	1	1	1	1	1	1	1	1	1	1	1	1	1	1	1	1	1	1	0,75	1	1,25	1	1	1	1
Y	0,25	0,75	1	0,75	0,75	0,75	1	0,75	0,75	1	0,75	0,75	0,75	0,75	1	0,75	1	1	1	0,75	0,75	1	1	1	1	1
Z	1	1	1	1	1	1	1	1	1	1	1	1	1	1	1	1	1	1	1	0,5	1	1	1	1	1	1

Hinweis: Die Buchstabenabstände werden immer ohne Berücksichtigung der Übertritte gemessen. Ein Beispiel zeigt die nebenstehende Zeichenfolge.

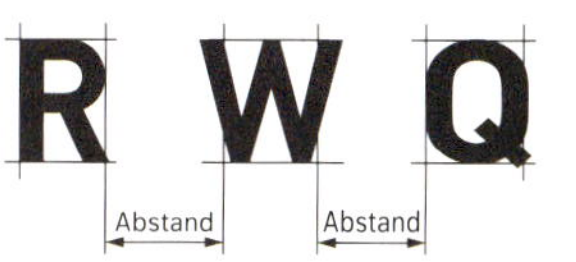

1 Computererstellter Farbplan

8.7.3 Beschriftung von Entwürfen

Neben der Art der Beschriftung ist unter anderem auch die Platzierung der Beschriftung wichtig. Dabei gilt: Hauptbestandteil der Zeichnung, eines Plakats oder einer Wand ist das Bild und nicht die Schrift. Positive und negative Beispiele zeigen die Abbildungen dieser Seite.

Die Abb. 1 zeigt einen computererstellten Farbplan einer Fassade mit gut platzierter Beschriftung und einem Farbkonzept.

Die Abb. 2 zeigt ein Plakat mit der Farbskizze eines Treppenaufgangs. Die Schriftanordnung für das Thema ist korrekt platziert und hat die passende Schriftgröße. Die Beschriftung mit Name, Klasse und Datum ist sauber auf einer Hilfslinie angebracht.

Ein Negativbeispiel zeigt das Plakat in Abb. 3: Dies ist eine Farbskizze mit sehr dominanten und unleserlichen Beschriftungen. Die Beschriftungen wurden planlos auf das Blatt gesetzt und sorgen für ein unsauberes Erscheinungsbild.

2 Positives Beispiel einer Beschriftung

3 Negativbeispiel

8.8 Folien

Folien werden im Maler- und Lackiererhandwerk für Beschriftungen wie Hinweisschilder eingesetzt. Im gestalterischen Bereich werden sie z. B. für Farbgestaltungen und die Erstellung von Schablonen verwendet.

Den weitaus größten Teil dieser verwendeten Folien nehmen die selbstklebenden Folien ein. Selbstklebende Folien besitzen auf ihrer Rückseite einen dünnen Klebefilm, der sich dem Untergrund anpassen kann.

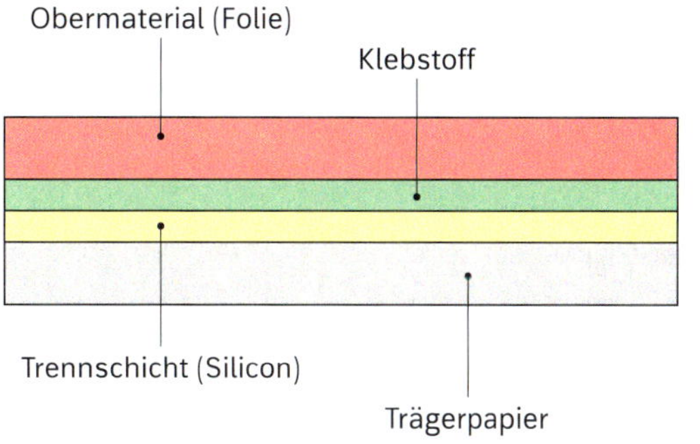

4 Aufbau einer Folie

5 Aufbringen einer Folie

8.8.1 Aufbau einer Folie

Eine handelsübliche Folie setzt sich aus Obermaterial, Kleber, Silicon- und Trägerpapier zusammen.

Obermaterial (Folie)
Kunststofffolien werden aus Polyester, Polyolefinen wie Polyethylen (PE), Polypropylen (PP) oder Polyvinylchlorid (PVC) hergestellt.

Polyesterfolien sind sehr widerstandsfähig gegen Lösemittel, temperaturbeständig und schrumpfen nicht. Sie besitzen eine starre Struktur und können sich deshalb unebenen Flächen nicht anpassen. Polyesterfolien sind nur glasklar und in gold- und silberfarben herzustellen. Wegen ihres hohen Glanzgrades und der Transparenz werden sie meist als Dekorfolien benutzt.

Polyethylen-und Polypropylenfolien werden als sogenannte umweltschonende Folien gehandelt. Sie weisen eine kurze Lebensdauer auf und sind sehr teuer.

Aus **Polyvinylchlorid** werden die meisten Folien hergestellt. Sie können für alle Haltbarkeitsbereiche produziert werden, für den kurz-, mittel- und langfristigen Einsatz. Polyvinylchloridfolien gelten als qualitativ hochwertig und sind kostengünstig herzustellen.

Kleber
Die Eigenschaften eines Klebers haben ebenso großen Einfluss auf die Anwendungsmöglichkeiten und Haftungsdauer einer Folie. Versagt der Kleber, kann die Folie nicht mehr am Untergrund haften.

Selbstklebende Folien werden entweder mit Kautschuk- oder Polyacrylatkleber versehen.

Kautschukkleber weisen durch ihre Fließeigenschaft schlechte Schneideeigenschaften auf. Das bedeutet, dass der Kleber nach dem Schneiden (Plotten) an den Schneidekanten wieder zusammenfließt. Das macht ein Entgittern (Entfernen überflüssiger Folienteile) von Motiven und Schriften nahezu unmöglich.

Kautschukkleber hat eine hohe Anfangshaftung, da sich der Kleber durch die Fließfähigkeit sofort der Oberfläche anpasst. Die Klebkraft kann jedoch nicht mehr erhöht werden, was zu einem leichten Ablösen der Folie führt.

Kautschukkleber finden ihren Einsatz meist auf „Application-Tape" zur Übertragung des Folienplots vom Trägerpapier auf den Untergrund. Da keine hohe Endfestigkeit erreicht wird, ist das Tape leicht und rückstandsfrei abzuziehen.

Vorwiegend sind Kleber aus **Polyacrylat** im Einsatz. Die Kleber sind witterungsund alterungsbeständig. Sie finden Verwendung im Innen- und Außenbereich, für den kurz- bis langfristigen Einsatz. Folien für den kurzfristigen Einsatz müssen bis zu zwei Jahre haltbar sein. Der mittelfristige Einsatz einer Folie fordert eine Haltbarkeit von bis zu sieben Jahre. Folien mit einer Lebensdauer von sieben bis zehn Jahren sind für die langfristige Verwendung Anwendung vorgesehen. Polyacrylatkleber zeichnen sich durch eine geringe Anfangshaftung aus. Durch fachgerechtes Anrakeln erlangen sie jedoch eine bessere und langfristigere Endhaftung als Kautschukkleber. Aufgrund ihres transparenten Aussehens ermöglichen Polyacrylatkleber sogar Hinterglas-Gestaltungen.

Polyacrylatkleber sind auch als Gleitkleber im Handel zu finden. In diesen Klebern sind kleine „Justierelemente“ in Form von Hohlglaskugeln eingebettet. Diese Kügelchen werden beim Rakeln zerstört und die Haftung tritt ein. Das ermöglicht ein genaues Positionieren der Folien im Vorfeld. Dies ist besonders bei mehrteiligen und sehr großen Gestaltungen und Beschriftungen von Vorteil. In diesem Fall kann auf das Nassklebeverfahren (→ LF 4) verzichtet werden.

Silicon- und Trägerpapier
Die Siliconschicht, die sich auf dem Trägerpapier befindet, fungiert gemeinsam mit dem Trägerpapier als Schutzabdeckung. Die Siliconschicht verhindert das Zusammenkleben der aufgerollten Folie. Das Trägerpapier schützt den Klebstoff vor Verschmutzung und Austrocknung. Zudem „trägt“ das Trägerpapier das Motiv bis zur Übertragung auf den Untergrund. Es muss einerseits ein beim Übertrag leicht abzulösen sein. Andererseits muss das Trägerpapier eine ausreichende Haftung auf der Folie beim Schneiden besitzen.

8.8.2 Plotten

Gestaltungen und Schriften aus selbstklebenden Folien werden meist mit Schneideplottern hergestellt. Schriftzüge können am Computer entworfen und auf die entsprechende Größe gebracht werden. Die Daten werden an den Plotter geschickt. Dieser funktioniert ähnlich wie ein Drucker. Er hat allerdings anstelle eines Druckerkopfes ein Schneidemesser. Dieses Messer schneidet die Konturen von Motiven und Schriften in die Folie. Die Plottertechnik ermöglicht es, die Folien-und Klebstoffschicht zu durchtrennen, ohne das Trägerpapier durchzuschneiden (→ LF 4).

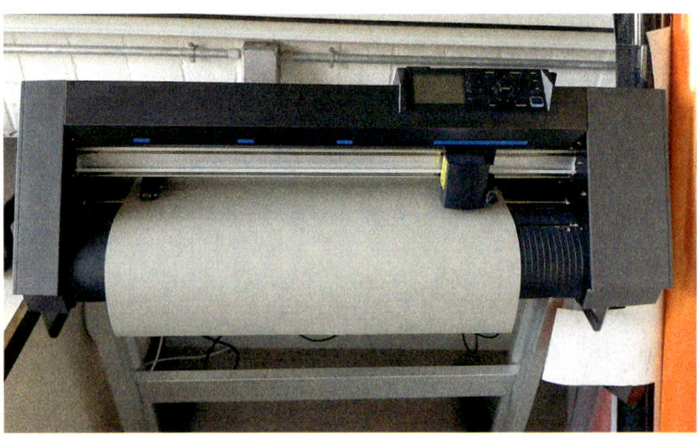

1 Schneideplotter

2 Schneidmesser des Plotters

8.8.3 Bilddateien

Bilder werden an einem Bildschirm durch farbige Punkte (Pixel) erzeugt. Zum Schneiden einer Folie benötigt der Plotter jedoch Linien, an denen das Schneidemesser entlanggeführt werden kann. Diese Linien werden am Computer durch ein anderes Berechnungssystem erzeugt. Solche Bilder werden als Vektorgrafiken bezeichnet.

Pixeldateien
Jeder Monitor besteht aus kleinen Punkten, auf denen jeweils ein Farbpunkt erzeugt werden kann. Je größer die Anzahl der Pixel auf einer bestimmten Fläche ist, desto schärfer erscheinen die Konturen des Bildes. Die Konturen bei einer Pixeldatei sind bei sehr genauer Betrachtung treppenartig abgestuft. Außerdem unterscheiden sich die Farben benachbarter Pixel meist nur schwach voneinander. Bei einem Monitor mit einer Auflösung von z. B. 1 280 × 1 024 Pixel sind 1 310 720 Pixel vorhanden. Bei einem sehr großen Monitor sieht

das Bild mit dieser Auflösung auf kurze Entfernung eher unscharf, bei einem kleinen Monitor sieht es gestochen scharf aus.

Die Anzeige des Bildes am Monitor sagt allerdings noch nichts darüber aus, wie hoch die Auflösung eines digitalen Bildes ist. Sie kann unter Umständen deutlich besser sein als der Monitor es darstellen kann. Aber auch eine hohe Anzahl der Pixel des Bildes kann eine hohe Auflösung nur vortäuschen, wenn z. B. ein Bild mit 6 Millionen Pixeln eine Seitenlänge von 100 cm hat. Eine verlässliche Größe für die Auflösung eines Bildes ist die Angabe in dpi (Dots per Inch = Punkte pro Inch). Hier wird angegeben, wie viele Punkte sich auf einer Länge von einem Inch (2,54 cm) befinden. Für Druckqualität ist eine Auflösung von 300 dpi meist ausreichend.

Gängige Dateiformate für Pixeldateien tragen die Endungen jpg, bmp, gif oder tif.

Vektorgrafiken

Eine Datei, die von einem Plotter zum Schneiden von Folien verwendet werden soll, muss klare Konturlinien besitzen. Diese Linien werden nicht durch viele Punkte erzeugt, sondern durch wenige Knoten, die Informationen über die Verbindung zum vorhergehenden und nachfolgenden Knoten enthalten. So entsteht eine eindeutige Linie zwischen zwei Knoten. Diese kann durch Verschieben und Veränderung der Knoteneigenschaften bei Bedarf verändert werden. Pixeldateien müssen zur Verarbeitung im Plotter in eine Vektorgrafik umgewandelt werden. Für diese Vektorisierung gibt es spezielle Programme. Das Ergebnis ist allerdings nur bei kontrastreichen Schwarz-Weiß-Bildern so gut, dass es ohne Weiterbearbeitung geplottet werden kann. Häufig müssen störende Knoten beseitigt und unpassende Linien geändert werden.

Vektorgrafiken werden z. B. als HPGL-Datei (Endung plt) gespeichert und verarbeitet.

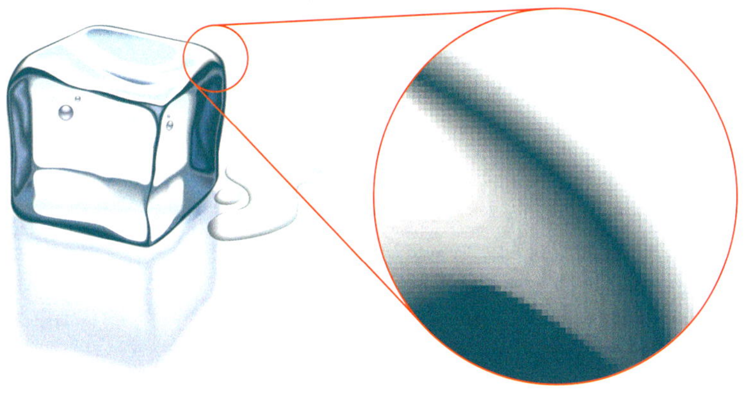

3 Bild als Pixelgrafik

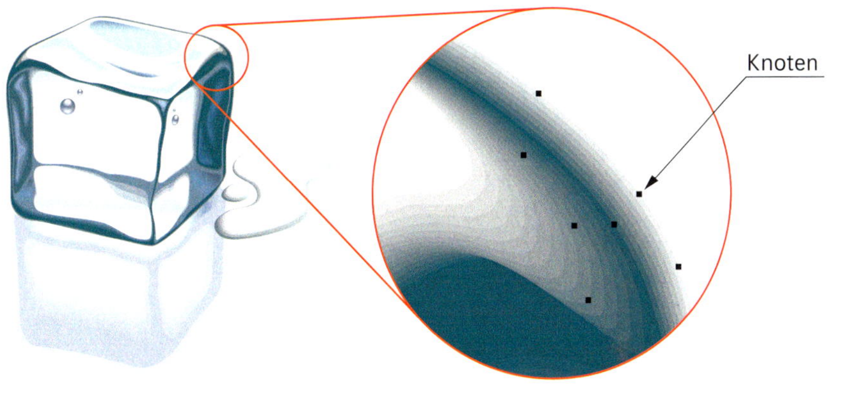

4 Bild als Vektorgrafik

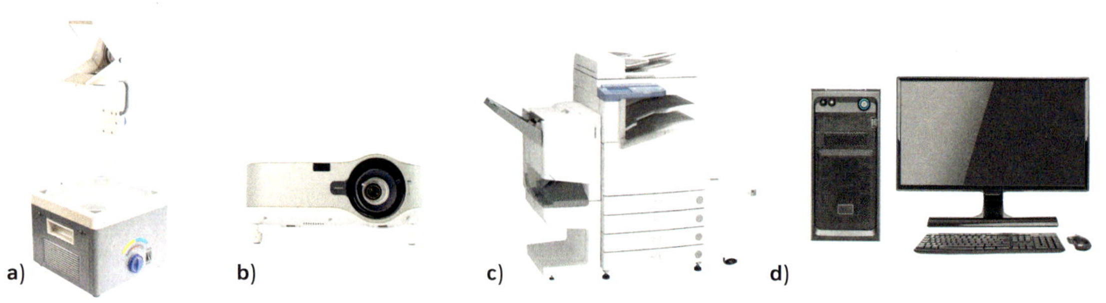

1 Geräte für Übertragungstechniken
a) Overheadprojektor b) Beamer c) Kopiergerät d) PC

8.8.4 Übertragungsarten für Vergrößerungen/ Verkleinerungen

Beim Übertragen von Motiven müssen diese vergrößert oder verkleinert werden. Dabei wird unterschieden zwischen der

- geräteunterstützten Methode und der
- manuellen Methode.

Geräteunterstützte Methode
Bei der geräteunterstützten Methode können Motive durch Computer, Beamer, Scanner, Tageslicht- bzw. Diaprojektoren oder Fotokopiergeräte in ihrer Größe verändert werden.

Manuelle Methode
Sollen großformatige Motive übertragen werden, wird häufig die manuelle Methode angewendet.
Die einfachste Art ist, das Motiv auszumessen. Hierzu wird ein Maßstab festgelegt und mithilfe eines Lineals die vergrößerte Zeichnung angefertigt. Das ist jedoch nur möglich, wenn es sich um ein geometrisch einfaches Motiv handelt.
Für komplexe Motive ist eine Übertragung mithilfe eines Netzrasters gebräuchlich.

Dazu wird über die Vorlage ein quadratisches Raster gezeichnet. Die Rastergröße ist abhängig von der Komplexität des zu übertragenden Motivs. Die horizontalen und vertikalen Linien des Rasters können zur besseren Übersichtlichkeit mit Ziffern und Buchstaben gekennzeichnet werden (Abb. 2).

Soll das zu übertragende Motiv z. B. in vierfacher Vergrößerung gezeichnet werden, zeichnet man das Raster in vierfacher Größe auf den Untergrund. Die Anzahl der Quadrate auf der Vorlage muss mit der Anzahl der Quadrate des Vergrößerungsrasters übereinstimmen.

Anschließend werden die Schnittpunkte zwischen Motiv und Rasterlinien der Vorlage auf das Vergrößerungsraster übertragen. Durch Verbinden der Schnittpunkte entsteht die vergrößerte Darstellung (Abb. 3).

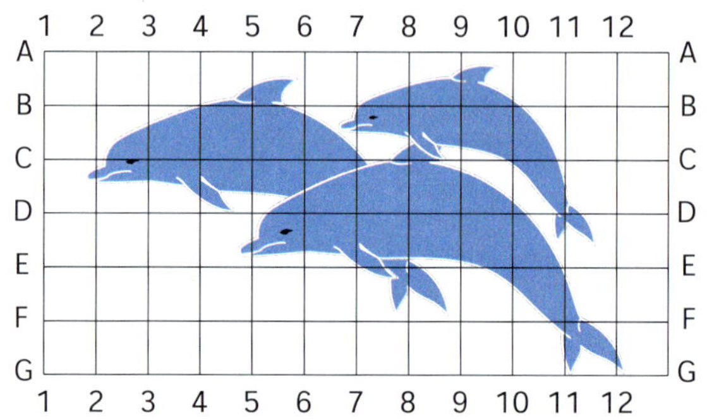

2 Netzraster Ausgangsmotiv

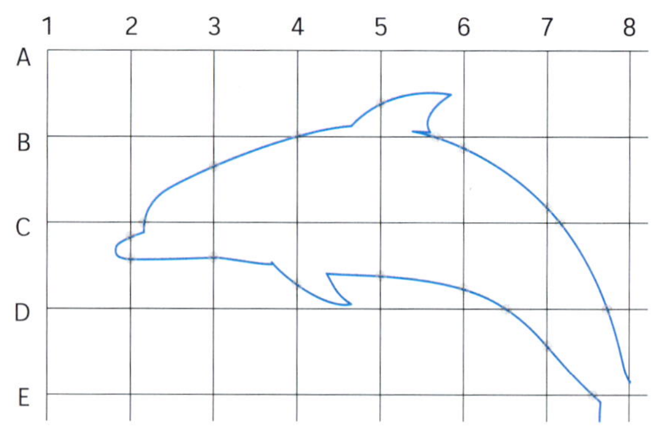

3 Vergrößertes Netzraster

4 Geräteunterstützte Methode (Overheadprojektor)

Aufgaben zu Kapitel 8.7 und 8.8

1. Ihr Kunde möchte zur Bekanntmachung einer Wochenendsonderaktion eine Folienbeschriftung auf das Schaufenster seines Geschäftes kleben.
   a) Empfehlen Sie dem Kunden eine Folienart und begründen Sie Ihre Wahl.
   b) Empfehlen Sie dem Kunden einen Kleber und begründen Sie Ihre Wahl.

2. Vergrößern Sie das im Kundenauftrag abgebildete Delfinlogo im Maßstab 3 : 1.

3. Konstruieren Sie das Wort „Delfin“ mit einer Balkenstärke von 2 cm.

4. Berechnen Sie die Schrifthöhe und die Wortlänge des Wortes „Restaurant“, wenn die Balkenstärke mit 5 cm angegeben ist.

5. Beschreiben Sie die Bedeutung der Angabe „300 dpi“ bezogen auf ein Bild.

6. Wodurch unterscheidet sich eine Vektorgrafik von einem Pixelbild?

8.9 Elastische Bodenbeläge

Bodenbeläge werden nach DIN EN ISO 10874 in elastische, textile und Laminat-Bodenbeläge unterteilt.

Die Klassifizierung der Bodenbeläge bezüglich der Verwendungsbereiche ist in Anlehnung an DIN EN ISO 10874 in Tab. 1 dargestellt.

Da die textilen Bodenbeläge im LF 12 behandelt wurden, wird an dieser Stelle nur auf die elastischen und die Laminat-Bodenbeläge eingegangen.

Als elastische Bodenbeläge werden alle Beläge bezeichnet, die nicht zu den textilen und harten Belägen gezählt werden. Nach den textilen Bodenbelägen bilden sie die Gruppe der Bodenbeläge, die am häufigsten eingesetzt werden. Je nach dem Verwendungszweck und den geforderten Eigenschaften werden sie unterschiedlich zusammengesetzt und aufgebaut.

Elastische Bodenbelägen können unterschieden werden in:
- Kunststoffbeläge wie PVC (Polyvinylchlorid), Polyamid oder Polyolefin,
- Linoleum,
- Kautschukbeläge,
- Korkbeläge.

Elastische Bodenbeläge werden als Rollenwaren bis zu 4 m Breite und als Fliesen angeboten, in jeweils unzähliger Farb- und Designauswahl.

Im Folgenden wird stellvertretend für die Gruppe der elastischen Bodenbeläge auf PVC und Linoleum näher eingegangen.

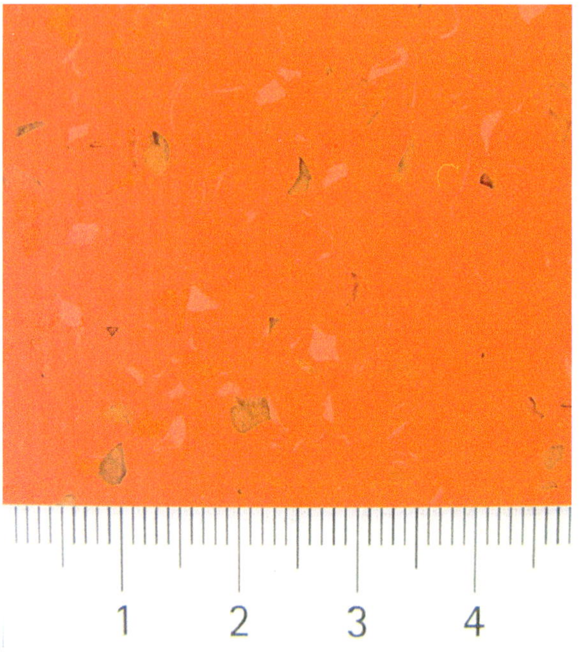

1 PVC

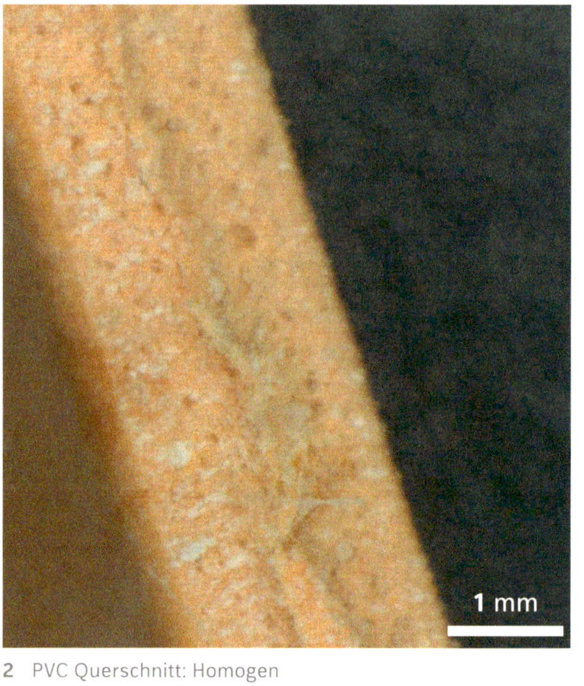

2 PVC Querschnitt: Homogen

8.9.1 PVC-Beläge

PVC-Beläge unterteilt man nach ihrem konstruktiven Aufbau in zwei Gruppen:
- PVC-Beläge mit Träger (PVC-Verbundbeläge) und
- PVC-Beläge ohne Träger.

PVC-Beläge ohne Träger werden zusätzlich in homogene und heterogene Beläge gegliedert.

Ein **homogener PVC-Belag** ist nach DIN EN ISO 10874 ein Bodenbelag mit einer oder mehreren Schichten gleicher Zusammensetzung und Farbe, gemustert über die gesamte Dicke (Abb. 1 und 2).

Ein **heterogener PVC-Belag** besteht nach DIN EN ISO 10582 aus einer Nutzschicht und anderen kompakten Schichten, die sich in Zusammensetzung und/oder Design unterscheiden und eine Stabilisierungseinlage enthalten können. Ein heterogener Belag kann z. B. eine hochwertige, gemusterte Nutzschicht und eine preiswertere Unterschicht mit hohem Füllstoffanteil besit-

Tab. 1: Klassifizierung und Einsatzmöglichkeiten von weichen Bodenbelägen nach DIN EN ISO 10874

Klasse	Symbol	Beschreibung der Nutzung	Beispiele für den Verwendungsbereich
Wohnen		**Bereiche, die für die private Nutzung vorgesehen sind**	
21		Mäßige bis geringe oder zeitweise Nutzung	Schlafzimmer
22		Normale bis mittlere Nutzung	Wohnräume, Eingangsflure
22+		Normale bis mittlere, zeitweise intensivere Nutzung	Wohnräume, Eingangsflure, Esszimmer und Korridore
23		Intensive bis starke Nutzung	Wohnräume, Eingangsflure, Esszimmer und Korridore
Gewerblich		**Bereiche, die für die öffentliche und gewerbliche Nutzung vorgesehen sind**	
31	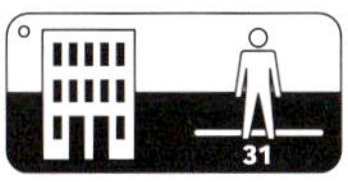	Mäßige bis geringe oder zeitweise Nutzung	Hotels, Schlafzimmer, Konferenzräume, kleine Büros
32	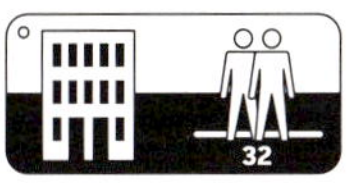	Normaler bis mittlerer Verkehr	Klassenräume, kleine Büros, Hotels, Boutiquen
33		Starker Verkehr	Korridore, Kaufhäuser, Lobbys, Schulen, Großraumbüros
34	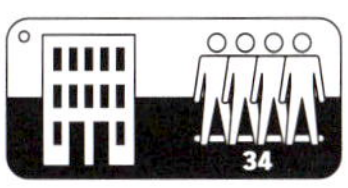	Sehr starke bis intensive Nutzung	Mehrzweckhallen, Schalterräume, Kaufhäuser
Leichtindustrie		**Bereiche, die für Nutzung durch Leichtindustrie vorgesehen sind**	
41	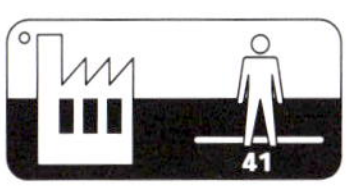	Mäßige Nutzung, überwiegend sitzende Arbeit und gelegentliche Fahrzeugnutzung	Elektronik-Werkstätten, Feinmechanik-Werkstätten
42	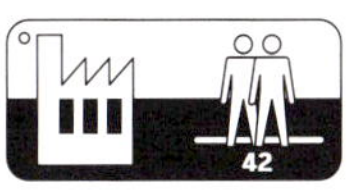	Normale Nutzung, hauptsächlich stehende Arbeit und/oder Fahrzeugverkehr	Lagerräume, Elektronik-Werkstätten
43	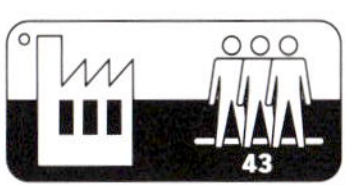	Starke Nutzung, andere Bereiche der Leichtindustrie	Lagerräume, Produktionshallen

1 Querschnitt: heterogener Bodenbelag

zen. Durch den hohen Füllstoffanteil in der Unterschicht ist er preiswerter, allerdings weniger strapazierfähig als ein homogener Belag (Abb. 1).

PVC-Beläge mit Träger (PVC-Verbundbeläge) werden auch PVC-Streichbeläge genannt. Sie bestehen aus einer PVC-Nutzschicht und einer elastischen Unterlage als Träger. Diese Unterlage kann je nach verwendetem Material die wärmedämmende Wirkung, die schallisolierende Wirkung und Trittelastizität verbessern.

Trägermaterialien können:
- PVC- oder PUR-Schaumstoff,
- Korkment (Korkschrot) oder
- eine textile Unterlage, z. B. genadeltes Jutevlies, Polyestervlies

sein.

Bei den weitverbreiteten **CV-Belägen** (Cushioned Vinyls, engl. cushion = Polster) besteht die Rücken- oder Zwischenschicht aus geschäumtem PVC. Auf die Zwischenschicht wird ein Dekor aufgedruckt. Anschließend wird als Nutzschicht ein klares PVC aufgebracht.

PVC-Beläge können unterschiedliche Qualitätsmerkmale und Eigenschaften aufweisen. Die vielfältigen Oberflächenvariationen von PVC-Belägen bieten neben unterschiedlicher Farbigkeit und Struktur auch Imitationen von Fliesen, Kork, Parkett, Marmor oder Kuhflecken.

Je nach Zusammensetzung findet man PVC-Beläge auch in stark beanspruchten Bereichen wie Industriehallen. Zur Verbesserung der Rutschfestigkeit kann Korund eingearbeitet werden. Auch in Räumen mit besonderen Hygienevorschriften (z. B. Krankenhäusern) wird PVC verwendet. Hier muss der Belag verschweißt werden, um eine gute Reinigung zu gewährleisten.

Die DIN EN ISO 10874 gibt für die Verwendungsbereiche Verschleißgruppen an. Die Gruppen werden mit den Kennbuchstaben T, P, M, oder F versehen. Mit den Prüfungen wird das Verschleißverhalten der Nutzschicht durch Dickenverlust oder Volumenverlust festgestellt. Der Buchstabe T kennzeichnet den geringsten, der Buchstabe F den höchsten Verschleiß (→ TB Maler & Lackierer).

8.9.2 Verlegen von PVC-Belägen

Ein einwandfreier Untergrund ist die Voraussetzung für das fachgerechte Verarbeiten von Bodenbelägen. Auf einen unsachgemäß ausgeführten oder noch nicht belegreifen Estrich darf kein Bodenbelag verlegt werden. Vor dem Verlegen muss der Untergrund gemäß DIN 18 365/ VOB Teil C geprüft werden auf
- größere Unebenheiten,
- Risse,
- Feuchtigkeit,
- Oberflächenfestigkeit,
- Rauheit und Porosität,
- Verunreinigung,
- Höhenniveau,
- Temperatur,
- Raumklima sowie
- ein sachgemäß geführtes Aufheizprotokoll (Kapitel 12.12.4).

Sollten Mängel auftauchen die nicht in den Aufgabenbereich des Bodenlegers fallen, müssen Bedenken angemeldet werden.

Die **Verlegerichtung** sollte so gewählt werden, dass der geringste Verschnitt entsteht (Kapitel 12.12.5). Die Bahnen eines Raumes müssen immer dieselbe Musterrichtung aufweisen.

Nischen oder Türöffnungen, die in Längsrichtung der Bahnen liegen, müssen so verlegt werden, dass diese Flächen überdeckt werden. Sie dürfen nicht mit Streifen belegt werden.

Nischen oder Türöffnungen, die nicht auf die Bahnen zulaufen, dürfen mit Streifen belegt werden. Es muss darauf geachtet werden, dass die Streifen dieselbe Musterrichtung zeigen.

Untergrundvorbereitung

- Gegebenenfalls müssen Altbeläge entfernt werden (Abb. 2).
- Mögliche Unebenheiten werden mit einer Einscheibenrundschleifmaschine beseitigt (Abb. 3).
- Wird ein Bodenbelag ohne Unterlage verarbeitet, muss der Untergrund mit Spachtel- oder Ausgleichsmasse versehen werden. Die Masse darf nicht reißen und muss ausreichend druckfest sein (Abb. 4).
- Werden Unterlagen verwendet, müssen die Stöße so verarbeitet werden, dass diese sich versetzt zu den Stößen des Bodenbelags befinden.

2 Entfernen des PVC-Belags mit Reißkralle

3 Einscheibenrundschleifmaschine

- Die grob zugeschnittenen PVC-Bahnen werden mindestens 24 Stunden im zu verlegenden Raum akklimatisiert. Dabei werden sie liegend gelagert. Ein kalter PVC-Belag kann beim Verarbeiten brechen (Abb. 5).
- Nach der Akklimatisierung erfolgt ein grober Zuschnitt mit dem Hakenmesser (Abb. 6).

4 Auftragen der Spachtelmasse mit Glättkelle oder Rakel

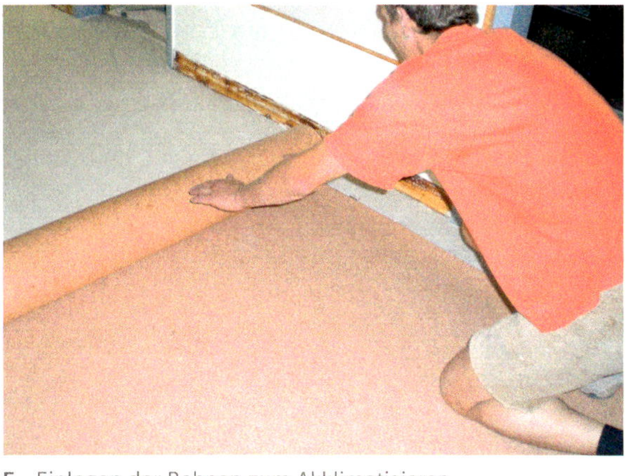

5 Einlegen der Bahnen zum Akklimatisieren

6 Grober Zuschnitt mit Hakenmesser

Verklebung

PVC-Beläge werden mit Dispersionsklebstoffen vollflächig verklebt. Als Klebeverfahren kommen das Nassklebeverfahren und die Haftklebung infrage.

Das **Nassklebeverfahren** wird auf saugfähigen Untergründen eingesetzt. Dabei wird der Bodenbelag in das nasse Klebstoffbett gelegt. Saugfähige Untergründe nehmen dabei vollständig die Feuchtigkeit des Klebstoffs auf. Deshalb darf das Nassklebeverfahren bei nicht saugenden Untergründen nicht angewendet werden.

Auf dichten, nicht saugenden Untergründen kommt das **Haftklebeverfahren** zum Einsatz. Erst nach ausreichender Ablüftzeit des Haftklebers und nach dem vollständigen Verdunsten der Feuchtigkeit darf der Belag in das Klebstoffbett gelegt werden.

2 Einlegen ins Kleberbett

Arbeitsschritte

- Zur Verklebung werden die Bahnen zur Hälfte umgeschlagen.
- Man beginnt mit der Verteilung des Klebstoffs an der Umschlagkante und trägt ihn möglichst gleichmäßig parallel zur Umschlagkante mit dem Zahnspachtel auf (Abb. 1). Die Art der Zahnung und somit die gewünschte Kleberauftragsmenge sollte auf dem Gebinde vermerkt sein. Die Hinweise des Klebeherstellers sind dabei zu beachten. Zu dünn eingestrichene Flächen kleben ungenügend. Zu dick aufgetragener Kleber bindet zu langsam ab und führt zu Blasenbildung.
- Der überschüssige Kleber wird mit dem Spachtel aufgenommen und in den Behälter zurückgegeben.

3 Anreiben

1 Kleberauftrag

- Sowohl beim Nassklebeverfahren als auch bei der Haftklebung sind die Herstellerangaben zur Ablüftzeit einzuhalten.
- Sofort nach dem Einlegen der Bahn in das Klebebett wird die Bahn von der Mitte aus kräftig angerieben und in den Kleber gedrückt (Abb. 2 und 3). Dabei werden Reste eingeschlossener Luft seitlich herausgedrückt und die Verbindung mit dem Untergrund hergestellt.
- Nun erfolgt der endgültige Beschnitt mit Haken- oder Teppichmesser. Gerade Kanten können mit Stahllineal und Teppichmesser beschnitten werden (Abb. 4).
- Der PVC-Belag wird abschließend mit einer Walze angedrückt, um die Klebekraft zu erhöhen (Abb. 5).

4 Genauer Zuschnitt

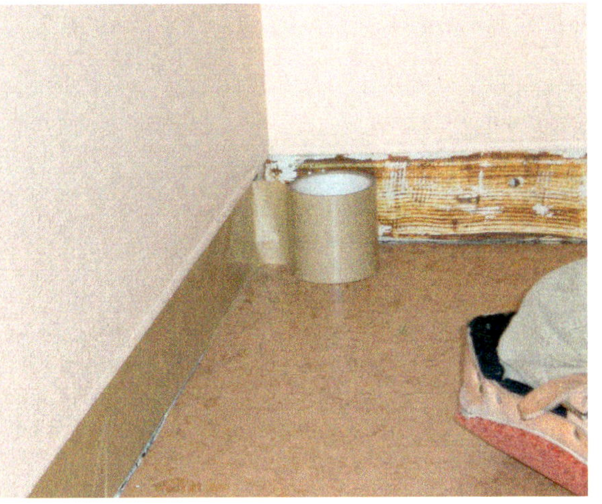

6 Sockelband

5 Andrücken mit der Walze

7 Befestigen der Fußleiste

Anbringen der Sockelleiste

Flexible Sockelleisten (Fußleisten) müssen an den Ecken und Stößen auf Gehrung zugeschnitten werden. Sie können zur dauerhaften Befestigung geklebt oder genagelt werden.

- Beim Klebeverfahren wird das doppelseitige Sockelklebeband in der benötigten Breite angebracht (Abb. 6).
- Die Fußleiste wird angedrückt und zur zusätzlichen Befestigung mit einem Hammer angerieben (Abb. 7).
- Die Fuge zwischen der Fußleiste und dem Fußboden wird mit Silicon gefüllt (Abb. 8).
- Überschüssiges Silicon wird mit einem Abziehplättchen entfernt.

8 Füllen mit Silicon

8.9.3 Linoleum

Linoleum (Abb. 1 und 2) gilt als ökologisch unbedenklicher Bodenbelag, weil er überwiegend aus natürlichen und nachwachsenden Rohstoffen hergestellt wird. Die wichtigsten Bestandteile sind Leinöl, Kork, Baumharz und Jute. Ausgangstoff für die Herstellung ist Leinöl, das unter Sauerstoffeinwirkung zum Linoxyn oxidiert. Das Linoxyn wird mit natürlichen Harzen zu Linoleumzement vermengt. Zu diesem Gemisch werden Kork- und Holzmehl, Füllstoffe (Kreide) und Pigmente gegeben und zur Linoleumgrundmasse vermengt. Die Grundmasse wird zerkleinert, gemischt und unter Temperatur- und Druckeinwirkung auf ein Jutegewebe gepresst. Die fertigen Bahnen müssen je nach Schichtdicke zwei bis drei Wochen in beheizten Kammern hängend „reifen".

Das gereifte Linoleum ist hoch verschleißfest und besitzt dadurch eine lange Lebensdauer. Es ist druckfest, elastisch, antistatisch, schwer entflammbar, beständig gegen Öle und Fette. Linoleum ist sehr leicht zu reinigen und wird deshalb häufig in Krankenhäusern und Schulen eingesetzt.

1 Linoleum

2 Linoleum in starker Vergrößerung

Im Vergleich zu Kautschuk, PVC und Polyolefinen ist Linoleum ein eher spröder Bodenbelag. Wird Linoleum überdehnt oder zu kalt verarbeitet, bricht es. Lieferbar ist Linoleum als Rollenware von bis zu 200 cm Breite (in Stärken von 2–5 mm) und in Fliesen.

Aus Linoleum lassen sich durch Schneiden und Zusammensetzen von unterschiedlich farbigen Stücken leicht individuelle Entwürfe und Intarsien herstellen.

8.9.4 Verlegen von Linoleum

Zur Verlegung von Linoleum eignen sich alle Untergründe, die eben, fest, rissfrei und trocken sind (gemäß DIN 18 365/ VOB Teil C).

Wichtig beim/vor dem Einlegen des Linoleums ist das „Walken". Das heißt, dass die Kopfenden gegen die Biegung des Belags gebogen werden. So wird das Linoleum geschmeidig gemacht und ein Hochdrücken des starren Belags verhindert.

Die Untergrundvorbereitung und Verklebung (mit ein- oder zweikomponentigem Dispersionskleber) von Linoleum erfolgt ebenso wie das Verarbeiten von PVC.

Allerdings muss beim Verlegen von Linoleum das Akklimatisieren des Materials verstärkt beachtet werden.

- Linoleum muss sich der Raumfeuchtigkeit und der Raumtemperatur anpassen.
- Die Temperatur des Untergrundes muss bei mindestens +15 °C, auf Fußbodenheizung zwischen +18 °C und +22 °C liegen.
- Die relative Luftfeuchte sollte zwischen 40 % und 60 % liegen.
- Diese klimatischen Bedingungen sind drei Tage vor Beginn und mindestens sieben Tage nach Fertigstellung der Arbeiten beizubehalten.

Fugenschluss
Eine Besonderheit beim Verlegen von Linoleum bildet der Fugenschluss. Fugen sollten mit Schmelzdraht abgedichtet werden, insbesondere in Bereichen, in denen häufig Nassreinigungen durchgeführt werden.

Das Abdichten erfolgt erst nach dem vollständigen Abbinden des Klebstoffs. Ein zu frühes Abdichten der Nähte kann infolge der Hitzeeinwirkung zur Minderung der Klebkraft des Klebstoffes im Nahtbereich führen.

- Mit der Fugenfräse (Abb. 3 und 4) wird die Belagsfuge einer Tiefe von ca. $^2/_3$ der Belagsdicke aufgefräst (Abb. 5).
- Die Nut wird anschließend sorgfältig gesäubert. Der Schmelzdraht kann nun entweder mit dem Handschweißgerät oder dem Schweißautomaten verarbeitet werden (Abb. 6 und 9). Die Verarbeitungstemperatur liegt bei ca. 400–450 °C mit einer Arbeitsgeschwindigkeit von ungefähr 2,5–3 m pro Minute.

3 Fugenfräse

4 Arbeiten mit der Fugenfräse

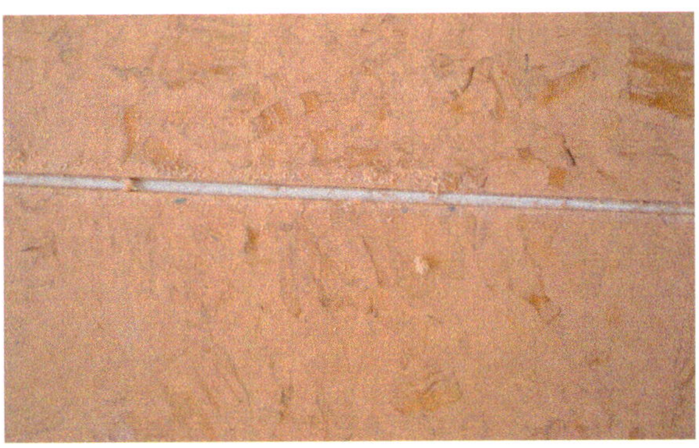

5 Belagsfuge

6 Handschweißgerät

7 Abstoßen mit Viertelmondmesser und Schlitten

8 Viertelmondmesser mit Schlitten

9 Selbstfahrender Schweißautomat

- Der überstehende Teil des Schmelzdrahtes wird in zwei Schritten abgestoßen.
- Direkt nach dem Einbringen wird der warme Schmelzdraht mit dem Viertelmondmesser und dem aufgesteckten Schlitten abgeschnitten (Seite 151, Abb. 7 und 8).
- Nach dem Erkalten wird der Schmelzdraht mit dem Viertelmondmesser bündig abgestoßen (Abb. 1).
- Nach zwei bis drei Wochen muss das Linoleum eingepflegt werden. Dazu wird die gesäuberte Fläche mit einer Polymerdispersion mithilfe einer Einreibemaschine und einem Polierpad gewachst. Dadurch entsteht der für Linoleum typische Glanz.
- Bei **PUR-vergütetem Linoleum** entfallen aufgrund der bereits werksseitigen vorgenommenen Oberflächenvergütung das Einpflegen und die Grundreinigungsintervalle mit Polymerdispersion.

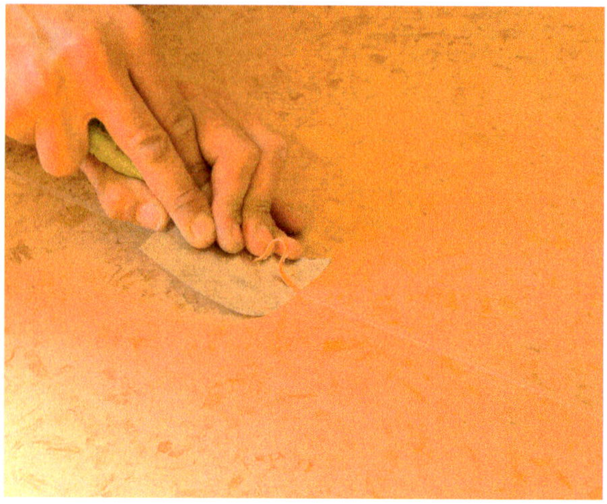

1 Bündiges Abstoßen

Aufgaben zu Kapitel 8.9.1 bis 8.9.4

1. Für welchen Einsatzbereich ist ein Fußbodenbelag geeignet, der das folgende Symbol trägt?

2. Erklären Sie, was nach DIN EN ISO 10874 die Klasse 33 bedeutet.

3. Erläutern Sie den Unterschied zwischen einem homogenen und einem heterogenen PVC-Belag.

4. Zeigen Sie auf, in welchem Fall beim Verkleben eines PVC-Belags das Nass- oder das Haftklebeverfahren infrage kommt.

5. Aus welchen Bestandteilen besteht Linoleum und welche Eigenschaften weist es auf?

6. a) Was bedeutet „Walken"?

   b) Erklären Sie, warum ein Linoleum vor dem Verlegen gewalkt werden muss.

8.9.5 Klebstoffe

Nach DIN EN 923 wird ein Klebstoff definiert als „Nichtmetallischer Stoff, der Werkstoffe (Fügeteile) durch Oberflächenhaftung (Adhäsion) so verbinden kann, dass die Verbindung eine ausreichende innere Festigkeit (Kohäsion) besitzt". Unter Adhäsion versteht man das Haftvermögen eines Klebstoffes an der Oberfläche der Fügeteile und die Anziehungskräfte, die zwischen zwei Stoffen auftreten. Kohäsion hingegen ist die innere Festigkeit eines Klebstoffes, also die Anziehung der Moleküle untereinander (Abb. 2 und LF 1).

Im Folgenden werden die Namen der wichtigsten Klebstoffe in Anlehnung an die DIN EN 923 aufgeführt. Die Namen beziehen sich auf die Hauptkomponenten oder auf die physikalischen Eigenschaften der Klebstoffe.

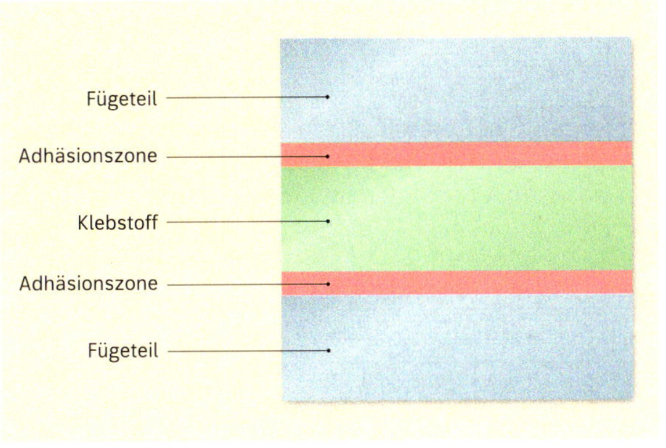

2 Querschnitt einer Klebung

Im Handel finden sich auch Klebstoffbezeichnungen, die sich z. B. auf deren Anwendung, den zu verklebenden Werkstoff (Tapetenkleister), die Abbindegeschwindigkeit (Sekundenkleber), auf ihr Aussehen (Weißleim) oder auf ihre Form (Perlleim, Tafelleim) beziehen.

Ein **wässriger Klebstoff** ist ein Klebstoff, in dem das Bindemittel Wasser dispergiert ist.

Ein **Lösemittelklebstoff** ist ein Klebstoff, in dem das Bindemittel in einem Lösemittel gelöst ist.

Kleister ist ein hochviskoser, nicht fadenziehender Klebstoff. Kleister auf Stärke- oder Celluloseetherbasis werden oft zum Kleben von Papier (Tapeten), auf Basis von synthetischen Polymeren, z. B. zum Kleben von Bodenbelägen, verwendet.

Leime sind wässrige Klebstoffe, die sich besonders zum Kleben von porösen Werkstoffen, z. B. Holz, eigen.

Ein **Dispersionsklebstoff** ist ein Klebstoff aus einer Dispersion eines Polymers in einer flüssigen Phase, meistens Wasser.

Dichtstoffe sind Klebstoffe, die elastische Eigenschaften besitzen, z. B. zum Füllen von Fugen.

Ein **schäumbarer Klebstoff** schäumt nach der Anwendung auf, um so stark fugenfüllend zu sein.

Schmelzklebstoff (Hotmeltklebstoff) ist ein Klebstoff, der warm aufgetragen wird und beim Abkühlen Klebungen erzeugt.

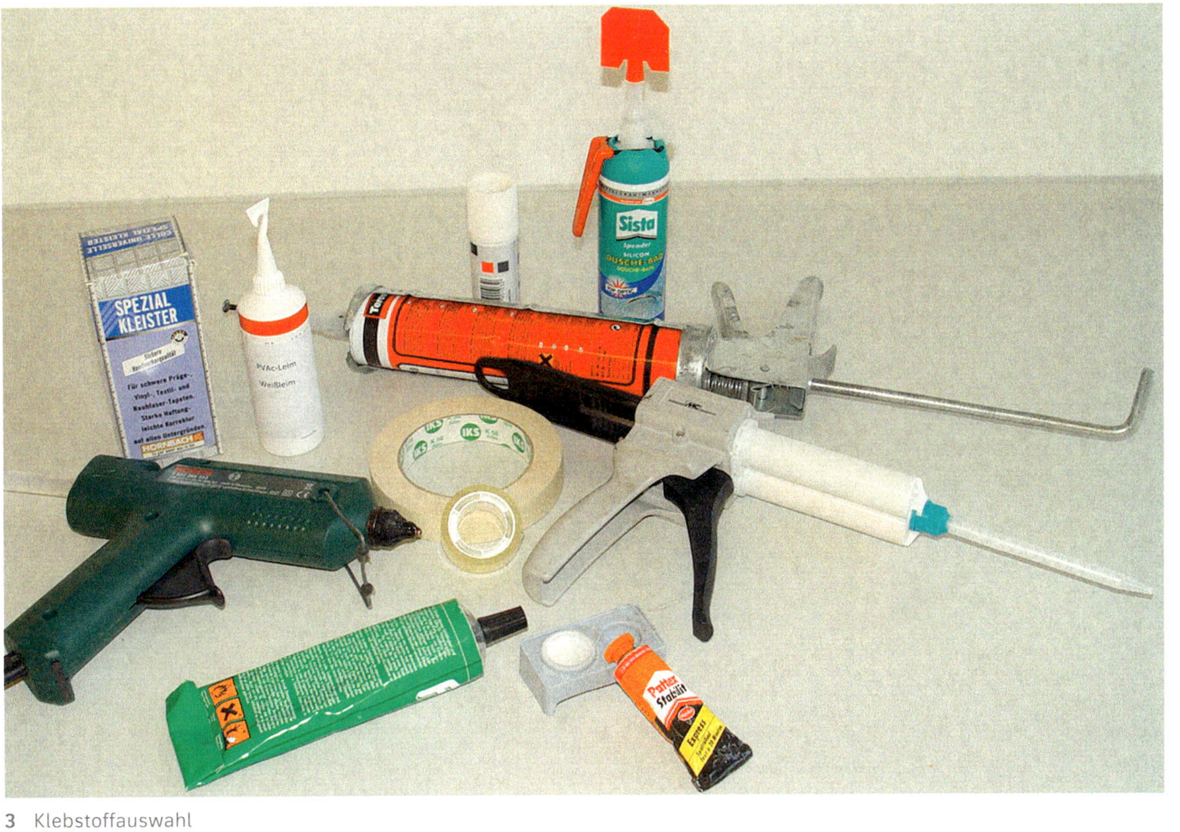

3 Klebstoffauswahl

Ein **Haftklebstoff** bleibt bei Raumtemperatur dauerklebrig und haftet unter leichtem Duck an den Oberflächen.

Kontaktklebstoffe werden auf die Fügeteile aufgetragen. Die Klebeflächen werden nach annähernder Trocknung zusammengedrückt und bilden sofort eine feste Klebung.

Ein **Reaktionsklebstoff** ist ein Klebstoff, der durch chemische Reaktion der Komponenten oder durch Einwirken äußerer Stoffe abbindet.

Tab. 1: Verfestigung von Klebstoffen

Klebstofftyp	Benennung	Art des Abbindens	Anwendungsbereiche
Physikalisch abbindende Klebstoffe	Schmelzklebstoffe	Erkalten und Erstarren der Schmelze	Verpackungs-, Druck- und Holzverarbeitende Industrie, Fahrzeugbau, Elektrotechnik, Heißklebepistole für Fixierarbeiten
	Lösungsmittelhaltige Nassklebstoffe	Verdunsten der Lösemittel	Verpackungsindustrie, Druckindustrie, Haushaltsklebstoffe, PVC-Verklebung, Teppichböden
	Kontaktklebstoffe	Kontakt und Druck	Fußbodenbeläge, Automobilindustrie
	Dispersionsklebstoffe und andere wasserbasierte Klebstoffe	Verdunsten des Wassers	Holzverarbeitende Industrie, Lebensmittel- und Verpackungsindustrie, Profilleisten, Tapeten, Papier, Bodenbeläge, WDVS
	Haftklebstoffe	Kontakt der dauerklebrigen Schichten	Klebebänder, Etiketten
Chemisch härtende Klebstoffe	Cyanacrylate	Polymerisation	Gewebe, Gläser, Kleinteile (Sekundenklebstoff)
	Methylmethacrylate	Polymerisation	Kunststoff, Automobilindustrie, für transparente Verklebungen
	Anaerob (unter Sauerstoffausschluss) erhärtende Klebstoffe	Polymerisation	Motoren und Elektromotoren, Stahl, Aluminium
	Strahlenhärtende Klebstoffe	Polymerisation	Kleben von transparenten Kunststoffen und Glas in der Dentaltechnik
	Phenolformaldehydharze	Polykondensation	Holzwerkstoffe, Kantenumleimer
	Silicone	Polykondensation	Dichtungen, Glaskonstruktionen, Automobilbau, Elektrotechnik
	Epoxidharze	Polyaddition	Metallklebstoff, Karosserie- und Fahrzeugbau, Verbundwerkstoffe
	Polyurethanharze	Polyaddition	Holz, Metall, Kunststoff, Karosseriebau

Kleben

Als Kleben wird die Herstellung einer festen Verbindung zweier Teile durch einen Werkstoff (Klebstoff) bezeichnet. Der Werkstoff verbindet die Teile durch seine Verfestigung. Die Verfestigung kann durch physikalisches Abbinden oder chemische Reaktion erfolgen.

Einteilung der Klebstoffe

Klebstoffe können unterteilt werden nach Art des Bindemittels oder nach dem Verfestigungsmechanismus. Nach ihrem Bindemittel werden Klebstoffe in die Gruppe der natürlichen und die synthetischen Klebstoffe unterteilt.

Natürliche Klebstoffe sind beispielsweise:

- Naturharze wie Balsame, Kolophonium (Baumharz) und fossile Harze (Dammar, Bernstein),
- Kohlenhydrate wie Stärke, Dextrin und Zucker,
- Kautschuk (Latex),
- Proteine wie Kasein und Gelatine,
- Wachse und andere Naturstoffe wie Bienenwachs und Schellack.

Die Gruppe der **synthetischen Klebstoffe** umfasst z. B. folgende Bindemittel:

- Polyethen (Heißkleber),
- Polyvinylalkohol (Papierkleber),
- Polyester (Metallkleber, Gießharz),
- Polystyrol (Polystyolteile wie z. B. Zierleisten),
- Epoxidharz (Metallkleber),
- Polyvinylchlorid (Kunststoffkleber),
- Polyacrylate (Kunststoff und Haftkleber),
- Polyvinylacetat („Alleskleber“, Weißleim),
- Cyanacrylate (Sekundenkleber).

Werden Klebstoffe nach der Art ihrer Verfestigung unterschieden, unterteilt man sie in die Gruppe der physikalisch abbindenden und der chemisch härtenden. Die Tab. 1 zeigt Klebstoffbeispiele der jeweiligen Gruppen und deren maßgeblichen Anwendungsbereiche.

Aufgaben zu Kapitel 8.9.5

1. Erklären Sie die Begriffe Adhäsion und Kohäsion.

2. Erklären Sie Unterschiede der Verfestigung eines Dispersionsklebstoffes und eines Epoxidharzklebstoffes.

3. Welche Klebstoffe werden verwendet zum Verkleben von

   a) elastischen Bodenbelägen,

   b) Tapeten,

   c) Kunststoffteilen?

4. Erklären Sie den Unterschied zwischen Polymerisation und Polyaddition.

9 Schutz- und Spezialbeschichtungen ausführen

KUNDENAUFTRAG

Industriehalle instand setzen

Arbeitsauftrag

Ein Industriehallenkomplex mit angegliederten Büros soll für seinen neuen Besitzer, einen Galvanisierungsbetrieb, instand gesetzt werden. Die Bausubstanz der Halle ist in einem guten Zustand. Nur die stark beanspruchten Böden benötigen eine Sanierung.

Der Gebäudekomplex ist mit einer Umzäunung aus Stahlbeton zur hinteren Straßenseite versehen. Auf der Umzäunung sind Graffiti aufgesprüht. Diese sollen beseitigt werden.

Der Hallenkomplex gliedert sich in vier Bereiche. Halle 1 soll später als Lager für die in der Galvanisierung benötigten Verbrauchsmaterialien dienen. Hier befindet sich eine Verladerampe mit zwei Rollen. Die Produktion findet in Halle 2 statt. In Halle 3 wird ein Hochlager eingerichtet. Der Bürobereich ist den Hallen vorgelagert und gliedert sich in mehrere Räume.

Auszuführende Arbeiten

1. Entfernen der Bodenbeläge im Bürobereich mit anschließender Neubeschichtung.
2. Instandsetzen der Industrieböden in den Hallen 1, 2 und 3 sowie Aufbringen verschiedener Sicherheitsmarkierungen.
3. Entfernen der Korrosion an den Stahlträgern und Neubeschichtung unter Berücksichtigung des Brandschutzes.
4. Sanieren der Verladerampe und Ausführung einer Schutzbeschichtung.
5. Beseitigung der Graffiti auf der Einzäunung des Gebäudekomplexes.

Objektbeschreibung

Halle 1

Der Boden der Halle weist starke Verschmutzungen auf. Die Altbeschichtung platzt teilweise ab.

Halle 2

Die Industriefläche ist stark verschmutzt. Öl-Ablagerungen, Gummiabrieb sowie weitere Rückstände machen die Industriehalle für weitere Aufbauten unbrauchbar.

Halle 3

Der Boden der Halle weist nur leichte Verschmutzungen auf. Die unbeschichtete Estrichoberfläche ist in einem guten Zustand.

Stahlträger der Hallen

Die Beschichtung der Stahlträger ist an mehreren Stellen abgeplatzt und beschädigt. Der Stahl weist oberflächige Korrosionsstellen auf.

Einzäunung

Die Einzäunung besteht aus Stahlbeton. Darauf wurde mit Spraydosen-Lack Graffiti aufgesprüht.

Bürobereich

Im Bürobereich befinden sich stark verschmutze Teppichböden. Zum Teil weisen diese Aufwerfungen auf.

Verladerampe

Der Sockel der Verladerampe ist aus Stahlbeton gefertigt. Der Beton weist Schäden und Risse durch verrosteten Bewehrungsstahl auf. Die Altbeschichtung ist zum Teil lose.

Leistungsbeschreibung

Böden der Hallen 1 bis 3 sanieren

Die Böden der Hallen sind von ihrer Altbeschichtung zu entschichten und Unebenheiten auszugleichen.

Fehlstellen im Estrich sind sachgemäß instand zu setzen.

Eine Schutzbeschichtung und Markierungen gemäß ihrer späteren Verwendung ist aufzubringen.

Verladerampe instand setzen

Die Schäden an der Verladerampe sind durch eine Betonsanierung zu beseitigen. Die Altbeschichtung der Betonfläche ist zu entfernen und durch eine neue Schutzbeschichtung zu ersetzen.

Einzäunung des Gebäudes reinigen

Die vorhandenen Graffiti sind durch entsprechende Techniken zu entfernen und die gereinigte Oberfläche mit einer Schutzbeschichtung zu versehen.

Büroböden aufbereiten

Die verschmutzten Teppichböden im Bürobereich sind alle zu entsorgen. Klebereste und sonstige Verschmutzungen sind rückstandslos vom Untergrund zu entfernen.

Eine strapazierfähige Schutzbeschichtung ist in den Räumen aufzubringen.

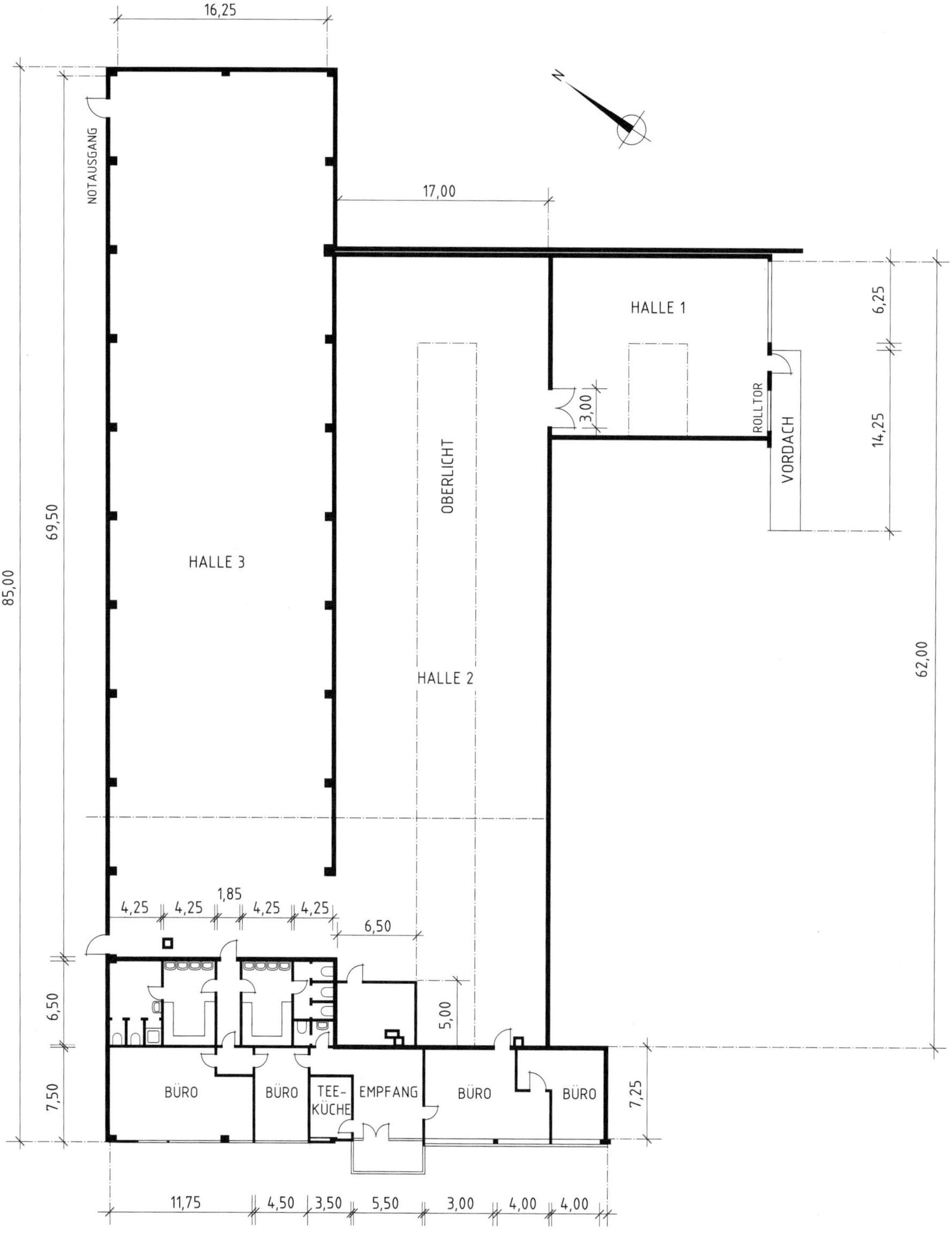
16,25
N
17,00
NOTAUSGANG
HALLE 1
6,25
3,00
ROLLTOR
14,25
VORDACH
OBERLICHT
69,50
85,00
HALLE 3
HALLE 2
62,00
4,25
4,25
1,85
4,25
4,25
6,50
5,00
6,50
7,50
BÜRO
BÜRO
TEE-
KÜCHE
EMPFANG
BÜRO
BÜRO
7,25
11,75
4,50
3,50
5,50
3,00
4,00
4,00

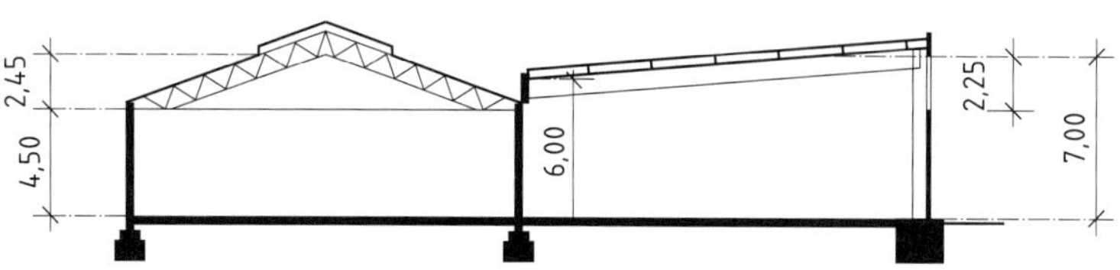
2,45
4,50
6,00
2,25
7,00

9.1 Bodenbeschichtungen

Böden können aus den unterschiedlichsten Gründen beschichtet werden. Grob kann man die Ziele einer Bodenbeschichtungsmaßnahme in dekorative Zwecke (Abb. 1) und in Schutzfunktionen (Abb. 2) unterteilen. Während sich die dekorativen Zwecke selbst erklären, sind die Schutzfunktionen weitgefächert. Weiterhin sind die Untergründe, auf die Bodenbeschichtungen aufgebracht werden, sehr vielfältig. Aus diesen Gründen werden für Bodenbeschichtungen sehr weit variierende Typen von Bindemitteln und Formulierungen eingesetzt.

9.1.1 Schutzfunktionen

Betrachtet man die Schutzfunktionen einer Bodenbeschichtung, so ist zunächst der Schutz des Untergrundes vor allen möglichen Belastungen zu berücksichtigen. Die Belastungen können grob in die Kategorien
- mechanische Belastungen,
- Einwirkung von Temperatur und Wetter und
- chemische Belastungen

unterteilt werden. Je nach Art dieser Belastungen müssen unterschiedliche Beschichtungen ausgewählt werden.

Mechanische Einwirkungen sind dabei vor allem Begehen und Befahren. Je nach der Stärke dieser Belastung ist der Abrieb und die Druck- und die Scherbelastung unterschiedlich hoch.

Einwirkungen des Wetters sind Temperaturschwankungen (diese können auch in Innenräumen auftreten), Regen- und Schneeeinwirkung und Sonneneinstrahlung.

Chemische Einwirkungen können von Benzin und Öl, vom Streusalz im Winter und von Bodenreinigern sein. Insbesondere die Reiniger werden oft unterschätzt, stellen aber recht aggressive Chemikalien dar, die einen Boden und eine Bodenbeschichtung empfindlich schädigen können.

Bei allen genannten Einwirkungen ist noch zu beachten, dass die Beschichtung diesen Einwirkungen widerstehen und gleichzeitig den Untergrund davor schützen muss. Bereits nach der Betrachtung der Schutzfunktionen wird also klar, dass Fußbodenbeschichtungen von gelegentlich begangenen Zimmerfußböden bis zu durch Fahrzeuge und Chemikalien belasteten Industrieböden eine enorme Vielfalt aufweisen.

9.1.2 Anforderungen an Böden

Der Estrich als Untergrund ist ein Teil des Funktionssystems „Boden“. Böden werden oft als Bauteile mit geringerer Wichtigkeit angesehen. Vor der Ausführung einer Beschichtung ist es aber wichtig, sich klarzumachen, welche Funktionen der Boden erfüllen muss. Böden werden möglicherweise nur von Fußgängern benutzt oder sie werden von schweren Gabelstaplern

1 Dekorativer Boden in einer Weinhandlung

2 Industrieboden in einer Werkhalle

befahren. Sie müssen lediglich einmal in der Woche mit dem Lappen gereinigt werden oder sie werden täglich mit dem Dampfreiniger geputzt. Diese Arten unterschiedlicher Belastungen ergeben unterschiedliche Anforderungen an die Böden. Diese können folgendermaßen eingeteilt werden:

- mechanische Beanspruchungen,
- Verformung,
- Begehbarkeit, Befahrbarkeit, Fahrkomfort,
- betriebliche Anforderungen,
- Dauerhaftigkeit,
- spezielle Anforderungen.

Die mechanischen Beanspruchungen beinhalten z. B. Anforderungen an die auszuhaltenden Radlasten, unterschiedliche Radtypen (KFZ, Gabelstapler), Brems- und Steuerkräfte sowie Totlasten von Möbeln, Regalen und Maschinen.

Die Verformung bezieht sich auf mögliche Verformungen des Untergrundes durch Temperatur oder Feuchte sowie Eigenspannungen der Beschichtung aus den gleichen Gründen.

Um Begehbarkeit, Befahrbarkeit und Fahrkomfort gewährleisten zu können, müssen Anforderungen an die Ebenheit, die Rauigkeit und die Ausführung der Fugen gestellt werden.

Die betrieblichen Anforderungen beziehen sich auf Ansprüche des Nutzers, wie z. B. der Rutschwiderstand und die Möglichkeit, zu reinigen, die beide in lebensmittelverarbeitenden Betrieben (z. B. Fleischerei) wichtig sein können. Die Dauerhaftigkeit bezeichnet den Widerstand der Beschichtung z. B. gegen Abnutzung, chemische Belastungen, Temperaturwechsel oder UV-Strahlung. Schließlich können je nach Bauwerk spezielle Anforderungen wie Ableitfähigkeit (keine statische Elektrizität), Anforderungen an das Brandverhalten (z. B. in öffentlichen Gebäuden), die Resistenz gegenüber Umwelteinflüssen oder Anforderungen für spezielle Farbgebungen gelten.

Böden, für die aufgrund der Nutzung besonders harte Anforderungen gelten, werden auch als **Industrieböden** bezeichnet. Industrieböden sind Böden für industrielle Bauten und kommerziell genutzte Bauten. Dazu zählen Fabriken, Flughäfen, Einkaufszentren, Parkhäuser, Werkstätten und Betriebe (Abb. 1–2).

1 Beschichteter Boden in einer Kranmontagehalle

2 Beschichteter Boden in einem Hochregallager mit Staplerverkehr

9.1.3 Estriche

Neben Holz- und Metalluntergründen werden vor allem mineralische Untergründe als Böden beschichtet. Seltener wird dabei direkt der Beton einer Bodenplatte oder Geschossdecke beschichtet (Abb. 5). Häufiger ist auf der Betonplatte oder einer anderen Unterkonstruktion ein Estrich angeordnet (Abb. 4). Im Folgenden wird daher insbesondere auf Estriche eingegangen. Estriche bestehen aus einer oder mehreren Schichten Estrichmörtel, die auf der Baustelle in mehreren möglichen Verfahren verlegt werden, um eine vorgegebene Höhenlage zu erreichen, einen Bodenbelag aufzunehmen oder unmittelbar als Betriebsfläche genutzt zu werden. Der Begriff „Estrich" bezeichnet im Deutschen sowohl den fertigen Boden als auch den Estrichmörtel. Estriche werden nach Art des Bindemittels unterschieden, aber unabhängig vom Bindemittel nach Eigenschaften klassifiziert. Tab. 1 verdeutlicht die Bezeichnungen und die zugehörigen Kurzzeichen nach DIN EN 13 813.

Der bekannteste Estrich ist der **Zementestrich**. Zementestrich wird aus Zement, Wasser und Gesteinskörnung

3 Aufbringen der Bodenbeschichtung in einem Versorgungsschacht

4 Fußbodenaufbau mit Estrich, Ausgleichsschicht und Beschichtung

Tab. 1: Estricharten

Estricharten	
Estriche werden unterschieden nach der	
Art des verwendeten Bindemittels	Kurzzeichen nach DIN EN 13 813
Gussasphaltestrich	(AS)
Calciumsulfatestrich	(CA), [Anhydritestrich]
Zementestrich	(CT)
Magnesiaestrich	(MA)
Kunstharzestrich	(SR)
Verlege-/Nutzungsart	
Industrieestrich	(F)
Heizestrich	(H)
Schwimmender Estrich	(S)
Estrich auf Trennschicht	(T)
Verbundestrich	(V)
Verlegetechnik	
Hand- bzw. kellenverlegter Estrich	
Selbstnivellierender Fließestrich	
Fertigteile, Trockenestrich	

hergestellt. Die Steine haben dabei in der Regel Abmessungen von maximal 4 mm. Der Zementestrich ist leicht an seiner Reaktion mit Säuren zu erkennen. Mit Säuren, wie z. B. Zementschleierentferner, reagiert er im Unterschied zu den anderen Estrichbindemitteln unter Aufschäumen. Vorteil des Zementestrichs ist gegenüber dem Magnesit- und Anhydritestrich seine Wasserbeständigkeit. Werden in Zementestrich besonders verschleißfeste Körner wie Korund eingestreut, spricht man von einem **Hartstoffestrich** (Abb. 4).

5 Beschichtung direkt auf dem Beton

6 Frisch eingebauter Zementestrich

Anhydrit- oder **Calciumsulfatestrich** besteht aus Anhydrit ($CaSO_4$, also wasserfreiem Gips) und Gesteinskörnung (Abb. 1). Anhydritestrich ist nicht wasserbeständig. Er wird daher oft schon vom Estrichleger mit einem Vorstrich versehen, der ihn gegenüber der Luftfeuchte stabil hält.

Noch stärker wasserempfindlich ist der **Magnesitestrich**. Bindemittel ist hier der Magnesiabinder (auch: Sorelzement oder Steinholzbindemittel), zu dessen Erhärtung ein Gemisch aus Magnesiumoxid und Magnesiumchlorid oder -sulfat hergestellt wird. Das Erhärtungsprodukt hat in etwa folgende Zusammensetzung: $MgCl_2 \cdot (MgSO_4) \cdot 5\,Mg(OH)_2 \cdot 8\,H_2O$.

Ähnlich wie bei Gips entstehen bei der Erhärtung unter Wasserverbrauch Kristallnadeln, die ineinander wachsen und damit für Festigkeit sorgen. In der Zeit nach 1945 war Magnesit im Gegensatz zu Zement nicht rationiert. Daher ist Magnesitestrich in vielen Altbauten aus dieser Zeit zu finden. Da in dieser Zeit auch Asbestfasern als Verstärkung verwendet wurden, ist vor Arbeiten an solchen Estrichen sicherzustellen, dass sie asbestfrei sind.

Die bis hierhin genannten Estriche härten mit Wasser aus. Bevor sie beschichtet oder belegt werden, müssen sie daher ausreichend trocknen, d. h. die Belegreife erreichen. Als **Belegreife** wird der Gehalt an Restfeuchte in Masse-% bezeichnet, bei dessen Unterschreitung die Estrichoberfläche ohne Gefahr der (kurz- oder langfristigen) Beschädigung von Estrich und Belag oder Beschichtung endbehandelt werden kann. Die maximal zulässige Restfeuchte ist von der Diffusionsdichtigkeit des Belages oder der Beschichtung auf der Estrichfläche abhängig. Die **Belegbarkeit** sagt aus, dass der Estrich belegt oder beschichtet werden kann, ohne dass hierdurch ein Schaden an der Fußbodenkonstruktion zu erwarten ist. Hierfür muss der Estrich ausreichend trocken und die Oberfläche ausreichend fest und eben sein (nach DIN 18 202).

Die Restfeuchte kann nach dem CM-Verfahren (Calciumcarbid-Methode) gemessen werden. Vor dem Aufbringen von Beschichtungen muss in jedem Fall der vom Hersteller angegebene Höchstwert der Estrichfeuchte unterschritten sein. Da die CM-Methode mit Fehlern behaftet sein kann, ist es ratsam, diesen Höchstwert deutlich zu unterschreiten.

Als weitere Methode nennt das WTA-Merkblatt 4-11-16 „Messung der Feuchte bei mineralischen Baustoffen" (2016) die Folienmethode. Dazu wird eine PE-Folie von ca. 50 cm · 50 cm mit geeignetem Klebeband auf den Estrich geklebt. Sind nach wenigen Stunden Wasser-

1 Calciumsulfatestrich

tropfen an der Unterseite der Folie zu sehen, ist der Estrich noch zu feucht. Zusätzlich kann unter der Folie ein Hygrometer (Luftfeuchtemesser) platziert werden, um die Geschwindigkeit des Feuchteanstiegs beobachten und genauere Aussagen machen zu können.

Gussasphaltestrich wird aus geschmolzenem Bitumen und Gesteinskörnung hergestellt. Bitumen – durch Destillation aus Erdöl gewonnen – wird als Bindemittel mit Gesteinskörnungen zu einem Gemisch aufbereitet. Über die Mischgutzusammensetzung kann Gussasphalt unterschiedlichsten Beanspruchungen angepasst werden. Mit der Bezeichnung SR (synthetic resin screed) werden **Kunstharzestriche** bezeichnet. Neben Epoxidharzen werden auch Polyurethane, Polymethylmethacrylat und andere Kunststoffe verwendet.

Die Kunststoffe binden die Gesteinskörnung. Kunstharzestriche sind vergleichsweise teuer und werden nur in Sonderfällen eingebaut, z. B. wenn man kurze Bauzeiten oder hohe Belastbarkeit benötigt. Kunstharzestriche sind wasserbeständig.

Trockenestrich besteht meist aus Gipskartonplatten oder Gipsfaserplatten. Trockenestrichelemente aus Gipskartonplatten sind 2 m · 0,6 m groß und 25 mm dick, Sie bestehen aus drei wasserfest verklebten GK-Platten mit Nut- u. Feder-Verfalzung, die das Verlegen im Verband ermöglicht. Ober- und Unterseiten sind mit einer wasserfesten Kaschierung gegen Feuchtigkeit geschützt.

Es gibt auch Elemente mit aufgeklebtem Polystyrolschaum und Elemente für die Aufnahme von Fußbodenheizungen. Gipsfaserplatten für Trockenestrich sind 1,50 m · 0,50 m groß, bestehend aus zwei 10 mm (12,5 mm) dicken Gipsfaserplatten. Diese sind gegeneinander um 50 mm versetzt miteinander verklebt. Die Oberflächen sind imprägniert, sodass darauf

Textilbeläge, Fliesen und auch Parkett geklebt werden können. Bei dünnen Gehbelägen, z. B. PVC-Bahnen, ist Spachtelung nötig.

Außer nach den Bindemitteln werden Estriche auch nach Ihrer Verlegeart differenziert. Die Abb. 4 zeigt die wesentlichen Verlegearten.

9.1.4 Bindemittel

Nach den im vorhergehenden Abschnitt genannten Anforderungen wird deutlich, dass nicht alle Bindemittel für den Bereich des Bodens gleichermaßen geeignet sind. Je nach Anforderung werden unterschiedliche Bindemittel oder Bindemittelsysteme eingesetzt. Im Folgenden werden einige wichtige Bindemittel, die für Bodenbeschichtungen eingesetzt werden, erläutert.

Epoxidharze (Abb. 2) wurden bereits im Kapitel Korrosionsschutz behandelt. Sie werden zweikomponentig angewendet. Ihr Name leitet sich von der reaktionsfähigen Epoxidgruppe ab, die sich im Harz befindet. Aufgrund des chemischen Gerüstes, das meistens im Harz verwendet wird, werden diese oft auch als Bisphenol-A-Harze bezeichnet. Als Härter werden Amine eingesetzt. Amine sind basische, teilweise auch ätzende organische Verbindungen, die an Luft Wasser anziehen und daher gut verschlossen aufbewahrt werden müssen. Die Härter enthalten meist drei- bis fünfmal so viele reaktive Gruppen wie das Harz. Bei der Aushärtung muss immer eine reaktive Gruppe des Härters mit einer des Harzes reagieren. Um das zu gewährleisten, werden die Komponenten in bestimmten Mischungsverhältnissen eingesetzt. Von diesen Mischungsverhältnissen, z. B. 3 : 1 (3 zu 1; 3 Teile Harz zu einem Teil Härter) darf kei-

2 Applikation einer selbstverlaufenden Epoxidharzbodenbeschichtung

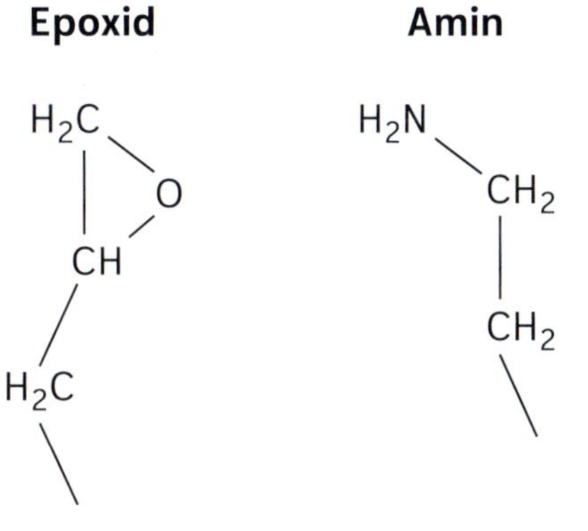

3 Chemische Formel von Epoxid und Amin

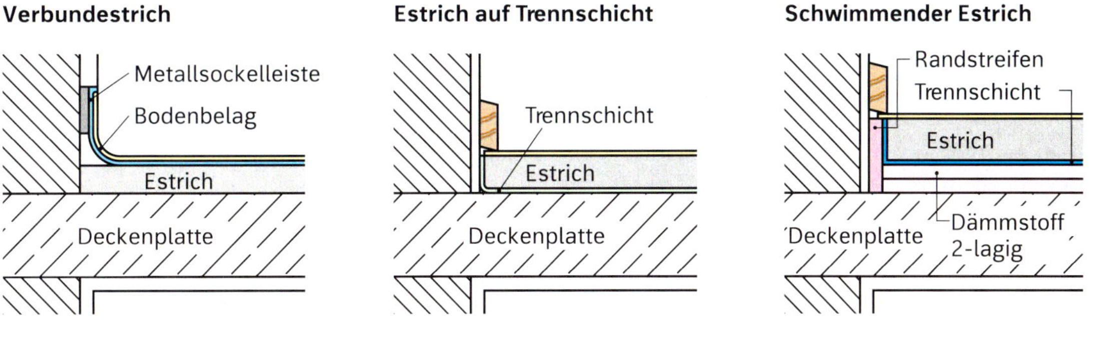

4 Estrichverlegearten

nesfalls abgewichen werden. Die Epoxidharze werden daher für die Baustelle in Doppelgebinden angeboten, die bereits fertig abgemessene Mengen der Komponenten enthalten (Abb. 1). Diese Gebinde sollten dann in einem Arbeitsgang verbraucht werden. Das Anmischen hat stets sehr gründlich mit mechanischen Rührhilfen (Abb. 2) zu erfolgen. Nach dem Anmischen im größeren Gebinde des Harzes muss zwingend in einen anderen Eimer umgefüllt werden (Abb. 3). Dies gewährleistet, dass auch die in den Ecken des Gebindes befindlichen Harzmengen, die schlecht mit dem Rührer erreichbar sind, gleichmäßig untergemischt werden können. Schlecht gemischte Teilmengen der Gebinde machen sich sonst als nicht ausgehärtete, klebrige Flecken in der Fläche bemerkbar.
Die Reaktion der Epoxidharze ist exotherm, d. h. Wärme freisetzend. Werden die Epoxidharze angemischt und gleich auf dem Boden verteilt, spielt dies keine Rolle, da

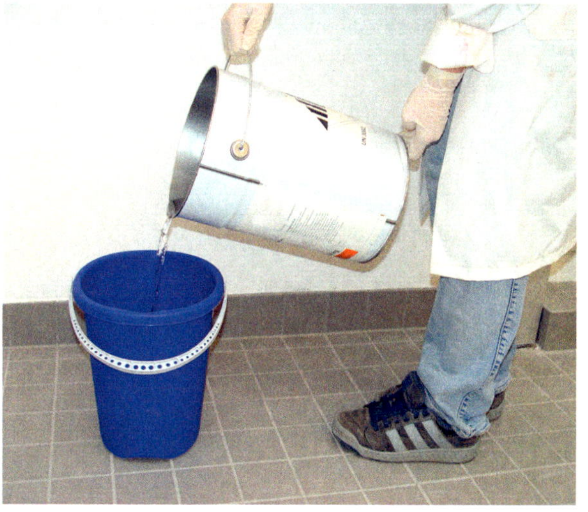

3 Umfüllen des Gemisches

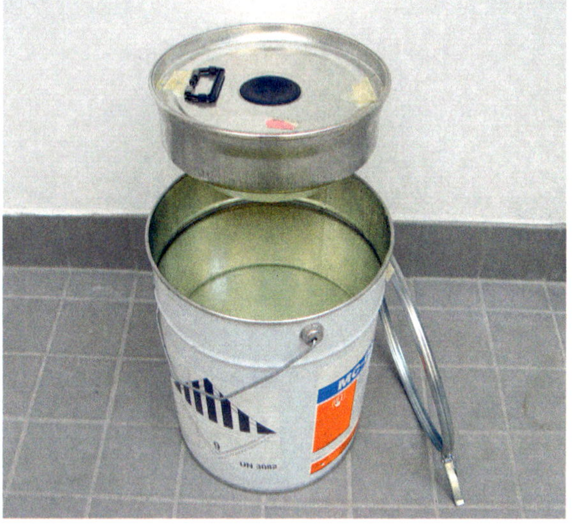

1 Doppelgebinde mit Epoxidharz

4 Überhitztes EP-Gebinde

2 Anmischen der zwei Komponenten

5 Anschlussdetail eines beschichteten Bodens

der Boden diese Reaktionswärme ableitet. Lässt man jedoch die fertig angemischten Komponenten im Gebinde, so kann sich dieses nach einigen Minuten sehr stark erwärmen. Bei größeren Gebinden werden so leicht Temperaturen um 400 °C erreicht, die zur Zersetzung des Harzes unter Rauchbildung führen und Brände auslösen können (Abb. 4).

Lösemittelfreie Epoxidharze riechen kaum und setzen keine flüchtigen Bestandteile frei. Das Arbeiten in geschlossenen Räumen ist daher unproblematisch.

Gefahrenhinweis

Der **Hautkontakt** mit Harzen und Härtern muss aber auf jeden Fall verhindert werden, da Epoxidharze und deren Härter Allergien auslösen können. Das Tragen einer angemessenen persönlichen Schutzausrüstung ist hier unbedingt notwendig. Die Sicherheitsdatenblätter geben Auskunft, welche Handschuhe sich eignen und welche sonstige Schutzausrüstung notwendig ist.

Bildungsreaktion der Kunststoffe

Alle Kunststoffe werden durch eine der drei nachstehend beschriebenen Bildungsreaktionen hergestellt. Bei reaktiven Beschichtungsmaterialien finden diese Reaktionen auf der Oberfläche nach der Applikation statt und werden durch die Umgebungsbedingungen beeinflusst.
Bei der **Polymerisation** werden Monomere durch Umlagerung von Elektronen miteinander verbunden. Eine Abspaltung von Nebenprodukten findet dabei nicht statt. Es reagiert meist nur eine Komponente („Harz", Monomer) unter Wärme oder UV-Lichteinfluss oder nach Zugabe eines Startreagenz (Radikalstarter, „Härterpulver", Initiator). Die Zugabemenge des Startreagenz kann geringfügig variiert werden.

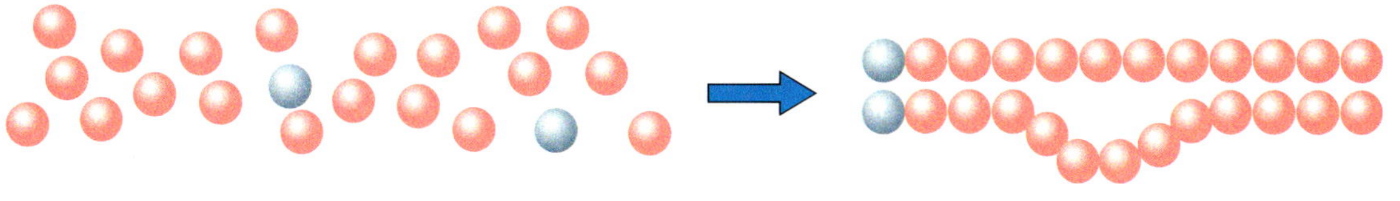

Bei der **Polyaddition** werden Monomere durch Umlagerung von Atomen und Bindungen miteinander verbunden. Ein Molekül wird an das nächste „addiert". Eine Abspaltung von Nebenprodukten findet dabei nicht statt. Es reagieren meist zwei Komponenten. Zum Erreichen optimaler Eigenschaften muss das Mischungsverhältnis der Komponenten exakt eingehalten werden.

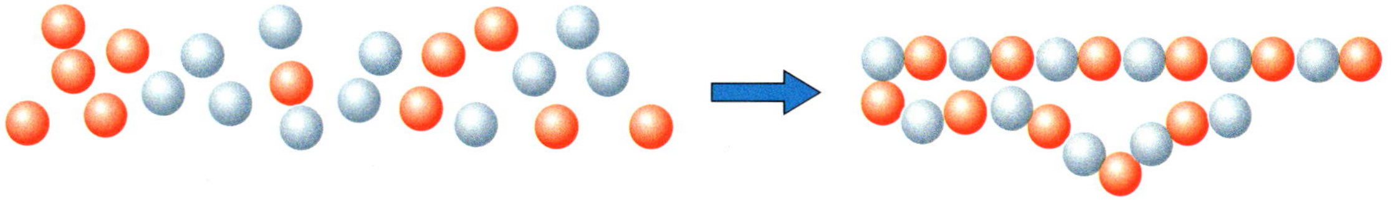

Bei der **Polykondensation** werden Monomere durch Umlagerung von Atomen und Bindungen und unter Abspaltung kleinerer Moleküle (oft Wasser oder CO_2) miteinander verbunden. Es reagieren meist zwei verschiedene Komponenten. Zur exakten Reaktion und zum Erreichen optimaler Eigenschaften muss das Mischungsverhältnis der Komponenten exakt eingehalten werden.

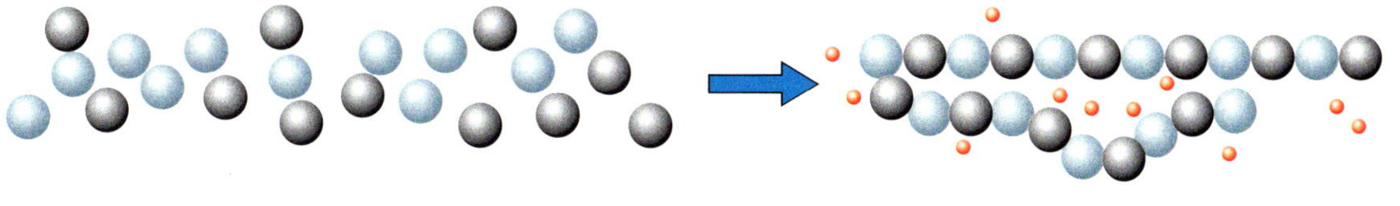

Tab. 1: Gefahrenklassen

Gefahren-klasse VbF	VbF	EU-Gefahr-stoffrecht
Bezeichnung	**nach Flamm-punkten**	**nach Flamm-punkten**
A I	< 21 °C	< 0 °C hoch entzündlich < 21 °C leicht entzündlich
A II	≥ 21 °C ≤ 55 °C	≥ 21 °C entzündlich
A III	> 55 °C ≤ 100 °C	(ungeregelt)
B (wasser-mischbar)	< 21 °C	< 0 °C hoch entzündlich < 21 °C leicht entzündlich

Für das Anzünden einer Flüssigkeit ist nicht die Flüssigkeit selber wichtig, sondern die Menge an Dämpfen, die die Flüssigkeit freisetzt. Nur die Dämpfe können nämlich mit einer offenen Flamme angezündet werden. Ist der Flammpunkt über der Umgebungstemperatur, so kann die Flüssigkeit nicht entzündet werden, da sie nicht genügend Dämpfe entwickelt. Flüssigkeiten, die erst oberhalb 21 °C entzündbar sind, sind daher als entzündlich eingeordnet und bekommen kein Gefahrenzeichen. Stoffe, die bei 21 °C und darunter entzündlich sind, werden als leicht entzündlich, solche, die sogar bei Temperaturen unter 0 °C enzündlich sind, als hochentzündlich eingeordnet.

Wenn sich größere Mengen eines Lösemittels als Dampf in der Luft befinden, kann eine Explosion auftreten. Eine Explosion ist eine Verbrennung, bei der die Verbrennungsfront die Schallgeschwindigkeit (rd. 330 m/s in Luft) überschreitet. Explosionen können nur bei einem bestimmten Verhältnis zwischen Sauerstoff und brennbaren Stoffen eintreten. Die Grenzen, bei denen zu wenig oder zu viel brennbarer Stoff vorhanden ist, um eine Explosion auszulösen, nennt man untere und obere **Explosionsgrenzen**.

Die Fähigkeit eines Lösemittels zu verdunsten und als Dampf in die Luft zu diffundieren, wird durch die **Verdunstungszahl** beschrieben. Die Verdunstungszahl sagt aus, um wie viel langsamer die betreffende Flüssigkeit im Vergleich zu Diethylether, einem extrem leicht flüchtigen Lösemittel, verdunstet. Tab. 2 gibt einige Verdunstungszahlen an.

Je niedriger die Verdunstungszahl ist, desto mehr Lösemittel kann pro Zeiteinheit verdampfen. Entsprechend werden schneller zünd- oder explosionsfähige Gemische erzeugt.

Tab. 2: Verdunstungszahlen

Lösemittel	Verdunstungszahl
Diethylether	1
Benzine	3–12
Brennspiritus	8,3
Butylacetat	12
Dekalin	94
Terpentinöl	170

Gefahren beim Verarbeiten organischer Lösemittel

Von nahezu allen organischen Lösemitteln gehen Gefahren aus. Sie können über die **Atemwege** oder durch unmittelbaren **Hautkontakt** in den Körper gelangen. Die schädigende Wirkung hängt von der Konzentration in der Atemluft, der Dauer und der Häufigkeit der Stoffeinwirkung ab. Lösemittel wirken auf die Haut entfettend. Sie können die schützende Fettschicht der Haut angreifen und damit die Entstehung von Hautkrankheiten begünstigen. Viele Lösemittel verdampfen schon bei Zimmertemperatur und können somit leicht eingeatmet werden. Symptome einer Lösemitteleinwirkung können **Augenreizung, Kopfschmerzen, Müdigkeit** und in hohen Dosen **narkotische Wirkung** sein. Das Benutzen von persönlicher Schutzausrüstung ist daher absolut notwendig.

Die meisten Lösemittel sind **brennbar**. Ihre Dämpfe sind schwerer als Luft. Sie können mit Luft explosionsfähige Gemische bilden.

9.1.6 Arbeitsabläufe und Werkzeuge

Wie zu Beginn des Kapitels aufgeführt, gibt es sehr viele unterschiedliche Typen von Bodenbeschichtungen. Daher können auch die Arbeitsabläufe und die benötig-ten Werkzeuge sehr unterschiedlich sein. Hier wird beispielhaft der Arbeitsablauf für das Erstellen eines hochwertigen Industriebodens dargestellt. Dieser Ablauf beinhaltet viele unterschiedliche Schritte. Einige dieser Schritte kommen bei einfacheren Beschichtungsmaßnahmen nicht vor.

Die **Untergrundvorbereitung** ist ein wichtiger Schritt bei jeder Bodenbeschichtungsmaßnahme. Eine Bodenbeschichtung kann nur haften, wenn der Untergrund sauber, trocken und tragfähig ist. Tragfähig bedeutet, dass alle losen Bestandteile der Oberfläche entfernt werden müssen. Die Beschichtung muss auf den Zuschlagkörnern und dem Bindemittel des festen Kernbereichs des Estrichs oder Betons haften.

Weiterhin muss bei stark belasteten Böden eine definierte Rauigkeit des Bodens gegeben sein, um das Beschichtungssystem adäquat verankern zu können. Je nach Beschichtung und Untergrund sind folgende Schritte notwendig:

- **Fräsen** der Oberflächenschicht zum Entfernen aller losen Bestandteile (Abb. 1).
- **Kugelstrahlen** zur Herstellung einer definierten Oberfläche (Abb. 2).

Nur in Fällen, in denen eine ausreichend feste Oberfläche mit der gewünschten Beschaffenheit vorliegt, kann lediglich eine Reinigung der Oberfläche erfolgen. Vor dem Beginn der Beschichtungsmaßnahme ist diese Festigkeit durch Ermittlung der Oberflächenzugfestigkeit (Kapitel 9.1.8) nachzuweisen. Außerdem ist mittels CM-Verfahren, Folienmethode oder anderer Verfahren zur Feuchtemessung (Kapitel 5) nachzuweisen, dass der Untergrund trocken genug ist.

1 Fräsen des Untergrundes

Nach diesen Vorarbeiten wird in der Regel zunächst eine **Grundierung** aufgebracht (Abb. 4). Diese dient dazu, die Oberfläche weiter zu verfestigen und die

2 Kugelstrahlen eines Betonuntergrundes

3 Unbehandelter (rechts) und kugelgestrahlter (links) Untergrund

4 Aufbringen einer Grundierung

Poren zu schließen. Insbesondere auf zementgebundenen Untergründen dient eine Epoxidharzgrundierung auch dazu, nachfolgende Schichten, die nicht alkalistabil sind, vom Untergrund zu trennen. Es ist wichtig, dass Grundierungen lückenlos und in ausreichender, aber nicht zu hoher Schichtstärke aufgetragen werden. Übliche Auftragsmengen liegen z. B. bei 500 g/m^2. Das Auftragen kann durch Rollen oder Abziehen mit einem Gummischieber erfolgen.

Die Haftung zu den nächsten Schichten wird in der Regel über eine Abstreuung mit Quarzsand erreicht. In die noch nicht abgebundene Grundierung wird dazu trockener Sand eingestreut (Abb. 1). Da zu diesem Zweck über die nicht abgebundene Beschichtung gelaufen werden muss, trägt der Verarbeiter Nagelschuhe, die nicht an der Beschichtung haften (Abb. 6). Der Überschuss an Sand wird nach dem Aushärten der Grundierung abgesaugt. In manchen Fällen wird der eingebundene Sand dann noch geschliffen (Abb. 2).

Sind die Rauigkeiten des Untergrundes zu groß, um eine nachfolgende, glatte Beschichtung zu gewährleisten, wird eine Kratzspachtelung aufgebracht. Dies ist ein lösemittelfreies Epoxidharz mit Sand zu einem dünnflüssigen Mörtel angemischt (Abb. 3). Dieser wird mit einer breiten Spachtel über die Erhöhungen des Untergrundes kratzend aufgetragen (Abb. 4).
Bei Beschichtungen, die an die Wand anschließen, wird oft eine Hohlkehle zur Wand hin angebracht. Diese wird aus formbarem Kunststoffmörtel durch Ausstreichen mit einem speziellen Werkzeug erzeugt (Abb. 5). Ihre Funktion ist das Verteilen von mechanischen Spannungen aus der Beschichtung und damit das Vermeiden von Abrissen zur Wand hin.
Hierauf folgend können die Deckschichten aufgebracht werden. Diese meist etwas zähflüssigeren Beschichtungsmaterialien werden nach dem Anmischen mit dem Spachtel grob verteilt und mit der Rolle verschlichtet (Abb. 6). Nach dem gleichmäßigen Verteilen werden die noch flüssigen Beschichtungen „abgestachelt".

1 Abstreuen mit Quarzsand

2 Abschleifen der Abstreuung

3 Anmischen des Kratzspachtels

4 Aufbringen der Kratzspachtelung

5 Einbau einer Hohlkehle

6 Arbeiten mit Stachelwalze und Nagelschuh

Das bedeutet, dass mit einer Stachelwalze über die Beschichtung gerollt wird, um eventuell vorhandene Luftblasen aufzustechen und damit Blasen in der erhärteten Beschichtung zu vermeiden. Nach Erhärten der Deckbeschichtung wird, je nach Material und System, noch eine sogenannte „Kopfversiegelung" aufgetragen, die unterschiedliche Funktionen haben kann. Zum einen kann die Beschichtungsoberfläche optisch angepasst, z. B. matt oder glänzend eingestellt werden. Zum anderen können stark pigmentierte Beschichtungsmaterialien, die sonst zum Kreiden neigen würden, durch eine unpigmentierte Kopfversiegelung geschützt werden. 97

9.1.7 Straßenmarkierungen

Die Herstellung von Markierungen auf Straßen, Parkplätzen und Firmengeländen ist ein mögliches Tätigkeitsgebiet des Malers. Im am häufigsten auftretenden Fall sollen Straßenmarkierungen dafür sorgen, dass ein Fahrzeug die Spur zur Fahrbahnmitte bzw. zum Straßenrand hält oder im Falle eines Zebrastreifens oder einer Haltelinie zum Anhalten aufgefordert wird. Auf Parkplatzflächen werden Einzelparkplätze durch Beschichtungen voneinander getrennt, damit der erlaubte Parkraum gekennzeichnet und mit dem insgesamt vorhandenen Platz sparsam umgegangen wird. Die Anforderungen an Straßenmarkierungen sind in der DIN EN 1436 geregelt.

Auf Firmengeländen ist es notwendig, Fahrbereiche, z. B. für Gabelstapler, festzulegen oder Sperrflächen auszuweisen, auf denen nichts gelagert werden darf bzw. die nicht befahren oder begangen werden dürfen, weil diese möglicherweise im Schwenkbereich von Kränen oder anderen Maschinen liegen.

Als Beschichtungsmaterialien für die entsprechenden Untergründe (Asphalt, Beton, Verbundsteine) werden unterschiedliche Beschichtungsstoffe und sogenannte Plastikmassen (Thermoplaste) verarbeitet. Die Materialien werden in den meisten Fällen in weißen oder gelben Farbtönen geliefert. Straßenmarkierungen bringt man mittels spezieller Spritzgeräte oder eines sogenannten Ziehschuhs auf. Dabei muss man sich bei Linien nach einem Markierungsplan richten und appliziert Symbole, z. B. Abbiegepfeile, mit standardisierten Schablonen. Im Fall von Beschichtungsarbeiten geringerer Größenordnung, z. B. bei kleinen Firmenparkplätzen, werden aus Gründen der Wirtschaftlichkeit meistens Rollen und/ oder Pinsel gebraucht.

7 Straßenmarkierungsbeschichtung mit einer Schablone

8 Fertiggestellte Straßenmarkierung

1 Haftzugprüfer mit Prüfstempeln

2 Einbringen der Nut mit Bohrschablone und Bohrmaschine mit Bohrkrone

9.1.8 Mess- und Prüfgeräte

Einige der wesentlichen Mess- und Prüfgeräte wurden bereits in Kapitel 5 beschrieben. Auf Feuchte-, Schichtdicke-und Rissbreitenmessung, die alle bei der Bodenbeschichtung zum Einsatz kommen können, wird daher hier nicht erneut eingegangen.

Bei besonders belasteten Beschichtungen kann eine genaue Kenntnis der Festigkeit der Untergrundoberfläche wichtig sein. Auch die Adhäsion der ausgehärteten Beschichtung ist ein wichtiger Kennwert. Beide können mit der **Abreißprüfung** ermittelt werden. Diese Prüfung ist in DIN 1048-2 beschrieben.

Dazu wird ein Abreißprüfer mit Prüfstempeln sowie eine Bohrmaschine mit Bohrkrone benötigt (Abb. 1). Zunächst wird in die zu beschichtende oder zu verklebende Oberfläche eine Ringnut mit dem Innendurchmesser 50 mm eingebracht (Abb. 2). Auf den entstehenden Untergrundkreis wird ein Stahlstempel mit 2-K-Reaktionsharzkleber aufgebracht. Man kann dazu Epoxidharz-, Polyurethan- oder reaktive Acrylatkleber verwenden. Nach Erhärten des Klebers wird der Stempel mit dem Abreißprüfer abgezogen (Abb. 3). Der Abreißprüfer misst die dafür notwendige maximale Kraft. Teilt man diese durch die Fläche des Stempels (für 50 mm Stempel: 25 mm^2 · 3,1415 = 1 963 mm^2), so ergibt sich die **Oberflächenzugfestigkeit** in N/mm^2 (Abb. 4). Für manche Beschichtungsmaterialien ist eine Mindestoberflächenzugfestigkeit gefordert. Diese kann beispielsweise bei 1,5 N/mm^2 liegen. Dies entspricht einer Gewichtskraft von etwa 300 kg, die an diesem Stempel aufgehängt würde.

Die Abreißprüfung wird auch für die Überprüfung der Adhäsion der ausgehärteten Beschichtung eingesetzt. Dabei ist die Vorgehensweise gleich wie bei der Messung der Oberflächenzugfestigkeit. Die Nut muss durch

3 Abreißen des Stempels mit dem Prüfgerät

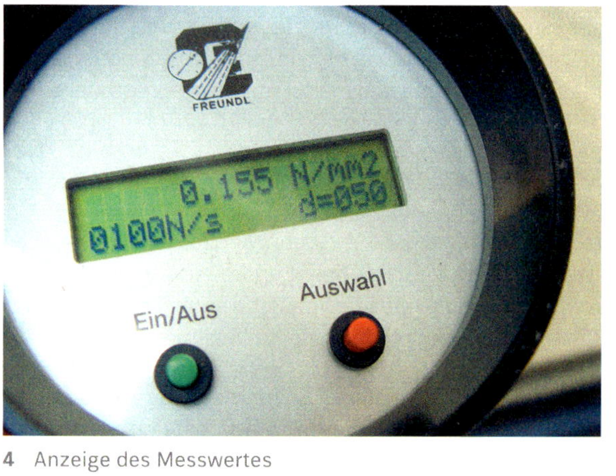

4 Anzeige des Messwertes

5 Aufbringen des Sandkreises

6 Sandkreise auf zwei unterschiedlichen Oberflächen

die Beschichtung bis in den Untergrund gebohrt werden. In vielen Fällen empfiehlt es sich, nass zu bohren, da die Beschichtung sonst durch die Hitze des Bohrens vorgeschädigt wird. Nach dem Abriss ist die Auswertung aber etwas komplizierter, da mehrere Bruchbilder auftreten können. Tabelle 1 zeigt die unterschiedlichen Bruchbilder und die Benennung des zugehörigen Messergebnisses. Kurzgefasst wird bei einem Bruch im Beton wiederum die Oberflächenzugfestigkeit gemessen. Die Haftung der Beschichtung ist dann höher als die Festigkeit des Betons.

Vor der Beschichtungsmaßnahme ist oft ein Maß für die **Oberflächenrauigkeit** wichtig. Als vergleichendes Maß kann der Sandkreis nach Kaufmann dienen. Hierzu wird eine definierte Menge Sand – z. B. ein Messlöffel voll – auf der Oberfläche kreisförmig verteilt. Dies geschieht mit einem flachen Gegenstand so, dass der Sand in einer Ebene mit den höchsten Erhebungen des Untergrundes liegt. Je rauer der Untergrund ist, desto weniger breit lässt sich der Sand verteilen. Der Durchmesser des entstehenden Kreises ist ein Maß für die Rautiefe. Abb. 5 und 6 verdeutlichen dies.

Tab. 1: Bruchbilder bei der Abreißprüfung und deren Auswertung

Bruchbild	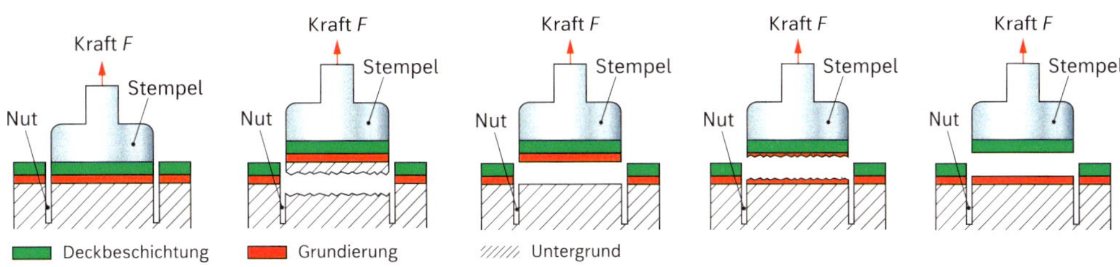				
Versagensart	–	Kohäsionsversagen im Beton	Adhäsionsversagen zwischen Beton und Beschichtung	Kohäsionsversagen in der Beschichtung	Adhäsionsversagen zwischen mehreren Beschichtungslagen
Bezeichnung des Ergebnisses	Vor dem Abreißversuch	Oberflächenzugfestigkeit β_{OZ} ($\beta_{HZ} > \beta_{OZ}$)	Haftzugfestigkeit β_{HZ}	Haftzugfestigkeit β_{HZ}	Haftzugfestigkeit β_{HZ}

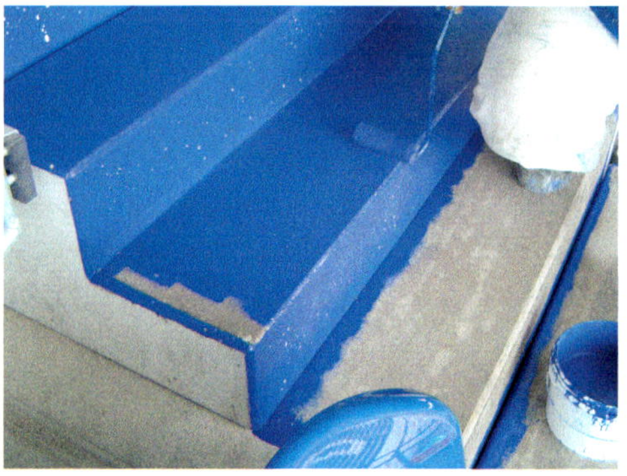

1 Beschichtung einer Betontreppe

2 Beschichtete Boden- und Betonflächen im Parkhaus

9.1.9 Normen, Richtlinien, Bestimmungen

Im Bereich der Bodenbeschichtungen und insbesondere im Bereich der Industrieböden gibt es zahlreiche Normen, Richtlinien, Merkblätter und behördliche Bestimmungen, die je nach Objekt zur Geltung kommen. Zum größeren Teil gibt es Überschneidungen mit dem Bereich der Betonsanierung. Hier werden daher nur speziell auf Böden ausgerichtete Dokumente aufgeführt. Die übergreifenderen Normen und Richtlinien finden sich in Kapitel 5.
Die Arbeitsgemeinschaft Industriebau AGI bringt Merkblätter zu Industrieböden heraus, die unterschiedliche Aspekte bei der Ausführung solcher Böden behandeln. So befasst sich Blatt A 12 mit Industrieestrichen und Blatt A 80 mit Imprägnierung und Versiegelung.

Von besonderer Bedeutung sind Normen, die bestimmte Eigenschaften der Böden definieren. In Bereichen wie Treppen (Abb. 1) oder nassen Flächen ist beispielsweise die Rutschsicherheit ein wichtiges Thema. Hierzu legt DIN 51 097 („Prüfung von Bodenbelägen; Bestimmung der rutschhemmenden Eigenschaft") Verfahren fest, nach denen auch Bodenbeschichtungen geprüft werden. Rutschsicherheit, Arbeitssicherheit und Trittsicherheit sind auch Ziel der Festlegungen in der technischen Richtlinie ASR 8/1 des Bundesministeriums für Arbeit und Soziales, das im Wesentlichen auf die Nutzbarkeit der Böden abzielt. Auch für weitere Detaileigenschaften der Böden wie z. B. Ableitfähigkeit elektrostatischer Aufladungen, Reinigungsfähigkeit oder Verschleißwiderstand existieren eine Reihe einzelner Prüfnormen, die im Einzelfall zu Rate gezogen werden müssen.

Aufgaben zu Kapitel 9.1

1. Nennen Sie Belastungen, denen Böden ausgesetzt sind.

2. a) Nennen Sie die drei Bildungsreaktionen der Kunststoffe.
   b) Welches sind die wesentlichen Unterschiede zwischen den drei Bildungsreaktionen?

3. Warum ist das Tragen persönlicher Schutzausrüstung bei der Verarbeitung von Epoxidharzen besonders wichtig?

4. Wie werden zweikomponentige Materialien richtig angemischt?

5. Nennen Sie unterschiedliche Schichten eines Bodenbeschichtungssystems und ihre Aufgaben.

6. Mit welcher Prüfmethode misst man die Adhäsion einer Bodenbeschichtung? Erläutern Sie das Verfahren kurz.

9.2 Brandschutzbeschichtungen

9.2.1 Ziele und Wirkungsweisen von Brandschutzbeschichtungen

Mit dem Einsatz von Brandschutzbeschichtungen verfolgt man zwei grundsätzlich unterschiedliche Ziele. Zum einen sollen die Standdauern von Bauteilen im Brandfall erhöht werden. Das bedeutet, dass die Brandschutzbeschichtung den Untergrund, also das Bauteil, so schützen muss, dass dessen Tragfähigkeit erst später im Brandgeschehen vermindert wird. Zum anderen soll durch Brandschutzbeschichtungen die Brandausbreitung verlangsamt werden. Dies wiederum bedeutet, dass die Geschwindigkeit, mit der die Flammen durch die beschichteten Bauteile weiterverbreitet werden, gesenkt werden muss.

Während das erstgenannte Ziel hauptsächlich für tragende Bauteile wie Wände, Stützen und Träger wichtig ist, kann das zweite Ziel bei allen Bauteilen erreicht werden. Beide Vorgehensweisen zielen darauf ab, dass ein Zeitgewinn für Löschmaßnahmen erreicht wird.

Die unterschiedlichen Untergründe, wie Stahl, Holz und Beton, erfordern unterschiedliche Mittel, um die angegebenen Ziele zu erreichen. Die Wirkungsweisen der Brandschutzbeschichtungen kann man grob in drei Gruppen aufteilen:

- Kühlen durch Abspalten von Wasser aus der Beschichtung
- Hitzeisolieren durch Schaumbildung (sogenannte Intumeszenz-Flammschutzsysteme)
- Sauerstoffzufuhr zum Bauteil unterbinden und damit die Brennbarkeit herabsetzen

Brandschutzbeschichtungen werden meist im Verbund mit anderen Beschichtungen wie Korrosionsschutzbeschichtungen eingesetzt und dann Brandschutzsysteme genannt (Abb. 3).

Einige Brandschutzsysteme können auch zwei oder alle drei der oben genannten Wirkungsweisen auf einmal aufweisen.

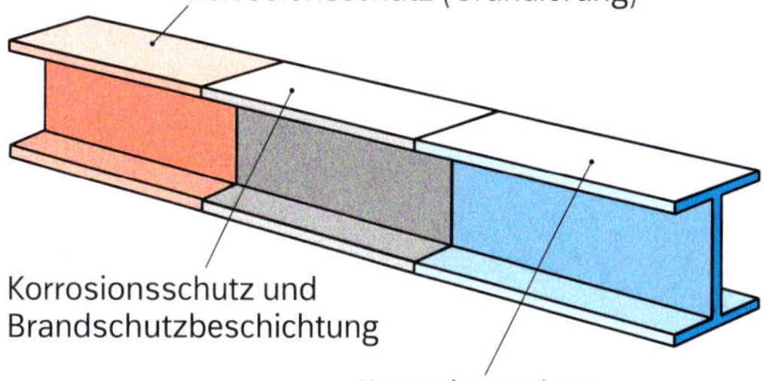

3 Brandschutzsystem auf Stahlträger

9.2.2 Brandschutzbeschichtungen für unterschiedliche Untergründe

Stahl
Stahlkonstruktionen brennen nicht, können aber unter Hitzeeinwirkung nach wenigen Minuten ihre Festigkeit und damit ihre Tragfähigkeit verlieren. Es ist daher sinnvoll, den Stahl gegen die Hitzeeinwirkung zu isolieren. Bei geeigneten Brandschutzbeschichtungen wird durch die thermische Energie des Feuers das Bindemittel der Brandschutzbeschichtung oberflächlich erweicht und wird dann von Gasen, die von einem enthaltenen Treibmittel ausgehen, zu einem Schaum aufgebläht. Die etwa einen Millimeter dicke Beschichtung entwickelt sich dabei zu einer mehrere Zentimeter dicken, porösen, isolierenden Schaumschicht. Diese isoliert den Untergrund gegen die Hitze und verlängert damit die Standzeit des Stahlbauteils.

Holz
Bei Holzuntergrund muss vor allem Brandentwicklung verhindert werden. Mit dem Brennen des Untergrundes gibt es nämlich einen Tragfähigkeitsverlust durch Verminderung des Querschnitts. Außerdem wird dadurch auch die Ausbreitung der Flammen gefördert. Eine Brandschutzbeschichtung für Holz wandelt sich bei Hitzeeinwirkung in eine mehrere Zentimeter dicke Schaumschicht um. Diese wirkt hitzeisolierend und hindert damit das Holz am Entflammen. Außerdem behindert die entstehende poröse Kohlenstoffmasse den Zugang von Sauerstoff zur brennbaren Holzoberfläche. Insbesondere bei großen Holzflächen wird damit die Ausbreitung der Flammen gebremst.

Beton
Stahlbeton ist zwar nicht brennbar, muss aber bei Hitzeentwicklung vor dem Abplatzen des Betons vom Betonstahl geschützt werden. Außerdem sinkt bei großer Hitze die Tragfähigkeit des im Beton enthaltenen Stahls. Daher werden auch hier Beschichtungen eingesetzt, die im Brandfall aufschäumen und den Stahlbeton gegen die Hitze isolieren.

9.3 Betoninstandsetzung

Die Betoninstandsetzung beschreibt Techniken, um die Dauerhaftigkeit von Bauteilen aus Beton und Stahlbeton zu verlängern oder wiederherzustellen. Betoninstandsetzung oder, technisch weniger korrekt, Betonsanierung ist immer dann erforderlich, wenn Bauteile oder Bauwerke aus Beton und Stahlbeton in Aussehen oder Funktion beeinträchtigt sind. Die Ursachen dafür können in der Herstellung, Nutzung oder Exposition gegenüber betonschädigenden Medien liegen. Die Besonderheiten der Betoninstandsetzung stellen zum einen oft höhere Anforderungen an das Fachwissen und die speziellen Materialkenntnisse als vergleichbare Tätigkeiten im Neubau. Zum anderen ist die Betonsanierung ein Gewerk, das zunehmend von Malerbetrieben ausgeführt wird.

In → LF 5 wurden bereits die Betonkorrosion und die **Carbonatisierung** behandelt. Durch die Carbonatisierung wird in der Porenlösung des Betons gelöstes Calciumhydroxid in Calciumcarbonat (Kalkstein) umgewandelt. Als Folge dieser Reaktion verringert sich der pH-Wert der Porenlösung des Betons von rund 12,5–13 auf 9–10 und darunter. Bei pH-Werten oberhalb 10 befindet sich auf der Oberfläche des Bewehrungsstahls eine Passivierungsschicht. Diese schützt den Stahl im Beton dauerhaft vor Korrosion. Sinkt der pH-Wert im Beton, ist dieser Schutz nicht mehr gewährleistet und der Stahl kann korrodieren.

Die Geschwindigkeiten der Carbonatisierung und damit der Zeitpunkt des Beginns der Korrosion des Stahls im Beton sind von mehreren Faktoren abhängig:

- Exposition des Betons: Trockener Beton innen oder an witterungsgeschützten Orten carbonatisiert schneller als Beton, der der freien Bewitterung ausgesetzt ist, da das weitgehend trockene Porensystem das CO_2 besser transportieren kann.
- Alter des Betons: Je älter der Beton ist, desto langsamer carbonatisiert er.
- Porosität des Betons: Je mehr Poren vorliegen, desto schneller carbonatisiert der Beton.

Die weitere Korrosion des Stahls im Beton hängt von den gleichen Einflussfaktoren ab:

- Exposition des Betons: In trockenem Beton korrodiert der Stahl nur geringfügig, da die Stahlkorrosion Wasser benötigt. Trockener Beton transportiert auch keine Salze, die die Korrosion des Stahls beschleunigen können.
- Alter des Betons: Je älter der Beton ist, desto dichter ist sein Gefüge, was wiederum Schadstoff- und Wassertransport unterbindet. Andererseits können sich im Laufe der Jahre Schadsalze angehäuft haben.
- Porosität des Betons: Je mehr Poren vorliegen, desto durchlässiger ist der Beton für Schadstoff- und Wassertransport.

Aufgrund dieser unterschiedlichen Einflüsse legt die DIN EN 206 Expositionsklassen für Betone fest. Je stärker die Umwelteinflüsse auf den Beton sind, desto dichter und dauerhafter muss er hergestellt werden.

Bei der Betoninstandsetzung wird man allerdings häufig mit alten Betonbauwerken konfrontiert, bei denen die o. g. Überlegungen noch nicht berücksichtigt wurden.

1 Stark beschädigte Betonstütze

2 Betonstütze mit Oberflächenabtragung und Bewuchs

3 Abplatzender Beton durch korrodierte Bewehrung

4 Vollständig abgeplatzte

Hier ist eine sorgfältige Analyse des Zustandes sehr wichtig.

9.3.1 Betonschäden erkennen

Vor dem Beginn einer Betoninstandsetzung muss die Ursache der aufgetretenen Schäden festgestellt werden. Ohne Beseitigung der Schadensursache wird das gleiche Schadensbild wieder auftreten. Eine Instandsetzung, die nur den ursprünglichen Zustand wiederherstellt, ohne die Ursachen des Schadens dauerhaft zu beseitigen, ist in der Regel eine Fehlinvestition.

Gibt es Anzeichen dafür, dass ein tragendes Bauteil so stark beeinträchtigt ist, dass es seine Funktion nicht mehr erfüllen kann, ist ein Fachmann hinzuzuziehen. In diesem Fall darf nur saniert werden, wenn dadurch die ursprüngliche Tragfähigkeit wiederhergestellt wird. Eine Betonstütze wie in Abb. 1 wird durch Entrosten und Beschichten nicht wieder tragfähig. Die Planung solcher Maßnahmen muss von einem sachkundigen Planer durchgeführt werden.

Oft liegen für die zu sanierende Konstruktion keine Unterlagen aus der Bauphase mehr vor. Dann muss man ausreichende Voruntersuchungen durchführen. Um die Sanierungsmaßnahme planen zu können, müssen Betonfestigkeit, Carbonatisierungsfortschritt, Lage und Zustand der Bewehrungsstähle, Salzgehalt und Risse im Beton festgestellt werden.

Folgende Untersuchungsmethoden können bei der Erfassung der Schäden zum Einsatz kommen:

Die visuelle Bestandsaufnahme anhand von Schadensbildern. Tab. 1 auf Seite 180 stellt typische Betonschäden und ihre Erkennungsmerkmale zusammen. Mit Bewehrungssuchern, die mit Magnetfeldern arbeiten, kann die Lage der Bewehrung festgestellt werden. Dabei ist zum einen die Anordnung der Bewehrung wichtig.

Zum anderen kann die Betonüberdeckung, d. h. die Dicke des Betons über dem Stahl, festgestellt werden. Dazu ist es allerdings erforderlich, dass der Durchmesser der Bewehrungsstäbe z. B. aus Planunterlagen bekannt ist. Die zerstörungsfreie Messung der Druckfestigkeit des Betons erfolgt mit dem Schmidthammer (→ LF 5). Die Bewertung des Korrosionszustandes der Bewehrung geschieht optisch durch lokale Freilegung der Bewehrung. Die Carbonatisierungstiefe des Betons wird an einer frischen Betonbruchfläche klassisch mit alkoholischer Phenolphthaleinlösung oder, da Phenolphthalein heute als Gefahrstoff gilt, mit Thymolphthaleinlösung durchgeführt. Anhand des Farbumschlages lässt sich der Fortschritt der Carbonatisierung ermitteln (Abb. 5). Die Messung der Oberflächenzugfestigkeit der Betonoberfläche erfolgt mit dem Abreißversuch (Kapitel 9.1.8).

5 Phenolphthaleintest

Tab. 1: Erkennungsmerkmale von Betonschäden

Schadensbild	1. Beschreibung, 2. Maßnahmen
	1. Abplatzen der Beschichtung, Kreiden des Betonuntergrundes 2. Entfernen der Beschichtung und loser Bestandteile, Phenolphthaleintest, Überprüfung der Betondeckung, ggf. Erhöhung der Betondeckung, Neubeschichtung
	1. Netzrisse durch die Beschichtung bis in den Untergrund 2. Entfernen der Beschichtung und loser Bestandteile, Phenolphthaleintest, Überprüfung der Betondeckung, Verspachteln der Risse, ggf. Erhöhung der Betondeckung, Neubeschichtung
	1. Abgedrückte Betondeckung aufgrund korrodierter Bewehrung 2. Entfernung der Betondeckung, Entrostung der Bewehrung, Überprüfung der Bewehrungsstärke, wenn ausreichend, Korrosionsschutz der Bewehrung, Haftbrücke, Reparaturmörtel, Feinspachtel und Neubeschichtung
	1. Verloren gegangene Betondeckung aufgrund korrodierter Bewehrung, erheblicher Dickenverlust der Bewehrung 2. Abklärung durch Fachmann, ob verbleibende Bewehrung ausreicht; nur wenn dies der Fall ist, Instandsetzung wie in voriger Zeile, sonst bauliche Maßnahmen erforderlich
	1. Verloren gegangene Betondeckung aufgrund korrodierter Bewehrung, Dickenverlust der Bewehrung, teilweise geschädigter Beton unter der Bewehrung, erheblicher Querschnittverlust des tragenden Bauteils 2. Bauliche Maßnahmen erforderlich

9.3.2 Untergrundvorbereitung

Zur Untergrundvorbereitung gehören

- das Entfernen aller losen Bestandteile,
- das Entfernen aller carbonatisierten Schichten,
- die Herstellung eines tragfähigen Untergrundes und
- das Entrosten der Bewehrung.

Als lose Bestandteile zählen in diesem Zusammenhang

- lose und mürbe Teile,
- sich leicht ablösende Schichten,
- Abmehlen oder Absanden,
- Schalen und Ablösungen,
- Kiesnester und Hohlstellen,
- artfremde Stoffe (Altbeschichtungen, Öl, Bewuchs usw.).

Zum Vorbereiten der Oberfläche können unterschiedliche manuelle und maschinelle Verfahren zum Einsatz kommen. Die meisten wurden bereits in unterschiedlichen Lernfeldern aufgeführt, daher werden diese hier nur aufgezählt.

Zum Abtrag von gelockertem oder gerissenem Beton und zur Freilegung der korrodierten Bewehrung wird gestemmt. (Abb. 1) Zur Anwendung kommen elektrische oder pneumatische Stemmwerkzeuge. Beim **Stemmen** muss vorsichtig vorgegangen werden, da die Gefahr besteht, dass der Bewehrungsstahl verletzt wird oder der Verbund zwischen Bewehrung und Beton auch an gesunden Stellen gelockert wird. Die Entrostung der Bewehrung erfolgt, wie bei Metallen üblich.
Die Oberfläche der entrosteten Bewehrung muss nach Art der Instandsetzung einen Normreinheitsgrad SA 2 ½ nach DIN EN ISO 12944-4 oder ähnliche Reinheitsgrade aufweisen.

Mit dem **Partikeltrockenstrahlen** kann sowohl die Beton- als auch die Stahloberfläche vorbereitet werden. Dazu wird ein Strahlgut (oft Schlackepartikel) mit Druck gegen die Oberfläche geschleudert. Dadurch werden die losen Bestandteile entfernt. Das Verfahren führt zu hoher Lärm- und Staubbelastung.

Das **Abschleifen des Untergrundes** kann mit einem Winkelschleifer mit einer Diamantschruppscheibe erfolgen. Der Untergrund weist danach eine relativ glatte Oberfläche auf, was beim Auftragen weiterer Schichten problematisch sein kann.

Beim **Kugelstrahlen** werden in einem geschlossenen System Stahlkugeln mit einem schnell rotierenden Rad gegen die zu bearbeitende Oberfläche geschleudert. Die losen Bestandteile der Oberfläche werden gemeinsam mit den Kugeln abgesaugt. Kugeln und das abgetragene Material werden getrennt. Die Kugeln werden wieder verwendet. Das Verfahren lässt sich aufgrund des hohen Gewichtes der Maschine nur auf horizontalen oder leicht geneigten Flächen anwenden.

Hoch- und Höchstdruckwasserstrahlen tragen die Betonoberfläche mit einem starken Wasserstrahl ab. **Hochdruckwasserstrahlen** findet über 850 bar statt, Höchstdruckwasserstrahlen bei über 2000 bar. Dabei ist zu berücksichtigen, dass hohe Wassermengen bis zu 500 l Wasser pro Minute benötigt werden und auch abgeführt werden müssen. Neben Düsen für den punktuellen Abtrag gibt es rotierende Düsen für die flächige Untergrundvorbereitung. Vorteil der Wasserstrahlverfahren ist die vergleichsweise geringe Erschütterung der Bauteile bei hoher Abtragleistung (Abb. 2). Das **Flamm-**

1 Abgestemmter Beton und Stemmhammer

2 Hochdruckwasserstrahlen

strahlen wird seltener zum Abtragen von Betonoberflächen eingesetzt, weil die Gefahr besteht, dass sich freiliegender Stahl durch das Aufheizen dehnt. Dadurch kann es in den gesunden Bereichen zu Lockerungen des Verbundes zwischen Stahl und Beton kommen.

9.3.3 Risse im Beton

Bei Betonteilen ist es unvermeidbar, dass es aus konstruktiven Gründen zu Rissen kommt. Dies ist zulässig und nicht zwangsläufig ein Mangel (Abb. 1).
Risse sind nicht von vornherein mit Risiken für das Bauwerk verbunden, wenn die Risse nicht breiter als 0,1 mm bis 0,4 mm sind. Es existiert zunächst keine Gefährdung für Dauerhaftigkeit und Gebrauchsfähigkeit des Bauwerks, wenn sich die Rissweiten innerhalb der erlaubten Grenzen bewegen und keine sonstigen negativen Einflüsse vorliegen.
Überschreitet man die Grenzwerte und lässt Schadstoffe in den Beton eindringen, kann das zur Korrosion an der aus Stahl hergestellten Verstärkung (Bewehrung) des Betons und somit zu Bauschäden führen. Nur besondere Bauteile, z. B. Böden von Tankstellen, müssen völlig rissfrei sein, damit keine umweltgefährdenden Stoffe ins Erdreich eindringen können.
Die Bewehrung des Betons kann die Risse nicht verhindern. Sie sorgt aber dafür, dass statt breiter Risse schmale und somit für das Bauwerk ungefährliche Risse entstehen. Von diesen nicht vermeidbaren Rissen sind Oberflächenrisse zu unterscheiden, die grundsätzlich unerwünscht sind und häufig betontechnologische Gründe haben.

1 Risse im Betonuntergrund

Um ein Bauteil gegen das Eindringen aggressiver Stoffe in vorhandene Risse zu schützen, müssen rissüberbrückende Beschichtungen eingesetzt werden. In einem Bauteil kann es durch jahreszeitlich bedingte Temperaturänderungen, wechselnde Einstrahlung der Sonne sowie Abkühlung zwischen Tag und Nacht zu einer Vielzahl an Rissweitenänderungen kommen.

Besonders, wenn man mit auffallenden Rissweitenänderungen rechnen und von weiterer Rissbildung im Untergrund ausgegangen werden muss, wird der Einsatz rissüberbrückender Beschichtungssysteme notwendig. Die Beschichtung muss auch Bewegungen in der Konstruktion ausgleichen, ohne dass der Rissverschluss nachlässt. Der Möglichkeit der Rissüberbrückung wird in der Instandsetzungsrichtlinie durch die Aufteilung in Rissüberbrückungsklassen Rechnung getragen (Tab. 1).

Tab. 1: Rissüberbrückungsklassen nach Instandsetzungsrichtlinie

Rissüberbrückungsklassen		Rissart	Prüfbedingungen[1] (Auswahl)
Symbol	Beschreibung		
I_T	Gering	Vorhandene und nachträglich entstehende oberflächennahe Risse, Rissbreite maximal 0,15 mm, Rissbewegung durch Temperaturwechsel max. 0,06 mm	T: −20 °C RW: 1 000 kRW: 0,1 mm gRW: 0,15 mm
II_T	Erhöht	Vorhandene und nachträglich entstehende oberflächennahe Risse und/oder Trennrisse, Rissbreite maximal 0,3 mm, Rissbewegung d. Temperatur- o. Lastwechsel max. 0,2 mm	T: −20 °C RW: 1 000 kRW: 0,3 mm gRW: 0,1 mm
A2	Statisch nach DIN EN 1062-7	Vorhandene und nachträglich entstehende, nicht bewegliche Risse; Rissbreite maximal 0,1 mm	T: −10 °C gRW: 0,1 mm

Kürzel Prüfbedingungen: T: Prüftemperatur; RW: zu prüfende Risswechsel; kRW: kleinste Rissweite; gRW: größte Rissweite

[1] Erläuterung: Die Prüfbedingungen für I_T bedeuten beispielsweise, dass ein Beschichtungssystem für diese Rissüberbrückungsklasse 1 000 Rissweitenwechsel von 0,1 mm auf 0,15 mm und zurück bei −20 °C überstehen muss.

Tab. 2: Rissbeschreibungen

Parameter	Ausprägung
Rissart	Oberflächennah, durchgehend
Rissverlauf	Senkrecht, diagonal, netzförmig
Rissbreite	Größe in mm
Rissbewegungen	Kurzzeitig, täglich, langfristig
Risszustand	Wasserführend, feucht, trocken, Verschmutzung

9.3.4 Rissinstandsetzung

Bei der Rissinstandsetzung ist grundsätzlich zwischen dem
- Verschließen oberflächlicher Risse durch Spachteln oder druckloses Tränken und dem
- kraftschlüssigen Verpressen von Trennrissen

zu unterscheiden.

Das zur Anwendung kommende Material und die zugehörigen Arbeitstechniken sind von den Eigenschaften des Risses abhängig. Während oberflächliche Risse durch geeignete Spachtel oder Reparaturmörtel verschlossen werden können, sind Trennrisse in tragenden Bauteilen kraftschlüssig zu verpressen. Dazu wird unter Druck Epoxidharz oder Zementleim injiziert. Die Risswände werden dadurch verklebt. Diese aufwendige Technik sollte von darauf spezialisierten Unternehmen ausgeführt werden und wird hier nicht näher beschrieben.

Risse im Beton lassen den Zutritt korrosiver Medien zum Betongefüge und zur Bewehrung zu. Aufgrund der Auflösung des Verbundes können Risse die Tragfähigkeit eines Bauteils aus Stahlbeton beeinträchtigen.

Die heute zur Verfügung stehenden Geräte und Spezialharze (Epoxidharze und Polyurethane) gestatten die Verpressung von Rissen mit einer Rissweite bis herab zu 0,1 mm. Die Injektion von Zementleimen oder -suspensionen setzt größere Rissbreiten (Zementleim > 0,8 mm, Zementsuspension > 0,2 mm) voraus.

9.3.5 Korrosionsschutz der Bewehrung

Die Entrostung der Bewehrung erfolgt, wie bei metallischem Untergrund üblich (→ LF 5) maschinell (Abb. 2) oder von Hand (Abb. 3).

2 Entrosten mit der Nadelpistole

3 Entrosten der Bewehrungsrückseite

4 Auftragen des Korrosionsschutzes

1 Einbau des Grobmörtels

Die zentrale Bauvorschrift im Bereich der Betoninstandsetzung ist die Instandsetzungsrichtlinie des Deutschen Ausschuss für Stahlbeton (DAfStb, Kapitel 5). Da die Bewehrung die Tragfähigkeit der Bauteile gewährleistet, zielen die Instandsetzungsprinzipien, die in der Instandsetzungsrichtlinie festgelegt sind, vornehmlich auf den Korrosionsschutz der Bewehrung ab. Dort werden unterschieden:

Instandsetzungsprinzip R: Korrosionsschutz durch Wiederherstellung des alkalischen Milieus. Hier wird durch Einsatz von sehr alkalischen Mörteln und Betonen der pH-Wert des Bauteils soweit wieder angehoben, dass der Stahl passiviert ist.

Instandsetzungsprinzip W: Korrosionsschutz durch Begrenzung des Wassergehaltes im Beton. Da ohne Wasser keine Korrosion stattfinden kann, kann durch das Fernhalten von Wasser die Korrosion stark vermindert werden. Dies geschieht durch das Beschichten oder Hydrophobieren des Bauteils.

Instandsetzungsprinzip C: Korrosionsschutz durch Beschichtung der Bewehrung. Dieses zusammen mit Prinzip W am häufigsten angewendete Prinzip sieht eine Korrosionsschutzbeschichtung des Bewehrungsstahls vor, die nach der Oberflächenvorbereitung und vor dem Betonersatz zu applizieren ist.

Instandsetzungsprinzip K: Kathodischer Korrosionsschutz ist eine Passivierung des Stahls durch Anlegen von Gleichstrom (LF 11). Diese bei hochwertigen Bauwerken angewendete Technik wird in der Regel nicht durch den Maler eingebaut.
Für die Korrosionsschutzbeschichtung des Bewehrungsstahls – Prinzip C – kommen reaktionserhärtende Systeme zur Anwendung. Die Mindestschichtdicke für solche Beschichtungssysteme beträgt 300 µm. Das System muss in mindestens zwei Arbeitsgängen aufgetragen werden.

Zur besseren Kontrolle sind die Materialien für beide Arbeitsgänge oft unterschiedlich gefärbt. Die Beschichtung wird zur Verbesserung des Verbundes mit dem nachfolgenden Betonersatzmörtel mit feuergetrocknetem Quarzsand abgesandet.

9.3.6 Betonersatz

Der Betonersatz besteht in der Regel aus Haftbrücke und Reparaturmörtel. Die Haftbrücke verbessert den Verbund zwischen Reparaturmörtel und Untergrund.
Es gibt zementgebundene Haftbrücken und zementgebundene, polymermodifizierte Systeme. Letztere dienen auch als Feuchtigkeitsbarriere zwischen den beiden Schichten. Die Applikation erfolgt meist mit Bürste oder Pinsel. Bei Produkten, die den Anforderungen an einen mineralischen Korrosionsschutz der Bewehrung entsprechen, können die Haftbrücke und der Korrosionsschutz in einem Arbeitsgang aufgebracht werden.
Für die Applikation des nachfolgenden Instandsetzungsmörtels ist eine mittlere Oberflächenzugfestigkeit von 1,5 N/mm^2 erforderlich. Der kleinste Einzelwert einer Prüfserie darf 1,0 N/mm^2 betragen.

Die Auswahl der Instandsetzungsmörtel und -betone erfolgt nach den Beanspruchbarkeitsklassen nach Instandsetzungsrichtlinie:

- Beanspruchbarkeitsklasse M 1 bei Anforderungen nur an die Wiederherstellung der Bauteilgeometrie und -optik,
- Beanspruchbarkeitsklasse M 2 bei erhöhten Anforderungen an den Carbonatisierungswiderstand und die Applikation bei dynamischer Beanspruchung, z. B. durch Verkehrslasten,
- Beanspruchbarkeitsklasse M 3 bei Berücksichtigung im Rahmen von Tragfähigkeits- oder Gebrauchstauglichkeitsnachweisen.

Darüber hinaus werden auch hier zementgebundene Mörtel (CC – Cement Concrete) und polymermodifizierte Zementmörtel (PCC – Polymer Cement Concrete) unterschieden.

PCCs haften in der Regel besser, haben besseres Dehnverhalten und geringere Wasserdurchlässigkeiten als CCs. Auf der anderen Seite erfordern PCCs bei der nachfolgenden Beschichtung erhöhte Aufmerksamkeit.

2 Schalung für den Grobmörtel

3 Korrosionsschutz auf der Bewehrung, Haftbrücke, Alkalitätsnachweis und Schalung für Reparaturmörtel

4 Abschließende Beschichtung

Der Instandsetzungsmörtel kann bei kleinen Flächen von Hand mit der Kelle oder bei großen Flächen im Spritzverfahren als Spritzbeton aufgebracht werden.

Spritzbeton ist ein Beton, der mit hohem Druck durch eine geschlossene Schlauchleitung zur Einbaustelle gefördert und dort aus einer Spritzdüse gegen die Auftragsfläche geschleudert wird. Die Verdichtung erfolgt durch die hohe Aufprallenergie des Spritzbetons. Die Herstellung, Verwendung und Güteüberwachung von Spritzbeton ist in Deutschland in der DIN EN 14487-1 geregelt. Spritzmörtel unterscheidet sich von Spritzbeton lediglich durch das Größtkorn (max. 4 mm) im Zuschlagstoff. Zur Anwendung kommt Spritzbeton vor allem bei der Instandsetzung und Verstärkung von Betonbauteilen sowie der Baugruben-, Hang- und Felssicherung.

Beim Spritzen von Beton kommen zwei unterschiedliche Mischverfahren, das Nass- und Trockenspritzverfahren zur Anwendung. Beim **Nassspritzverfahren** werden Zement, Zuschlagstoffe und Wasser gemischt zur Spritzdüse befördert und mittels der dort zugegebenen Druckluft aufgetragen. Beim **Trockenspritzverfahren** werden Zement und Zuschlagstoffe trocken gemischt durch eine Schlauchleitung zur Mischdüse befördert. Dem Trockengemisch wird erst dort Wasser zugeführt.

Beim Spritzvorgang prallt ein Teil der Mischung - der sogenannte Rückprall - infolge der hohen Aufprallwucht ab und wird nicht in die Spritzbetonschicht eingebaut. Die Rückprallmenge hängt vor allem von der Zusammensetzung der Ausgangsmischung und vom Geschick des Düsenführers ab.
Das Material wird bei beiden Verfahren lagenweise aufgetragen. Zusätzlich kann eine Bewehrung aus Stahlmatten eingebaut werden. Diese ist fest mit dem Untergrund und ggf. an der Altbewehrung zu verankern, um Schwingungen und Lageveränderungen zu vermeiden. An den Betonersatz schließt sich in der Regel ein Oberflächenschutz wie in Kapitel 5.6.3 beschrieben an.

9.3.7 Richtlinien, Normen, Merkblätter

Wie bereits aus den vorigen Abschnitten ersichtlich, ist die Richtlinie „Schutz und Instandsetzung von Betonbauteilen“ kurz: „Instandsetzungsrichtlinie“ des Deutschen Ausschusses für Stahlbeton (DAfStb) das zentrale Dokument für die Betonsanierung. Sie besteht aus folgenden vier Teilen:

Teil 1: Allgemeine Regelungen und Planungsgrundsätze
Teil 2: Bauprodukte und Anwendung

Teil 3: Anforderungen an die Betriebe und Überwachung der Ausführung
Teil 4: Prüfverfahren

Deren Inhalt wurde teilweise den vorangegangen zugrunde gelegt.

Europäisch ist die Betoninstandsetzung durch die DIN EN 1504 „Produkte und Systeme für den Schutz und die Instandsetzung von Betontragwerken – Definitionen, Anforderungen, Qualitätsüberwachung und Beurteilung der Konformität“ geregelt. Hier ist insbesondere der 2008 veröffentliche Teil 9: „Allgemeine Grundsätze für die Anwendung von Produkten und Systemen“ von Wichtigkeit. Weiterhin bieten das Merkblatt 1 des Bundesausschuss Farbe und Sachwertschutz „Schutz und Instandsetzung von Betonaußenflächen im Hochbau“ einschlägige Informationen.

Aufgaben zu Kapitel 9.3

1. Welche Arbeiten gehören zur Untergrundvorbereitung für die Betoninstandsetzung?

2. Nennen Sie die Eigenschaften eines Risses, die für die Rissinstandsetzung von Belang sind.

3. Welches ist die zentrale Bauvorschrift im Bereich der Betoninstandsetzung?

4. Nennen Sie die auf dem Bild zu erkennenden Betonschäden und schlagen Sie die zu treffenden Maßnahmen vor.

9.4 Anti-Graffiti-Beschichtungen

9.4.1 Graffiti

Graffiti, Einzahl Graffito, ist ein Sammelbegriff für von Einzelnen oder Gruppen verfertigte Bilder (Abb. 1) oder Schriftzüge (Tags, Abb. 2) auf Oberflächen des öffentlichen Raums. Graffiti ist der Plural des italienischen Worts sgraffito, das aus einem lateinischen Verb für „mit dem Griffel kratzen" entstanden ist. Graffiti erscheinen in einer Vielzahl von Ausprägungsformen und werden für die unterschiedlichsten Zwecke eingesetzt. Das moderne Graffiti wird typischerweise mit der Sprühdose angebracht.

9.4.2 Wirkungsweise der Anti-Graffiti-Beschichtungen

Eine Anti-Graffiti-Beschichtung wird auf Oberflächen aufgebracht, die in der Gefahr sind, mit unerwünschten Graffiti besprüht zu werden. Ziel dieser Beschichtungen ist, dass sich die Graffiti leicht und möglichst rückstandsfrei entfernen lassen – anders als in Abb. 2. Dies ist auf unterschiedlichen Wegen möglich. Anti-Graffiti-Systeme können nach ihrer Wirkungsweise in Gruppen eingeteilt werden. Hierzu ist die Aufteilung in permanent wirkende, semipermanent wirkende und temporär wirkende Systeme geeignet.

Permanent wirkende Systeme
Ein ideales, permanent wirkendes System wird einmalig auf die zu schützende Oberfläche aufgetragen. Es stellt nach der Aushärtung eine dauernd wirksame Trennschicht zwischen aufgebrachten Graffiti und dem Baustoff dar. Das permanent wirkende System darf durch Bewitterung nicht angegriffen werden. Nach einer Reinigung darf die Trennschichtwirkung nicht beeinträchtigt sein. Die Haltbarkeit eines permanenten Systems sollte nicht weniger als fünf Jahre betragen.

Semipermanent wirkende Systeme
Semipermanente Systeme werden nach einem oder mehreren Reinigungsprozessen erneuert, sind aber gegenüber Witterungseinflüssen stabil. Während der Reinigung wird entweder das gesamte System neu aufgetragen oder nur eine obere „Opfer"schicht, die beim Reinigungsvorgang mit dem Graffiti entfernt wird. Die Haltbarkeit eines semipermanenten Systems sollte ohne auftretende Reinigungsmaßnahmen nicht unter fünf Jahren betragen.

1 Künstlerisches Graffito

2 Missglückter Entfernungsversuch an Graffiti Tags

Temporär wirkende Systeme

Temporäre Systeme werden sowohl nach einem Reinigungsprozess als auch nach einer bestimmten Bewitterungsdauer erneuert. Dabei wird in der Regel das gesamte System neu aufgetragen. Temporär wirkende Systeme sind gegenüber Witterungseinflüssen nicht stabil. Die Haltbarkeit eines temporären Systems sollte nicht weniger als ein Jahr betragen.

Neben den früher besprochenen Bindemitteln Polyurethan, Epoxidharz, Acrylat und Siliconharz werden für Anti-Graffiti-Systeme noch andere, für Beschichtungen eher unübliche Bindemittel eingesetzt.

- **Biopolymere (Polysaccharide):** Hinter dem oft benutzten Begriff „Biopolymere“ verbergen sich in aller Regel Polysaccharide (Vielfachzucker). Dies sind Kohlenhydrate, deren Moleküle aus einer großen Zahl verknüpfter Monosaccharid-Moleküle (z. B. Glukose) bestehen. Sie können z. B. als wässerige Dispersion auf die Baustoffoberfläche aufgetragen werden. Wird darauf ein Graffito gesprüht, können sie – samt anhaftendem Graffito – mit heißem Wasser wieder entfernt werden. Die Witterungsbeständigkeit ist nicht sehr hoch, auch ohne Reinigungsmaßnahmen ist von Zeit zu Zeit eine Überarbeitung notwendig. Polysaccharide sind als Opferschicht eines temporären Systems geeignet.

- **Perfluorierte Kohlenwasserstoffe:** In diese Gruppe werden „Teflon“-artige Verbindungen eingeordnet. Die herausragende Eigenschaft dieser Produkte ist ihre extreme Hydro- und Oleophobie, wie sie vom Teflon allgemein bekannt ist. Aufgrund ihrer extremen Oleophobie lassen sie die Sprühfarben abperlen. Dies lässt weder das Verlaufen zu einer Beschichtung noch die Haftung der Farbe zu. Durch Kombination mit Silanen lassen sich permanente, siliconartig vernetzende Produkte herstellen.

- **Wachsartige Verbindungen:** Wachse sind natürliche oder künstlich gewonnene Stoffe, die in der Regel folgende Eigenschaften aufweisen: Bei 20 °C fest und durchscheinend bis opak und bei über 50 °C ohne Zersetzung schmelzend. Wachse werden in Form von Emulsionen aufgetragen und bilden auf der Baustoffoberfläche eine hydrophobe und z. T. oleophobe Schicht, die durch Einsatz von heißem Wasser oder Lösemitteln mitsamt dem anhaftenden Graffito wieder entfernt werden kann. Da Wachse, direkt auf poröse Baustoffe aufgetragen, stark verdunkelnd wirken können, werden sie meist auf einer permanenten Schicht aus Acrylaten, Siloxan-Acrylaten oder Siloxanen angewendet.

1 Nicht zu erkennender Graffitischutz

2 Graffitischutz im Gegenlicht sichtbar

9.4.3 Erscheinungsbild

Neben den unterschiedlichen Bindemitteln unterscheiden sich die Anti-Graffiti-Beschichtungen in Schichtaufbau und Schichtdicke. Wie aus dem vorhergehenden Abschnitt ersichtlich, gibt es ein- und zweischichtige Systeme, Imprägnierungen und Beschichtungen. Während Imprägnierungen (z. B. auf Basis von fluorierten Silanen) nach der Applikation kaum sichtbar sind, sind Beschichtungen auf PUR- oder EP-Basis meist als dünne bis deutliche Filme sichtbar. Wachs- oder Polysaccharidsysteme zeigen sich oft durch eine opake Trübung der Oberfläche. Je nach Untergrund muss ein geeignetes System, das für den Nutzer optisch tolerierbar ist, ausgewählt werden. Dazu sind vorab angelegt Musterflächen hilfreich.

Auch Systeme, die ein unauffälliges Erscheinungsbild haben, können bei ungünstigem Lichteinfall sichtbar werden. Abb. 1 zeigt eine Fassade, auf die ein Wärmedämmverbundsystem appliziert wurde. Im Erdgeschossbereich wurde der Putz des Systems mit einem Graffitischutz versehen. Dieser ist bei den meisten Lichtsituationen kaum zu erkennen.

Abb. 2 zeigt jedoch, dass das System bei Gegenlicht unter bestimmten Winkeln zu Glanz neigen kann. Diese Erscheinung ist in der Regel nicht zu vermeiden, da ein Anti-Graffiti-System nur dadurch wirken kann, dass die Oberfläche des Objektes verändert wird.

Kunden müssen im Vorfeld mit diesen Möglichkeiten vertraut gemacht werden, um Reklamationen zu vermeiden.

Aufgaben zu Kapitel 9.4

1. Nennen Sie die wesentlichen Unterschiede zwischen
   a) temporären und
   b) permanenten
   Anti-Graffiti-Systemen.

2. Auf welchen Prinzipien beruht die Wirkung permanenter Anti-Graffiti-Systeme?

3. Ein Kunde möchte seine bereits cremefarben beschichtete Putzfläche durch ein Anti-Graffiti-System schützen. Er wünscht keinen Pflegeaufwand und ein möglichst nicht sichtbares System.

   Beraten Sie den Kunden in den folgenden Fragen:
   a) Welcher Systemtyp kommt infrage?
   b) Wie oft muss mit Wartungsarbeiten gerechnet werden?
   c) Mit welchem optischen Erscheinungsbild ist zu rechnen?

   Notieren Sie Ihre Antworten in Stichpunkten.

Sicherstellen einer gleichmäßig aufgerauten Oberfläche vor der Grundierung nochmals zu schleifen. Da die Kunststoffoberfläche bei der Verwendung zu groben Schleifmittels zu rau für die nachfolgenden Beschichtungen wäre, sollte beim Schleifen ein Schleifvlies verwendet werden. Wird der Kunststoff nass geschliffen, kann auch feines Nassschleifpapier (je nach Kunststoffart P 600-1200) zum Einsatz kommen.

Beim Schleifen des Kunststoffes kommt es häufig zu elektrostatischer Aufladung des Beschichtungsobjekts. Damit sich dadurch kein Schleifstaub auf der Oberfläche ablagert, ist das Kunststoffteil mit antistatischer Spezialverdünnung und/oder einem Staubbindetuch zu reinigen.

Grundieren
Meist ist herstellerseitig vorgeschrieben, eine Grundierung auf das Beschichtungsobjekt aufzutragen. Diese Grundierung hat die Funktion eines Haftvermittlers zwischen dem Kunststoff und der abschließenden Beschichtung. Ohne das Auftragen einer Haftgrundierung kann es später zu Adhäsionsstörungen und somit Abplatzungen der Deckbeschichtung kommen.

9.5.5 Beschichtungen auf Kunststoffen

Beschichtungssysteme
Grundsätzlich müssen Grundierung und Deckbeschichtung aufeinander abgestimmt sein. Der Maler spricht dabei vom Arbeiten „im System“, d. h., man verwendet Produkte, die ein Hersteller auf die unterschiedlichen Anwendungen in Versuchen getestet hat.

Sollen maßhaltige Bauteile aus Kunststoff in einer dunklen Farbe gestrichen werden, muss recherchiert werden, ob die entsprechenden Teile dafür geeignet sind. Bei Sonneneinstrahlung können sich dunkel beschichtete Bauteile verformen.

Arbeitstechniken
Die Beschichtung von Kunststoffteilen erfolgt im Prinzip genau so wie bei anderen Untergründen.
Das jeweilige Applikationsverfahren ist entsprechend der Möglichkeiten auf der Baustelle oder im Betrieb zu wählen. Demontage- und Abklebearbeiten sind so auszuführen, dass Dichtungen und angrenzende Bauteile nicht verschmutzt werden. Die Herstelleranweisungen zu den Materialien sind zu berücksichtigen.
Wenn sich der Handwerker nicht sicher ist, ob eine Kunststofffläche mit dem gegebenen Beschichtungsstoff beschichtet werden kann, müssen Probeflächen angelegt werden. Auf diesen Flächen können dann unterschiedliche Produkte ausprobiert und geprüft werden.

Aufgaben zu Kapitel 9.5

1. Nennen Sie Gründe für die Beschichtung von Kunststoffteilen.
2. Erläutern Sie kurz, aus welchem Grund es für den Maler wichtig ist, die Kunststoffart vor der Beschichtung zu kennen.
3. Warum befinden sich auf neuen Kunststoffteilen häufig Wachse, Öle oder Silicone?
4. Welche zusätzlichen Arbeiten können die elektrostatische Aufladung eines Kunststoffobjekts senken?

9.6 Glas

Glas ist ein amorpher, nicht kristalliner Feststoff. Materialien, die man im Alltagsleben als Glas bezeichnet, wie z. B. Trink- oder Fenstergläser, werden aus unterschiedlichen Rohstoffen hergestellt.

Die Produktion des Glases beginnt mit dem Aufschmelzen der Rohstoffe, dem Gemenge. Für die Herstellung von Kalk-Natron-Glas, das einen großen Teil der produzierten Glasmenge ausmacht, werden folgende Rohstoffe eingesetzt:

- Quarzsand,
- Natriumcarbonat (Soda),
- Kaliumcarbonat (Pottasche),
- Feldspat (ein Silikat-Mineral),
- Kalk oder Dolomit und
- Altglas oder Scherben aus der Produktion.

Die unterschiedlichen Rohstoffe haben unterschiedliche Funktionen. Quarzsand, SiO_2, bildet das Gerüst oder Netzwerk des Glases. Soda und Pottasche dienen als Flussmittel, senken also die Schmelztemperatur des Gemenges. Feldspat erhöht die chemische Beständigkeit des Glases und Kalk und Dolomit zusätzlich die Härte. Altglas lässt das Gemenge leichter schmelzen und senkt damit den Energieverbrauch.

Nach dem Aufschmelzen wird das Glas geformt. Je nach Produkt unterscheidet man unterschiedliche Formverfahren. Das fertige Glas ist physikalisch gesehen eine eingefrorene, unterkühlte Flüssigkeit. Die bei der Herstellung erzeugte unregelmäßige Molekülstruktur bewirkt, dass das Glas optisch in allen Richtungen gleich ist. Dies ist der Grund für die Durchsichtigkeit.

Mit Ausnahme der Glasfasern ist Glas relativ hart, wenig biegsam und spröde. Chemisch ist Glas sehr widerstandsfähig. Nur basische Substanzen mit hohem pH-Wert und Flusssäure können Glas anätzen und trübe Flecken hinterlassen. Glas muss daher vor basischen Baustoffen wie frischem Zementputz, Silikatfarben oder Frischbeton geschützt werden (Abb. 3).

9.6.1 Glasarten

Hohlglas (Flaschen, Gläser) wird in mehreren Verfahren durch Pressen, Blasen, Saugen und Kombinationen dieser Techniken hergestellt.

Glasfasern und **Glaswolle** werden durch Spinnen produziert.

Flachglas (Fensterscheiben) wird im Floatverfahren (Abb. 2) hergestellt, gezogen, gewalzt oder gegossen. Beim Floatverfahren fließt das Gemenge auf ein Bad aus flüssigem Zinn. Darauf schwimmt das deutlich leichtere Glas (engl. to float) und breitet sich wie ein Ölfilm gleichmäßig aus. Es bilden sich sehr glatte Oberflächen. Geprägtes Glas (mit Relief), auch mit eingelegtem Drahtgitter, wird als **Walzglas** hergestellt.

Rohrglas wird durch Ziehverfahren hergestellt.

Fenstergläser sind heute Isoliergläser. Diese sind in der Regel sogenannte Funktionsgläser (Abb. 4). Sie können je nach Kombination der Glasarten, Glasbeschichtungen, Glasdicken, Scheibenzwischenräume und Gasfüllung sehr unterschiedliche Anforderungen erfüllen.

1 Diverse Glasbauteile und Gläser

2 Floatglasprozess

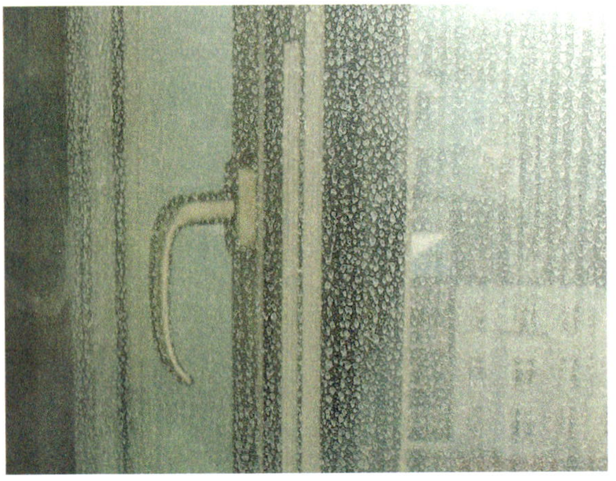

1 Durch Kalk-Zementputz verätzte Fensterscheibe

2 Dreischeibenisolierglas mit Inertgasfüllung

9.6.2 Beschichten von Glas

Glas wird industriell bereits seit einiger Zeit beschichtet. Hochwertige Weinflaschen und Parfumflakons, aber auch Dekoflaschen und Möbelverglasungen werden lackiert, wenn eine mechanische Oberflächenbearbeitung oder farbige Glasherstellung zu aufwendig ist. Diese Lacke müssen je nach Anwendung chemikalien- und/oder kratzbeständig sein. Für den Maler gibt es seit mehreren Jahren Produkte, mit denen er besondere Effekte auf Glasoberflächen applizieren kann. Hierbei wird Lack rückseitig auf die Fläche gespritzt. Für Büro-Glastüren können durch Schriftfolien, die nach dem Lackieren entfernt werden, Beschriftungen aufgebracht werden.

Die Oberfläche kann weiter wie eine herkömmliche Glasscheibe belastet und gereinigt werden, ohne dass der Lack beschädigt wird. Man unterscheidet bei den Glaslacken zwischen durchscheinenden und geschlossenen Effekten. Durchscheinende Lacke wie Kobaltblau, der Sandstrahleffekt oder der Ätzeffekt lassen Licht durch, während der Galvanoeffekt oder changierender Perlglanzlack mit einem schwarzen Mattlack von hinten versiegelt werden (Abb. 3).

Bei der Lackierung von Glas ist es notwendig, dass der Untergrund intensiv gereinigt wird, damit weder Staubeinschlüsse noch Schlieren zu sehen sind. Bei den Beschichtungsstoffen handelt es sich um 2K-PUR-Lacke, die mit einem Spezialhärter angemischt werden. Dieser Härter verfügt über eine besondere haftvermittelnde Eigenschaft.

Da das Glas nicht angeschliffen und auch keine Grundierung aufgetragen werden kann, muss der Lack über eine besonders hohe Adhäsionskraft verfügen. Darüber hinaus sind diese Lacke beständig gegen Schwitzwasser, hohe Temperaturen und mechanische Einflüsse.

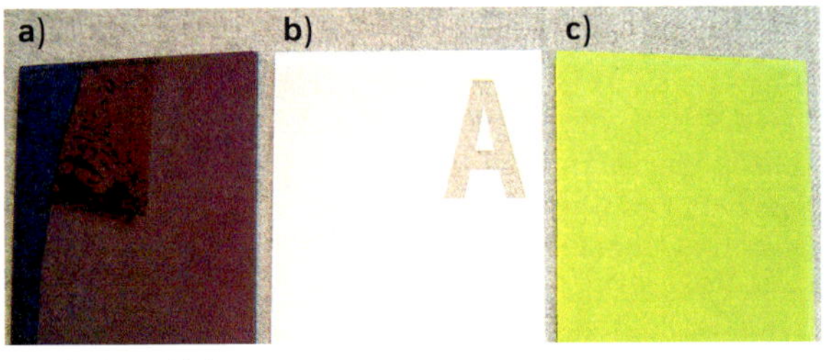

3 Glasbeschichtungen
a) Kobaltblau
b) Sandstrahleffekt mit Beschriftung
c) Transparenter Ätzeffekt

9.6.3 Verglasen

In einigen Fällen ist es für den Maler notwendig, auch Verglasungen mit den dazugehörigen Abdichtungsarbeiten durchzuführen. Diese werden in der DIN 18361 und DIN 18545-2 geregelt.
Wird eine Einfachverglasung (z. B. bei Innentüren) vorgenommen, kann das Glas mit einem Diamantschneider oder einem Stahlrad vorgeschnitten und anschließend über einer Tischkante abgebrochen werden. Bei dieser Tätigkeit muss sehr genau vorgegangen werden, um Glasbruch zu vermeiden.
Mit Argon gefüllte Scheiben für Mehrfachverglasungen werden werksmäßig in einer bestimmten Größe hergestellt. Ein Zuschneiden ist bei diesen Objekten nicht möglich.
Je nach Fenstertyp müssen eingesetzte Scheiben verklotzt werden. Unter Verklotzen versteht man das Einfügen imprägnierter Hartholzklötze in den Fenster-

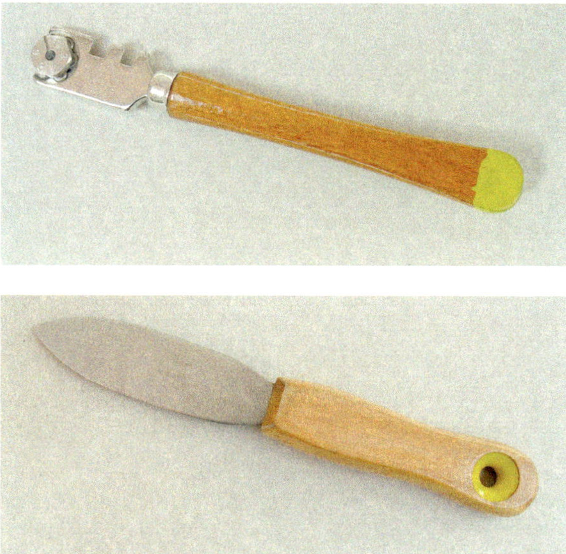

4 Glasschneider (oben) und Kittmesser

5 Einfachverglaste Zimmertür

rahmen, welche die Scheibe fixieren. Die Verklotzung verhindert eine Verspannung der Verglasung, die wiederum dafür sorgen kann, dass das Fenster oder die Tür nicht mehr richtig schließt.

Nach dem Verklotzen muss sichergestellt werden, dass der Anschluss zwischen Glas und Fensterrahmen oder Türblatt abgedichtet ist. Dies dient der Stabilität der Verglasung und verhindert zugleich das Eindringen von Feuchte. Beim Verglasen können unterschiedliche Dichtstoffe (→ LF 6) zum Einsatz kommen. Die DIN EN 26 927 unterscheidet zwischen elastischen und plastischen sowie zwischen Einkomponenten- und Mehrkomponentendichtstoffen. Im Idealfall werden die Dichtstoffe in Kartuschen geliefert und mittels entsprechender Kartuschenpistolen verspritzt. Die Verarbeitung ist vergleichsweise einfach, da das Material mittels einer aufgeschraubten Tülle in den abzudichtenden Anschlussbereich eingebracht werden kann. Restmaterial kann mit einem sauberen Tuch abgenommen werden.

In manchen Fällen wird eine Verglasung mit Leinölkitt verlangt. Dieser Kitt härtet wie eine Ölfarbe (→ LF 2) aus, was recht lange dauert. Vor dem Auftrag des Kitts muss die Fuge zunächst von möglichen Lack- oder Kittresten gereinigt werden. Anschließend wird eine Leinölgrundierung aufgetragen und der Kitt von Hand eingebracht. Dann wird die Scheibe eingelegt und festgedrückt und von der anderen Seite verkittet. Zum Schluss wird der Kitt mit einem Glasermesser geglättet und überschüssiges Material mit einem Kittmesser entfernt.

Die grundsätzliche Auswahl der Dichtstoffe ist stets von der jeweiligen Baustellensituation abhängig. Bei der Bearbeitung des Auftrags ist zu berücksichtigen, ob zuerst abgedichtet und dann beschichtet werden soll oder umgekehrt. Dementsprechend muss das Dichtmaterial gewählt werden, da man Kitt überstreichen kann, Silicon hingegen nicht.

Aufgaben zu Kapitel 9.6

1. Gegen welche gängigen Baumaterialien ist Glas empfindlich?
2. Wie unterscheiden sich Glasarten wie Flaschenglas oder Fensterglas?
3. Warum stellt Glas besondere Anforderungen an die Adhäsion einer Beschichtung?

10 Wärmedämmmaßnahmen ausführen

KUNDENAUFTRAG
Wärmedämmung durchführen

Arbeitsauftrag

Ein denkmalgeschütztes Gebäudes aus der Gründerzeit muss saniert werden. Im Rahmen der Sanierung sollen Maßnahmen zur Wärmedämmung durchgeführt werden.

Auszuführende Arbeiten

1. Eine Wärmedämmung der denkmalgeschützten Straßenfassade ist durchzuführen.
2. Die schmucklose Hofseite soll eine Wärmedämmung erhalten.
3. Das Dachgeschoss ist durch Dämmmaßnahmen für einen späteren Ausbau in Trockenbauweise vorzubereiten.

Objektbeschreibung

Gebäude
Das Gebäude ist das zweite Haus eines Ensembles, das aus den Hausnummern 9 und 11 besteht. Das Haus wurde 1906 gebaut und steht unter Denkmalschutz. Die Sanierung wird daher detailliert mit den entsprechenden Behörden abgestimmt und wird von diesen überwacht.

Fassade Straßenseite
Die strukturierte Fassade ist stark verschmutzt. Rissbildungen und Putzabplatzungen sind vorhanden.

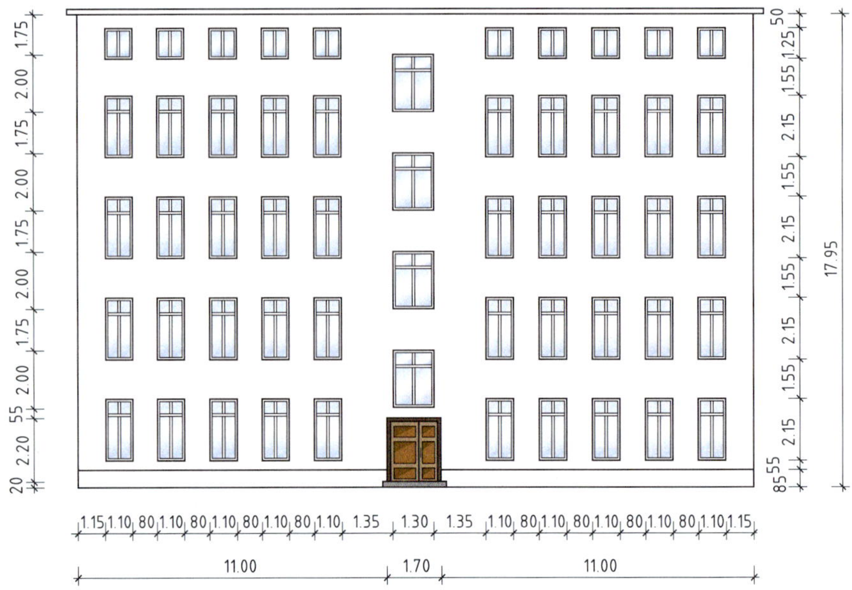

Fassade Hofseite
Die schmucklose Innenfassade ist mit einem Kalkzementputz verputzt und weist kleinere Abplatzungen und Risse auf. Im Sockenbereich befindet sich oberflächiger Pilz- und Moosbefall.

Dachgeschoss
Das Dachgeschoss ist ein großer Raum. Die Außenwände bestehen bis zu einer Kniestockhöhe von einem Meter aus Vollziegelmauerwerk, welches noch nicht verputzt ist. Darüber beginnt die Holzkonstruktion, die in das Dachgebälk übergeht. Die Holzkonstruktion und das Gebälk des Dachstuhls wurden bereits durch eine Zimmererfirma erneuert.

Leistungsbeschreibung

Wärmedämmung der denkmalgeschützten Fassade
Die Frontseite des Hauses soll eine Wärmedämmung erhalten. Zusätzlich soll die Fassade neu beschichtet werden. Dabei ist die Farbigkeit der Epoche der Bauzeit des Gebäudes anzupassen.

Wärmedämmung der schmucklosen Hofseite
Die Rückseite des Gebäudes ist mit einer Wärmedämmung zu versehen, zu verputzen und zu beschichten.

Wärmedämmung des Dachgeschosses
Decken, Boden und Wände sind nach entsprechenden Vorgaben mit einer Dämmung zu versehen.

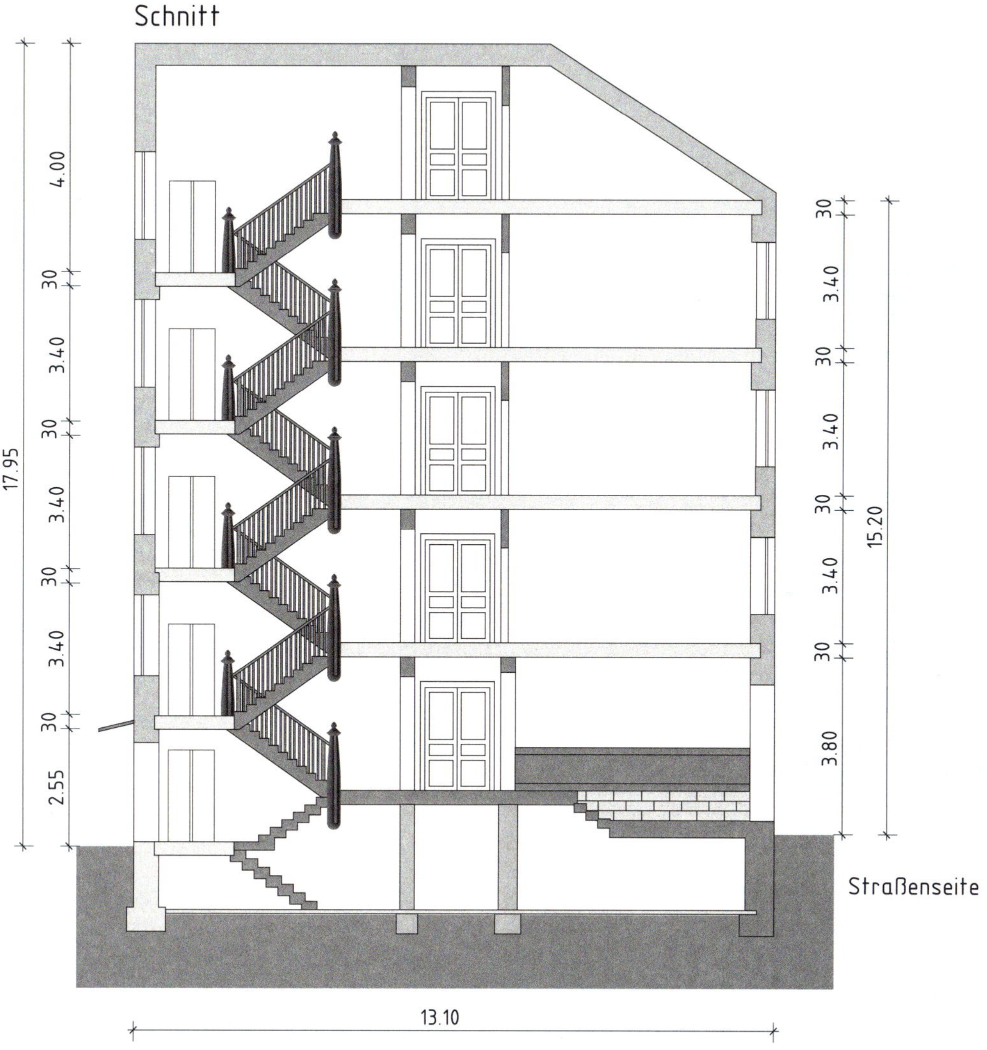

10.1 Wärmedämmung am Gebäude

In einer Wohnung ist es nur dann angenehm zu wohnen, wenn die Temperatur in einem als angenehm empfundenen Bereich liegt. In Wohnräumen ist dies eine Temperatur um 20 °C, in Schlafräumen im Bereich von 16 °C. Es kann aber durchaus sein, dass ein Raum trotz ausreichender Raumtemperatur als kalt empfunden wird. Ursache dafür sind kalte Wände oder Wandteile.

Um die in einem Raum eingebrachte Heizenergie wirksam zu nutzen, muss der Energiestrom im Gesamtgebäude betrachtet werden. Die Effizienz der Energienutzung wird für Neubauten und vermieteten Altbauten im Energiepass dokumentiert. Grundlage dafür ist die Energieeinsparungsverordnung (EnEV).

Die Energiemenge, die in einem Gebäude eingebracht werden muss, hängt von folgenden Faktoren ab:

- **Baumaterialien**
  Die unterschiedlichen Materialien leiten Wärme unterschiedlich gut. Stahl nimmt z. B. Wärme sehr schnell auf, gibt sie aber auch schnell wieder an die Umgebung ab. Ziegel dagegen braucht zum Erwärmen bzw. Abkühlen deutlich länger. Die Wärmeleitfähigkeit eines Stoffes wird im λ-Wert ausgedrückt (Kapitel 10.2.1, Tab. 1).

- **Konstruktion**
  Ein Gebäude sollte so konstruiert sein, dass möglichst wenig Wärmebrücken entstehen, d. h. Bauteile mit hohem Wärmeleitwert in den Raum hineinreichen. An solch kalten Stellen kondensiert der im Raum enthaltene Wasserdampf und es kann Schimmel entstehen (Abb. 3). Die Anordnung der Räume sollte so sein, dass Wohnräume direkt aneinandergrenzen und nicht durch „kalte" Räume (z. B. Abstellkammer) voneinander getrennt sind.

  Die Dämmung der in den Boden ragenden Mauerteile muss ausreichend sein, da hier sonst die Wärme in den Boden abgeleitet wird und Feuchtigkeit nach oben steigen kann.

- **Heizanlage**
  Die Heizanlage muss entsprechend der Nutzung und dem Energiebedarf gebaut sein.

- **Nutzung der äußeren Energie**
  Auch an kalten Tagen liefert die Sonne Energie, die durch entsprechende bauliche Maßnahmen genutzt werden kann. Die nach Süden gerichteten Wandflächen sollten große Fenster haben, damit die einstrahlende Sonne diese Räume erwärmen kann.

- **Lüftung**
  Für ein gesundes Wohnen muss in einem Raum ein regelmäßiger Luftaustausch stattfinden. Dies erreicht man am besten dadurch, dass man zwei- bis dreimal am Tag die Fenster für einige Minuten öffnet (Stoßlüftung). Dadurch ist die Luftwechselrate größer, d. h., die Luft wird komplett erneuert, und die Räume kühlen nicht aus. Schlecht ist es, ein Fenster die ganze Zeit gekippt zu halten, weil dabei die Wandteile über dem Fenster stark abkühlen und sich Schimmel bildet. Außerdem ist der Luftaustausch bei gekippten Fenstern zu gering.

Bei Neubauten werden heute diese Faktoren schon bei der Planung miteinbezogen. Bei einem Altbau können neben der Erneuerung der Heizungsanlage und dem

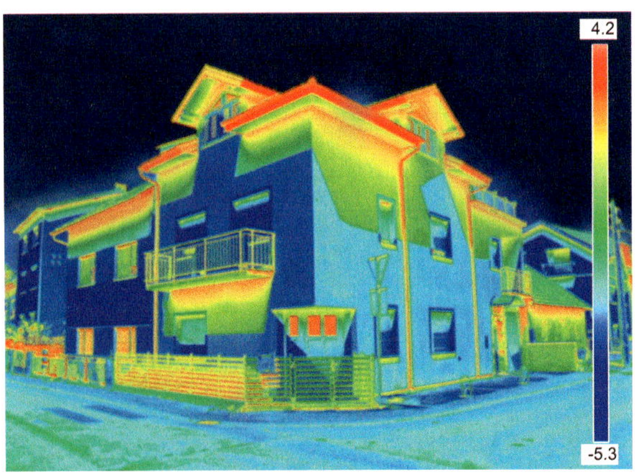

1 Thermografie-Aufnahme

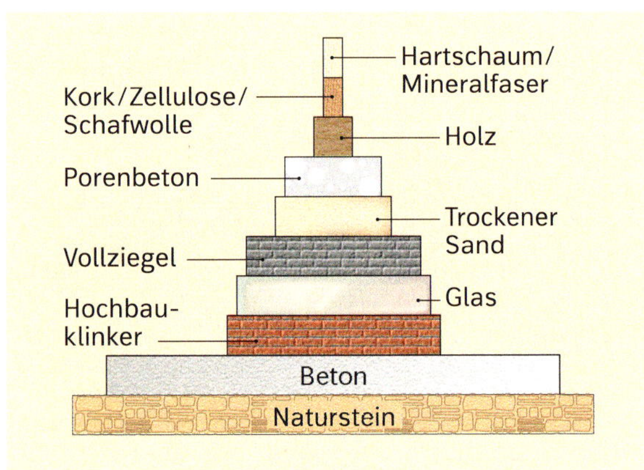

2 Wärmeleitfähigkeit verschiedener Bauwerkstoffe (größere Breite = höhere Wärmeleitfähigkeit)

3 Schimmel in einer Ecke

Einbau neuer Fenster die größten Einsparungen durch das Aufbringen einer Wärmedämmschicht auf die Wand erzielt werden. Dabei besteht die Möglichkeit, die Dämmung innen im Raum anzubringen oder außen an der Fassade.
Der Vorteil einer Innendämmung ist, dass sie mit deutlich weniger Aufwand und somit auch weniger Kosten anzubringen ist. Die Stärke der Dämmschicht ist aber meist begrenzt, da hierdurch Raumfläche verloren geht. Ein wichtiger Unterschied zwischen Außen- und Innendämmung besteht im Temperaturverlauf innerhalb der Wand. Bei einer Außendämmung wird der Wärmeverlust an der Außenseite der Wand vermindert (Abb. 5), d. h., die Wand selbst ist relativ warm und dient somit als Wärmepuffer. Bei der Innendämmung wird der Energieübergang in die Mauer vermindert (Abb. 4). Dadurch bleibt die Wand kalt und der Taupunkt verschiebt sich in das Innere der Mauer. Infolge der erhöhten Feuchtigkeit kann sich Schimmel hinter der Dämmschicht bilden. Aus diesen Gründen ist meist eine Außendämmung bauphysikalisch sinnvoller. Bei historischen Gebäuden würde eine Dämmschicht an der Fassade allerdings den Charakter des Gebäudes zerstören. Die Tab. 1 (Kapitel 10.2.1) listet wichtige Fachbegriffe und deren Bedeutung auf.

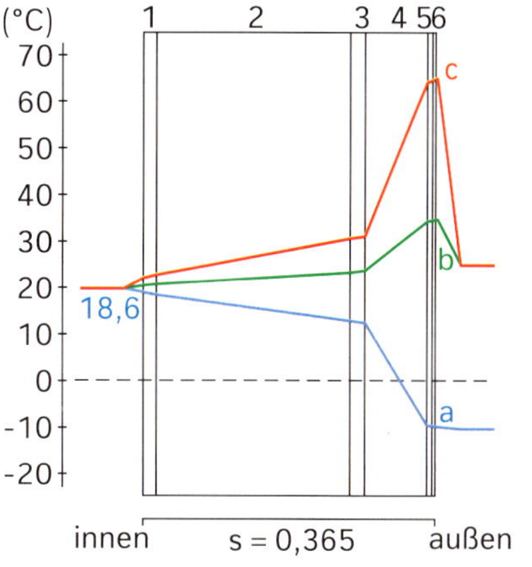

(Wand gezeichnet im Maßstab der Schichtdicken)
Schichtaufbau von innen nach außen:

Nr. Stoff
1 Gipsputz ohne Zuschlag
2 Voll-, Hochlochziegel
3 Kalkputz, Kalkzementputz
4 Mineralwoll-Lamellen
5 Amierungsputz
6 Oberputz
a = Sommer (dunkle Oberfläche 65°, Luft 25°C)
b = Sommer (helle Oberfläche 35°, Luft 25°C)
c = Winter (Luft −10°C)

4 Temperaturverlauf einer innengedämmten Wand

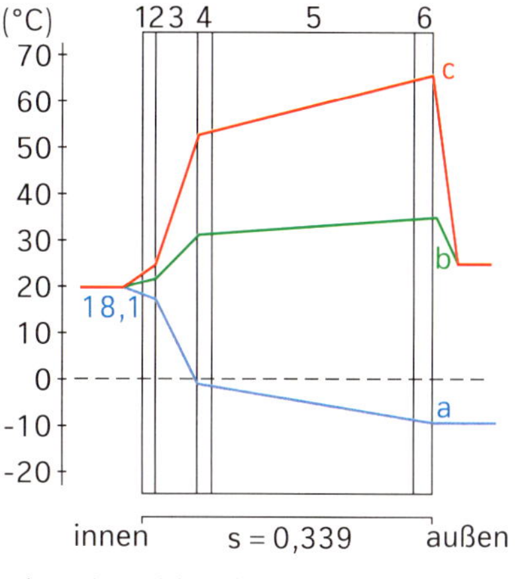

(Wand gezeichnet im Maßstab der Schichtdicken)
Schichtaufbau von innen nach außen:

Nr. Stoff
1 Gipskartonplatten
2 Alufolie 0,05 mm
3 Polystyrol(PS)-Hartschaum
4 Gipsputz ohne Zuschlag
5 Voll-, Hochlochziegel
6 Kalkputz, Kalkzementputz
a = Sommer (dunkle Oberfläche 65°, Luft 25°C)
b = Sommer (helle Oberfläche 35°, Luft 25°C)
c = Winter (Luft −10°C)

5 Temperaturverlauf einer außengedämmten Wand

10.2 Wärmedämmverbundsysteme (WDVS)

10.2.1 Aufbau eines WDVS

Die WDVS aller Hersteller haben grundsätzlich den gleichen Aufbau, auch wenn sie sich in den einzelnen Materialien unterscheiden. Die einzelnen Bestandteile eines WDVS sind genau aufeinander abgestimmt. Deshalb sollte man immer die Materialien, die im System des Herstellers vorgeschrieben sind, verwenden.

In den meisten Fällen muss der Untergrund von Schmutz, Algen oder Moos gereinigt und alle nicht tragfähigen Teile entfernt werden. Große Unebenheiten müssen geglättet werden.

Die Dämmplatten werden durch unterschiedlich aufwendige Verfahren an der Wand befestigt. Auf die Platten wird ein Putz aufgebracht, in den ein Armierungsgewebe eingelegt wird. Anschließend wird eine weitere Putzschicht aufgetragen, die dann meist noch beschichtet wird. Die Dämmplatten werden von unten nach oben auf einer genau waagrecht ausgerichteten Sockelschiene aufgebaut und erhalten an den Außenecken eine Verstärkung durch Eckschutzschienen.

Die Platten werden durch verschiedene Systeme versetzt an der Wand befestigt. Dabei muss man darauf

1 Aufbau einer Wärmedämmung

Tab. 1: Physikalische Größen zur Wärmedämmung

Bedeutung	Zeichen	Erklärung	Einheit
Temperatur	Θ	Maß für den Wärmezustand eines Körpers	°C (Grad Celsius) K (Kelvin)
Wärme	Q	Energieform, die aus der Eigenbewegung der Atome oder Moleküle in gasförmigen, flüssigen oder festen Körpern herrührt	J (Joule) kWh (Kilowattstunde)
Wärmeleitfähigkeit	λ	Gibt die Wärmemenge an, die bei gegebener Temperaturdifferenz durch eine 1 m dicke Schicht eines Stoffes durchgeleitet wird	$W/(m \cdot K)$
Wärmedurchlasswiderstand	R	Maß für den Widerstand eines Bauteils gegen das Durchströmen von Wärme; abhängig von der Dicke und dem λ-Wert jeder einzelnen Bauteilschicht	$m^2 \cdot K/W$
Wärmeübergangswiderstand	R_{si} und R_{se}	Gibt den Widerstand der angrenzenden Luftschicht beim Wärmeabfluss an	$m^2 \cdot K/W$
Wärmedurchgangswiderstand	R_T	Summe aus $R + R_{si} + R_{se}$	$m^2 \cdot K/W$
Wärmedurchgangskoeffizient	U	Maß für die Wärmemenge, die durch ein Bauteil bestimmer Dicke hindurchgeht; Kehrwert des Wärmedurchgangswiderstands	$W (m^2 \cdot K)$
Wasserdampfdiffusionswiderstandszahl	μ	Gibt an, um wie viel größer der Diffusionswiderstand einer beliebigen Schicht eines Stoffes im Vergleich zu einer gleich dicken Luftschicht ist	–
Wasserdampfdiffusionsäquivalente Luftschichtdicke	S_d	Gibt an, wie dick eine Luftschicht ist, die den gleichen Diffusionswiderstand wie das entsprechende Baumaterial aufweist $Sd = \mu \cdot s$	m

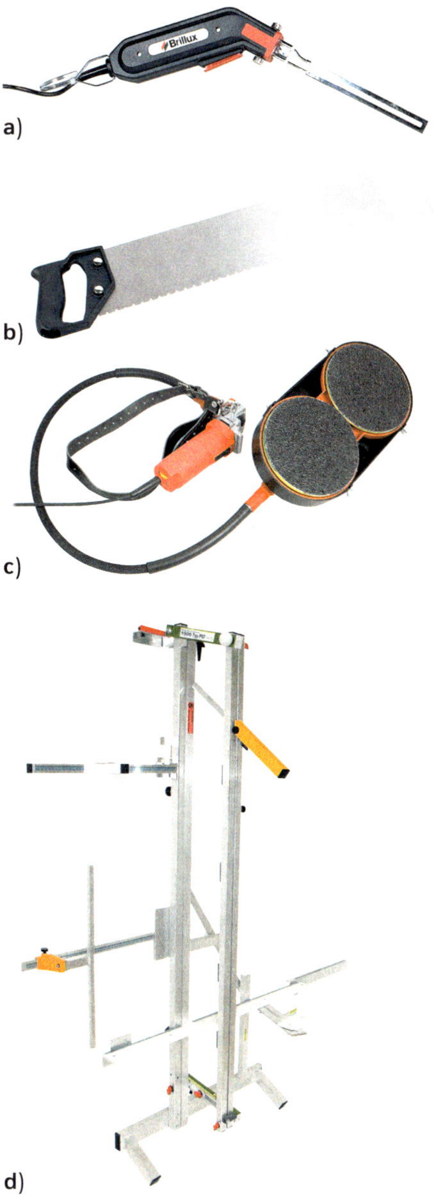

2 Werkzeuge zum Bearbeiten von Dämmplatten
a) Elektro-Thermo-Schneider
b) Hartschaumsäge
c) Plattenschleifer
d) Standschneidegerät

achten, dass die Platten genau plan und dicht anschließen. Unebenheiten müssen mit dem Plattenhobel abgefräst werden.

Anschließend wird der Armierungsmörtel mit der Zahnkelle gleichmäßig aufgetragen und in die noch feuchte Masse das Armierungsgewebe eingelegt. Das Armierungsgewebe nimmt die Spannungen in den Schichten auf, sodass keine Risse entstehen. Es besteht aus Glasgewebe für die normale Beanspruchung oder aus Kunststoff bei stärkerer Belastung.

Das Gewebe wird mit der Glättkelle eingedrückt und der Armierungsmörtel so glatt abgezogen, dass das Gewebe gleichmäßig überdeckt ist und eine ebene Fläche entsteht.

Nach der Grundierung kann die Dämmung mit einem Strukturputz beschichtet oder mit Flachverblendern bedeckt werden.

Die Hersteller bieten meist zwei Gruppen von Systemen an, zum einen die organischen Systeme und zum anderen die mineralischen.

- Bei einem **organischen Aufbau** ist das Bindemittel des Klebers, Armierungsmörtels und des Putzes eine Kunststoffdispersion. Als Dämmstoff werden hier EPS-Platten verwendet.
- Bei **mineralischen Systemen** sind die Hauptbindemittel Zement und Kalk, allerdings mit Zusätzen von Kunststoffdispersion. Die Platten bestehen hier aus Glas- oder Steinwolle.

Mineralische Systeme sind weniger elastisch als organische, dagegen ist der Wasserdampfdiffusionswiderstand etwas geringer. Der wichtigste Vorteil ist, dass sie nicht brennbar sind.

10.2.2 Dämmplatten

Die Materialien für Dämmstoffplatten müssen als wichtigste Eigenschaft eine sehr geringe Wärmeleitfähigkeit haben.

Außerdem sollten sie eine ausreichende Festigkeit besitzen, um mechanische Belastungen auszuhalten. Eine jahrzentelange Haltbarkeit ist wichtig, da die Renovierung einer Außendämmung mit einem sehr hohen Aufwand verbunden ist.

Je dicker die Platten sind, desto besser ist der Dämmeffekt. Allerdings leidet bei vielen Gebäuden das Aussehen oder die Funktionsfähigkeit bei einer zu dicken Dämmschicht. Dies lässt sich nur durch relativ teure konstruktive Maßnahmen vermeiden.
Beispiele:

- Versetzen der Fenster nach außen, um keine zu tiefe Laibung zu erzeugen.
- Verlängern des Dachs für einen ausreichenden Dachüberstand.

1 Perimeterplatte im Sockelbereich

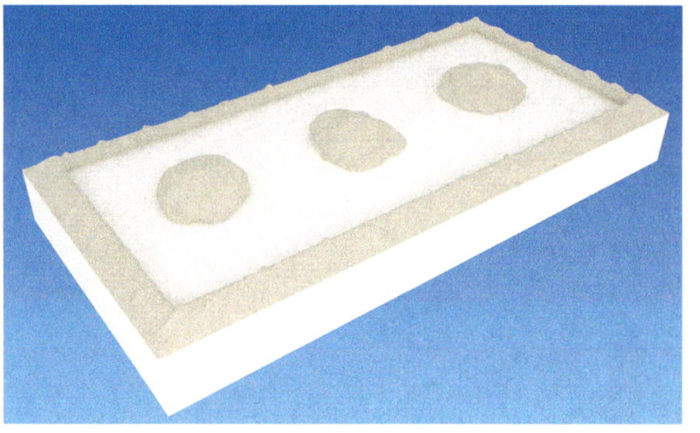

2 Kleberauftrag auf der Dämmplatte

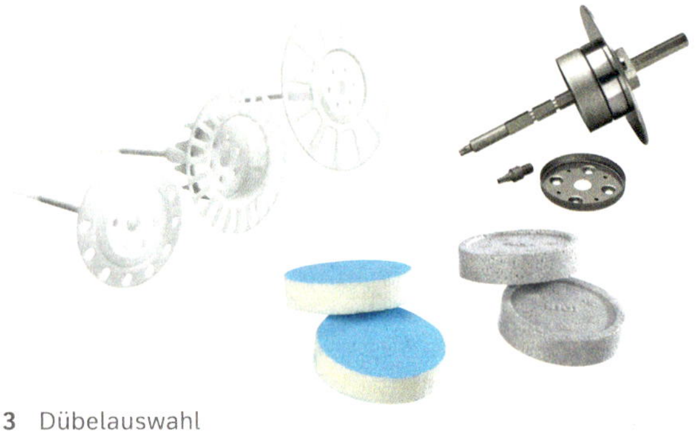

3 Dübelauswahl

EPS-Platten

Der am häufigsten verwendete Dämmstoff für WDVS ist **e**xpandiertes **P**oly**s**tyrol (EPS). Der reine Kunststoff Polystyrol ist ein durchsichtiges, relativ brüchiges Material. Erst durch das Aufschäumen mit einem Treibmittel (expandieren) zu kleinen Kugeln erhält es seine charakteristische weiße Farbe und wird elastischer. Die Kugeln werden durch den beim Schäumen entstehenden Druck in einer Form zu Platten gepresst. Es werden auch verstärkt dunkel eingefärbte Platten verwendet, die die Wärme besser speichern können und somit zu einer besseren Dämmung beitragen.

EPS hat einen λ-Wert von 0,032 bis 0,040 W/m · K.

Der Nachteil von EPS ist, dass es nicht in der besten Klasse bezüglich des Brandwiderstands eingeordnet wird. Es ist nur schwer entflammbar (Klasse B1). Das hat zur Folge, dass es ab einer bestimmten Höhe des Gebäudes nicht verwendet werden darf, da hier die Brandschutzvorschriften nicht brennbare Materialien vorschreiben.

EPS-Platten werden in Dicken von 8 cm bis 40 cm angeboten. Das Standardmaß ist 50 cm × 100 cm.

Mineralische Platten

Mineralische Platten bestehen aus dünnen Glasfasern oder Steinwolle, die zu dichten Matten verfilzt sind. Sie sind in der Baustoffklasse A eingeordnet, d. h., sie sind nicht brennbar. Deshalb werden sie zur Dämmung von Hochhäusern eingesetzt sowie im Bereich des Fenstersturzes, da hier im Brandfall das Feuer nach außen schlagen kann. Das Plattenformat beträgt im Allgemeinen 80 cm × 62,5 cm.

Perimeterplatten

Perimeterplatten (Abb. 1) werden im erdnahen Bereich und in Laibungen verwendet. Sie bestehen meist aus dichterem EPS oder aus geschäumtem Polyurethan (PUR). Sie haben eine höhere Dichte als die anderen Dämmmaterialen bei einem etwas niedrigerem λ-Wert. Sie sind widerstandsfähiger gegen mechanische Belastungen wie Schläge und Kratzer, die im Sockelbereich verstärkt auftreten können. In Laibungen werden sie wegen ihrer geringeren Dicke eingesetzt.

10.2.3 Befestigungsarten

Die Befestigung der Dämmplatten an der Wand sollte mit möglichst wenig Aufwand erfolgen. Allerdings müssen die Platten auch so gut befestigt sein, dass sie zuverlässig für eine lange Zeit fest an der Wand haften.

Die Hersteller geben in ihren Merkblättern die notwendige Befestigung für bestimmte Systeme an. Diese Hinweise sollte man unbedingt beachten, da diese Systeme eine allgemeine bauaufsichtliche Zulassung haben, d. h. auf ihre Sicherheit und Eignung hin geprüft sind.

Die Auswahl des Befestigungssystems hängt von folgenden Faktoren ab:

- Tragfähigkeit des Untergrundes,
- Gewicht der Dämmung,

4 Arbeitsschritte bei einer Verdübelung

- Windstärke, die an dem Gebäude maximal zu erwarten ist. Dies ist abhängig vom Gebiet (Küste oder Binnenland), von der Form und von der Höhe des Gebäudes.

Verkleben
Voraussetzung für die Befestigungsart Kleben ist ein tragfähiger Untergrund. Dies ist in der Regel bei unverputztem Ziegelmauerwerk oder Beton gegeben und auch bei unbeschichtetem, fest haftendem Putz. Wenn die zu erwartende Windlast zu groß ist, muss trotz eines einwandfreien Untergrundes zusätzlich verdübelt werden. Das Befestigen der Dämmplatten nur durch Kleben ist die zeitsparendste und somit kostengünstigste Variante. Außerdem werden hier Wärmebrücken durch die in das Mauerwerk gehenden Dübel vermieden.

Als Klebemasse werden entweder Produkte mit Dispersionsbindemittel verwendet oder Kleber mit mineralischen Bindemitteln. Der Kleber wird meist auf die Platte in der „Punkt-Wulst-Methode“ aufgetragen, d. h., auf die Mitte der Platte werden mit der Kelle oder Putzmaschine mehrere Kleberpunkte gesetzt und an der Plattenkante entlang ein Strang gezogen (Abb. 2).
Bei manchen Systemen kann der Kleber auch auf den Untergrund aufgetragen werden.

Verkleben und Dübeln
Bei der Altbausanierung sind die Untergründe meist nicht so beschaffen, dass hier ohne Probleme nur verklebt werden kann. Es muss eine zusätzliche Befestigung durch Dübel erfolgen.

Es gibt verschiedene Dübelarten. Die Auswahl ist abhängig vom Material der Wand, dem Gewicht der Dämmung und von der Nutzung des Gebäudes. Die einfachste Dübelart ist der **Schlagdübel**. Hier wird die Dübelhülse durch das Einschlagen eines Nagels gespreizt. Der **Schraubdübel** erreicht durch das Eindrehen einer Schraube eine höhere Befestigungskraft.

Bei der Verwendung von **Bohrdübeln** wird ein Arbeitsgang gespart, da hier in einem Arbeitsgang gebohrt und verankert wird.

Zum Setzen der Dübel wird durch die an die Wand geklebten Platten ein Loch in die Wand gebohrt. In dieses Loch wird der Dübel eingeschlagen und meist anschließend verschraubt. Auf der Oberfläche sorgt die große Fläche des Kunststofftellers dafür, dass die Platten genügend Halt haben.

Es ist darauf zu achten, dass die Dübelteller genau bündig mit der Dämmstoff-Oberfläche abschließen, damit sie sich später nicht abzeichnen.

1 Sichtbare Dübel auf einer Fassade an einem kalten Morgen

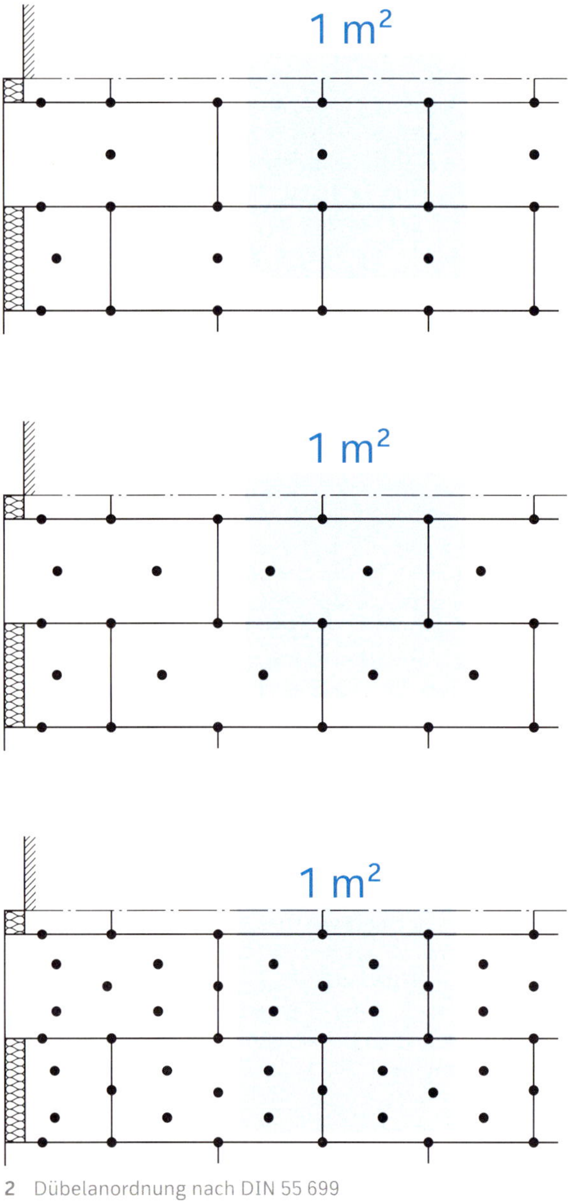

2 Dübelanordnung nach DIN 55 699

Jeder Dübel ist eine Wärmebrücke, die den Dämmwert des Gesamtsystems herabsetzt. Da an den Dübelstellen die Feuchtigkeit schneller kondensiert, zeichnen sich gelegentlich diese an der Fassade ab (Abb. 1). Um dies zu vermeiden, können die Dübel einige Zentimeter in die Dämmung versetzt werden. Die versenkten Dübel werden dann mit einer genau passenden Dämmstoffscheibe abgedeckt.

Die Anzahl der Dübel kann von 4 Dübel/m^2 bis 18 Dübel/m^2 variieren. Die Anzahl hängt von den oben genannten Faktoren ab. Je nach Anzahl der Dübel ergibt sich eine Anordnung nach Abb. 2.

Schienensysteme
Die Befestigung mit Schienen ist das aufwendigste System. Hier werden die Dämmplatten nur relativ leicht durch einen Kleberstreifen an der Wand fixiert. Den eigentlichen Halt bekommen sie durch waagrechte und senkrechte Aluminiumschienen zwischen jeder Platte (Abb. 3).

Durch die nicht vollflächige Verbindung zur Wand kann die Dämmung Bewegungen des Untergrundes ausgleichen. Die Untergrundvorbehandlung muss bei diesem System nicht besonders sorgfältig ausgeführt werden, sodass hier Zeit eingespart werden kann. Deshalb ist es vor allem für Gebäude sinnvoll, bei denen die Fassade erst nach aufwendigen Arbeiten für eine Klebe- oder Dübelbefestigung bereit wäre. Die Dicke der Dämmung ist auf ca. 16 cm beschränkt, da die Schienen die Dämmplatten sonst nicht mehr halten könnten.

10.2.4 Besondere Brandschutzmaßnahmen bei Wärmedämmverbundsystemen

Aufgrund von Brandfällen mit Wärmedämmverbundsystemen, die Polystyrol (EPS) enthalten, sind im Jahre 2016 die bauaufsichtlichen Zulassungen der Systeme geändert und komplexe Regeln zum Einbau von Brandschutzmaßnahmen erlassen worden. Diese Regeln sind teilweise in den Bauordnungen der Länder niedergelegt, sodass hier nur allgemeine Regeln und der Hintergrund der Regelungen dargestellt werden können. Eine Berücksichtigung der jeweiligen Landesbauordnung ist also zwingend notwendig.

Die Regeln zum Brandschutz berücksichtigen in erster Linie drei unterschiedliche **Brandtypen** und unterschiedliche Gebäudetypen, die vor allem nach Gebäudehöhe und -nutzung differenziert sind. Die Brandtypen sind:

- Brand eines benachbarten Gebäudes: Die Temperaturbelastung der Gebäudeaußenwand ist vorrangig

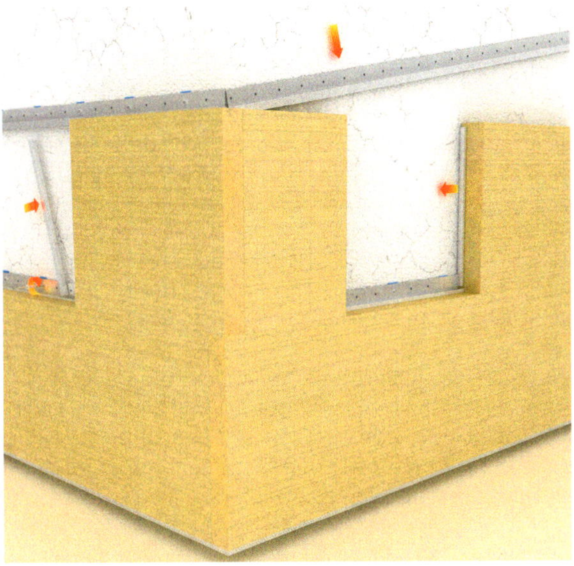

3 Schienenbefestigung

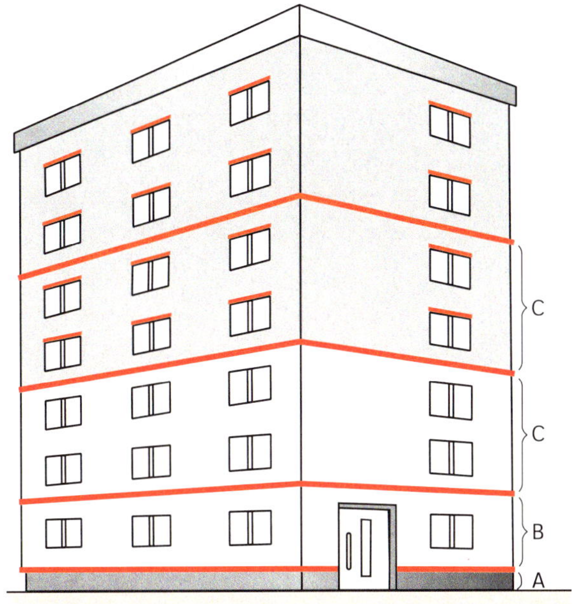

☐	Schutzzone Sockel
☐	Schutzzone Fassade
▬	Brandriegel

Abstand	A max. 0,9 m
	B max. 3,0 m
	C max. 8,0 m

4 Beispielhafte Anordnung für Brandriegel nach den Brandvorschriften

abhängig vom Abstand des brennenden Gebäudes zum benachbarten. Je größer der Abstand der Gebäude zueinander, umso geringer ist die Wahrscheinlichkeit einer Brandübertragung, da diese dann nicht mehr durch Flammen, sondern im Wesentlichen nur noch durch Wärmestrahlung erfolgen kann.

- Brand außerhalb des Gebäudes, unmittelbar an der Fassade, „Sockelbrand“: Als mögliche Brandorte kommen nur der Sockelbereich des Erdgeschosses und horizontal an der Fassade anschließende Flächen, wie z. B. Terrassen, Balkone und Loggien, in Betracht. Typische Brandquellen am Gebäudefuß stellen z. B. Müllsammelcontainer, abgestellte Fahrzeuge, Sperrmüll und Vegetation dar.
- Brand in einem an die Außenwand grenzenden Raum mit Fenster oder Tür, „Raumbrand“: In einem möblierten Raum mit Außenwandöffnungen kommt es zu einem Entstehungsbrand, der sich in Abhängigkeit von der Brandlast und den vorhandenen Ventilationsbedingungen im Raum innerhalb des Gebäudes weiterentwickelt. Bei geschlossenen Raumöffnungen kann wegen des unzureichenden Sauerstoffnachschubs der Brand im Raum zum Erliegen kommen oder in einen sogenannten „Schwelbrand“ übergehen.

Aus diesen Brandtypen ergeben sich die Schutzzonen Sockel und Fassade sowie Fenster- und Türöffnungen. Als Schutz vor Bränden werden in die EPS-Dämmung Riegel (Brandriegel) aus unbrennbarem Mineralwolldämmmaterial eingebaut, die breit genug sind, dass ein Brand nicht übertragen werden kann. Aus den oben angestellten Überlegungen ergibt sich dann, dass solche unbrennbaren Riegel

- in festgelegten Abständen in der Fassade, um das Gebäude umlaufend,
- im Sockelbereich an der Unterkante des WDVS und
- an Fenster- und Türstürzen

einzubauen sind. Abbildung 4 zeigt beispielhaft die Einbauorte für ein mehrstöckiges Gebäude.

10.2.5 Putze und Fassadenfarben

Die beiden letzten Schichten auf einem WDVS sind der Putz und die Fassadenfarbe. Sie sollten von ihren Eigenschaften aufeinander abgestimmt sein, damit sie möglichst lange ohne Schäden bleiben. Bei den einzelnen Systemen bestehen Putz und Farbe meist aus einem gleichartigen Bindemittel, d. h. Dispersionsfarbe auf Kunstharzputz oder Silikatfarbe auf mineralischem Putz.

Dispersionsfarbe

Das Bindemittel besteht bei Dispersionsfassadenfarben (wie bei den Innendispersionen) aus Kunststoffteilchen, die in Wasser dispergiert sind (→ LF 2). Als Kunststoff werden überwiegend Acrylate verwendet.

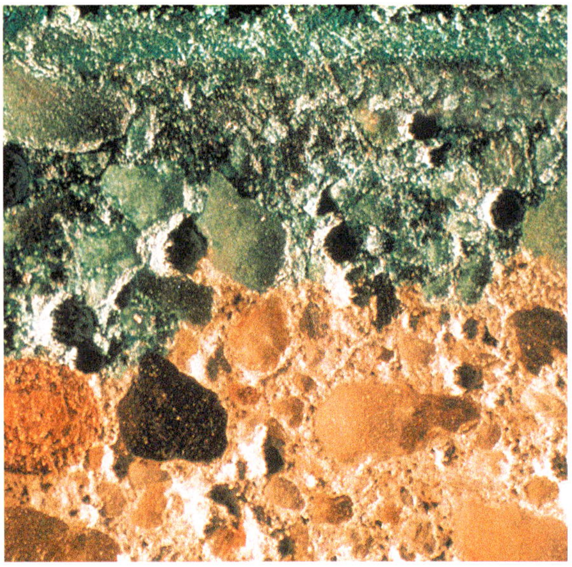

1 Verkieselung mit dem Untergrund

Dispersionsfarben bilden einen relativ dichten Film auf dem Untergrund und sind deshalb stark wasserabweisend. Allerdings lassen sie auch Wasserdampf und andere Gase schlecht diffundieren, sodass eingedrungene Feuchtigkeit schlecht entweichen kann. Acrylate sind thermoplastisch, d.h., die Beschichtung wird bei höheren Temperaturen weich. Dadurch können Schmutzpartikel leichter auf der Oberfläche haften. Die Fassade sieht unter ungünstigen Umständen dann sehr schnell schmutzig aus.

Silikatfarbe

Das Bindemittel für die Silikatfarbe ist Kaliwasserglas. Bei der Herstellung werden Kaliumcarbonat (Pottasche) und Siliciumoxid (Quarzsand) miteinander verschmolzen und anschließend unter Druck in Wasser gelöst. Bei diesen Vorgängen entweicht Kohlendioxid und Wasser wird aufgenommen. Ähnlich wie beim Kreislauf des Kalkes (→ LF 2) laufen bei der Erhärtung der Silikatfarbe diese beiden Vorgänge entgegengesetzt ab. Zunächst verdunstet das Wasser und das noch flüssige Kaliwasserglas nimmt Kohlendioxid aus der Luft auf. Neben dieser Karbonatisierung reagiert das Bindemittel auch mit den mineralischen Bestandteilen des Untergrundes und bildet dadurch eine unlösbare Verbindung zwischen Beschichtung und Untergrund. Dieser Vorgang wird als **Verkieselung** bezeichnet.

Silikatfarben werden in zwei unterschiedlichen Formen angeboten. Zum einen als reine Silikatfarbe und zum anderen als Dispersionssilikatfarbe. Die reine Silikatfarbe ist die ursprüngliche Form, wie sie seit Ende des 19. Jahrhunderts verarbeitet wird. Das Bindemittel und die Pigmente werden hier getrennt geliefert und erst einen Tag vor der Verarbeitung mit Wasser vermischt. Diesen Vorgang nennt man **ansumpfen**. Die mineralischen Pigmente verkieseln ebenfalls mit dem Kaliwasserglas, sodass die angemischte Silikatfarbe innerhalb von einigen Tagen verarbeitet werden muss. Die reine Silikatfarbe lässt zwar Wasserdampf gut passieren, nimmt aber auch sehr viel Wasser auf. Sie wird heute meist bei der Renovierung historischer Gebäude eingesetzt.

Wesentlich einfacher zu verarbeiten ist die moderne Form, die **Dispersionssilikatfarbe**. Hier sind dem mineralischen Bindemittel maximal 5 % Kunststoffdispersion zugesetzt. Dadurch kann die Fassadenfarbe gebrauchsfertig geliefert und gelagert werden.

Dispersionssilikatfarben verkieseln ebenfalls mit dem Untergrund und sind etwas weniger offen für Wasserdampfdiffusion sowie stärker hydrophob (wasserabweisend) als reine Silikatfarben.

Der Vorteil aller Silikatfarben ist die gute Verbindung zum mineralischen Untergrund. Durch die Weiterentwicklung zu Kiesel-Sol-Farben haften sie auch auf organischen Untergründen, sodass sie auch auf alten Disperionsfarbschichten verwendet werden können. Ein weiterer Vorteil ist , dass sie nicht brennbar sind. Dadurch sind sie der richtige Beschichtungsstoff, wenn ein nicht brennbarer Wandaufbau vorgeschrieben ist.

Kaliwasserglas ist eine ätzende Lauge. Deshalb muss bei der Verarbeitung darauf geachtet werden, dass alle Glas-, Keramik- und Marmorflächen abgedeckt sind, da Farbspritzer deren Oberfläche anätzen können.

Siliconharzfarbe

Siliconharz, das überwiegende Bindemittel in einer Siliconharzfarbe, besteht in seinem chemischen Aufbau aus Silicium- und Sauerstoffatomen, die zusammen ein charakteristisches Netz bilden (Kapitel 11.7). Neben dem Siliconharz enthalten Siliconharzfarben auch noch eine Kunststoffdispersion als Bindemittel, da sie ohne diesen Bestandteil zu wenig fest und dehnbar wären. Der Anteil an Dispersion kann unterschiedlich sein. Bei einer „echten" Siliconharzfarbe sollte er unter 10 % liegen.

Siliconharzfarben vereinigen die Vorteile der organischen Dispersionsfarben mit den Vorteilen der anorganischen Silikatfarben. Siliconharzfarben bilden eine relativ poröse Schicht, durch die Wasserdampf diffun-

Tab. 1: Vergleich der Fassadenfarben, Einstufungen nach DIN EN 1062-3

Fassadenfarbe	Wasserdampfdiffusion	Wasserdurchlässigkeit
Dispersionssilikatfarbe	hoch	mittel
Dispersionsfarbe	mittel	niedrig
Siliconharzfarbe	hoch	niedrig

dieren kann. Trotzdem kann flüssiges Wasser (Regen) nicht eindringen, da ein Teil des Siliconharzes die Wände der Poren so auskleidet, dass diese hydrophob werden und das Wasser dadurch abperlt.

Ein Teil des Siliconharznetzes reagiert auch mit dem Untergrund und den anorganischen Pigmenten und bildet deshalb eine fest haftende, widerstandsfähige Schicht.

Mischformen

Die Hersteller versuchen zunehmend, die Vorteile der verschiedenen Systeme miteinander zu verbinden. So gibt es z. B. siloxanverstärkte Dispersionsfarben, die vom Charakter her wie eine Silikatfarbe wirken.

Ziel ist die Entwicklung einer Fassadenfarbe, die

- sehr lange auf allen Untergründen hält,
- schmutzabweisend ist,
- durch Regen leicht abgewaschen werden kann und
- trotzdem wasserdampfdiffusionsfähig ist.

Außerdem sollte sie auch durch Airlessspritzen zu verarbeiten sein, da mit diesem Verfahren immer mehr Fassaden nebelfrei beschichtet werden.

Aufgaben zu Kapitel 10.1 und 10.2

1. Warum ist es besser mehrmals täglich zum Lüften die Fenster weit zu öffnen, als ein Fenster über mehrere Stunden gekippt zu halten? Erklären Sie.

2. Nennen Sie drei bauliche Möglichkeiten, um bei einem Altbau Einsparungen bei der Heizenergie zu erzielen.

3. Nennen Sie zwei Vorteile einer Innendämmung.

4. Eine Außendämmung ist unter bauphysikalischen Gesichtspunkten sinnvoller als eine Innendämmung. Erklären Sie!

5. Erklären Sie die Aufgabe des Armierungsgewebes bei einem WDVS.

6. Wie hoch ist der Bestandteil von Kunststoffdispersion in einer gebrauchsfertigen Silikatfarbe?

7. Fertigen Sie eine Tabelle mit Vor- und Nachteilen von Fassadenfarben verschiedener Bindemittel an.

8. Benennen und erklären Sie die Trocknung von Dispersionsfarbe und reiner Silikatfarbe.

11 Fassaden beschichten und gestalten

KUNDENAUFTRAG

Renovierung von denkmalgeschützten Fassaden

Arbeitsauftrag

Die Gebäude rund um einen denkmalgeschützten Marktplatz sollen zum Stadtjubiläum einen neuen Anstrich erhalten. Da die Gebäude unter Denkmalschutz stehen, müssen sämtliche Bau-und Malerarbeiten mit der verantwortlichen Behörde abgesprochen werden.

Für den Aufbau der Gerüste hat der Malerbetrieb zu sorgen.

Auszuführende Arbeiten

1. Für die gesamten Gebäude sind Gerüste zur Verfügung zu stellen und aufzubauen.
2. Das historische Fassadenessemble ist nach den Vorgaben des Denkmalschutzes instand zu setzen und zu beschichten.
3. Die Fachwerkfassade auf der Nordseite des Marktplatzes weist Putzschäden auf. Das Holzfachwerk ist verwittert.

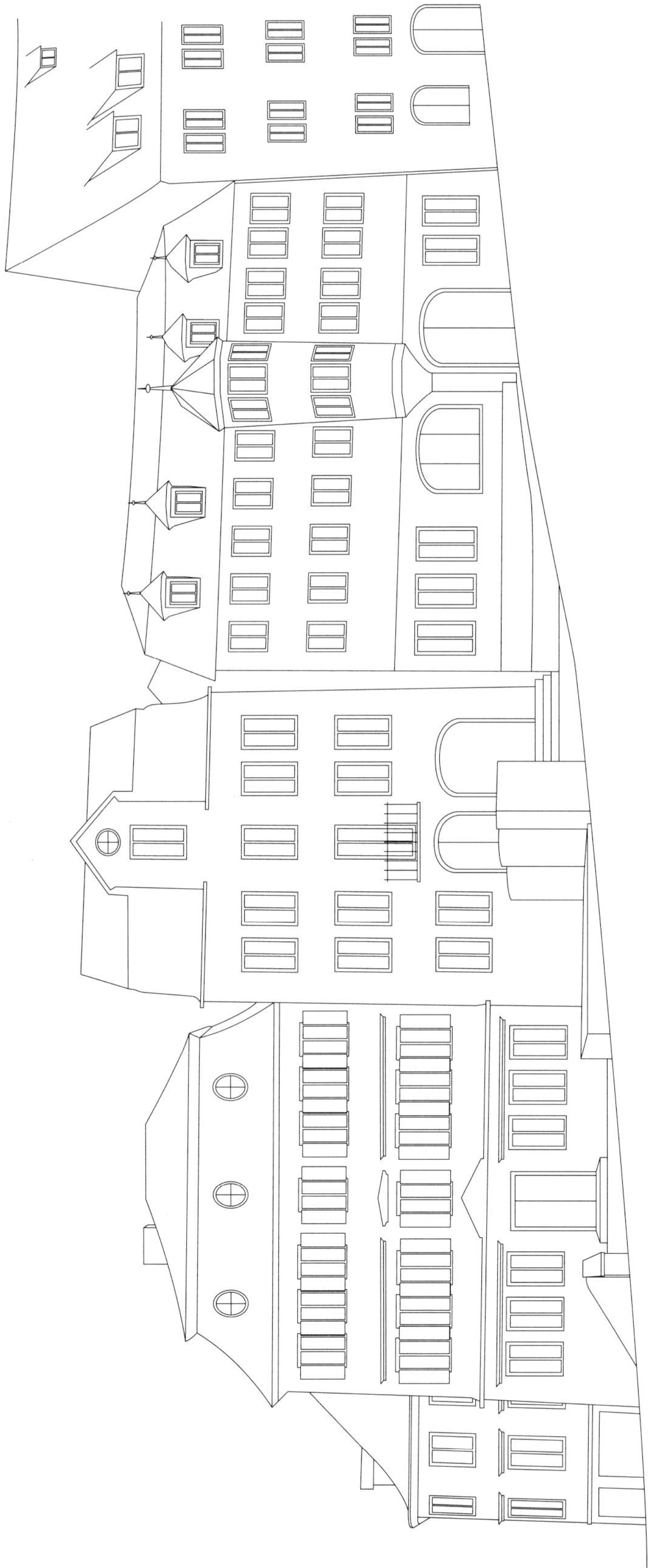

Vorlage für Farbentwurf

11.1 Architekturelemente

Bei älteren Gebäuden sind häufig Bauteile vorhanden, die spezielle Bezeichnungen tragen. Zur eindeutigen Verständigung zwischen den verschiedenen Fachleuten sollte auch der Maler über die Bezeichnungen der wichtigsten Bauteile Bescheid wissen und die Fachbegriffe richtig verwenden.

11.1.1 Konstruktionselemente

Die Konstruktion eines Gebäudes muss so gestaltet sein, dass es die auftretenden Belastungen über einen langen Zeitraum aushalten kann. Die konstruktiv notwendigen Bauteile und deren Anordnung bestimmen häufig schon das Aussehen eines Gebäudes.

Tragende Bauteile
Bei der Massivbauweise schließen die Außenmauern das Gebäude nach außen ab und tragen auch gleichzeitig das Gewicht des Daches. Bei größeren Gebäuden sind auch tragende Mauern im Inneren vorhanden. Wenn diese dickeren Mauern z. B. durch einen Durchbruch geschwächt werden, ist die Statik des Gebäudes gefährdet (Abb. 1).

Bei der Skelettbauweise wie beim Fachwerk oder im Hochhausbau wird das Gebäude durch ein Gerüst getragen. Die Wände haben keine tragende Funktion.

Über Fenster, Türen und anderen Öffnungen überbrückt ein Sturz aus festem Material den freien Raum.

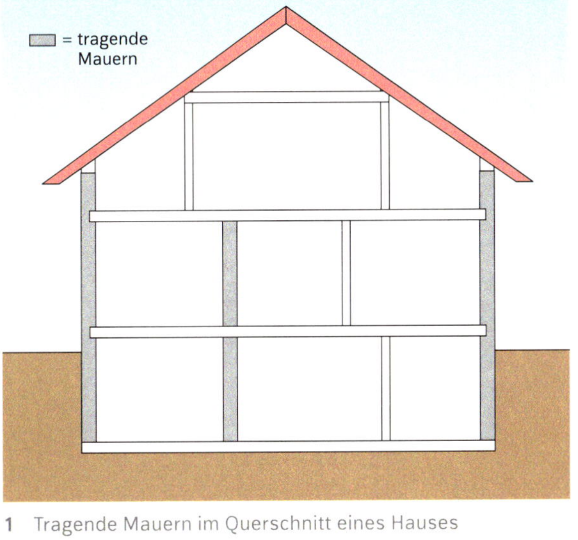

1 Tragende Mauern im Querschnitt eines Hauses

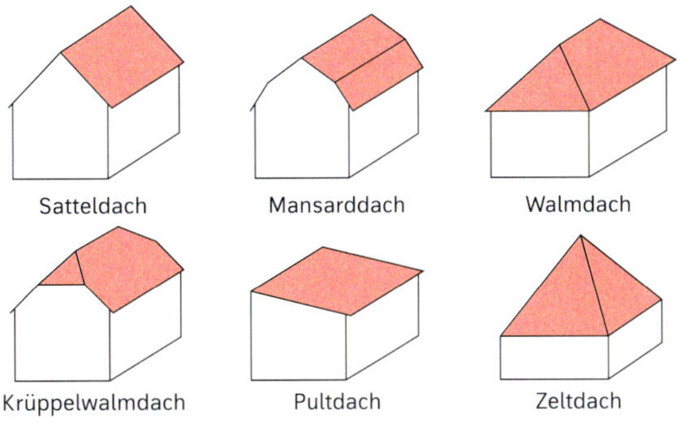

2 Dachformen

Dachformen
Ein Dach schließt das Gebäude nach oben ab und schützt es vor Regen und Schnee. Die einfachste Dachform ist das Flachdach. Schrägdächer leiten die Niederschläge besser nach unten ab und können größere Lasten aufnehmen. Nach der Zahl und Neigung der schrägen Seiten werden die Dächer als Satteldach, Pultdach, Walmdach oder Mansardendach bezeichnet (Abb. 2). Die Dachflächen werden oben durch den First abgeschlossen.

Gewölbeformen
Im Inneren eines Gebäudes wird ein Raum durch die Decke abgeschlossen. Wenn diese nach oben gebogen ist, spricht man von einem Gewölbe. Mit einem Gewölbe kann man einen größeren Raum ohne Stütze überbrücken, da die Kräfte besser in die Außenwand abgeleitet werden.

Die einfachste Form, das Tonnengewölbe, wurde von den Römern entwickelt. Wenn zwei Tonnengewölbe sich im rechten Winkel schneiden, entsteht ein Kreuzgratgewölbe. Beim Kreuzrippengewölbe laufen die Streben in einem spitzen Winkel aufeinander zu (Abb. 1 auf Seite 216).

Ein Gewölbe mit rundem Grundriss, das auch nach außen hinausragt, wird als Kuppel bezeichnet.

Stützen
Die Gewölbe werden häufig durch frei im Raum stehende Stützen getragen. Bei einem runden Querschnitt werden diese als Säulen bezeichnet, bei einem eckigen Querschnitt spricht man von Pfeilern (Abb. 2 auf Seite 216).

Beim Übergang zwischen Bogen und Stütze liegt eine herausragende Steinplatte, der Kämpfer. Er sorgt für eine stabile Auflage des Bogens auf der Säule.

Die das Dach tragenden in Längsrichtung laufenden Balken (Pfetten) ragen meist aus der Fassadenfront he-

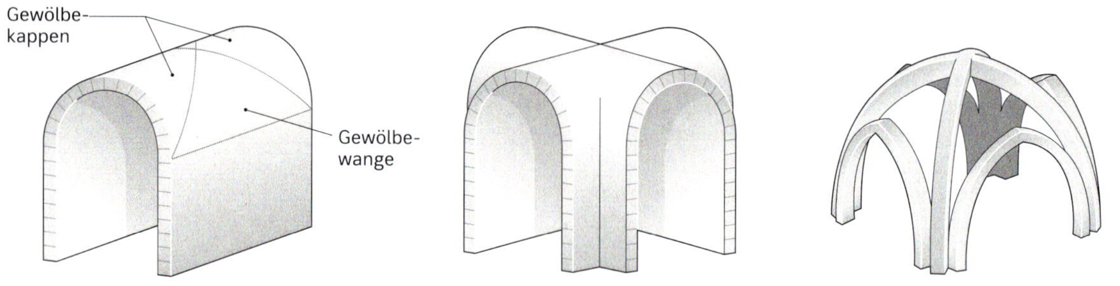

a) Tonnengewölbe b) Kreuzgratgewölbe c) Kreuzrippengewölbe

1 Verschiedene Gewölbe

raus und bilden so den Dachüberstand. Um die Pfetten abzustützen sind unterhalb Konsolen angebracht. Die Konsolen können sehr kunstvoll gestaltet sein und sind auch häufig Schmuckelemente ohne tragende Funktion.

11.1.2 Gebäudeteile

An den meisten Gebäude kann man einzelne Teile unterscheiden. Sie prägen die Erscheinung eines Ge-

2 Wechsel zwischen Säule und Pfeiler (Stützenwechsel)

3 Attika zwischen Dach und Fassade

4 Verzierter Erker

5 Risalit

bäudes wesentlich. Sie haben meist eine praktische Funktion (z. B. mehr Lichteinfall), können aber auch die Bedeutung eines Bereiches an einem Gebäude hervorheben und dadurch Monotonie vermeiden.

Vorgesetzte Teile

Manchmal sind Teile des Gebäudes vor- oder zurückgesetzt.
Zwischen zwei Gesimsen oder über dem Hauptgesims ist gelegentlich eine Attika, ein schmaler Mauerstreifen, zurückgesetzt (Abb. 3). Ein Erker springt stärker aus der Fassade hervor und ist mit einem eigenen Dach bedeckt (Abb. 4). Bei einem über der ganzen Höhe aus der Bauflucht hervorspringenden Bauteil spricht man von einem Risalit (Abb. 5).

Austritte

An vielen Gebäuden sind in den oberen Geschossen Möglichkeiten zum Austritt ins Freie vorhanden. Wenn darunter ein geschlossener Raum ist, handelt es sich um eine Galerie. Diese zieht sich häufig über die ganze Länge einer Fassade oder Raumes (z. B. in Turnhallen). Ein freitragender oder nur durch Stützen getragener Austritt ist ein Balkon. Begrenzt wird ein Balkon oder eine Galerie meist durch ein Geländer. Besteht die Begrenzung aus Stein, nennt man dies allgemein Brüstung. Eine durchbrochene und mit kleinen Säulen gestaltete Brüstung wird als Balustrade bezeichnet. Im weiteren Sinne ist eine Balustrade auch ein schmaler Balkon (Abb. 6).

Gauben

Da auch die Fläche unter dem Dach genutzt wird, muss für genügend Lichteinfall gesorgt werden. Die einfachste Möglichkeit ist ein Dachfenster, das parallel zum Dach liegt. Eine bessere Raumnutzung wird durch eine Gaube erzeugt. Eine Gaube hat eine senkrechte Fensterfläche, die hinter der Wandflucht liegt. Nach der Dachform werden verschiedene Gaubenarten unterschieden (Abb. 7)

Eingangsbereich

Besonders bedeutsam an einem Gebäude ist der Eingangsbereich. Er ist häufig aufwendig gestaltet durch Säulen, Giebel und besonders schmuckvolle Türen. In solchen Fällen bezeichnet man diesen Bereich als Portal (Abb. 6).
Wenn vor den eigentlichen Eingang ein Vorbau gesetzt ist, spricht man von einem Portikus. Dieser ist meist, ähnlich wie bei antiken Tempeln, von Säulen oder Pfeilern getragen.

Giebel

Ein Satteldach schließt auf zwei Seiten eine spitz zulaufende Mauerfläche ein. Dies ergibt die einfachste Giebelform, den Dreiecksgiebel. Durch dem Dach vorgesetzte Formen kann eine Vielzahl anderer Giebelformen erzeugt werden, wie z. B. Segmentgiebel, Treppengiebel, Staffelgiebel oder Volutengiebel (Abb. 1 und 6 auf Seite 218/219).

6 Portal mit Balustrade und Konsolenfries

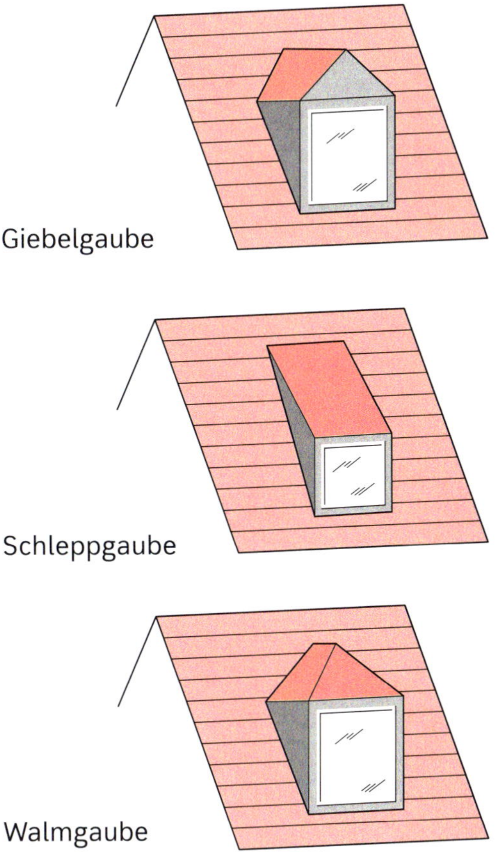

7 Verschiedene Gaubenformen

1 Staffelgiebel, Segmentgiebel an den Gauben

2 Stark ausgeprägte Gesimse

11.1.3 Gliederungselemente

Die Gliederung eines Gebäudes kann entweder waagrecht (horizontal) oder senkrecht (vertikal) angelegt sein.

Horizontale Gliederung
Das wichtigste horizontale Gliederungselement ist ein **Gesims**. Dies ist ein aus der Mauer hervortretender Mauerstreifen. Nach Lage des Gesimses wird es als Sockelgesims, Gurtgesims (zwischen zwei Geschossen) oder als Dachgesims bezeichnet.

Der **Sockel** ist der unterste aus dem Boden herausragende Teil eines Gebäudes. Da er der am stärksten belastete Bereich ist, muss er auch bei der Beschichtung besonders behandelt werden.

Bei größeren Geschäftsgebäuden ist häufig im Erdgeschoss ein Laufgang vorhanden. Dies ist eine **Arkade**, wenn die darüber liegenden Geschosse durch eine fortlaufende Reihe von Pfeilern oder Säulen getragen werden (Abb. 3).

Gelegentlich sind Wandnischen vorhanden, die mit Figurenschmuck oder nur Malereien verziert sind. Diese als Alkoven bezeichneten Nischen waren ursprünglich Schlafstellen, dienen aber meist der Gliederung einer Fassade.

Vertikale Gliederung
Vertikal kann die Gliederung durch **Pilaster** und **Lisenen** erfolgen. Ein Pilaster ist ein Wandpfeiler, der nur wenig aus der Wand herausragt. Die Lisene tritt nur flach aus der Wand hervor und hat im Gegensatz zum Pilaster kein Kapitell und keine Basis (Abb. 4).

Fenster
Ein bedeutsames Gliederungselement sind die Fenster. Durch deren Anordnung und Größe entsteht an

3 Arkade

4 Senkrechte Gliederung

5 Hervorgehobener Schlussstein

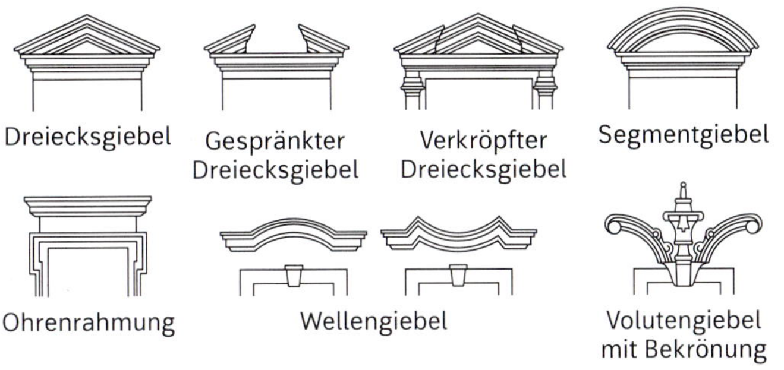

6 Giebelformen

einem Gebäude eine sofort ins Auge fallende Aufteilung. Fenster sind meist rechteckig, sie können aber auch nach oben hin gebogen sein. Entsprechend der Form werden sie als Rund-, Spitz-, Segment- oder Korbbogen bezeichnet. Da in bestimmten Stilepochen einzelne Bogenformen vermehrt gebaut wurden, ist dies ein mögliches Kennzeichen für einen Baustil.

Bei gotischen Fenstern ist der Bereich im Spitzbogen durch Maßwerk, geometrische, meist kreisförmige Formen, gestaltet.

In der Mitte eines Bogens ist häufig ein Stein hervorgehoben. Es ist der **Schlussstein**, der letzte Stein, der in einem Bogen gesetzt wird und diesen verkeilt (Abb. 5).

Die Bogenformen werden auch häufig über rechteckigen Fenstern als Stuckelemente aufgebracht. Die verschiedenen Bogenformen werden dabei unterbrochen (gesprengt), vor- und zurückgesetzt (verkröpft), mit Bekrönungen abgeschlossen oder mit Verzierungen versehen. Die Form dieser Giebelverdachung ist meist ein Kennzeichen für bestimmte Stilepochen.

Die Fenster sind häufig durch Faschen, durch Putz und Farbe abgesetzte Umrahmung, hervorgehoben.

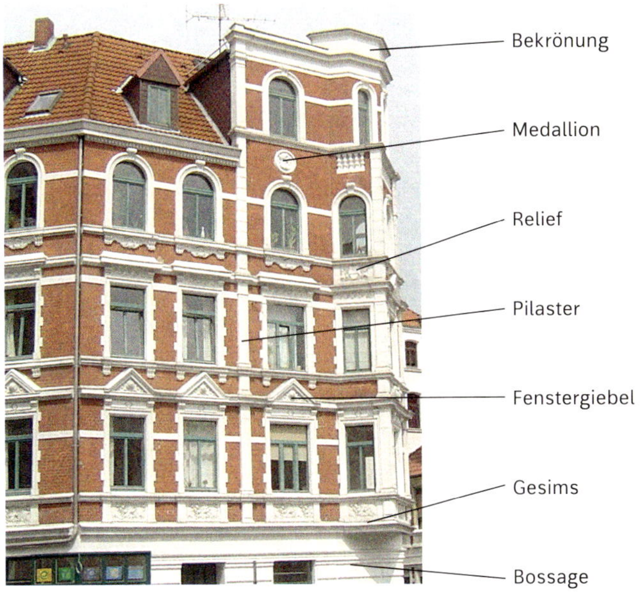

7 Vielfältige Verzierungen

11.1.4 Schmuckformen

Die einzelnen Gebäudeteil und Gliederungselemente können in ganz unterschiedlicher Weise ausgeführt sein. Häufig sind sie durch Schmuckformen (Ornamente) weiter verziert. Die **Ornamente** können aufgemalt oder in den Putz eingraviert sein oder durch aufgesetzte Stuckelemente plastisch gestaltet sein. Sie ergänzen die Gliederungselement auf der ganzen Länge oder sind an einzelnen, besonders markanten Stellen angesetzt.

Besonders im Klassizissmus wurden das Erdgeschoss oder die Ecken eines Gebäudes durch Quadersteine mit breiten Fugen hervorgehoben. Solch ein Quaderstein wird als **Bosse** bezeichnet. Ist das ganze Erdgeschoss mit Bossen verkleidet, ist dies eine Bossage. Eine einzelne senkrechte Reihe von Bossen ist ein Bossenwerk. Die Bossen sind ähnlich wie Klinker auf das eigentliche Mauerwerk aufgesetzt oder in manchen Fällen auch nur aufgemalt oder durch Putz modelliert.

Gesimse können durch dreidimensionale Formen zu einem Fries ausgeformt sein. Wenn diese Verzierungen die Form von Konsolen haben, spricht man von einem Konsolenfries.

Bildliche Darstellungen, die nur flach aus der Wand hervortreten, werden als Relief bezeichnet. Sie sind meist an Giebeln oder Giebelverdachungen angebracht.

1 Gesims mit Fries, darüber Relief

2 Kreuzblume als Abschluss einer Fiale

Dächer, Giebel und Pfeiler sind gelegentlich mit Bekrönungen besetzt. Dies sind schlanke Ziertürmchen, auf deren Spitze weitere Zierformen wie Kugeln oder Kreuze angebracht sein können. Bei gotischen Bauwerken werden diese Türmchen als **Fialen** bezeichnet und sind mit einer Kreuzblume abgeschlossen (Abb. 2).
Die Ecken eines Gebäudes, einer Nische oder eines Pfeilers sind manchmal durch Fasen angeschrägt. Dadurch wird die strenge Wirkung von rechteckigen Formen gebrochen und die Abnutzung der besonders belasteten Ecken vermieden.

Eine in fast allen Stilepochen beliebte Ornamentform ist die Volute. Diese schneckenförmig eingerollte Form kann man an Giebeln, Giebelverdachungen und Konsolen an vielen Gebäuden sehen.

Aufgaben zu Kapitel 11.1

1. Nennen Sie den Unterschied zwischen einer Lisene und einem Pilaster.
2. Warum sollten in tragenden Mauern nachträglich keine Öffnungen eingebaut werden?
3. Nennen Sie mindestens drei unterschiedliche Giebelformen.

3 Prähistorisches Bauwerk (Megalith-Tempel) auf Malta, rd. 3000 v. Chr.

4 Pergamonaltar

11.2 Stilepochen

Stilkunde ist die Beschäftigung mit den Merkmalen der Kunststile, des Kunsthandwerks, des Bauens sowie anderer Kulturgüter anhand der verwendeten Stilelemente. Stilelemente sind die allgemeinen Einschätzungen des gesamten Erscheinungsbildes eines Objekts sowie dessen Verzierungen und Ornamente.

Die Stilkunde ordnet die Stilrichtungen zeitlich in Stilepochen (siehe hintere Umschlagseite). Der Begriff der Epoche oder Stilepoche bezeichnet dabei Zeitabschnitte. Diese können mehrere Jahre oder Jahrzehnte, vor dem 10. Jahrhundert auch Jahrhunderte umfassen. In diesen Epochen ähneln sich kulturelle Güter gleicher Art in einer Vielzahl von Merkmalen und sind stilistisch verwandt.
Ein Maler oder Lackierer wird sich in den seltensten Fällen mit Bauten oder Kunstwerken der Antike auseinandersetzen müssen. Da diese Stilepoche jedoch wie keine andere in fast alle nachfolgenden Epochen ausstrahlt, ist es sinnvoll, die Stilkunde mit der Antike zu beginnen.

11.2.1 Antike

Bereits weit vor der Stilepoche, die als Antike bezeichnet wird, wurden Bauten errichtet. In unterschiedlichen Kulturen sind diese durchaus unterschiedlich ausgeprägt. Im europäischen Raum finden sich vor allem Steinbauten, die aus Steinquadern errichtet wurden und oft schmucklos sind (Abb. 3). Die erste Epoche, in der Verzierungen und Ornamente stilbildend und durchgängig eingesetzt wurden, war die Antike. Die Antike (von lateinisch antiquus, = alt, altertümlich) bezeichnet die Epoche des Altertums im Mittelmeerraum von 1200 v. Chr. bis ca. 600 n. Chr. Die Antike kann grob in die

- **griechische Antike** und die
- **römische Antike**

unterteilt werden. Hier wird im Wesentlichen die jeweilige Baukunst, die Architektur, betrachtet. Merkmale **griechischer Architektur** sind städtische Bauten.
Die Städte wurden geprägt durch Tempel, Torbauten, Theater, Paläste, Gymnasien, Brunnen, Befestigungsbauten, Leuchttürme, Hafenanlagen, Bibliotheken und Wohnbauten. Das prägnanteste Beispiel für die Stilentwicklung war die griechische Säule und die Säulenord-

5 Parthenon Tempel, Akropolis, Athen

1 Griechische Ornamentik

2 Römisches Wohnhaus

nungen (Kasten). Die Dekorationen waren einerseits figürliche Reliefs und geometrische Friese. Diese konnten reliefartig in Stein gehauen oder gemalt sein. Die Farben wurden auf eine Stuckschicht auf dem Marmor aufgetragen, dabei herrschten kräftige Farben wie Blau, Rot, Orange oder Gelb vor. Abb. 1 zeigt typische Beispiele für diese Ornamente.

Die römische Architektur ist durch die Übernahme der griechischen Architektur und deren Fortführung geprägt. In der römischen Stadt (Abb. 2) waren Bauten wie Atrium, Basilika, Thermen, Amphitheater, Theater und Brücken- und Wasserleitungsbauten typisch. Sie wurden im Gegensatz zur griechischen Architektur auch mit Bögen konstruiert, die von den Etruskern (Einwohner Italiens vor den Römern) übernommen wurden. Der Bogen hob die strenge Ordnung der Griechen in senkrecht und waagrecht auf und wurde zum Tonnen-, Kreuz- und Kuppelgewölbe weiterentwickelt. Sie haben diese Technik bis zu großen, halbkugelförmigen Kup-

Dorisch: keine Basis, gedrungene Säulen, meist 20 flache Kanneluren mit scharfen Graten, Verjüngung nach oben, Kapitell wulstartig mit quadratischer Deckplatte (Abakus); Gebälk mit glattem Architrav, darauf Gesims, darüber Giebeldreieck mit ansteigendem Gesims und Traufrinne (Sima).

Ionisch: schlanke, sich wenig verjüngende Säule, profilierte Basis, meist 24 tiefe Kanneluren; Kapitell mit einem sich in großen Spiralen seitlich einrollenden Volutenglied, flacher Abakus; Architrav in drei Schichten gegliedert; Gesims mit kräftigem Zahnschnitt, glatte Traufplatte

Korinthisch: Säulenordnung unterscheidet sich von der Ionischen durch das kelchförmige, mit Akanthusblättern und Voluten geschmückte Kapitell und die reichere Ausgestaltung des Gebälks; eine in römischer Zeit entwickelte Abart ist das aus Teilen des ionischen und des korinthischen Kapitells gebildete Kompositkapitell.

3 Kuppel des Pantheon, um 120 n. Chr.

4 Kuppel des Pantheon (außen)

peln weiterentwickelt. Bis heute sichtbarer Höhepunkt dieser Entwicklung ist das Pantheon in Rom mit einer Kuppel von ca. 43 m Durchmesser (Abb. 3 und 4). Die Römer erstellten die Gebäude oft in Ziegelbauweise. Sie wurden dann mit Marmor- oder anderen Steinplatten verkleidet (Abb. 5). Es wurden sehr ausgiebig Farben benutzt, dabei waren nicht nur die griechischen, sondern auch die etruskischen Farbgebungen Vorbilder. Die Säulenordnung der Griechen wurde weiterentwickelt. Es entstanden kombinierte Formen wie das Kompositkapitell und freie Kapitellformen (Abb. 6). Im 5. bis 6. Jahrhundert nach Christus, nach den Plünderungen Roms 410 und 455, endete die Antike. In Byzanz (Ostrom, heute Istanbul) lebten antike Kultur und Geisteswelt noch bis weit ins Mittelalter fort. Dies hatte, zusammen mit den dort einwirkenden Einflüssen orientalischer Kulturen, erhebliche Auswirkungen auf die nachfolgenden Epochen.

11.2.2 Romanik/Romanesque art

Vor der Stilepoche der Romanik ist die **Präromanik** einzuordnen. Diese Zeit von etwa 800 bis 1000 umfasst die Epochen der merowingischen, karolingischen und ottonischen Kunst.
Die Baudenkmäler aus dieser Zeit sind noch gedrungener und einfacher als die der Romanik, ähneln sich aber in ihren Elementen. Es sind nur wenige Bauwerke aus diesen Zeiten erhalten. Eine Ausnahme bildet das Oktogon des Aachener Doms vom Ende des 8. Jahrhunderts (Abb. 7). Hier finden sich der in der Romanik vor-

5 Aufbau einer römischen Säule

6 Kapitell

7 Oktogon des Aachener Doms (Innenansicht)

1 Romanisches Haus in Bad Münster-eifel

2 Kloster Steinfeld

3 Romanischer Burgturm (Burg Stolberg, Nachbau)

herrschende Bogen ebenso wie orientalische Einflüsse (Farbgebung, Mosaiken) aus der byzantinischen Zeit.

Die Romanik ist eine kunstgeschichtliche Epoche in der Zeit zwischen etwa 1000 und 1200 nach Christus, deren Stilelemente jedoch in manchen Gebieten bis zur Mitte des 13. Jahrhunderts beibehalten wurden. Das Erkennungsmerkmal romanischer Bauten ist der Rundbogen und dicke, festungsartige Mauern mit kleinen Fenstern (Abb. 1, 2) sowie Würfelkapitelle auf den schlichten Säulen. Die Romanik wird in die Phasen Frühromanik, Hochromanik und Spätromanik eingeteilt. Waren frühromanische Bauten noch betont wuchtig und schmucklos, spielte in der Hoch- und Spätromanik der Bauschmuck eine große Rolle. In frühromanischer Zeit werden flache Kassettendecken gebaut, später dann auch Kreuzgratgewölbe. In der Romanik orientierte sich der Kirchenbau an der römischen Basilika.

Diese bestand aus einem mittleren Hauptschiff und zwei niedrigeren Seitengängen (Seitenschiffe), die durch Säulenreihen voneinander getrennt waren. Später wurde diese Form durch das Querschiff ergänzt (Abb. 5). Beispiele dafür sind die Hildesheimer Michaeliskirche ab 1010 und der Speyerer Dom ab 1025. Aus der Romanik sind auch viele Profanbauten erhalten. Ein **Profanbau** ist ein Gebäude für weltliche Zwecke. Der Begriff wird in der Architekturgeschichte verwendet

4 Burg Dankwarderode

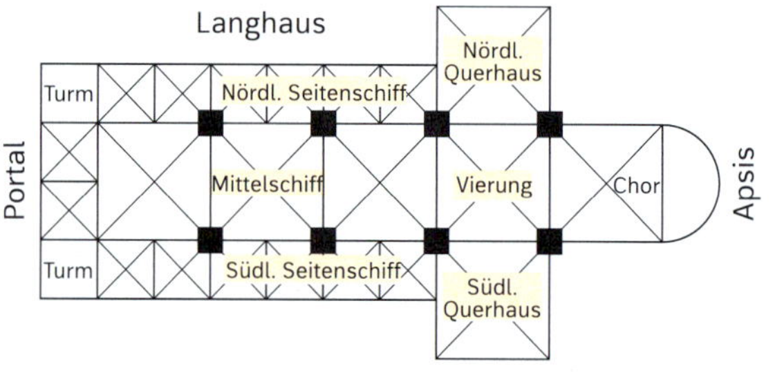

5 Grundriss einer romanischen Kirche

6 Fenster mit Doppelbogen

7 St. Michael, Hildesheim, 1010

um Gebäude und deren Nutzungen voneinander abzugrenzen. Der Gegenbegriff zum Profanbau ist der **Sakralbau**, der religiösen Zwecken vorbehalten ist. Herzog Heinrich der Löwe errichtete 1160–1175 in Braunschweig seine Burg im romanischen Stil (Abb. 4).

Die Ornamentik in der Romanik konzentrierte sich ebenfalls auf Würfelkapitell und Rundbogen als reine Schmuckelemente. Die Würfelkapitelle (Abb. 8) hatten in ihrer Gestaltung nichts mehr gemeinsam mit den Ornamentformen an den Säulen der griechischen oder römischen Antike. Gelegentlich waren sie auch mit ornamentaler Verzierung versehen.

Wandflächen wurden durch Rundbogenfriese horizontal gegliedert. Maueröffnungen (Fenster, Kirchenfenster, Türen) waren mit Rundbögen überwölbt und klein, weil die Wölbetechnik noch keine großen Öffnungen erlaubte. Größere Fenster entstehen durch zwei oder mehr aneinandergereihte Fensterbögen mit Säulen als Zwischenstütze (Abb. 6). Das Rundbogenfeld über rechteckigen Türen, das Tympanon, war meist mit plastischem Figurenschmuck ausgefüllt.

Die Innenraumgestaltung der Romanik war schlicht. Gebrauchsmöbel waren einfache, wuchtige, aus einem Stamm mit Axt und Beil gehauene Stücke. Sitzmöbel wurden aus massiven Holzblöcken geschlagen. Die Schlaf- und Liegestätte war eine derbe Pfostenkonstruktion, die mit Querbrettern verbunden wurde. Schnitzereien waren dürftig und erschöpften sich in keilförmigen Kerbmotiven. Manchmal wurde Stoff oder Leder als schmückende Bespannung verwendet.

Im 13. Jahrhundert tauchen an romanischen Bauten die ersten Spitzbögen auf und markieren den Übergang zur Gotik, so z. B. am Limburger Dom 1235.

8 Würfelkapitell mit Pflanzenornamenten

1 Kathedrale von Brüssel, ab 1225

2 Im Strebewerk des Kölner Doms, Strebebögen und Fialen

11.2.3 Gotik

Die Gotik spielt insbesondere in der Architektur eine große Rolle, denn die bedeutendsten Sakralbauten wurden in der Gotik errichtet. Doch auch in der Tafel-, Wand-, Glas- und Buchmalerei, Musik, Schrift, Sprache, Mode und bei den Möbeln haben sich gotische Stilmerkmale ausgeprägt.

Der Übergang zwischen Romanik (bis 1250) und Gotik (ab 1150 bis1530) vollzog sich – wie an den Zeiten ersichtlich – fließend. Die Gotik entstand um 1150 in Frankreich. Als Initialbau der Gotik gilt der Chorneubau der Klosterkirche von Saint-Denis. Von dort aus verbreitete sich die Gotik über ganz Europa. In den einzelnen Ländern entwickelten sich spezifische gotische Stile. Auch in Deutschland stehen individuell gestaltete Bauwerke.

Die imposantesten gotischen Bauwerke sind die Kathedralen, die der Inbegriff gotischer Architektur sind (Abb. 1). Die Kathedralen und Kirchen hatten unterschiedliche Funktionen. Bis zum Aufkommen der Rathäuser im 13. Jh. war die Kirche auch zentraler Versammlungs-, Beratungs- und Wahlort, auch Rechtsgeschäfte wurden dort abgewickelt.

Für diese Bauten sind die große Raumhöhen und spitz zulaufende Bögen charakteristisch. Die in der Romanik geschlossenen Wände werden in der Gotik durch Fensterreihen durchbrochen.

Dadurch werden Helligkeit und eine großzügigere Raumaufteilung erreicht. Kreuzrippen tragen das Gewölbe und leiten den Gewölbedruck zu den Pfeilern, die durch das nach außen verlegte Strebewerk von Strebebögen und Strebepfeilern gestützt werden (Abb. 2). Auf den Strebepfeilern stehen Fialen, die durch Kreuzblumen gekrönt werden. Im Kirchenraum vereinigen sich die Pfeiler zu Bündelpfeilern. Dadurch werden Mauern weitgehend überflüssig. Der Chorraum stellt in der Gotik das Zentrum der Kirche dar.

In der Früh- und Hochgotik wurde der Raum ähnlich wie in der Basilika gegliedert. In der Spätgotik gestaltete man den Raum so, dass die Kirche von jedem Standpunkt aus vollständig erfasst werden konnte (Hallenkirche).

In welcher Form Farben in gotischen Gebäuden eine Rolle spielten, ist umstritten. Man weiß, dass ursprünglich vieles bemalt war, besonders Portale, Fensterrosetten (Abb. 6) und Teile der Türme. Detaillierte Informationen gibt es aber nicht. Bevorzugte Grundfarben waren Weiß sowie Ocker-, Rot- und Rosétöne (Abb. 7) und oftmals Blau als „Himmel" für die Decken.

Klöster, Schlösser, Burgen, später auch Rat- und Bürgerhäuser übernahmen die Formen der kirchlichen Baukunst. Auch in der Malerei und der Ausgestaltung der Kirchen wurde die gotische Formensprache übernommen (Abb. 3).

3 Klaren-Altar, Köln, etwa 1350

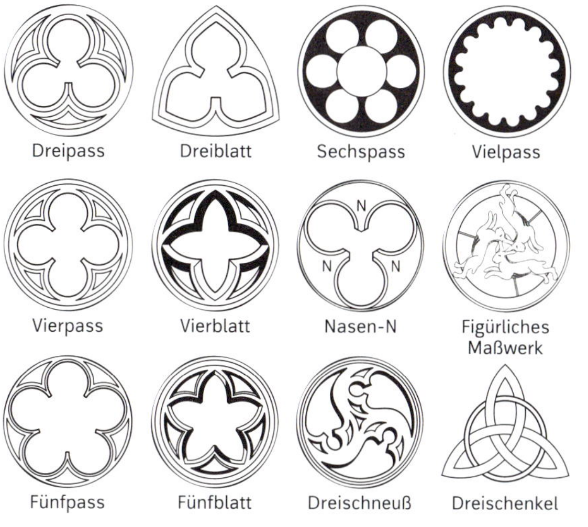

4 Gotische Ornamentik, Beispiele

Auch die Ornamentik war stark auf Öffnungen und Durchbrüche konzentriert (Abb. 5), die sowohl im Maßwerk der Strebebögen (Abb. 2) als auch in der Verzierung der Malerei Anwendung fanden.

Im Innenraum entwickeln sich abwechslungsreich gestaltete und verzierte Möbel, die nun mehr und mehr dem eigentlichen Sinne des Wortes „mobil" entsprechen. Holzvertäfelungen an Wänden und Decken werden beliebt. Wandmöbel werden aneinandergereiht, die Raummitte bleibt frei und wirkt hell und „geräumig".

In Norddeutschland, Polen und Skandinavien entwickelte sich die Backsteingotik. Große Sakralbauten wurden aus Backsteinen, also Ziegeln, ebenso erstellt wie Rathäuser, Bürgerhäuser und Festungen. Auch in Bayern finden sich in den steinarmen Landschaften Ober- und Niederbayerns zahlreiche Backsteinbauten der Gotik (Abb. 7).

5 Fensterrosette im Querschiff

6 Innenraum des Bremer Doms

7 Backsteingotik: Frauenkirche in München

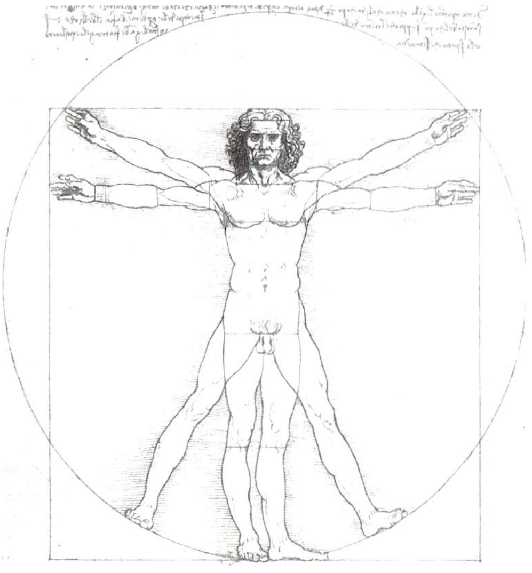

1 Der vitruvianische Mensch, Leonardo da Vinci

2 Renaissance Palazzo, Rom

11.2.4 Renaissance

Der Begriff der Renaissance bezeichnet als historische Epoche den Übergang vom Mittelalter zur Neuzeit, der zwischen 1400 und 1600 stattfand. Ihren Ursprung nimmt die Renaissance in Italien, wo es bereits weit entwickelte Stadtkommunen und ein selbstbewusstes Bürgertum gab. Der Mensch der Renaissance wurde sich seiner Freiheit und seiner schöpferischen Möglichkeiten bewusst.

In kultureller Hinsicht war die Renaissance eine Wiederbelebung antiker Ideale in Literatur, Philosophie, Wissenschaft und besonders in der Malerei und der Architektur. Neben der Verehrung der Antike stellte die Renaissance auch die Frage nach dem Wesen der Schönheit. Die Künstler versuchten z. B., den idealschönen Menschen darzustellen. Ideale Maße und Proportionen spielen sowohl bei der Darstellung des menschlichen Körpers (Abb. 1) in der Malerei und Skulptur als auch bei der Konzipierung von Gebäuden eine Rolle.

In der Architektur der Renaissance wurde die Formensprache der Antike in klassischer Strenge wiederbelebt. In Italien (Abb. 2) erlebte dies seine Blütezeit in der Hochrenaissance gegen 1500 und setzte sich von da an in ganz Europa durch (Abb. 3, 4). Italienische Renaissancebauten wurden klar, überschaubar und harmonisch ausgewogen konzipiert.

Die Architekten orientierten sich bei den Grundrissen an einfachen idealen geometrischen Formen wie dem

3 Schütting, Bremen

4 Augsburger Rathaus

5 Kuppel des Petersdoms

6 Kuppel des Petersdoms, Ausschmückung innen

Quadrat oder dem Kreis. Man entlehnte Bauelemente wie Säulen, Pilaster, Kapitelle, Rund- und Dreiecksgiebel direkt der Antike. Auch die figürlichen Darstellungen römischer Götter und die antiken Ornamente wurden verwendet.

Die Fassade wird in der Renaissance streng in Etagen gegliedert, oft erhält jede Etage ihre eigene Ausstattung mit unterschiedlichen Fenstergiebeln, Verzierungen und Stuckornamenten (Abb. 2). Der Kuppelbau in Anlehnung an römische Bauten wie das Pantheon ist die bautechnische Herausforderung der Renaissance. Die Kuppel des Petersdoms ist nicht nur fast genauso groß wie die des Pantheons, sie zeigt auch außen und innen die typischen Motive der Zeit (Abb. 5–6).

In anderen Ländern als Italien gab es unterschiedliche Ausprägungen der Renaissance. Im Norden, so auch in Deutschland, werden in erster Linie antike Bauelemente nachgeahmt. Es wird nicht nur streng, sondern gemäß der mittelalterlichen Baupraxis auch nachahmend mit Abweichungen gebaut. Zum Teil wird auch die der Antike ähnliche romanische Architektur imitiert.
Auch lokal begrenzte Ausprägungen sind von Bedeutung. So entwickelte sich beispielsweise entlang der Weser in der Zeit zu Beginn des 16. Jahrhunderts ein spezieller Stil, die Weserrenaissance (Abb. 7). Auch der Fachwerkbau wurde zusehends verfeinert (Abb. 8). Diese Stile in der ausklingenden Renaissance – auch Manierismus genannt – leiten mit ihren vielfältigen Verzierungen bereits in die Epoche des Barock über.

7 Leisthaus, Hameln

8 Haus zum Wolf, Stadthagen, 1573

1 Theresienkirche, Aachen, 1739–1743

2 Heilige Stiege am Kreuzberg, Bonn; B. Neumann, 1746–1751

3 Marienmedallion, umgeben von vergoldeten Ranken

11.2.5 Barock, Rokoko

„Barock“ ist der Epochenbegriff hauptsächlich für das 17. und beginnende 18. Jahrhundert. Die Ursprünge der Kunst des Barock liegen in Rom um 1600. Dies ist das Zeitalter des nach Gegenreformation wieder erstarkten Papsttums und des Absolutismus. Es wurden Repräsentationsbauten und städtische Bauten wieder in einem neuen, aufwändigeren Stil als zur Zeit der Renaissance errichtet. Der Barock verbreitete sich zunächst in den katholischen Ländern Europas, bevor er sich in abgewandelter Form auch in protestantischen Gegenden durchsetzte.

Der Barock gliederte sich in Frühbarock (ca. 1600–1650), Hochbarock (ca. 1650–1720) und Spätbarock oder Rokoko (ca. 1720–1770). Im Frühbarock finden sich noch die Stilelemente der Renaissance. Die Kirchen wurden im Barock überreich mit Zierrat und Ornamenten ausgestattet. Die absolutistischen Herrscher wie Ludwig der 14. in Frankreich oder August der Starke in Deutschland nutzten den barocken Stil zur Selbstverherrlichung. Ziel war die Überwältigung der Sinne des Betrachters, des Gläubigen in den Kirchen oder des Untertanen am Hofe.
In der Architektur fand die Barockkunst ihren stärksten Ausdruck. Die strenge Ordnung der Renaissance wurde aufgelöst. Der Betrachter hatte aufgrund der schwingenden, konkaven und konvexen Formen, Kuppeln, Säulengruppen, Giebel und Fensterbekrönungen mit reichem ornamentalem Schmuck den Eindruck von Kraft und Bewegung. Dabei ordneten sich die Einzelformen dem Gesamtkunstwerk unter. Lichteffekte wurden ebenso genutzt wie Malerei, Skulptur und Plastik, die in den architektonischen Rahmen einbezogen wurden.

4 Käppele, Würzburg

5 Stuckputte

6 Spiegelkabinett in der Würzburger Residenz

7 Marienmünster Dießen, außen (1732–1739)

8 Marienmünster Dießen, innen

Zu den Stilelementen des Barock gehören die Betonung der Vertikalen durch Säulen, Pilaster (Abb. 1) und Treppen (Abb. 2) und der reichliche Einsatz von Schmuckelementen wie Girlanden (Abb. 8), Voluten, Putten (Abb. 5) und Stuckverzierungen. Edle Materialien wie Stuckmarmor, echter Marmor, Vergoldungen, großflächige Decken- und Zierrat mit wertvollen Stoffen wie Brokat betonen den Prunk (Abb. 2, 8–9). Stilelemente der vorhergehenden Epochen werden kombiniert, so der Dreieckgiebel und der Rundgiebel zum Kombinationsgiebel. Regional wird auch mit ortspezifischen Stilmitteln gearbeitet. So sind in Süddeutschland die Zwiebeltürme (Abb. 5, 7) mit dem Barock verbunden. Auch der Innenraum wird in Barock und Rokoko prunkvoll. Möbel erhalten mehr und mehr repräsentative Bedeutung.

Neue Möbeltypen, wie Empfangszimmermöbel, Konsolentische, Kommoden, Armlehnstühle, Armlehnsessel und Schreibschränke kommen auf. Schrank und Kommode ersetzen die Truhe. Aus dem Kabinettschrank entsteht in Frankreich der Schreibtisch, das „bureau". Edle Holzarten und vielfältiger Schmuck, prunkvolle Bezugsstoffe aus Samt, Seide und Gobelin. Typische Erkennungsmerkmale sind verschlungene Motive, sogenanntes Knorpelwerk oder Ohrmuschelornament, Akanthusblätter, Voluten, figurales Schnitzwerk, Baluster und Pilaster. Im Rokoko, zum Ende des Barock, wurden die Muster noch filigraner und verzweigter, die Stuckarbeiten erreichten in ihrer Feinheit einen Höhepunkt (Abb. 10–11).

9 Ornamente im weißen Saal des Aachener Rathauses

10 Zwinger, Dresden

11 Im Stil des Rokoko verzierte Fenster

1 Fontana di Trevi, Rom, 1732–1762

2 Elisenbrunnen, Aachen, 1827

11.2.6 Klassizismus, Historismus

Der Barock mit seinen kraftvoll bewegten Baumassen wird um 1780 als geschmacklos abgelehnt. Die Französische Revolution führte ab 1789 zum Zusammenbruch des barocken Lebensstils. Mit der allgemeinen Erklärung der Menschenrechte breitet sich die Aufklärung aus. Kirche und weltliche Herrscher sind nicht mehr kulturbestimmend. Als Folge wird die Antike erneut als Formenvorbild herangezogen – Kirchenbauten sind entsprechend selten. Ab etwa 1750 entsteht der **Klassizismus**, z. T. zunächst als Bestandteil barocker Entwürfe (Abb. 1).

Er löst endgültig Spätbarock und Rokoko ab und hält sich an das antike Vorbild. So berücksichtigen Architekten wie Schinkel genau die Ergebnisse von Vermessungen antiker Bauten (Abb. 2). Die Säulen sind als Träger des Gebälks nun wieder notwendiger Teil der Konstruktion (Abb. 3) und nicht mehr, wie im Barock, bloßes Schmuckelement. Durch die Verwendung behauener Natursteine (Abb. 4) werden die antiken Formen besonders betont. Kreis und rechter Winkel bestimmen die leicht überschaubaren Räume. Urnen, Girlanden und Rosetten finden als Zierformen nur sparsame Verwendung.

Zu Beginn des 19. Jahrhunderts wird der Klassizismus eleganter und luxuriöser. Man spricht heute von Empire-Stil, der sich rasch über ganz Europa ausbreitet. Dieser Stil beschränkt sich weitgehend auf die Innenarchitektur und greift neben den griechischen und römischen Formen auch die der altägyptischen Kunst auf. Er weist geradlinige Strenge, betonte Flächigkeit und Feierlichkeit auf. Bei der Ausstattung der Räume wird

3 Stadttheater Aachen, 1825

4 Hardenbergsches Haus, Hannover, 1751

5 Neues Rathaus Hannover

6 Gründerzeitfassade

bevorzugt mit Weiß, Gold und kühlem Blau gearbeitet. Der Empire-Stil bleibt einige Jahrzehnte in Reinform erhalten, bis er schließlich zur bloßen Wiederholung und Imitation ägyptischer und griechischrömischer Stilelemente verkommt. Dies kennzeichnet den Übergang zum Historismus.

Als **Historismus** bezeichnet man die Übernahme von Stilarten der Vergangenheit. Dabei erfolgte die Übernahme der Stilelemente nicht exakt, sondern eher imitierend und zitierend. Eine der Ursachen des Historismus war, dass die Repräsentationsbedürfnisse des in der Gründerzeit reich gewordenen Bürgertums zu befriedigen waren. Eine andere Ursache war die durch die beginnende Industrialisierung hinzugekommene Möglichkeit, Inventar, Möbel und Einrichtungsgegenstände preiswert in hohen Stückzahlen zu fertigen. Gedruckte Tapeten, maschinell gewebte Teppiche und Textilien, fabrikgefertigte Stühle und andere Möbel machen eine Inneneinrichtung auch für den Kleinbürger möglich. Der Historismus wird daher umgangssprachlich auch als Gründerzeitstil (Abb. 6) bezeichnet. Der Historismus wird – nach den imitierten Stilarten – unterteilt in

- Neogotik,
- Neorenaissance,
- Neoromanik,
- Neobarock und
- Neorokoko.

Im Späthistorismus gegen Ende des 19. Jahrhunderts und zu Beginn des 20. Jahrhunderts wurden die oben genannten Stilarten zunehmend gemischt. Die strenge Zitierweise der vorhergehenden Phasen löst sich zugunsten einer freieren Interpretation auf (Abb. 5, 7). Ausbuchtende Erker, Kuppeln und ausladende Balkone werden beliebt. Allgemein ist ein Zug zu übersteigerter Monumentalität zu beobachten (Abb. 8). Einzelne Elemente (z. B. Dekors) weisen gelegentlich schon auf den Jugendstil hin (Abb. 9).

7 Nordflügel des neugotischen Basler Rathauses (um 1900)

8 Historismus mit maurischen Akzenten: Sintra Palacio Nacional da Pena

9 Historistische Fassade mit Jugendstilmotiven

1 Jugendstilfassade, Hannover

2 Jugendstileckhaus, Weimar

3 Jugendstilfassade, Hannover

11.2.7 Jugendstil

Jugendstil ist die deutsche Bezeichnung einer internationalen Stilrichtung von etwa 1890 bis 1914, die in Frankreich und Belgien „Art Nouveau", in England „Modern Style" und in Österreich „Sezessionsstil" genannt wird.

Der Jugendstil wurde nach der Münchner Zeitschrift „Jugend" (1896–1940) benannt. Er ist als Bewegung gegen die historisierenden Stile des 19. Jahrhunderts zu sehen. Er suchte nach neuen Formen, die alle Bereiche der Kunst und des Lebens durchdringen sollten. Die Form eines Gegenstandes wurde aus seiner Funktion und den Gegebenheiten des Materials entwickelt. So wurde nicht nur der Baustil und die Malerei, sondern auch der Möbelbau, die Raumgestaltung und die Herstellung von Gegenständen des täglichen Lebens erfasst. Materialgerechtigkeit wurde dabei zur zentralen Forderung. Äußerlich kennzeichnende Teile oder Elemente des Jugendstils sind dekorativ geschwungene Linien (Abb. 2) sowie flächenhafte florale Ornamente (Abb. 1, 4) und die Aufgabe von Symmetrien.

Der Jugendstil war aber keineswegs eine geschlossene Bewegung. Es war eher eine Reihe von teilweise auch sehr unterschiedlichen stilistischen Strömungen innerhalb Europas, die sich nur in der Abkehr vom Historismus glichen.

11.2.8 Moderne

Neben dem Protest gegen Stilnachahmung und Historismus am Ende des 19. Jahrhunderts waren die Veränderungen der sozialen und wirtschaftlichen Strukturen die auslösenden Faktoren für eine moderne Architektur. Diese experimentelle Bauweise sah ihre wesentlichen Aufgaben in der Entwicklung neuer Raumkonzepte und Formen. Grundlage waren die neuen Bedürfnisse und die modernen Materialien, aus denen sich neue Konstruktionsverfahren entwickelten. Stahlbau und Beton-

4 Jugendstilornamente

5 Fagus-Werk in Alfeld (1911)

bau wurden integriert, die Möglichkeit, große Glasflächen herzustellen, wurde genutzt (Abb. 5).

Auch serienmäßig konstruierte Fertigteile aus allen Materialbereichen veränderten die Auffassung vom Bauen und dessen Formensprache. Amerikanische Architekten brachten mit ihrer Forderung, dass die Form immer der Funktion zu entsprechen habe, eine neue Sichtweise ein. Die Tendenz zu klar gegliederten und aus der Funktion entwickelten Bauten zeigten schon die europäischen Richtungen des Jugendstils, aber auch die Gruppen des Deutschen Werkbundes oder des Bauhauses. Das kubische, horizontale, sachlich nüchterne Prinzip setzte sich Mitte der 1920er-Jahre durch. Nach 1950 wurden neue Impulse wirksam, die unter dem Namen „Brutalismus" zusammengefasst werden können. Sehr große, geschlossene Bauwerke wurden ohne Rücksicht auf die umgebende Architektur in Stadt oder Landschaft gesetzt (Abb. 8).

Die Architektur der 70er- und 80er-Jahre des 20. Jahrhunderts, griff wieder auf Elemente früherer Stile zurück und wird z. B. als „Postmoderne" bezeichnet. Die „Blob-Architektur" der jüngsten Zeit konzipiert Bauwerke am Computer, die wandlungsfähige, hochkomplexe Formen zeigen.

6 Stahl und Glas, Berlin

7 Wohnhäuser der Moderne, Hannover

8 Glas und Stahl, Brüssel

Aufgaben zu Kapitel 11.2

1. Ordnen Sie den Torbögen bzw. Eingangsbereichen die Stilepochen Gotik, Moderne, Barock und Renaissance zu.

2. In welche beiden Stile kann die Epoche der Antike grob eingeteilt werden?

3. Nennen Sie die Epoche, in der Bauten mit großen Raumhöhen und spitz zulaufenden Bögen charakteristisch sind. Nennen Sie zwei bekannte Gebäude aus dieser Epoche.

4. In welche imitierten Stilarten wird der Historismus unterteilt?

5. Beschreiben Sie, aus welchem Grund einige moderne Bauten unter dem Begriff „Brutalismus“ zusammengefasst werden.

1 Kirchenfassade der Renaissance

2 Lochfassade

11.3 Fassadentypen

Die Fassade (facies: Latein; Angesicht) ist der gestaltete, oft repräsentative Teil der äußeren Hülle eines Gebäudes. Oft ist mit diesem Begriff die Hauptansichtsseite oder Schauseite eines Gebäudes gemeint. Das ist in der Regel die Seite, die der Straße oder dem Platz zugewandt ist. Bei Kirchen war in einigen Stilepochen die Westfassade am aufwendigsten gestaltet (Abb. 1). Die anderen Seiten waren schlichter ausgeführt. Besonders bei frei stehenden Bauwerken können aber auch mehrere Seiten des Gebäudes als gestaltete Fassade ausgeführt sein.
Die genauere Bezeichnung der Fassaden bezieht sich heute auf deren Gestaltung, Material, Funktion und Konstruktion.

11.3.1 Gestaltung

Alle Prinzipien der Gestaltung (→ LF 8) können sinngemäß auch auf die Fassade übertragen werden. Die Bezeichnung der Fassade ergibt sich danach, welches Gestaltungselement dominiert. Dennoch sind diese Bezeichnungen nicht häufig angewendet, da ein einzelnes Gestaltungselement selten derart hervorstechend verwendet wird. Beispiele sind die Lochfassade (Abb. 2) oder die Säulenfassade, bei der Säulen der wichtigste Gestaltungsfaktor sind.

Ist die Fassade mit den Gestaltungselementen einer bestimmten Stilepoche versehen, so wird deren Name verwendet. Beispiele sind die Jugendstilfassade, die Renaissancefassade (Abb. 1) oder die Barockfassade (Abb. 3).

3 Barockfassade

4 Putz-, Metall- und Ziegelfassade

1 Glasfassade

2 Medienfassade

11.3.2 Material

Ist das bestimmende Merkmal einer Fassade die Verwendung eines bestimmten Materials, so wird die Fassade nach diesem Material bezeichnet. Beispiele sind Putzfassaden, Metallfassaden, Ziegelfassaden und Holzfassaden (Abb. 3), Natursteinfassaden oder Glasfassaden (Abb. 1).

11.3.3 Funktion

Fassaden können architektonische oder technische Funktionen übernehmen. Übernimmt die Fassade die Aufgabe, als Medium Werbung, Nachrichten oder andere Informationen anzuzeigen, spricht man von einer Medienfassade (Abb. 2).

Blendfassaden sind oft größer als die hinter ihnen liegenden Gebäude. Sie dienen dazu, den eigentlichen Aufbau des Gebäudes zu verbergen – sei es, weil es zu klein oder zu verschachtelt ist oder sonst unbefriedigend aussieht.

Mit einem Wärmedämmverbundsystem versehene Fassaden werden aufgrund ihrer Funktion auch Wärmedämmfassaden genannt.

11.3.4 Konstruktion

Die wichtigste Unterscheidung der Fassaden ist die nach ihrer Konstruktion. In diesem Zusammenhang werden die Begriffe Fassade und Außenwand gleichbedeutend verwendet. Üblicherweise wird die Fassade in Schichten eingeteilt. Den Schichten werden Funktionen für das Bauwerk zugewiesen. Von außen nach innen unterscheidet man

- Wetterschutzschicht,
- Dämmschicht,
- tragende Konstruktion und
- innere Schicht.

Dabei kann die tragende Konstruktion, z. B. das Mauerwerk oder Beton, auch dämmende Funktionen übernehmen. Im Falle einer Sichtbetonfassade (Abb. 4) ist

3 Holzfassade

4 Sichtbetonfassade

5 Zweischaliges Mauerwerk mit Kerndämmung

6 Fußpunkt zweischaligen Mauerwerks mit Lüftungslöchern in der Vorsatzschale

die Wetterschutz- und Dämmfunktion dem tragenden Beton zuzuordnen. Funktionsschichten und konstruktive Schichten stimmen also nicht immer überein.

Folgende wichtige Fassadenkonstruktionen sind zu unterscheiden: **Nicht hinterlüftete Konstruktionen** nennt man solche Fassaden, bei denen alle Schichten ohne Zwischenräume direkt aneinander grenzen. Einschaliges Mauerwerk, das verputzt ist, gehört ebenso dazu wie einschalige Wände mit einem Wärmedämmverbundsystem. Auch mit Kleber oder Mörtel befestigte Fliesen, Natursteine oder andere Materialien sind nicht hinterlüftet. Man spricht auch vom monolithischen Aufbau. Zweischaliges Mauerwerk besteht aus einer tragenden Wand aus Mauerwerk und einem 9 bis 11,5 cm dicken Verblendmauerwerk aus Vormauerziegeln, Klinkern, Kalksandstein- oder Betonsteinverblendern. Sind diese zwei Schalen fest über die Dämmung miteinander verbunden, ist auch dies eine nicht hinterlüftete Konstruktion (Abb. 5).

Hinterlüftete Konstruktionen unterteilen sich in zweischaliges Mauerwerk mit Hinterlüftung und hinterlüftete Außenwandbekleidungen. Das zweischalige Mauerwerk mit Hinterlüftung verfügt über Lüftungslöcher in der Vorsatzschale, die den Luftaustausch und die Entwässerung gewährleisten (Abb. 6). Die Dämmung ist hier nur an der Innenschale befestigt. Hinterlüftete Außenwandbekleidungen sind alle Fassaden, bei denen Platten aus Metall, Naturstein, Kunststoff oder anderen Materialien vor die tragende Wand gehängt werden. Hierbei gibt es die unterschiedlichsten Befestigungsmittel. Abb. 7 zeigt Schnittzeichnungen der oben beschriebenen Konstruktionen.

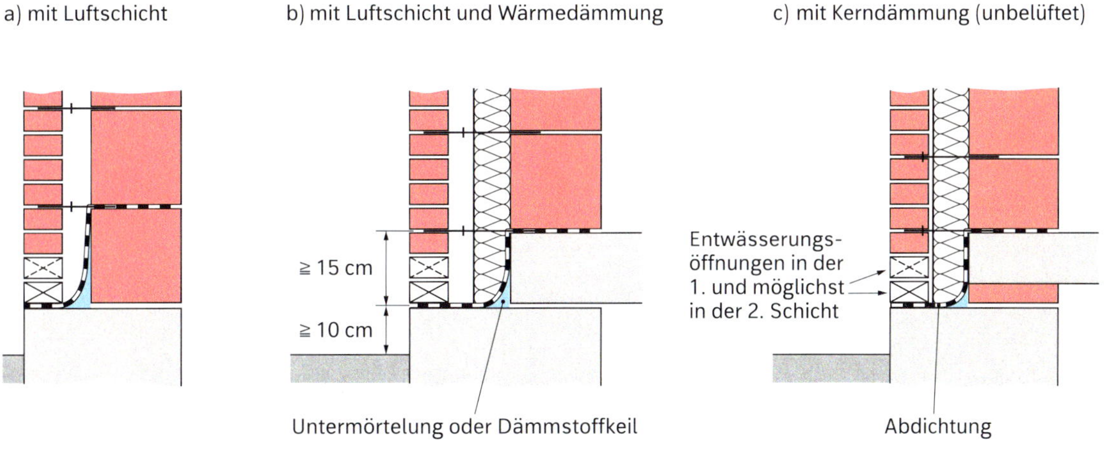

7 Mauerwerkskonstruktionen

11.4 Fassadengestaltung

11.4.1 Allgemeine Grundsätze

Der Farbton einer Fassade wird von vielen Menschen, die meist die Bewohner nicht kennen, wahrgenommen. Über die Farbigkeit der Fassade können die Besitzer bzw. Bewohner eines Gebäudes etwas über sich aussagen. Die Farbtöne von Häuserreihen oder ganzen Stadtgebieten erzeugen ein bestimmte Atmosphäre, die auch unbewusst auf die Bewohner einwirken kann.

Deshalb muss man sich bei der Auswahl der Farbtöne für eine Fassade über die spätere Wirkung im Klaren sein, zumal eine erneute Veränderung an einer Fassade meist mit hohen Kosten verbunden ist. Neben diesem gestalterischen Aspekt spielt auch noch ein technologischer Aspekt eine Rolle: Die Fassade muss durch eine Beschichtung vor Witterungseinflüssen geschützt werden. Die Art und Stärke der Witterungseinflüsse (Abb. 1) hängt von der Lage des Gebäudes ab. Einflussfaktoren sind:

- frei stehend oder nicht frei stehend,
- Verschmutzung durch nahe Industrieanlagen oder verkehrsreiche Straßen,
- Beschattung durch andere Gebäude oder Bäume.

Am einzelnen Gebäude ist die Belastung der verschiedenen Wandseiten unterschiedlich ausgeprägt, da der Wind in Mitteleuropa bei Schlechtwetterlagen meist aus westlicher Richtung bläst und die Sonne vor allem aus südlicher Richtung auf das Gebäude scheint.

Die Belastung durch Schlagregen ist in der DIN 4108 geregelt. Bei der Einteilung in die Beanspruchungsgruppen I, II und III werden die regionalen klimatischen Bedingungen (Regen, Wind), die örtliche Lage und die Gebäudeart berücksichtigt.

Tab. 1: Hellbezugswert verschiedener Farbtöne

NCS 1060-Y05R	Hellbezugswert 57 %
NCS 3057-Y19R	Hellbezugswert 26 %
NCS 3439-B	Hellbezugswert 21 %
NCS 4747-Y71R	Hellbezugswert 10 %

11.4.2 Hellbezugswert, TSR-Wert

Bei der Auswahl des Farbtons sollte darauf geachtet werden, dass die Pigmente über einen langen Zeitraum lichtecht sind und sich keine Farbtonveränderungen ergeben. Dunkle Farbtöne erwärmen sich schneller stärker als helle, was bei wärmegedämmten Gebäuden zu Abplatzungen des Putzes und der Beschichtung oder zu Verformungen und Ablösen der Dämmplatten führen kann. Hier muss der Hellbezugswert des Farbtons beachtet werden (Tab. 1). Dieser gibt an, wie viel Prozent des eingestrahlten Lichts reflektiert wird.

Der **Hellbezugswert** (HBW) beschreibt den Anteil des auf eine Oberfläche auftreffenden, sichtbaren Lichts, der von dieser Oberfläche reflektiert wird. Der Wert von 100 entspricht einer absolut weißen Oberfläche, der Wert null entspricht einer absolut schwarzen Oberfläche. Das bedeutet, kleinere Werte kommen dunkleren Farbtönen gleich, größere Werte helleren Farbtönen. Bei WDVS-Beschichtungen sollte der Hellbezugswert nicht unter 20 % liegen.

1 Witterungseinflüsse am Gebäude

2 Diffuse Beleuchtung am Mittag

3 Beleuchtung am Abend

Der HBW berücksichtigt jedoch nur den sichtbaren Bereich der elektromagnetischen Strahlung. Nahe infrarote Strahlung, mit einem Anteil von ca. 50 % im Sonnenlicht, bleibt beim HBW unberücksichtigt.

Die nahe Infrarotstrahlung (near infrared, NIR) führt zusätzlich zur Aufheizung der Fassade. Der Hellbezugswert allein hat folglich keine ausreichende Aussagekraft über das Aufheizverhalten von Oberflächen. Der **TSR-Wert** (Total Solar Reflectance, völlige Reflexion von solarer Strahlung) gibt das gesamte Spektrum der Solarstrahlung an. Je größer der TSR-Wert (in %), desto geringer ist die Aufheizung von Oberflächen. Viele Hersteller von Beschichtungsstoffen geben beide Werte, den HBW und den TSR-Wert, für ihre pigmentierten Beschichtungen an.

Über die VOB/C (Vergabe- und Vertragsordnung für Bauleistungen) wird in den meisten Fällen vertraglich vereinbart, dass, wenn der Hellbezugswert geringer als 20 % ist, bei Beschichtungen und Putzen auf WDVS der TSR-Wert hinzugezogen werden muss. Tritt dieser geringe Hellbezugswert auf, wird ein TSR-Wert von über 25 % gefordert.

Neben diesen technologischen Aspekten sollten auch einige gestalterische Grundsätze berücksichtigt werden:

- Direkt angrenzende unterschiedlich farbige Flächen sollten einen ausreichend starken Kontrast haben. Dabei ist zu beachten, dass die Farbtöne bei der im Tagesverlauf sehr unterschiedlichen Beleuchtung ganz unterschiedlich aussehen können. Zum Beispiel leuchten gelbliche Farbtöne am Morgen und am Abend stärker, während grünliche Farbtöne hier eher verblassen.

4 Farbige Gliederung

- Dunkle Farbtöne sollten im unteren Bereich des Gebäudes sein und nach oben hin heller werden. Dadurch bekommt das Gebäude eine optische Standfestigkeit.
- Der Farbton des Daches beeinflusst die Wirkung der Fassadenfarbe vor allem bei niedrigen Häusern mit großen Dachflächen. Ist das Dach mit hellen ziegelroten Dachplatten gedeckt, so muss die Fassade darunter in einem ausreichenden Kontrast gestrichen werden.
- Bei der Aufteilung von Farbflächen kann man sich wie beim Innenraum an den Begriffen Dominante, Subdominante und Akzent orientieren (→ LF 4). Die **Dominante** ist die größte Farbfläche an der Fassade. Sie sollte in gebrochenen, dezenten Farbtönen gehalten sein, da sie allein durch die Fläche schon dominierend wirkt. Als **Subdominante** können kleinere Flächen, z. B. der Sockel, farbig abgesetzt werden. Als **Akzent** kann man kleine Flächen oder Bauteile (z. B. Geländer) auch durch intensive Farbtöne hervorheben (Abb. 2–4).
- Bei der Kombination der Farbtöne kann man sich an den Farbkontrasten orientieren (→ LF 8).

1 Optische Auflösung des Gebäudes durch Streifen

2 Farbfassung in den Firmenfarben

11.4.3 Lage des Gebäudes

Ein Gebäude steht immer in optischem Kontakt mit der Umgebung. Dies können andere Gebäude sein, aber auch Bäume, Wiesen und Straßen. Das Gebäude kann versteckt und eingeschlossen sein oder von weitem sichtbar frei stehen. Diese Umgebung verändert sich ständig in kurzen und langen Zyklen. So verändern die Bäume im Laufe der Jahreszeiten ihre Farbe, Fassaden verwittern und werden wieder renoviert, angrenzende Gebäude werden erbaut und abgerissen.

Bei der Planung einer Farbgestaltung einer Fassade muss man diese Farbumgebung des Gebäudes in seine Überlegung mit einbeziehen. Das Gebäude kann bewusst aus seiner Umgebung herausgehoben oder aber unauffällig darin einfügt werden.

11.4.4 Funktion eines Gebäudes

Bei einem Einfamilienhaus ist die Farbgestaltung anders als bei einem Fabrikgebäude, bei einem öffentlichen Gebäude im Stadtzentrum anders als bei einem Bauernhof auf dem Land.

Jedes Gebäude hat eine bestimmte Funktion, d. h., es wird für einen bestimmten Zweck genutzt. Dies kann die Nutzung als Wohnraum, Produktionsstätte, Lagerraum, Ausstellungsgebäude, Restaurant usw. sein.

Aus dieser Nutzung folgt, dass das Gebäude von unterschiedlich vielen Menschen gesehen und betreten wird. Bei öffentlichen Gebäuden ist die Farbfindung besonders schwierig, da hier im Prinzip jeder seine Meinung dazu abgeben darf und sich daraus häufig hitzige

3 Betonung der Gliederung

4 Dezente Farbgestaltung gegen die Gliederung

Diskussionen ergeben. Viele Firmen haben im Rahmen ihres äußeren Erscheinungsbildes (Corporate Identity LF 12) bestimmte Firmenfarben, die dann auch an der Fassade des Gebäudes erscheinen (Abb. 2).

11.4.5 Gliederung des Gebäudes

Ein Haus kann unterschiedlich stark gegliedert sein. Die wichtigsten Gliederungselemente sind die Fenster und die Türen, die durch ihre Anordnung einen Rhythmus in eine Fassade bringen. Außerdem können sie ein optisches Ungleichgewicht erzeugen. Weitere Gliederungselemente können Gesimse, Balkone, Vordächer und Lisenen sein. Es können auch ganze Gebäudeteile hervorstehen. Die Farbgestaltung kann nun diese Gliederung betonen oder sie unterdrücken. Man kann auch die farbige Gliederung entgegengesetzt zur Gliederung des Gebäudes laufen lassen. Dadurch entsteht allerdings eine Spannung, die in den meisten Fällen nur sehr dosiert eingesetzt werden kann (Abb. 1, 3–4).

11.4.6 Farbgebung in einer Häuserzeile

In anderen Ländern, vor allem in Skandinavien oder Italien, kann man häufig sehen, dass die Häuser in einer Häuserzeile in ganz unterschiedlichen, meist sehr grellen, Farben gestaltet sind. Dadurch wird zwar die Individualität jedes einzelnen Hauses hervorgehoben, aber es entsteht auch der Eindruck des Widerstreites, da sich jede Fassade gegen die andere durchzusetzen versucht (Abb. 5).

Ein baulich einheitliches Ensemble, z. B. ein Reihenhaus, das sich aber aus wahrnehmbaren Einzelteilen zusammensetzt, sollte auch entsprechend farbig gefasst sein.

5 Bunte Häuserzeile

6 Abstufung in verschiedenen Orangetönen

7 Gleicher Farbton in verschiedenen Helligkeitsstufen

Man steht hier vor der schwierigen Aufgabe, unterschiedliche Farben zu finden, die aber trotzdem als zusammengehörig empfunden werden. Als erste Orientierung können hierbei die Farbdimensionen Farbton, Helligkeit und Sättigung dienen (LF 4). Je nachdem welche Dimension man als Verbindungselement zwischen zwei Farben verwendet, ergeben sich folgende Möglichkeiten: Man kann Farben aus dem gleichen Farbtonbereich auswählen (z. B. Abstufung von Rot nach Orange), einen Farbton stufenweise in seiner Helligkeit verändern oder unterschiedliche Farbtöne in der gleichen Graustufe verwenden (Abb. 6–7 und 1 auf Seite 244).

Eine weitere Möglichkeit, eine Gemeinsamkeit herzustellen, ist die einheitliche Farbfassung eines durchgehenden Bauelements (z. B. ein Gesims oder ein Sockel).

1 Verschiedene Farbtonbereiche in ähnlicher Graustufe

11.4.7 Historische Farbgebung

Bei älteren Gebäuden ist die Farbfindung für die Fassade besonders schwierig, da sie Zeugnisse für die Vergangenheit sind und dies auch in ihrer Farbigkeit zum Ausdruck bringen sollten.

Bei allen denkmalgeschützten Gebäuden wird zunächst eine Befundanalyse erstellt. Dabei werden die einzelnen Farbschichten freigelegt, dokumentiert und zeitlich eingeordnet. Die neue Farbigkeit sollte sich nun an diesen Befunden orientieren. Es ist allerdings schwierig, die „historisch richtige“ Farbe festzulegen, da der Befund meist ganz unterschiedliche Farbigkeiten ergibt (Abb. 2).

2 Freigelegter Befund

3 Typische Farbigkeiten in verschiedenen Stilepochen
a) Barock
b) Klassizismus
c) Historismus

Einige Grundsätze sollten allerdings bei der farbigen Gestaltung von historischen Gebäuden unabhängig vom Befund immer beachtet werden.

Das Gebäude muss der Farbigkeit des Baustils entsprechen. Jeder Baustil hatte seine bevorzugten Farbbereiche, die sich aus den technologischen Möglichkeiten seiner Zeit und dem erwünschten Ausdruck ergeben haben. Bis zu Beginn des 18. Jahrhunderts standen zum Einfärben von Fassadenfarben nur Erdpigmente zur Verfügung (LF 12). Daraus ergab sich, dass die Fassadenfarben meist im Bereich von Ocker lagen, mit Abstufungen zu Gelb und Rot. Blaue und grüne Pigmente konnten nur sehr spärlich eingesetzt werden, da sie sehr teuer und wenig lichtecht waren. Die Fassaden wurden bis zum 20. Jahrhundert überwiegend mit Kalkfarbe gestrichen, die auch ohne Pigmente eine kräftig weiße Farbe hat. Der Kalkfarbe dürfen nur ca. 5 % Pigmente zugegeben werden. Aus diesem Grund ergeben sich hier keine kräftigen, intensiven Farben, sondern gebrochene Pastelltöne.

Als im Laufe der Jahrhunderte immer mehr Pigmente künstlich hergestellt werden konnten, veränderte sich auch die Farbigkeit der Fassaden. Es war nun möglich, fast jede Farbe in jeder Intensität an das Gebäude zu bringen. Durch den Einsatz von anderen Bindemitteln wie Kaliwasserglas, Kunststoffdispersion und Siliconharz (LF 2) wurden die Möglichkeiten noch erweitert.

11.5 Fachwerkbau

Bis in das 17. Jahrhundert wurden die Häuser für das gewöhnliche Volk in Holzbauweise gebaut. In vielen Teilen Deutschlands sind traditionell die Fachwerkbalken sichtbar, in anderen Landesteilen werden die Fachwerkbauten vollflächig verputzt.

Bei der Bearbeitung von Fachwerkbauten muss der Maler einige Besonderheiten beachten, um die Funktionsfähigkeit und das Aussehen des Gebäudes langfristig zu erhalten.

11.5.1 Bestandteile

Fachwerk ist eine Skelettbauweise, d. h., es gibt ein tragendes Gerüst, dessen Zwischenräume mit einem festen Material gefüllt sind. Die Bauweise hat sich aus den Zelten und einfachen Hütten entwickelt, die seit der Steinzeit als Unterkunft verwendet wurden.

Das Fachwerkgefüge besteht aus dem Balkengerüst, das alle Kräfte trägt und dem dazwischenliegenden Gefache, das die Wand abschließt, aber keine tragende Funktion hat. Die senkrechten Balken nennt man Ständer, Stiel oder Säule. Die waagrechten Balken sind die Riegel, die nach ihrer Lage unterschiedlich bezeichnet werden. Die diagonal verlaufenden Balken stabilisieren die Konstruktion. Diese Streben können nach Bauzeit und Region sehr unterschiedlich ausgebildet sein und tragen deshalb auch sehr vielfältige Bezeichnungen (Abb. 4).

Das ganze Fachwerksystem ist im Vergleich zur Massivbauweise sehr beweglich. Durch die Bewegungen im Erdreich und dem Druck der oberen Gebäudeteile werden deshalb die Balken eines Fachwerkbaus zwar verschoben, aber die Standsicherheit des Gebäudes bleibt trotzdem noch erhalten. Durch diese Beweglichkeit kann es im Laufe der Jahrhunderte zu erstaunlichen Schieflagen an Fachwerkhäusern kommen (Abb. 1 auf Seite 250).

4 Bezeichnungen am Fachwerkbau

1 Durchbiegung des Fachwerks

Balken

Da die Balken für die Standfestigkeit des Gebäudes verantwortlich sind, ist eine besonders gute Qualität sehr wichtig. Nur gut getrocknetes Kernholz ohne Schädlinge und mit möglichst wenig Drehwuchs darf verwendet werden.

Das besonders feste, widerstandsfähige und haltbare Eichenholz wird als die am besten für Fachwerkbau geeignete Holzart angesehen. Da Mitteleuropa früher zum größten Teil mit Eichenwäldern bedeckt war, wurden die Häuser auch deshalb daraus gefertigt. Ab dem 17. Jahrhundert wurden die Eichenbestände immer geringer, man verwendete dann auch Fichte und Tanne. Um beim Zusammenbau eine schnellere Zuordnung der einzelnen Balken zu ermöglichen, verwendete man sogenannte Abbundzeichen (Abb. 2).

Gefache

Die älteste Form der Ausfachung sind Weiden- oder Haselnussruten, die zwischen senkrechten Stäben geflochten wurden (Abb. 3). Diese wurden meist mit Lehm zugeschmiert. Dem Lehm war Stroh zugesetzt, um die Reißfestigkeit zu verbessern. Auf diese Lehmschicht wurde zur Erhöhung der Wetterbeständigkeit ein Kalkputz aufgebracht, häufig vermischt mit Tierhaaren als Armierung. In späteren Jahrhunderten waren auch Ausfachungen mit festen Materialien wie Natursteine, Lehmsteine oder Ziegel üblich.

11.5.2 Instandsetzung von Fachwerk

Fachwerkgebäude sind sehr wartungsintensiv. Durch die Beweglichkeit des Gebäudes entstehen an der Fassade immer wieder Risse. Bei einer Lehmausfachung können diese allerdings sehr einfach geschlossen werden, da man sie einfach wieder zuschmieren kann. Bei Ausfachungen mit festen Materialien können ganze Steine ausbrechen, die dann ersetzt werden müssen.

Der Putz und die Beschichtungen am Fachwerk müssen die Bewegungen des Gebäudes möglichst rissfrei aufnehmen. Außerdem darf die Verdunstung der durch Regen aufgenommenen Feuchtigkeit möglichst wenig behindert werden. Als Putz sind hier besonders Kalkputze (Mörtelgruppe P I) geeignet. Der Putz muss eben mit dem Holz abschließen, sodass keine Vorsprünge entstehen, auf denen das Wasser stehen bleibt. Der Putz kann zusätzlich armiert werden mit üblichen Armierungsgewebe oder historischen Materialien.

2 Verbindung der Balken mit eingeritzter Nummerierung (Abbundzeichen)

3 Gefache aus Lehm und Geflecht

4 Abplatzung der Balkenbeschichtung und ausbrechendes Gefache

5 Gestaltung durch einfache Bandelierung

Die Beschichtung der Gefache erfolgt entweder mit Kalkfarbe oder mit Reinsilikatfarbe, die beide den entsprechend geringen Wasserdampfdiffusionswiderstand haben.

Da beim Fachwerkbau hochwertige, widerstandsfähige Hölzer zum Einsatz kommen, müssen die Balken nicht unbedingt beschichtet werden. Wenn aus optischen Gründen doch eine Beschichtung erfolgt, sollte diese die Wasserdampfdiffusion möglichst wenig behindern. Deshalb ist es wichtig, bei Renovierungsanstrichen die Schichtstärke der Beschichtung möglichst gering zu halten. Spachtelungen sollten an den Hölzern vermieden werden.

Die Anschlüsse der Gefache an das Holz dürfen auf keinen Fall mit dauerelastischen Materialien verschlossen werden, da hier die Feuchtigkeit aus dem Gefache nicht entweichen kann und als Folge davon Schäden am Holz entstehen können. Durch einen Kellenschnitt, ein mit dem Cutter oder einer Kelle durchgeführten Schnitt in den noch feuchten Putz, kann man das Gefache vom Holz trennen und so dafür sorgen, dass keine unkontrollierten Risse entstehen.

11.5.3 Farbfassung

Aus gestalterischen Gründen wurden ab dem 15. Jahrhundert die Balken der Fachwerkhäuser farbig gefasst. In jeder Region und Stadt gibt es charakteristische Farben für die farbige Gestaltung von Fachwerkbauten. Am häufigsten verwendet werden dunkle Rottöne mit Eisenoxid und Ruß als Pigment. In Süddeutschland sind auch helle Ockertöne recht häufig anzutreffen.

Die Gefache sind fast ausschließlich weiß, nur gelegentlich leicht in grau oder ocker gebrochen. Als Verzierung werden in einem bestimmten Abstand an den Gefachekanten entlang Bänder gezogen, die an den Eckpunkten aufwendig gestaltet sein können.

Aufgaben zu Kapitel 11.5.1 bis 11.5.3

1. Nennen Sie einen Vorteil der Fachwerkbauweise.
2. Warum wurde für Fachwerkbalken meist Eichenholz verwendet?
3. Ein Fachwerkgebäude soll durch einen Malerbetrieb saniert werden. Beschreiben Sie, was dabei besonders beachtet werden muss.
4. Beschreiben Sie den Aufbau eines traditionellen Lehmgefaches.

11.5.4 Berechnung von Fachwerk

Fachwerkfassaden setzen sich aus sehr vielen einzelnen Teilflächen zusammen. Deshalb ist es sehr aufwendig, die Fläche der Balken und Gefache zu berechnen. Zur Angabe der Flächen und Längen gibt es in der VOB einheitliche Richtlinien, an die man sich halten sollte.

Regeln nach VOB

Bei der Berechnung der Putzflächen werden Balken bis 30 cm Breite übermessen. Das bedeutet, dass die meisten Fassaden wie normale, voll verputzte Flächen berechnet werden können.

Balken bis 30 cm Breite werden nach ihrem Längenmaß abgerechnet. Dabei werden zuerst die waagrechten Hölzer, dann die senkrechten und zuletzt die diagonalen Hölzer angegeben. Man muss darauf achten, die Überschneidungen der Balken nur einmal zu berechnen.

Berechnung der Putzflächen

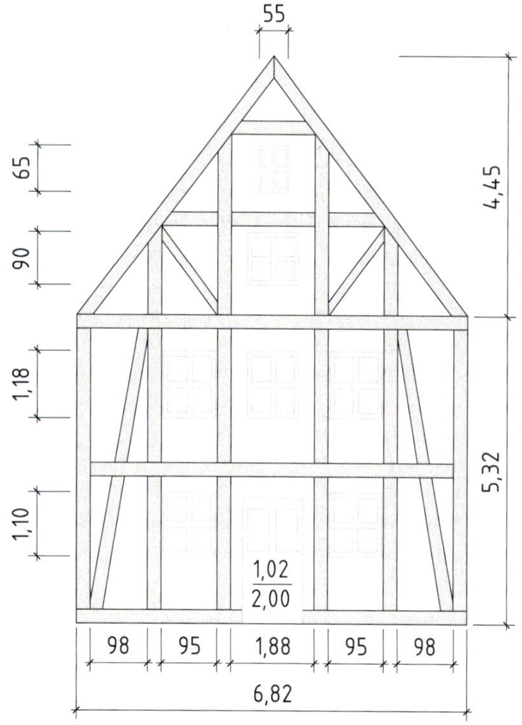

Beispielrechnung:
Balkenstärke 18 cm

$$6{,}82 \cdot 5{,}32 = 36{,}28\ m^2$$
$$+\,6{,}82 \cdot \frac{4{,}45}{2} = 15{,}17\ m^2$$
$$51{,}45\ m^2$$

Hinweis: Die Fenster und die Tür werden nicht abgezogen, da deren Fläche jeweils kleiner als 2,50 m² ist (LF 5 und 7).

Berechnung der Balkenlängen

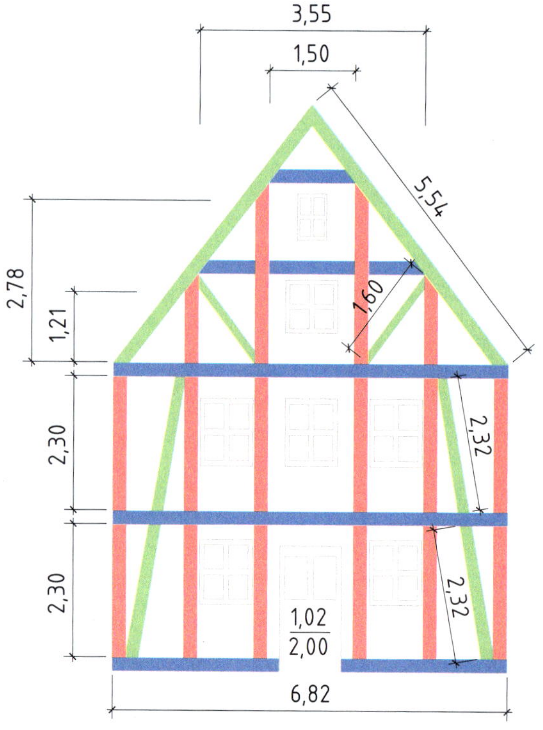

Beispielrechnung:
Balkenstärke 18 cm

$2 \cdot 6{,}82 + (6{,}82 - 1{,}02) + (3{,}55 - 2 \cdot 0{,}18) + 1{,}50$

$+\,12 \cdot 2{,}30 + 2 \cdot 1{,}21 + 2 \cdot 2{,}78$

$+\,4 \cdot 2{,}32 + 2 \cdot 1{,}60 + 2 \cdot 5{,}54 =$ **83,27 m**

1 Sicherung einer Säule durch Stahlstreben

2 Ausbesserungsarbeiten an einer Tür

3 Steinregal bei der Rekonstruktion der Frauenkirche Dresden

11.5.5 Denkmalpflege

Als **Denkmalpflege** bezeichnet man die Maßnahmen, die zur Erhaltung und Unterhaltung von Kulturdenkmälern erforderlich sind. Dazu gehören folgende Maßnahmen:

- technische Maßnahmen wie das Absichern von Gebäuden (Abb. 1),
- handwerkliche Maßnahmen wie die Ausbesserung von Schäden (Abb. 2 und 4),
- künstlerische Maßnahmen wie Ausschmückungen im Zuge von Rekonstruktionen,
- geistige Maßnahmen wie die Erforschung der Bedeutung von Denkmälern oder die Zuordnung von Bauteilen bei Rekonstruktionen (Abb. 3).

4 Ausbesserung eines historischen Schaufensters

1964 wurde mit der „Charta von Venedig" ein international anerkanntes Dokument geschaffen, das zentrale Festlegungen für die Denkmalpflege enthält (→ CD).
In der Folge wurde 1965 das International Council on Monuments and Sites (ICOMOS) gegründet. Es ist der internationale Rat für Denkmalpflege und ist eine Unterorganisation der UNESCO. ICOMOS (Abb. 5) setzt sich für Schutz und Pflege von Denkmälern und die Bewahrung des historischen Kulturerbes ein. Er berät die UNESCO zu denkmalpflegerischen Fragen des Weltkulturerbes. Vor der Ernennung neuer Stätten erstattet er Bericht und gibt Beschlussempfehlungen an das Welterbekomitee ab.

Denkmalschutz dagegen sind die rechtlichen Anordnungen, Verfügungen, Genehmigungen und Auflagen, die Denkmalpflege sicherstellen.

In Deutschland ist Denkmalschutz Aufgabe der Bundesländer. Es gibt daher 16 Denkmalpflegegesetze, die nicht in allen Teilen gleich sind. Auch der Aufbau der Denkmalpflegebehörden ist von Bundesland zu Bundesland unterschiedlich.

International Council on Monuments and Sites

Conseil International des Monuments et des Sites

5 Logo von ICOMOS

1 Verfallendes Baudenkmal

2 Denkmalplakette (Thüringen)

Denkmalschutzbehörden sind die Behörden, die Entscheidungen darüber treffen, ob ein Kulturdenkmal beseitigt, umgestaltet, instand gesetzt oder in seinem Aussehen verändert werden darf. Außerdem sollten sie darüber wachen, dass Baudenkmäler nicht verfallen (Abb. 1). Denkmalschutzbehörden haben, je nach Bundesland, einen zwei- oder dreistufigen Aufbau:

- untere und oberste Denkmalschutzbehörde,
- untere, obere und oberste Denkmalschutzbehörde.

Die oberste Denkmalschutzbehörde ist immer das zuständige Landesministerium. Die obere Behörde ist in der Regel das Regierungspräsidium oder die Bezirksregierung, die untere in der Regel ein Landkreis, eine kreisfreie Stadt oder Samtgemeinde. Im Saarland und in den Stadtstaaten Berlin, Hamburg und Bremen gibt es abweichende Regelungen. In den meisten Bundesländern gibt es darüber hinaus eine Denkmalfachbehörde. Meist ist dies das Landesamt für Denkmalpflege, zum Teil mit abweichender Bezeichnung. An den Denkmalfachbehörden arbeiten Fachleute der Denkmalpflege. Sie beraten Denkmaleigentümer und die Denkmalschutzbehörden bei deren Entscheidungen.

Eine wichtige Aufgabe der Denkmalpflege ist die Bestandsaufnahme, Sichtung und Katalogisierung von Denkmälern, geschützten und schutzwürdigen Objekten. Dazu führen die Denkmalbehörden Denkmallisten oder Denkmalverzeichnisse. In den Katalog aufgenommene Baudenkmäler tragen in vielen Bundesländern eine Kennzeichnung. Dies kann eine mit einem Wappen versehene Plakette sein (Abb. 2) oder eine Tafel, die auch eine Kurzbeschreibung des Denkmals wiedergibt (Abb. 3).

Es ist wichtig, zu wissen, was genau ein Baudenkmal ist. Im Niedersächsischen Denkmalschutzgesetz ist –

3 Denkmaltafel (Nordrhein-Westfalen)

4 Restauriertes und nicht restauriertes Industriedenkmal

5 Gartendenkmal Herrenhäuser Gärten

6 Historischer Metro-Eingang, Paris

ähnlich wie in den meisten Gesetzen der anderen Länder – ein Baudenkmal definiert als: „Eine bauliche Anlage oder Grünanlage, an deren Erhaltung wegen ihrer geschichtlichen, künstlerischen, wissenschaftlichen oder städtebaulichen Bedeutung ein öffentliches Interesse besteht." Der Begriff Baudenkmal ist also nicht auf Häuser beschränkt. Beispiele für bauliche Anlagen und Grünanlagen sind neben kompletten Gebäuden:

- Teile eines Gebäudes, wie Fassaden oder Treppenanlagen,
- technische Anlagen, z. B. Fördertürme (Abb. 4),
- Garten- und Parkanlagen (Bild 5)
- einzelne dekorative Elemente wie Brunnen, Figuren, U-Bahneingänge (Abb. 6).

Wichtig für den Maler ist die Vorgehensweise bei Arbeiten an einer denkmalgeschützten baulichen Anlage. Wenn Baumaßnahmen oder Renovierung erforderlich sind, ist in jedem Fall eine denkmalrechtliche Genehmigung einzuholen. Dies geschieht meist mit einem Antragsformular. In einem Genehmigungsverfahren erfolgt Abwägung zwischen dem öffentlichen und privaten Interesse. Gegebenenfalls werden Auflagen erteilt. Auflagen können das Vorschreiben einer farblichen Fassung oder die Verwendung bestimmter Materialien sein. Auch die Förderung einer solchen Maßnahme ist von der Höhe des öffentlichen Interesses abhängig.

Wird eine Baugenehmigung benötigt, ist die denkmalrechtliche Genehmigung darin eingeschlossen.

Zuständig ist die untere Denkmalschutzbehörde. Im Gegensatz zu einer Baugenehmigung ist die denkmalrechtliche Genehmigung in der Regel kostenfrei.

7 Weltkulturerbe Hildesheimer Dom

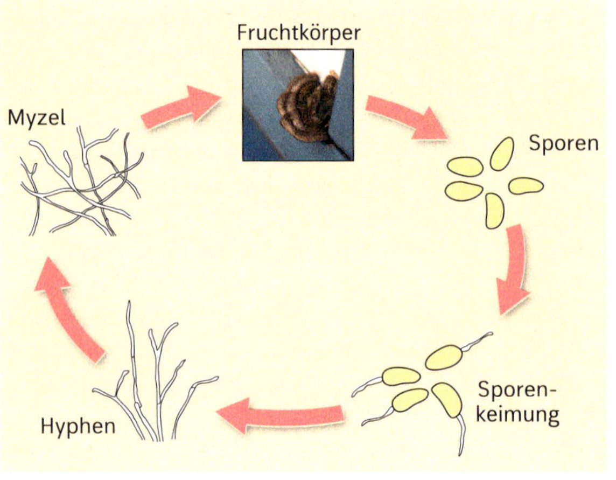

1 Entwicklung der Holzpilze

2 Holzschädling Brauner Kellerschwamm

11.6 Holzschutz

Der Holzschutz beschäftigt sich mit dem Schutz des Holzes vor Holzschädlingen. Witterungsschutz und UV-Schutz werden in einem späteren Abschnitt behandelt, auch wenn sich die Maßnahmen teilweise überschneiden. Der Holzschutz ist in DIN 68 800 geregelt.

11.6.1 Holzschädlinge

Holzschädlinge zerstören Holz in Bauwerken und Möbeln. Sie nutzen die Inhaltsstoffe des Holzes als Nahrung. Dabei wird die Holzstruktur angegriffen und unter ungünstigen Umständen zerstört. Holzschädlinge sind vor allem Pilze und Insekten. Diese brauchen geeignete Umgebungsbedingungen, um auf oder im Holz leben zu können:

- Alle Holzschädlinge benötigen Sauerstoff.
- Alle Holzschädlinge benötigen Feuchte.
- Die Holzschädlinge brauchen bestimmte Umgebungstemperaturen, die von Schädling zu Schädling variieren.
- Das Holz muss als Nahrung geeignet sein. Unterschiedliche Schädlinge bevorzugen unterschiedliche Holzarten. Manche Hölzer sind im verbauten Zustand auch fast völlig resistent gegen Schädlinge.

Da alle Bedingungen erfüllt sein müssen, ergibt sich hieraus auch ein Ansatz für den Schutz des Holzes vor Schädlingen. Hält man das Holz hinreichend trocken, ist z. B. eine der Lebensbedingungen nicht erfüllt.

11.6.2 Pilze

Pilze bilden neben den Pflanzen und Tieren eine eigene Gruppe von Lebewesen. Pilze bestehen aus dem Mycel und den Fruchtkörpern (Abb. 1–4). Bei Speisepilzen wie dem Champignon ist der sichtbare und essbare Teil der Fruchtkörper. Das Mycel, ein fadenartiges Geflecht, befindet sich im Substrat. Substrat bezeichnet das Material, auf dem der Pilz wächst. Holzschädliche Pilze zeichnen sich dadurch aus, dass sie als Substrat eben das Holz bevorzugen. Das Mycel treibt das Wachstum voran. Dabei kann es sich geflechtartig im Substrat

3 Mycel des Hausschwamms

4 Fruchtkörper des Hausschwamms

5 Bläue an Fichtenholz

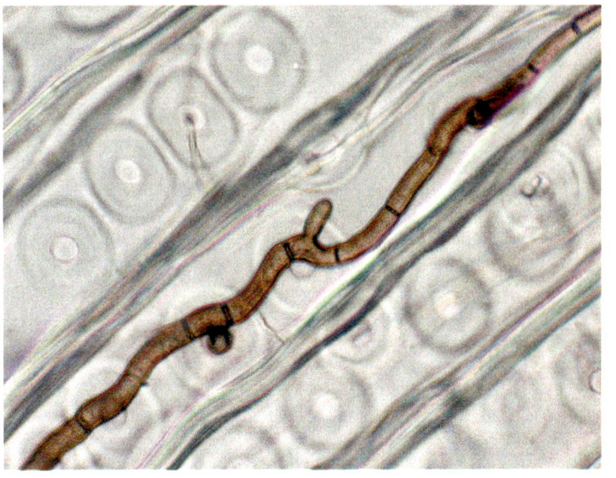

6 Bläue verursachende Pilze unter dem Mikroskop

oder auf der Oberfläche ausbreiten, kann aber auch in Form von Strängen substratfremdes Material wie Putz oder Mauerwerk durchwachsen. Es zieht dabei Nährstoffe aus dem Substrat. Für das Holz bedeutet das in der Regel eine Schädigung, die von Verfärbung beim Bläuepilz bis zur vollständigen Zerstörung beim Hausschwamm reichen kann. Es gibt sehr viele unterschiedliche Pilze, die auf und im Holz wachsen können. Die folgenden Beispiele besonders wichtiger Pilze sollen dies verdeutlichen.

Bläue

Bei der Bläue handelt es sich nicht um einen einzelnen Pilz, sondern um eine Verfärbung, die durch etwa 100 unterschiedliche Pilze hervorgerufen werden kann. Sie wirken nicht holzzerstörend, daher ist die oft zu hörende Bezeichnung „Blaufäule" falsch. Die Verfärbungen können von blau über grau bis hin zu schwarz reichen. Wie alle folgenden Pilze benötigt die Bläue Temperaturen zwischen etwa 18 °C bis 28 °C sowie hohe Holzfeuchten, um sich ausbreiten zu können (Abb. 5–6).

Echter Hausschwamm

Der echte Hausschwamm ist ein besonders gefährlicher Pilz, da er Holz vollständig zerstören kann. Außerdem ist er schwer zu beseitigen. Der Pilz entzieht dem Holz die Cellulose und damit jegliche Tragfähigkeit. Das Auftreten von Hausschwamm ist in einigen Bundesländern meldepflichtig (Anzeige bei der Baubehörde). Der Hausschwamm bildet ein silberweißes bis graues Oberflächenmycel und durchwächst auch Putz, Mörtel und Mauerwerk mit cremefarbenen bis grauen, bis zu daumendicken Strängen. Die Fruchtkörper sind von wenigen Zentimetern bis zu 1,5 Metern groß und sehen pfannkuchenartig braun mit einem weißen Rand aus. Vertrocknete Fruchtkörper sind schwarz, leicht zerbrechlich und haben netzartig verteilte Grate. Der Hausschwamm hinterlässt braune Fäule und würfelförmig brechendes Holz. Er tritt an Nadel- und Laubholz auf (Abb. 7–8).

Die Bekämpfung ist zwingend durch ein autorisiertes Fachunternehmen (Sachkundige) und nicht durch den Maler durchzuführen.

7 Schaden an Holz durch den Tannenblättling

8 Mycel des Tannenblättlings

1 Entwicklungsschema der Hausbockkäfer

2 Hausbockkäfer

Balkenblättling oder Fensterholzpilz
Das Mycel des Fensterholzpilzes wächst in Spalten und Rissen des Holzes. Es füllt diese nach und nach aus. Die Farbe des Mycels kann von weiß über gelb bis braun variieren. Der Festerholzpilz bildet auch ein wattig-filzartiges Oberflächenmycel. Die Fruchtkörper sind braun und haben eine sich vom Holz abwölbende Hutkante. Der Fensterholzpilz befällt hauptsächlich bewittertes Nadelholz und nur selten Laubholz. Er hinterlässt sehr starke Braunfäule.

Brauner Kellerschwamm
Der braune Kellerschwamm bildet zunächst ein sehr feines, spinnwebartig gelblich-weißes Mycel. Dieses verdickt sich mit der Zeit und wird nach wenigen Monaten grau bis schwarz. Die Stränge können Mauerwerk und Putz durchwachsen. Die Fruchtkörper sind unregelmäßige, warzige Gebilde, ein bis sechzig Zentimeter groß und nur wenige Millimeter dick. Das befallene Holz wird zunächst punktuell und dann insgesamt schwarz, dann folgt Würfelbruch und Braunfäule. Es wird sowohl Nadel- als auch Laubholz mit hoher Feuchte (Keller!) befallen.

11.6.3 Tierische Holzschädlinge

Tierische Holzschädlinge gehören in aller Regel zu den Insekten. In unseren Breiten treten insbesondere Käfer als Schädlinge auf. Die Käfer selbst sind für das Holz nicht schädlich. Sie legen jedoch ihre Eier im Holz ab. Die sich daraus entwickelnden Larven („Holzwürmer“) leben als Fraßschädlinge vom Holz. Sie hinterlassen Fraßgänge („Wurmlöcher“) sowie Nagespäne und Kotpartikel, die zusammen als Bohrmehl bezeichnet werden. Die Entwicklungszeiten vom Käfer über Larve, Verpuppung bis zur nächsten Generation (Abb. 1) können sehr unterschiedlich sein. Je nach Käferart und Umgebungsbedingungen kann diese Generationszeit in Deutschland wenige Monate bis zu zehn Jahre betragen. Die Schädlinge können anhand der Larven, der Fraßgänge, des Bohrmehls oder der Form des Kots identifiziert werden (Abb. 2–3).

3 Larve des Hausbockskäfers

4 Fraßspuren des Hausbockskäfers

5 Gewöhnlicher Nagekäfer

6 Gescheckter Nagekäfer

Hausbockkäfer oder Balkenbock
Der Hausbockkäfer ist ein 7 bis 30 mm großer, schwarzer bis brauner Käfer. Seine Larven sind hell und werden bis zu 35 mm lang (Abb. 2–3). Damit ist er einer der größten holzzerstörenden Insekten. Er befällt vor allem Nadelholz und frisst im Splintholz. Typisch sind ovale Löcher (3 bis 4 mm × 5 bis 10 mm), z. B. im Bauholz von Dachstühlen oder anderen Holzkonstruktionen. Auch die Fraßgänge sind oval. Darin befindet sich helles, lockeres Bohrmehl mit zylinderförmigen Kotteilchen (Abb. 3–4).

Gewöhnlicher Nagekäfer oder Möbelkäfer
Der Möbelkäfer ist 2,5 bis 5 mm lang, seine Larven messen 1 bis 6 mm, sind zur Bauchseite hin gekrümmt und hell. Der Käfer befällt trockenes, verbautes Holz und ist an runden, nur etwa 2 mm messenden Ausschlupflöchern zu erkennen. Er hinterlässt holzfarbenes, lockeres Bohrmehl und einseitig spitze Kotteilchen (Abb. 5–6).

Brauner Splintholzkäfer
Der braune Splintholzkäfer befällt Laubholz außer Rotbuche. Er ist 2 bis 8 mm groß, seine Larven messen 1 bis 6 mm, sind zur Bauchseite hin gekrümmt und hell. Das Holz wird durch die Larven teilweise pulverisiert, dabei bleibt die Außenschicht intakt. Die Fraßgänge sind rund bei etwa 1 mm Durchmesser, das Bohrmehl ist weiß und talkumartig.

Gescheckter Nagekäfer oder Totenuhr
Dieser Käfer befällt feuchtes, auch pilzbefallenes Laubholz, vor allem Eiche. Die erwachsenen Käfer produzieren auf dem Holz Tickgeräusche, daher auch der Name „Totenuhr". Die Käfer sind 3 bis 8 mm groß und haben gelbe, borstige Flecken, die hellen Larven messen 1 bis 10 mm. Sie hinterlassen eine schwammartige Zerstörung des Holzes mit 2 bis 4 mm Durchmesser großen Gängen. Es finden sich lockeres Bohrmehl und linsenförmige Kotteilchen (Abb. 6).

11.6.4 Holzschutzmaßnahmen

Die Temperatur und Feuchte in Wohngebäuden sind nicht so einstellbar, dass Holzschädlinge ausgeschlossen werden können. Die Lebensbedingungen vieler Holzschädlinge liegen im Bereich des normalen Wohnklimas. Auch ein Sauerstoffentzug ist nicht möglich. Vorbeugende Holzschutzmaßnahmen sind darauf ausgerichtet, einen Befall des Holzes zu vermeiden. Dabei sollen bevorzugt konstruktive Maßnahmen und eine gezielte Auswahl widerstandsfähiger Hölzer zum Einsatz kommen. Erst, wenn dies nicht möglich ist, kommt chemischer Holzschutz zum Einsatz. Ist ein Befall mit Holzschädlingen eingetreten, werden bekämpfende Maßnahmen getroffen.

1 Konstruktiver Holzschutz durch Balkenabdeckung

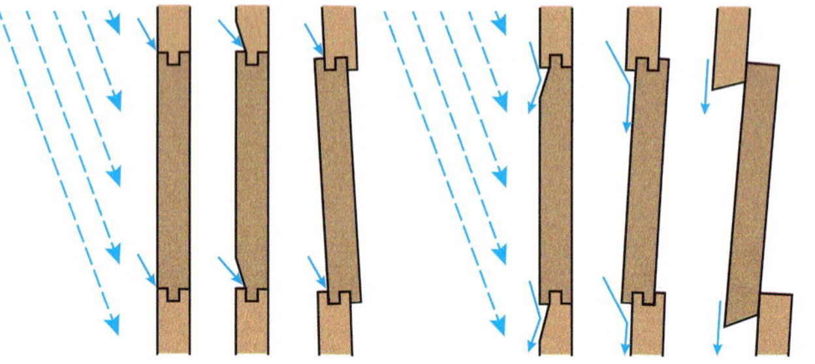

2 Fugenanordnung bei Holzaußenverkleidung

Bevor Holzschutzmaßnahmen ergriffen werden, muss beurteilt werden, ob das Holz überhaupt gefährdet ist.

11.6.5 Gebrauchsklassen

Nach DIN 68800 werden die verbauten Hölzer in Gebrauchsklassen eingeteilt. Dabei werden unterschiedliche Rahmenbedingungen berücksichtigt. Ist das Holz kontrollierbar? Ist es vor direkter Bewitterung geschützt? Hat es Boden- oder Wasserkontakt? Solche Fragen führen zur Eingruppierung eines Bauteils in eine Gebrauchsklasse.
Tab. 1 auf Seite 258 zeigt die nach DIN 68800 geltenden Gebrauchsklassen. Ziel muss immer sein, ein Holzbauteil durch zusätzliche konstruktive Maßnahmen in eine niedrigere Gebrauchsklasse zu bekommen. Chemische Holzschutzmaßnahmen sind zurückhaltend zu verwenden.

11.6.6 Konstruktiver Holzschutz

Obwohl der Maler und Lackierer in der Regel nicht für die konstruktiven Holzschutzmaßnahmen sorgt, sollte er erkennen können, ob deren Möglichkeiten ausgeschöpft sind.

Konstruktive Holzschutzmaßnahmen sorgen dafür, dass das Holz so eingebaut und ausgerichtet wird, dass eine hohe Holzfeuchte vermieden wird.

Abb. 1 bis 7 zeigen unterschiedliche Konstruktionsmaßnahmen, die alle zum Ziel haben, Eindringen und Aufstauen von Wasser zu vermeiden. Kann Wasser an einer Stelle der Konstruktion stehen bleiben, ist die Gefahr hoch, dass Wasser in das Holz eindringt. Dies würde wiederum das Ansiedeln von Holzschädlingen fördern. Wasser auf Holzflächen muss schnell abfließen können. Besonders gefährdet sind Fugen an Verbindungsstellen. Horizontale Holzflächen im Außenbereich sind deshalb zu vermeiden. Günstig für ein schnelles Abfließen sind geneigte Flächen mit einem Winkel von mindestens 10° bis 15°. Auch Abtropfmöglichkeiten sind wichtig, da Wasser sonst an Holzteilen hängen bleibt und bevorzugt von Hirnholzflächen aufgenommen wird. Weitere Maßnahmen des konstruktiven Holzschutzes sind:
- vor Bewitterung schützen,
- vor Spritzwasser schützen,
- vor Bodenkontakt schützen,
- Trocknen ermöglichen,
- Schwachstellen vermeiden.

Die Auswahl widerstandsfähiger Hölzer kann ebenfalls den Einsatz chemischen Holzschutzes vermeiden und gehört damit zum konstruktiven Holzschutz. Tab. 1 zeigt Dauerhaftigkeitsklassen (früher: Resistenzklassen) und zugehörige Hölzer eingeordnet von Dauerhaftigkeitsklasse 1, sehr widerstandsfähig bis Dauerhaftigkeitsklasse 5, nicht widerstandsfähig. Kernholz ist grundsätzlich widerstandsfähiger als Splintholz. Deswegen sollte der Einbau von Splintholz vermieden werden.

Durch den Einbau ausreichend resistenter Hölzer können Bauteile in niedrigere Gebrauchsklassen eingestuft werden. Ein Fenster aus Holz mit Anstrich gehört in die Gebrauchsklasse 2. Besteht das Fenster aus splintfreier Douglasie oder Lärche, kann es in Gebrauchsklasse 0 eingeordnet werden. Chemischer Holzschutz ist dann überflüssig und muss vermieden werden.

Anstriche gehören ebenfalls zum konstruktiven Holzschutz. Sie halten Feuchtigkeit fern, sofern sie durchgehend mit ausreichender Schichtdicke ausgeführt werden. Auch Schwachstellen und Schadstellen führen zum Eindringen von Wasser. An Kanten muss daher das Holz verrundet werden.

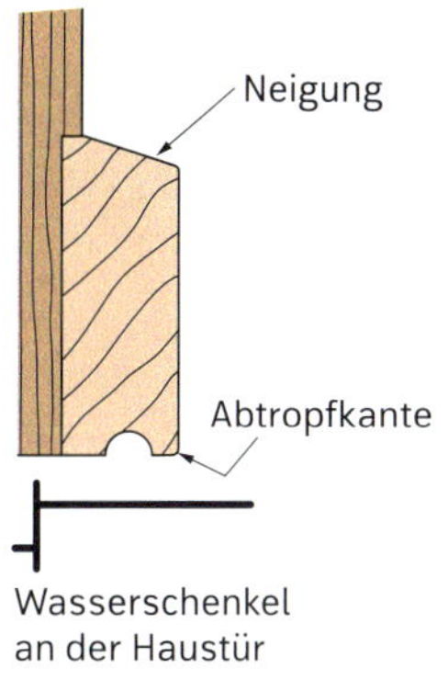

3 Abtropfkante an einer Haustür

Tab. 1: Holzarten und zugehörige Dauerhaftigkeitsklassen

Holzarten	Dauerhaftigkeits-klasse
Teak, Robinie, Bongossi, Palisander	1 (sehr resistent)
Eiche, Mahagoni, Zeder, Redwood, Meranti	2 (resistent)
Lärche, Douglasie, Nussbaum	3 (mäßig resistent)
Kiefer	3 bis 4
Fichte, Tanne, Rüster, Limba	4 (wenig resistent)
Ahorn, Buche, Erle, Esche, Pappel, Linde	5 (nicht resistent)

4 Konstruktiver Holzschutz durch Abdeckung des Hirnholzes

5 Vermeidung von Bodenkontakt am Fußpunkt einer Holzstütze

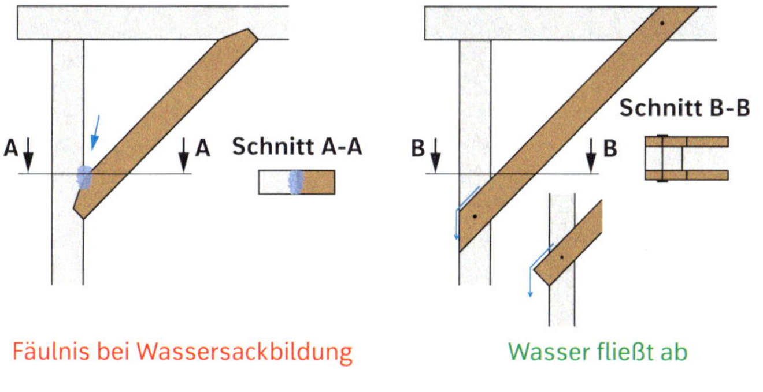

6 Verhinderung von Wasserstau an einer Pergola

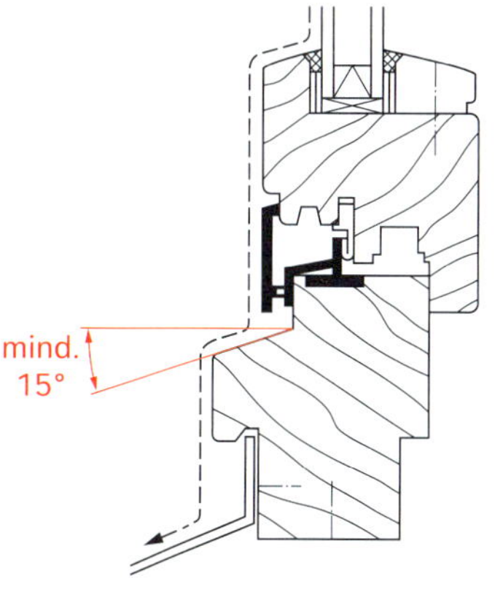

7 Ablaufwinkel und Verrundung am Fenster

Tab. 1: Gebrauchsklassen nach DIN 68 800

Gebrauchs-klasse (GK)	Beanspruchung	Bildbeispiel	erforderlicher Holzschutz
0	Trockener Innenausbau, Anflug durch holzschädigende Insekten nicht möglich oder Holzquerschnitt kontrollierbar (allseitig einsehbar)	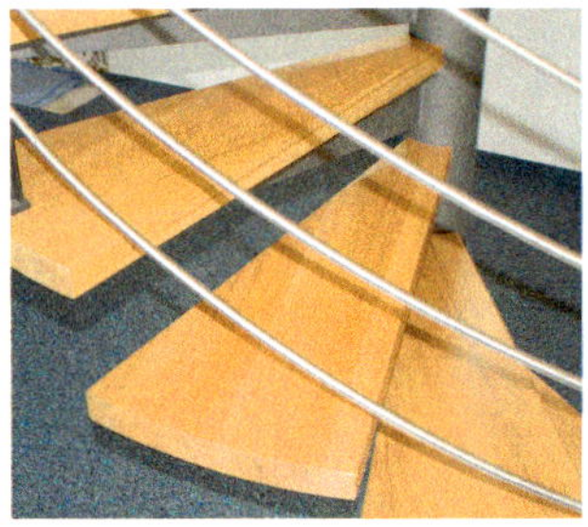	Kein chemischer Holzschutz erforderlich
1	Trockener Innenausbau, Anflug durch holzschädigende Insekten möglich		Vorbeugender chemischer Holzschutz gegen Insekten
2	Holz, das vor Erdkontakt und direkter Bewitterung oder Auswaschung geschützt ist, vorübergehende Befeuchtung möglich		Vorbeugender chemischer Holzschutz gegen Insekten und Pilze
3	Holz, das der Witterung ausgesetzt ist, aber ohne Erdkontakt		Vorbeugender chemischer Holzschutz gegen Insekten und Pilze, Schutz gegen Auswaschung
4	Holz in dauerndem Erdkontakt oder mit ständiger starker Befeuchtung		Vorbeugender chemischer Holzschutz gegen Insekten, Pilze und Moderfäule, Schutz gegen Auswaschung

Tab. 2: Prüfzeichen

Amtliches Zeichen der Materialprüfanstalten	Zeichen der Gütegemeinschaft Holzschutzmittel e. V.	Jury-Umweltzeichen des Umweltbundesamtes „Blauer Engel“
(Beispiel)	Gütezeichen RAL Holzschutzmittel	Umweltzeichen weil schadstoffarm
■ Für vorbeugende Holzschutzmittel zur Anwendung auf tragenden/aussteifenden Bauteilen ■ Für Brandschutzbeschichtungen für Holz und Stahl	■ Für vorbeugende Holzschutzmittel zur Anwendung auf nicht tragenden Bauteilen ■ Für bekämpfende Holzschutzmittel zur Anwendung auf tragenden und nicht tragenden Bauteilen	■ Für schadstoffarme Lacke, Holzveredelungs- und Wetterschutzmittel. Kennzeichnung gemäß Vergaberichtlinie DE-UZ 12a

1 Schaden durch faulendes Holz

11.6.7 Chemischer Holzschutz

Vor Einsatz chemischer Holzschutzmittel müssen alle konstruktiven Möglichkeiten ausgeschöpft werden. Chemische Holzschutzmittel dürfen nur dann eingesetzt werden, wenn konstruktive Maßnahmen wie beschrieben nicht ausreichen, um das Holz dauerhaft zu erhalten. Chemische Holzschutzmittel sind starke Gifte. Sie sind vorgesehen, um Pilze und Insekten zu töten.

Der Einsatz von Holzschutzmitteln hängt von der Funktion der jeweiligen Bauteile ab. Tragende Bauteile wie Dachsparren oder Deckenbalken müssen, wenn sie den Gebrauchsklassen 1 bis 4 zugeordnet werden, chemisch geschützt werden. Türen und Fenster sind keine tragenden Bauteile. Hier kann auf chemischen Holzschutz verzichtet werden, wenn mit dem Kunden eine schriftliche Vereinbarung geschlossen wird. Bei Verkleidungen aus Holz muss im Einzelfall entschieden werden. Nur, wenn der Wert des Bauteils die Gefährdung von Gesundheit und Umwelt beim Einsatz von Holzschutzmitteln rechtfertigt, dürfen diese eingesetzt werden. In Innenräumen sollte grundsätzlich auf chemische Holzschutzmittel verzichtet werden. Großflächige Einsätze sind in Innenräumen nicht zulässig.

Maßnahmen des chemischen Holzschutzes müssen sorgfältig geplant und durchgeführt werden. Dies betrifft die vorherige Auswahl konstruktiver Maßnahmen genauso wie die Auswahl und Anwendung der Holzschutzmittel selbst. Grundsätzlich gilt:

So viel wie nötig und so wenig wie möglich.

11.6.8 Chemische Holzschutzmittel

Holzschutzmittel sind Stoffe, die dazu bestimmt sind, einen Befall von Holz durch Holzschädlinge zu verhindern oder einen solchen Befall zu bekämpfen (Abb. 1). Man unterscheidet die Wirkstoffe Fungizide (Pilzgifte) und Insektizide (Insektengifte). Alle ohne solche Wirkstoffe ausgerüsteten Beschichtungsstoffe wie Lacke fallen nicht unter den Begriff „Holzschutzmittel“. Je nach Anwendungsbereich (tragende oder nicht tragende Bauteile) werden verschiedene Holzschutzmittel eingesetzt:

- DIBt-Holzschutzmittel für tragende Holzbauteile,
- RAL-Holzschutzmittel für nicht tragende Holzbauteile,
- Holzschutzmittel ohne Prüfbescheid oder -zeugnis, die aber üblicherweise nicht verwendet werden.

Für Hölzer tragender Bauteile dürfen nur Holzschutzmittel angewendet werden, die vom Deutschen Institut für Bautechnik (DIBt) in Berlin eine allgemeine bauaufsichtliche Zulassung erhalten haben (DIBt-Holzschutzmittel). Die geprüften Holzschutzmittel werden jährlich in einem amtlichen Holzschutzmittelverzeichnis veröffentlicht.

Für den vorbeugenden Schutz nicht tragender Holzbauteile gegen Verfärbungen, Fäulnisbildung und Schadinsekten sowie für bekämpfende Holzschutzmittel, die bei nicht tragenden Hölzern verwendet werden, sind Produkte mit dem Gütezeichen RAL der Gütegemeinschaft Holzschutzmittel e. V., Frankfurt vorgesehen (Tab. 1).

1 Vorsichtsmaßnahmen bei der Verarbeitung von Holzschutzmitteln

Auch für RAL-Holzschutzmittel gibt es ein ständig aktualisiertes Verzeichnis, das im nicht amtlichen Teil des Holzschutzmittelverzeichnisses abgedruckt ist.

DIBt- und RAL-Holzschutzmittel werden im Rahmen des Zulassungsverfahrens bzw. der Erteilung des Gütezeichens einer gesundheitlichen Bewertung durch das Bundesinstitut für gesundheitlichen Verbraucherschutz und Veterinärmedizin (BGVV) unterzogen. Holzschutzmittel ohne Prüfbescheid oder -zeugnis dürfen von Fachleuten nicht verwendet werden.

Eine zusätzliche Kennzeichnung ist der „Blaue Engel“, bei der nach einer Vergaberichtlinie schadstoffarme Holzschutzmittel gekennzeichnet werden. Dies entspricht aber nicht einem amtlichen Prüfzeichen für Holzschutzmittel.

Bei den Prüfprädikaten wird nach vorbeugendem Schutz gegen Insekten, Pilze und bei Witterungseinfluss gegen Erd- und Wasserkontakt unterschieden. Tab. 1 listet die Prüfprädikate auf.

Anzuwenden ist jeweils ein der Gebrauchsklasse entsprechendes Mittel. Dabei ist genau das der Gebrauchsklasse entsprechende Mittel zu nehmen. Es dürfen keine Mittel mit höherem Prüfprädikat eingesetzt werden, da dann stärkere Gifte als notwendig verwendet würden. Tab. 1 verdeutlicht die für die Gebrauchsklassen nach Tab. 2 erforderlichen Prüfprädikate.

Tab. 1: Prüfprädikate für Holzschutzmittel

Prüfprädikat	Schutzwirkung
P	Vorbeugend gegen Pilze
I_V	Vorbeugend gegen Insekten
W	Für Holz, das der Witterung ausgesetzt, aber nicht in ständigem Erd- oder Wasserkontakt ist
E	Für Holz, das der Witterung und ständigem Erd- oder Wasserkontakt ausgesetzt ist

2 Durch Witterung vergrautes Holz (Eiche)

Tab. 2: Zuordnung der Prüfprädikate zu Gebrauchsklassen

Gebrauchsklasse	Erforderliche Prüfprädikate des Holzschutzmittels
0	Kein chemischer Holzschutz
1	I_V
2	I_V, P
3	I_V, P, W
4	I_V, P, W, E

Die Holzschutzmittel werden in die Gruppen

- wasserlösliche Salze mit anorganischen Wirkstoffen und
- lösemittelhaltige Holzschutzmittel mit organischen Wirkstoffen

eingeteilt.

Wasserlösliche Holzschutzmittel
Diese Holzschutzmittel enthalten giftige Salze, z. B. Kupfersalze mit Arsenverbindungen oder Chromate. Sie dringen nur in Holz mit einer Holzfeuchte von über 20 % gut ein. Aufgrund ihrer Wasserlöslichkeit besteht die Gefahr des Auswaschens. Sie werden beispielsweise bei Bauhölzern wie Dachsparren angewendet.

Lösemittelhaltige Holzschutzmittel
Diese Holzschutzmittel enthalten in Lösemitteln gelöste organische Wirkstoffe. Sie dringen nur in trockenes Holz gut ein. Die Lösemittel und z. T. auch die Wirkstoffe können nach der Applikation noch über einen längeren Zeitraum ausgasen. Sie werden für Fenster und andere Bauteile im Außenbereich eingesetzt (Abb. 2).

11.6.9 Holzschutzmittel anwenden

Holzschutzmittel sind Gifte. Deshalb sind Vorsichtsmaßnahmen bei der Verarbeitung zu ergreifen. Auf keinen Fall sollte mit der Verarbeitung begonnen werden, ohne die Betriebsanweisung gründlich zu lesen. Alle Schutzmaßnahmen, die dort aufgeführt sind, sind bereitzustellen. Allgemein ist nur in sehr gut gelüfteten Räumen zu arbeiten. Ist keine ausreichende Belüftung vorhanden, muss eine Atemschutzmaske getragen werden. Die Hände sind mit Handschuhen zu schützen, zusätzlich sollte die Haut mit Hautschutzsalbe geschützt werden. Nach der Arbeit und in Pausen sind die Hände gründlich zu waschen. Die Augen sind mit einer Schutzbrille vor Spritzern zu schützen (Abb. 1).

Die Holzschutzmittel müssen in vollständig gekennzeichneten Gebinden gelagert und am Arbeitsplatz transportiert werden. Die vorgeschriebenen Sicherheitssymbole müssen auf den Gebinden sein, daher ist ein Umfüllen in nicht vollständig beschriftete Gebinde nicht erlaubt. Auch ein Überkleben oder Übermalen der Symbole ist nicht gestattet. Das Verarbeiten der Holzschutzmittel selbst kann in unterschiedlichen Verfahren erfolgen. Einzelne Holzteile können vorteilhaft im Tauchverfahren behandelt werden. Ist dies nicht möglich, wird mit dem Pinsel gearbeitet. Größere Flächen können gespritzt werden.Holzschutzmittelreste müssen fachgerecht entsorgt werden. Sie dürfen keinesfalls in das Erdreich, ins Wasser oder in die Kanalisation gelangen. Zur Entsorgung sind die Reste grundsätzlich im Originalgebinde zu belassen, da dann sichergestellt ist, dass alle darauf befindlichen Informationen und Kennzeichnungen beim Material verbleiben.

11.7 Hydrophobierungen, Steinfestiger

11.7.1 Hydrophobierungen

Die Aufgabe einer Hydrophobierung ist die Verhinderung des kapillaren Wassertransports.

Mineralische Baustoffe wie Naturstein, Ziegel, Putze und Beton nehmen Wasser auf. Dieses Wasser bringt eine Reihe von Problemen mit sich. Das eingedrungene Wasser kann zu Frostschäden führen. Außerdem bringt das Wasser Salze oder Schadgase in den Baustoff ein. Durch die Anwesenheit von Wasser wird biologischer Bewuchs, z. B. durch Algen, Flechten und Pilze, gefördert. Außerdem verschlechtert das Wasser die Wärmedämmung von Außenwänden. Aus diesen Gründen hat der Mensch schon lange versucht, das Wasser fernzuhalten.

Anstriche sind eine Methode, aber auch Imprägnierungen haben schon eine lange Geschichte. So tränkten bereits die Römer Ziegel mit Ölen, um sie trocken zu halten. Heutige Hydrophobierungen beruhen auf demselben Prinzip, allerdings mit modernen Materialien.

3 Nicht hydrophobierte und hydrophobierte Ziegeloberfläche

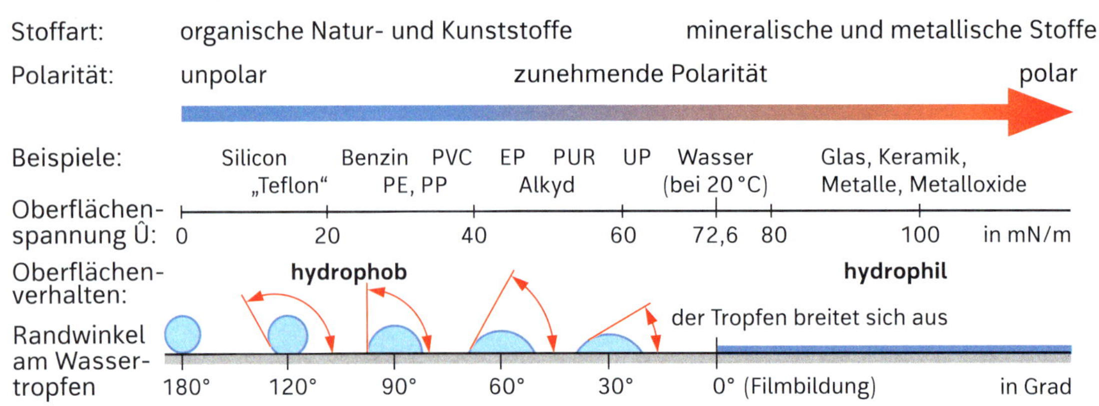

1 Zusammenhang zwischen Randwinkel und Oberflächenspannung

Das Prinzip der Hydrophobierung besteht darin, die Oberflächenenergie des Betons herabzusetzen. Wasser ist eine Flüssigkeit mit vergleichsweise hoher Oberflächenspannung. Wasser wird daher von Oberflächen mit hoher Oberflächenspannung angezogen, von solchen mit niedriger Oberflächenspannung aber abgestoßen. Abb. 1 verdeutlicht die Zusammenhänge zwischen Oberflächenspannung und Benetzung durch Wasser. Wird ein Stoff mit niedriger Oberflächenspannung nicht durch Wasser benetzt, so kann auch kein Wasser in dessen Kapillare eindringen.

Moderne Hydrophobierungsstoffe sind beispielsweise Silane. Diese sind Zwittermoleküle, die einen hydrophoben (wasserabstoßenden) und einen hydrophilen (wasseranziehenden) Teil besitzen. Die hydrophile Seite des Moleküls stellt die Verbindung zur mineralischen Baustoffoberfläche her. Außerdem verbinden sich die Moleküle untereinander und bilden so ein Silicon. Dadurch entsteht eine neue, hydrophobe Oberfläche. Da Silane Flüssigkeiten mit sehr kleinen Molekülen sind, werden sie vom Porensystem des Baustoffs aufgesaugt. Dadurch wird der Baustoff bis in einige Millimeter Tiefe imprägniert. Obwohl die Hydrophobierung unsichtbar ist, wird ein so behandelter Baustoff derart wasserabweisend, dass beispielsweise Regenwasser selbst in kleinere Risse nicht mehr eindringen kann (Abb. 2). In Abb. 4 ist diese Schutzfunkion schematisch dargestellt.

Es sind viele unterschiedliche Hydrophobierungsprodukte auf dem Markt. Es werden unter anderem lösemittelhaltige Systeme und wässerige Dispersionen angeboten. Diese unterscheiden sich stark im Wirkstoffgehalt, d. h. im Anteil an Silan oder Siloxan im Mittel. Diese flüssigen Stoffe werden durch Spritzen oder Fluten aufgetragen. Neuere Entwicklungen sind Hydrophobierungscremes und -gele, die durch Spritzen oder mit dem Zahnspachtel aufgetragen werden.

2 Wassertropfen auf hydrophobiertem Beton

3 Aufbringen einer Hydrophobierung

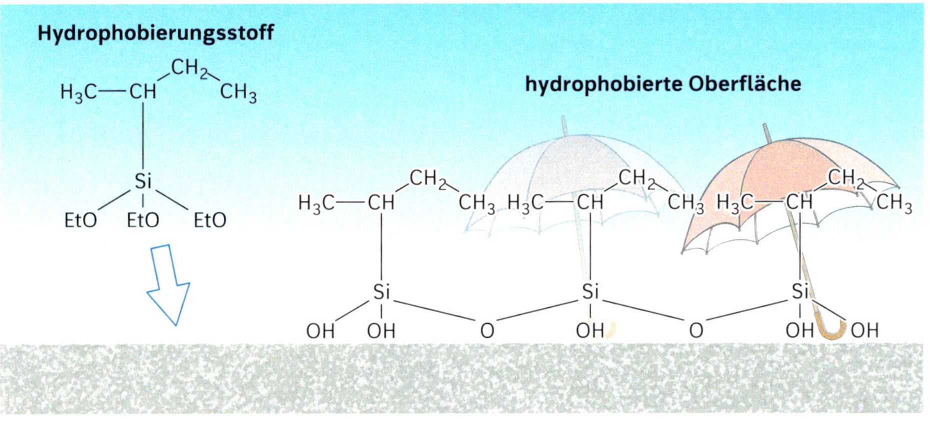

4 Schutzwirkung einer Hydrophobierung

11.7.2 Anwenden von Hydrophobierungen

Fertiggestellte Hydrophobierungen sind unsichtbar. Der Erfolg einer Hydrophobierung ist daher nicht einfach durch eine Sichtkontrolle zu beurteilen. Anders als bei einem Anstrichstoff muss die aufgetragene Menge daher gemessen werden. Dies kann entweder durch eine Waage oder durch regelmäßige Kontrolle des verbrauchten Volumens geschehen. Am Ende muss der Facharbeiter wissen, wie viel Material etwa pro Quadratmeter eingesetzt und vom Baustoff aufgenommen wurde.

Die Verfahren zum Aufbringen einer Hydrophobierung auf den Beton sind unterschiedlich. Stand der Technik der Applikation sind Sprühverfahren. Dabei wird im einfachsten Fall mit einer Gartenspritze die Oberfläche des Betons so lange angesprüht, bis sie mattfeucht glänzt. Danach zieht das Material in die Poren ein. Der Vorgang muss einige Male wiederholt werden, um eine ausreichende Auftragsmenge zu erreichen (Abb. 3).

Weiterhin können Airless-Spritzgeräte eingesetzt werden. Auch andere Methoden wie Kasten- und Flutverfahren sowie Pinsel und Quaste werden eingesetzt. Auch mit allen diesen Geräten muss eine Flüssigkeitsmenge aufgetragen werden, die groß genug ist, um Eindringtiefen von mindestens mehreren Millimetern zu gewährleisten.

Die Gele und Pasten werden mit einem Zahnspachtel aufgetragen, der eine leichte Kontrolle der aufgetragenen Menge erlaubt (Abb. 5). Die Pasten ziehen im Verlauf einiger Stunden in die Oberfläche ein und ersetzen ein mehrfaches Auftragen mit Quaste/Bürste oder Spritzverfahren. Sie sind wesentlich einfacher in der Handhabung.

Schwierige klimatische Randbedingungen dürfen nicht unterschätzt werden. Bei nasskalter Witterung kann Beton wassergesättigt sein; die Poren sind schon mit Wasser gefüllt. Dadurch kann die Hydrophobierung nicht eindringen. Das Hydrophobierungsmaterial bleibt an der Oberfläche liegen und härtet dort. Dies führt zu unschönen Filmen (Abb. 6).

5 Auftragen einer Hydrophobierungspaste

6 Oberflächenfilm durch misslungene Hydrophobierung

Tab. 1: Lieferformen von Hydrophobierungsstoffen

Typ	Zustand	Gehalt an hydrophobierendem Wirkstoff Massenprozent
Reine Silane	Flüssig	100
Lösemittelverdünnte Silane und Siloxane		3 bis 50
Wasserverdünnte Silane und Siloxane		15 bis 50
Mit Wasser zu verdünnende Siloxan-„Konzentrate“		Gehalt wird vom Anwender bestimmt, sollte ca. 20 Massenprozent betragen
Lösemittelverdünnte Polysiloxane		5 bis 20
Hydrophobierungscremes bzw. -gele	Pastös, gelartig	25 bis 45

11.7.3 Steinfestiger

Steinfestiger dienen dazu, die Festigkeit verwitterter Steine – Natursteine wie Sandstein oder künstliche Steine wie Ziegel – zu erhöhen. Das Verwittern von Steinen bewirkt immer eine Schwächung der Gefüge, die meist durch eine Aufweitung des ursprünglichen Porengefüges oder durch einen echten Bindemittelverlust hervorgerufen wird. Aufgabe einer Festigungsmaßnahme ist es, den durch Verwitterung neu entstandenen Porenraum aufzufüllen. Dies geschieht durch Eintrag eines zusätzlichen Bindemittels.

Da Steine von der Oberfläche her verwittern, ist der Festigkeitsverlust an der Oberfläche am größten und lässt in der Tiefe des Steines nach. Da es sehr viele Fassadenbaustoffe gibt – von den unterschiedlichsten Natursteinen über Ziegel und Putz bis zum Beton – und viele unterschiedliche Witterungseinflüsse, gibt es sehr viele mögliche Verwitterungsprofile. Aus diesem Grund gibt es für unterschiedliche Aufgaben auch unterschiedliche Steinfestigertypen.

Die meisten Steinfestiger basieren auf Kieselsäureestern. Kieselsäureester sind Flüssigkeiten, die ohne Zugabe von Lösemitteln durch kapillares Saugen in ein Porengefüge eingetragen werden können. Dort spalten sie sich mit der dort vorhandenen Feuchte in Alkohole, die verdampfen, und Siliciumdioxidgel (SiO_2-Gel) auf. Dieses Siliciumdioxidgel ist ein Ersatz für das verloren gegangene Bindemittel der Steine bzw. ein mineralischer Füllstoff für den erweiterten Porenraum.

Die unterschiedlichen Kieselsäureesterrezepturen unterscheiden sich durch mehrere wichtige Eigenschaften. Der erste Unterschied ist der „Bindemittelgehalt“ – fachlich Gelabscheidungsrate genannt –, der bestimmt, wie stark der Porenraum gefüllt wird. Der zweite ist die Struktur des Gels, die mit oder ohne elastifizierende Additive angeboten wird. Schlussendlich kann die Art ihrer Bindung zum Untergrund durch Variation funktioneller Gruppen und die Geschwindigkeit der Reaktion durch Katalysatoren beeinflusst werden.

Durch unterschiedliche Mischungsverhältnisse von großen und kleinen Molekülen lassen sich die Eigenschaften eines Festigers, insbesondere seine Gelabscheidungsrate, d. h. Menge des im Porengefüge entstehenden Kieselgels, gezielt variieren. Neben der Gelabscheidungsrate sind durch Veränderungen von Art und Menge des Katalysators und dem Einsatz von Lösemitteln weitere Variationsmöglichkeiten hinsichtlich des Eindringverhaltens, der Reaktionsgeschwindigkeit usw. vorhanden.

Durch die gezielte Auswahl entsprechender Kieselsäureestertypen kann eine Anpassung an den zu festigenden Untergrund gewährleistet werden, was allerdings einige Erfahrung voraussetzt.

Alle Steinfestiger auf Kieselsäureesterbasis haben eine charakteristische Eigenschaft: Das entstehende festigende Kieselgel trocknet und bildet dabei feine Risse. Damit besitzt das Gel eine eigene Porosität. Diese sogenannte Sekundärporosität sorgt für den Erhalt von Kapillarität und Wasserdampfdurchlässigkeit im gefestigten Material.

Aufgaben zu Kapitel 11.5.5 bis 11.7.3

1. Nennen Sie die Maßnahmen, die zur die zur Erhaltung und Unterhaltung von Kulturdenkmälern erforderlich sind.

2. Welche Auflagen können einem Maler hinsichtlich der Arbeiten an einem denkmalgeschützten Gebäude gemacht werden?

3. Welche Umgebungsbedingungen benötigen Holzschädlinge, um auf oder im Holz leben zu können?

4. Was ist zu unternehmen, wenn ein Malerbetrieb an einem zu sanierenden Bauwerk einen „echten Hausschwamm" feststellt?

5. Nennen Sie heimische Käfer, die Holzschädlinge sind.

6. In welche Dauerhaftigkeitsklassen sind die folgenden Holzarten einzuordnen: Fichte, Pappel, Douglasie, Palisander, Eiche, Buche?

7. Nennen Sie die Bedeutung der Piktogramme zu den Vorsichtsmaßnahmen, die man bei der Verarbeitung von Holzschutzmitteln berücksichtigen muss.

8. Nennen Sie Gründe, weshalb man mineralische Baustoffe wie Naturstein, Ziegel, Putze und Beton durch Anstriche oder Imprägnierungen vor der Wasseraufnahme schützen sollte.

12 Innenräume bekleiden und gestalten

KUNDENAUFTRAG

Ausbau und Gestaltung eines Optikergeschäftes

Arbeitsauftrag

Der Ausbau eines Optikergeschäftes soll ein neues Ambiente erhalten. In Zusammenarbeit mit der Innenarchitektin soll ein neues Raum- und Farbtonkonzept entstehen, unter dem Motto „moderne, kühle Eleganz".

Auszuführende Arbeiten

1. Die Wandflächen des Verkaufsraumes sind zu gestalten und mit einem Schriftzug aus Blattaluminium zu versehen. Die Nische hinter dem Verkaufstresen ist mit einer metallischen Mustertapete zu tapezieren.
2. Farbliche Angleichung der Einbauregale und -schränke an die Wandflächen.
3. Gestaltung des Verkaufstresens durch Effektlacktechnik.

Bei der Herstellung erkannte man die ungeheure Dehnbarkeit von Gold. So kann man z. B. aus 10 g Gold einen fast 25 km langen Goldfaden herstellen.

Um Gold zu sparen, wurde Gold immer dünner und dünner verarbeitet, und es entwickelte sich der Berufsstand des Goldschlägers. Zentrale der Blattgoldherstellung ist die Stadt Schwabach in Bayern. Tab. 1 zeigt, wie Blattgold hergestellt wird.

Meist wird Gold nicht in reiner Form angeboten, sondern als Legierung. Als Legierungsmetalle werden vor allem Silber und Kupfer eingesetzt.

Der Goldgehalt (Feingehalt) wird in Bruchteilen von 1000 oder in Karat angegeben (reines Gold = 1000 fein = 24 Karat).

Verschiedene Legierungen und Karatzahlen ergeben unterschiedliche Farbtöne und ihre Bezeichnungen. Beispiele hierfür sind:

- Weißgold 12 Karat,
- Orangegold 22 Karat,
- Rotgold 23 Karat,
- Altgold 22,75 Karat,
- Rosenobelgold 23,5 Karat,
- Zitrongold 18 Karat,
- Grüngold 16,7 Karat,
- Gelbgold 21 Karat,
- reines Scheidegold 24 Karat.

Je nach Blattdicke gibt es die Bezeichnungen Doppelgold (z. B. Rosenobel-Doppelgold) und Dreifachgold (z. B. Dreifach-Ewiggold).

12.3.2 Blattsilber

Silber ist nach Gold das dehnbarste Metall. Es kann jedoch nicht so dünn ausgeschlagen werden wie Blattgold, da es zu spröde ist (Abb. 1).

1 Blattsilber

Durch diese größere Dicke des Blattsilbers lässt es sich nicht so leicht verarbeiten wie Blattgold.
Obwohl Silber auch zu den Edelmetallen gehört, hat es gegenüber Gold einen großen Nachteil. Bei einem Kontakt mit Luft läuft es schwarz an.
Diese Oxidation kann man auch künstlich steuern und wird für gestalterische Techniken genutzt (Abb. 2).

Um ein Oxidieren von Versilberungen zu vermeiden, muss die Silberoberfläche mit einem Lacküberzug versehen werden, ebenso wenn man den künstlichen Oxidationsgrad erhalten will.
Meist werden dazu farblose Spiritus- oder Nitrolacke verwendet, die trotzdem den Farbton einer künstlichen Oxidation verändern.
Blattsilber wird daher nie für Arbeiten im Freien verwendet, sondern wird durch Blattaluminium ersetzt.

12.3.3 Schlagmetall oder Kompositionsgold

Neben der Bezeichnung Schlagmetall wird dieses Blattmetall auch als Kompositionsgold bezeichnet. Trotz des Namens wird Schlagmetall nur durch feines Auswalzen hergestellt (S. 288, Abb. 1 und 2).

2 Oxidiertes Blattsilber, eingearbeitetes Oxidmuster, künstlich oxidiertes Schlagmetall

Tab. 1: Herstellung von Blattgold

1

Die Goldlegierung wird je nach Farbton gemischt.

2

Die Legierung wird bei 1 200 °C geschmolzen und zu kleinen Barren gegossen.

3

Ein Barren wird zu einem langen, sehr dünnen Goldband ausgewalzt. Die Dicke beträgt 0,007 mm oder 7 µm.

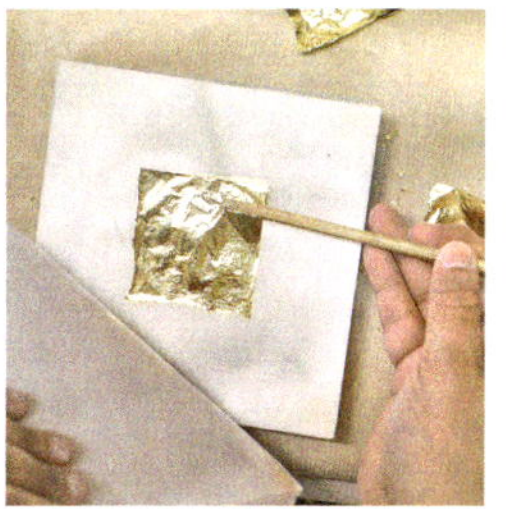

4

Aus dem Goldband werden Quadrate zugeschnitten und übereinander gelegt. Dabei werden sie durch Trennblätter vor dem Zusammenkleben geschützt.

5

Es folgen verschiedene Schlagprozesse. Die endgültige Blattdicke beträgt je nach Sorte 0,008–0,00012 mm oder 8–0,12 µm.

6

Im Anschluss werden die Blätter zugeschnitten, in der Regel auf 8 cm × 8 cm.

7

Die Blätter werden in ein Heftchen aus Seidenpapier eingelegt. Ein Heftchen beinhaltet 25 Blatt. Zwölf Heftchen ergeben die Handelsgröße von einem Buch.

1 Kompositionsgold im Heft

2 Loses Schlagmetall

3 Blattaluminium

Schlagmetall besteht aus einer Legierung von Kupfer mit Zink (Messing) oder Zinn (Bronze). Es lässt sich auf den ersten Blick kaum von echtem Blattgold unterscheiden. Es dient daher als kostengünstiger Ersatz für Echtgold.

Der Fachmann ist jedoch in der Lage, den Unterschied zu erkennen. Bereits die Handelsgröße ist anders als bei Blattgold. Bei losen Blättern beträgt die Größe 16 cm × 16 cm. Als Blattware in Heftchen verpackt erkennt man den Unterschied am Zuschnitt. Schlagmetall liegt bis zum Rand im Heft, während Echtgold nicht die komplette Seite ausfüllt.

Neben der Erkennung durch Augenschein, lässt sich der Unterschied durch eine Hitzeprüfung feststellen. Echtgold verändert sich bei Hitzeeinwirkung nicht, Schlagmetall hingegen verfärbt sich von rötlich, über bläulich bis hin zu Schwarz.

Ein weiteres Unterscheidungsmerkmal ist die Stärke des Blattmetalls. Schlagmetall ist zirka viermal dicker als Blattgold. Diese Stärke ermöglicht ein Anfassen mit den Fingern.

Wie Blattsilber unterliegt Schlagmetall einer Oxidation. Um ein Verfärben zu vermeiden, ist stets ein schützender Lacküberzug auf die Oberfläche aufzubringen. Aus diesem Grund wird eine Vergoldung mit Schlagmetall nur in Innenräumen angewendet.

12.3.4 Blattaluminium

Blattaluminium ist reines, dünn gewalztes Aluminium. Durch seine Wetterbeständigkeit wird es als Ersatz für Blattsilber bei Außenarbeiten verwendet (Abb. 3).

12.4 Vergolden

Es können drei Vergoldungstechniken unterschieden werden:

- Ölvergoldung,
- Polimentvergoldung und
- Hinterglasvergoldung.

Diese drei Techniken unterscheiden sich voneinander und sind vom Aufwand, handwerklichem Können und Wissen sehr unterschiedlich.

12.4.1 Ölvergoldung und -versilberung

Für eine Ölvergoldung und -versilberung lassen sich alle im Vorfeld aufgeführten Blattmetalle verarbeiten. Wesentliche Unterschiede ergeben sich erst beim Aufbringen des Blattes (Abb. 4).

Vorbereitung des Untergrundes
Die Durchführung einer Ölvergoldung bzw. -versilberung ist abhängig von der Untergrundbeschaffenheit. So darf der Untergrund keinerlei Saugwirkung besitzen. Am Besten geeignet sind hochglänzende Untergründe. Ein saugender Untergrund würde das Anlegemittel aufsaugen und so die Klebewirkung zerstören. Als Anlegen bezeichnet man das Aufbringen des „Klebers".

Als Anlegemittel werden eingesetzt:
- Mixtion, Anlegeöl und
- Anlegemilch.

Mixtion ist eine Harz-Öl-Kombination, welche mit Trockenstoffen (Sikkativen) versetzt ist (Abb. 5). Vorsicht: Mixtion ist aufgrund seiner Schwermetallanteile giftig.

Es gibt dreierlei Arten von Mixtion:
3-Stunden-Mixtion, 12-Stunden-Mixtion und 24-Stunden-Mixtion. Die Stundenangabe bezieht sich auf die Trockenzeit, die das Anlegeöl bis zum Auflegen des

Blattmetalls braucht und unbedingt eingehalten werden muss.
In der Praxis hat sich vor allem das 12-Stunden-Mixtion bewährt.

4 Ölvergoldung

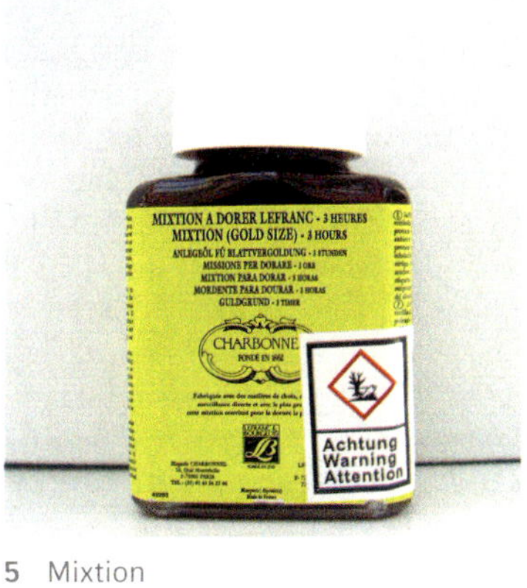

5 Mixtion

6 Anlegemittel

Zu früh aufgebrachtes Blattmetall „ersäuft“, es wird runzelig und verliert den Glanz.
Dies kann ebenso geschehen, wenn das Anlegeöl zu dick aufgetragen wurde. Ratsam ist der Auftrag mit einem sauberen Borstenpinsel in einer sehr dünnen, gleichmäßigen Schicht. Sollten Fehlstellen beim Anlegen zurückbleiben, ist ein Haftverlust an diesen Stellen gegeben.

Wichtig ist es, das angelegte Objekt absolut staubgeschützt zu lagern. Jedes Staubkorn würde auf dem Objekt kleben und am Ende als Erhebung sichtbar sein.

Um den richtigen Zeitpunkt für die Blattmetallaufbringung zu prüfen, streift man mit dem Finger über die angelegte Fläche. Ertönt ein leichtes Pfeifgeräusch (Pfeifprobe), ist der richtige Zeitpunkt erreicht.

Die unkomplizierte Methode ist das Anlegen mit der sogenannten Anlegemilch auf Kunststoffdispersionsbasis (Abb. 6). Hierbei muss die Trockenzeit nicht genau beachtet werden. Nach ca. 30 Minuten klebt die Oberfläche und das Schlagmetall lässt sich einlegen. Dies kann

Tab. 1: Vergolderwerkzeuge

Vergolderkissen:

Dient zum Auflegen und als Schneideunterlage des Blattes

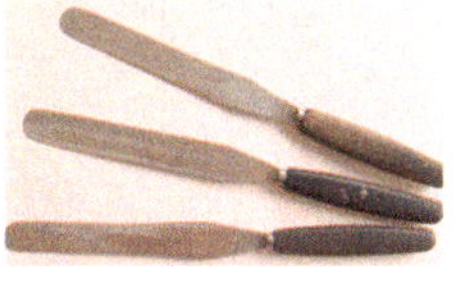

Vergoldermesser:

Zum Zuschneiden des Goldes

Anschießer:

Zum Aufnehmen und Auflegen des Goldes

Einkehrpinsel:

Zum Entfernen des überschüssigen Goldes

Tab. 1: Aufbringen von Schlagmetall

a) 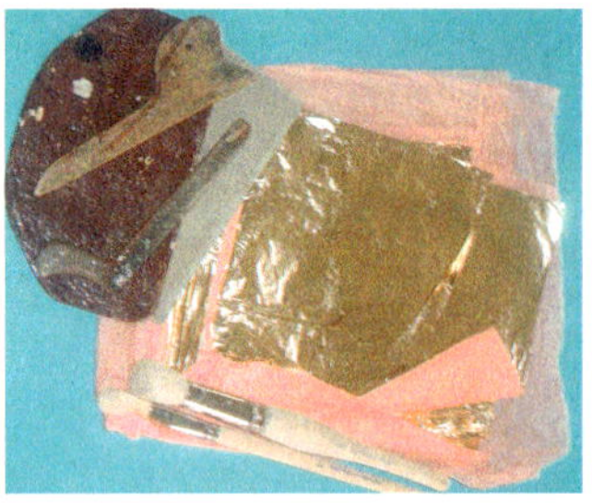

Benötigte Werkzeuge für das Auflegen von Schlagmetall: Pappspachtel und saubere Borstenpinsel.

b) 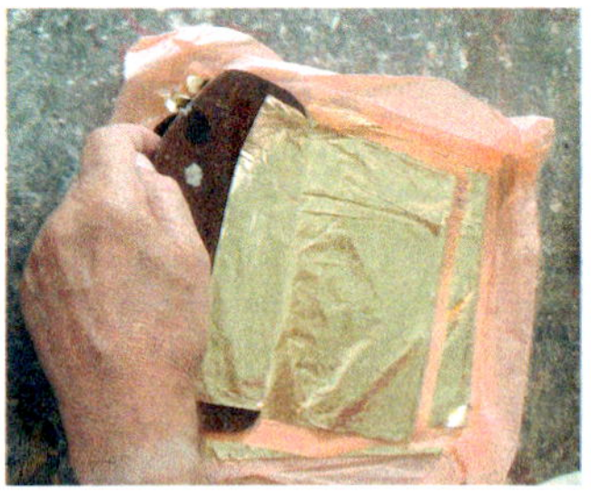

Das lose Schlagmetall wird mithilfe der Pappspachtel aufgenommen.

c) 

Das Schlagmetall wird auf das Objekt aufgelegt. Dies sollte möglichst faltenfrei geschehen.

d) 

Das überschüssige Schlagmetall wird eingekehrt und die Oberfläche mithilfe eines Borstenpinsels geglättet. Metallstaub setzt sich auch in zuvor überspannte Vertiefungen.

über einen Zeitraum von bis zu zwei Tagen geschehen. Diesen Zeitraum bezeichnet man als **offene Zeit**.

Aufbringen von Schlagmetall und Blattaluminium
Schlagmetall und Blattaluminium werden mithilfe von Pappspachteln und Borstenpinseln aufgelegt und angedrückt.
Überschüssiges Material wird nach Beendigung des kompletten Auflegens mit einem neuen, sauberen Borstenpinsel entfernt. Diesen Vorgang bezeichnet man als **Einkehren**.
Das Einkehren hat auch noch den Vorteil, dass sich Metallstaub in die Vertiefungen einsetzt, die zuvor beim Auflegen überspannt oder nicht erreicht wurden.
Um noch die letzten Fussel zu entfernen, wird am Ende die komplette Oberfläche mit Watte vorsichtig abgerieben (Tab. 1).

Aufbringen von Echtgold und -silber
Da die Blätter von Echtgold und -silber wesentlich dünner sind, ist für die Verarbeitung ein spezielles Vergolderwerkzeug einzusetzen.

Ein Heftchen Blattgold wird auf dem Vergolderkissen mithilfe eines Gummibandes befestigt (Abb. 1).

Mit dem Vergoldermesser wird das Blattgold aus dem Heftchen genommen und auf die vordere Fläche des Vergolderkissens gelegt (Abb. 2).
Durch leichtes Anblasen in die Blattmitte glättet sich das Blatt.

Mittels des scharfen Vergoldermessers kann nun das Blatt in gewünschte Teile geschnitten werden. Dies ist abhängig von dem zu vergoldenden Objekt. Jedoch sollten die Goldblättchen so groß wie möglich gehalten werden (Abb. 3).

Danach wird das Blatt mit dem Anschießer aufgenommen und anschließend in den bereits mit Mixtion angelegten Untergrund eingelegt (Abb. 4 und 5).

Ist das gesamte Objekt vergoldet, wird das überschüssige Gold mithilfe des Einkehrpinsels vorsichtig entfernt (Abb. 6). Hierbei kann Goldstaub in starke Vertiefungen aufgebracht werden.
Die Oberfläche einer Ölvergoldung ist sehr empfindlich gegen jegliche Art mechanischer Beanspruchung. Das Anlegeöl benötigt Wochen zum Durchhärten.

Ist es nötig, frisch vergoldete Objekte in die Hand zu nehmen, sollten Stoffhandschuhe getragen werden. Ansonsten besteht die Gefahr von Fingerabdrücken und Kratzspuren, die nicht mehr entfernt werden können.

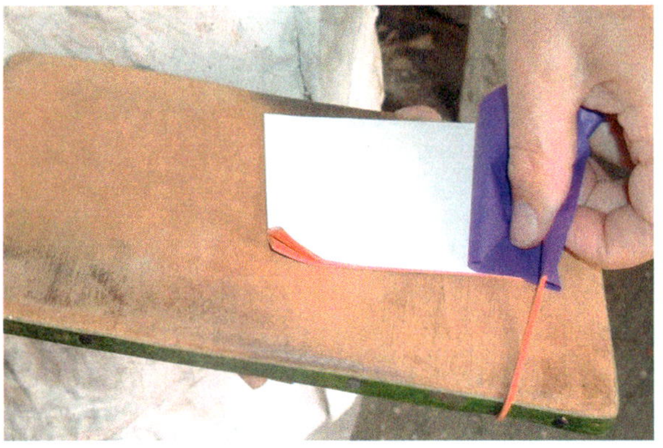

1 Einklemmen des Goldheftchens

2 Herausnehmen des Blattgoldes

3 Zuschneiden des Goldblattes

4 Aufnehmen des Blattes mit dem Anschießer

5 Anschießen des Blattgoldes

6 Einkehren der Ölvergoldung

Sollte dies geschehen, muss eine Neuvergoldung durchgeführt werden.

Die Ölvergoldung eignet sich als einzige Vergoldungstechnik für den Außenbereich.

Dabei ist Folgendes zu beachten:

- Als Anlegemittel nur Mixtion verwenden.
- Um Oxidationen zu vermeiden, nur Blattgold mit 23 ¾ oder 24 Karat verwenden.
- Bei Versilberungen im Außenbereich immer Blattaluminium verwenden (Oxidation).
- Es dürfen keine Lacküberzüge auf Echtgold und Aluminium aufgebracht werden. Diese würden den typisch metallischen Glanz nehmen.
- Schlagmetall ist nicht für eine Außenvergoldung geeignet (Oxidation).

Aufgaben zu Kapitel 12.4.1

1. Nennen Sie die beiden Anlegemittel, die bei einer Ölvergoldung eingesetzt werden.
2. Beschreiben Sie, wie der Untergrund für eine Ölvergoldung vorbereitet werden sollte.
3. Nennen Sie die Unterschiede zwischen Schlagmetall und echtem Blattgold.
4. Weshalb ist die Oberfläche einer Ölvergoldung sehr empfindlich?
5. Nennen Sie vier Punkte, die bei einer Ölvergoldung für den Außenbereich zu beachten sind.
6. Geben Sie eine andere Bezeichnung für Schlagmetall an.

12.4.2 Polimentvergoldung

Eine Polimentvergoldung wird auch als Glanzvergoldung bezeichnet. Sie ist gegenüber der Ölvergoldung polierbar und tritt mit einem strahlenden Glanz in Erscheinung. Die Polimentvergoldung ist jedoch ausschließlich für den Innenbereich geeignet (Abb. 1–3).

Die Polimentvergoldung ist wesentlich schwieriger und aufwendiger als die Ölvergoldung. Kleine Fehler in der Vorbereitung können ein gutes Ergebnis gefährden.

Polimentvergoldungen lassen sich nicht auf allen Untergründen durchführen. Es sind in der Regel nur Holz- und Gipsuntergründe geeignet. Im Gegensatz zur Ölvergoldung benötigt man für die Polimentvergoldung einen harten, aber saugenden Untergrund.

Arbeitsablauf einer Polimentvergoldung

Im Folgenden werden Rezepturen für Leimtränke, Grundierungen, Lösche und Leimpoliment genannt, die bei der Polimentvergoldung Verwendung finden. Die angegebenen Werte sind ungefähre Maßangaben und können je nach Objekt und Material variieren.

Der erste Schritt jeder Polimentvergoldung ist das Leimtränken.

Die **Leimtränke** ist ein relativ dünnes Leimwasser, das sehr heiß aufgetragen wird (Abb. 4). Die Rezeptur muss nach dem Saugverhalten des Untergrundes eingestellt werden. Stark saugene Untergründe benötigen mehr Leim, als schwach saugende. Aufgetragen wird die Leimtränke mit einem sauberen Borstenpinsel. Hierbei ist darauf zu achten, dass keine Lachen in den Vertiefungen stehen bleiben.

1 Aufbau einer Polimentvergoldung

Rezeptur:
1 l Wasser
100 g Leim im Trockenzustand

Erst wenn die Leimtränke komplett getrocknet ist, kann mit der zweiten Schicht, dem Steingrund, weitergearbeitet werden.

Als **Steingrund** bezeichnet man die erste Grundierschicht, die wiederum eine Verbindungsschicht vom leimgetränkten Untergrund zu den Weißgrundschichten darstellt (Abb. 5). Der graue Steingrund dient des Weiteren als härtende Schicht zum Untergrund hin.
Er macht nicht nur die verhältnismäßig weiche Holzoberfläche hart, sondern stellt auch noch lose Holz-

2 Polimentvergoldung an einer Barockfigur

3 Materialien für die Kreidegrundherstellung

4 Leimtränken

5 Steingrundieren

fasern auf. Diese können nach der Trocknung vorsichtig abgeschliffen oder abgekratzt werden. Aufgetragen wird der Steingrund mithilfe eines Borstenpinsels im Stupfverfahren.

Rezeptur:
0,5 l Wasser
100 g Leim im Trockenzustand
... Steinkreide bis die Lösung gesättigt ist

Während der Trocknung des Steingrundes kann bereits der **Weiß- oder Kreidegrund** angemacht werden.

Die Zusammensetzung und Auswahl der Kreiden des Weißgrundes ist abhängig von der Beschaffenheit des zu grundierenden Objektes. Als Kreiden stehen die zuvor genannten Kreiden zu Verfügung. Meist werden Mischungen aus den verschiedenen Kreiden verwendet, da jede Kreide andere Eigenschaften besitzt.

1 Kreidegrundsiebe

Als Kreiden können z. B. verwendet werden:
- Steinkreide,
- Bologneser Kreide,
- Champagnerkreide,
- Chinakreide.

Zur Herstellung wird zuerst die Leim-Wasser-Lösung erwärmt. Die benötigten Kreiden werden nun in die Lösung eingestreut.
Dieser Vorgang wird so lange wiederholt, bis die Leim-Wasser-Lösung mit Kreide gesättigt ist. Das heißt, es sollte eine dünne trockene Kreideschicht auf der Oberfläche stehen bleiben.
Vor dem Umrühren wird noch ein kleiner Schuss Leinöl zu der Mischung dazu gegeben.

Nun den Kreidegrund umrühren und anschließend durch ein Kreidegrundsieb streichen (Abb. 1). Zur Lagerung ist es am besten, den fertig gesiebten Kreidegrund im Kühlschrank aufzubewahren.

Zur Verarbeitung kann portionsweise Kreidegrund entnommen und erwärmt werden.

Der erste Auftrag erfolgt wie beim Steingrund mit einem Borstenpinsel und im Stupfverfahren (Abb. 2). Die weiteren Aufträge werden im Streichverfahren appliziert, wobei der Zweite nochmals mit dem Borstenpinsel ausgeführt wird (Abb. 3).

Ein dritter, vierter oder gar fünfter Auftrag wird mit einem Haarpinsel (Fischpinsel mit Otter- oder Iltishaaren) vorgenommen.

Beim gesamten Grundierungsvorgang ist darauf zu achten, dass keine Feinheiten des Objektes zugesetzt wer-

2 Erster Kreidegrundauftrag

3 Ausgrundieren

den, aber trotzdem genügend Grund auf der Oberfläche liegen bleibt.

Rezeptur:
0,65 l Wasser
100 g Leim
Kreidenmischung bis zur Sättigung einstreuen

Nach vollständiger Trocknung des Kreidegrundes kommt nun die aufwendigste, aber auch wichtigste Arbeit für eine einwandfreie Vergoldung.

Der Kreidegrund muss geschliffen werden (Abb. 4). Dies geschieht mit Trockenschleifpapier P150 – P180. Um Schleifkratzer zu vermeiden, wird zum Abschluss mit einem feuchten Leinenlappen die Kreidegrundfläche zusätzlich geglättet. Überschüssiger Schleifschlamm ist mit einem Schwamm zu entfernen. Je makelloser und glatter die Oberfläche ist, desto schöner wird die Vergoldung. Unebenheiten und noch vorhandene Schleifkratzer würden sich unweigerlich in der Vergoldung abzeichnen.

Ist das Objekt fertig geschliffen, erfolgt ein Überzug mit der sogenannten Lösche. Diese dient dazu, den Kreidegrund abzuisolieren und eine bessere Verbindung zum darauffolgenden Polimentauftrag herzustellen. Die Lösche ist wiederum eine Leim-Wasser-Lösung mit etwas farbgebendem gelben Poliment versetzt.

Rezeptur:
250 ml Wasser
15 g Leim
1 Teelöffel Poliment gelb

Auf den gelöschten Kreidegrund wird nun das Poliment, von dem diese Vergoldertechnik seinen Namen hat, aufgetragen. Es ist der eigentliche Träger des Blattgoldes.

Poliment besteht aus Bolus, welcher eine fette Tonerde ist. Dieser wird mit Zusätzen zur Qualitätsverbesserung aufbereitet. Poliment gibt es im Handel in zweierlei Konsistenzen. Bereits angeteigt und in fester, trockener Hütchenform (Abb. 5).

Das feste Poliment muss zuerst gerieben und eingesumpft werden, bevor man es verarbeiten kann. Es gibt die Polimente in den Farbtönen Gelb, Rot, Weiß und Schwarz. Es gibt auch noch grünes und blaues Poliment, das jedoch in der Historie der Vergoldung keine Rolle spielt und meist nur in der modernen Gestaltung verwendet wird. Der Farbton beeinflusst den späteren Farbton der Vergoldung.

Der Grundstoff Poliment kann nicht direkt aufgetragen werden, sondern er benötigt ein Bindemittel. Dies kann sowohl Leim oder Eiweiß sein. Im hier beschriebenen Ablauf wird nur auf das Leimpoliment eingegangen.

Wichtig ist es, das fertig angemischte Poliment zu sieben, um jegliche Verunreinigungen zu entfernen. Die Konsistenz des Poliments sollte so eingestellt sein, das es leicht vom Pinsel tropft.

Rezeptur:
250 ml Wasser
1–8 g Polimentleim
ca. 100 g angeteigtes Poliment

In der Regel werden drei Aufträge warm aufgebracht. Zuerst wird gelbes Poliment mithilfe eines Borstenpin-

4 Schleifen des Kreidegrundes

5 Verschiedene Polimentarten

1 Gelbes Poliment auftragen

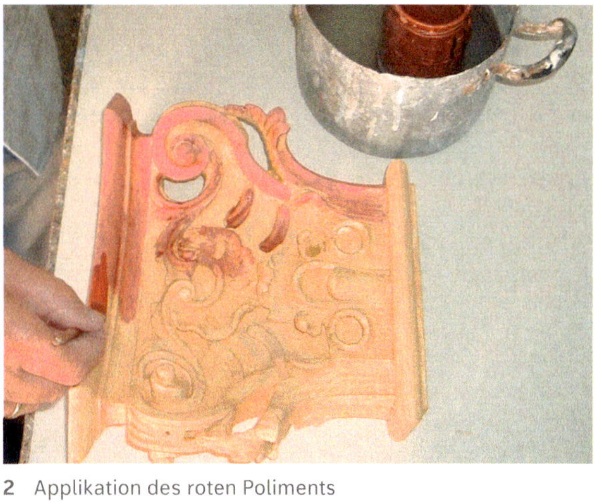

2 Applikation des roten Poliments

3 Poliment bürsten

4 Annetzen des Poliments

sels über die gesamte zu vergoldende Fläche aufgebracht (Abb. 1).
Darauf folgend wird zweimal das rote Poliment mit einem Haarpinsel aufgetragen (Abb. 2). Hierbei werden Vertiefungen ausgespart, da bei Goldrissen der gelbe Untergrund durchscheint und nicht auffällig wirkt.

Nach der Trocknung des zweiten roten Polimentauftrages wird die Oberfläche mit einer Polimentbürste leicht gebürstet.
Nun ist das Objekt für die anschließende Vergoldung vorbereitet (Abb. 3).
Es sollte immer nur so viel polimentiert werden, wie am gleichen Tag vergoldet wird. Um Haftungsstörungen zu vermeiden, darf das Poliment nicht mit den Fingern berührt werden.

5 Anschießen des Blattgoldes

Das **Auflegen des Blattgoldes** wird als Anschießen bezeichnet. Um eine Haftung zwischen Poliment und Blattgold zu erreichen, benötigt man ein Netzmittel, das als Netze bezeichnet wird (Abb. 4). Die Netze besteht aus 2 Teilen Wasser und 1 Teil Spiritus oder sonstigem hochprozentigen Alkohol. Die Vergoldung muss schwimmend erfolgen. Deshalb benetzt man nur so viel, wie man auch in einem Stück vergolden kann.

6 Poliersteine aus Achat

7 Polieren des Goldes

Mit dem Anschießer wird das Gold aufgenommen und zur benetzten Fläche geführt. Die Feuchtigkeit der Netze zieht das Goldblatt auf die Oberfläche. Es schießt sozusagen auf das Objekt, daher wird die Bezeichnung „Anschießen" abgeleitet (Abb. 5).

Trocknet die Netze leicht an, muss sofort nachbefeuchtet werden. Trockene Stellen führen zum Haftverlust des Blattgoldes.

Ist das gesamte Werkstück vergoldet, muss eine etwa vierstündige Trockenzeit eingehalten werden.

Zum **Polieren** der Vergoldung werden ausschließlich Achat-Poliersteine verwendet (Abb. 6–7).

Die Poliersteine werden möglichst flach auf die Oberfläche gelegt und mit gleichbleibendem Druck hin und her geführt. Dabei beginnt die Vergoldung im gewünschten Glanz zu erstrahlen. Nur Stellen, die der Polierstein erreicht, beginnen auch zu glänzen.
Eigentlich ist es das Poliment, das zu glänzen beginnt und seinen Glanz an das Gold weitergibt.

Sollten nach dem Polieren noch Fehlstellen oder Risse im Gold sichtbar sein, können die Vorgänge wiederholt werden.

Nach dem Polieren ist die Vergoldung im Grunde fertig. Vergoldungen erhalten gewöhnlich keinen Überzug. Nur wenn Gegenstände häufigen Berührungen ausgesetzt sind, erhalten sie einen Schutzüberzug. Dieser kann mit Schellack oder Zaponlack (Nitrocelluloselack) erfolgen.

Schmucktechniken mit Polimentvergoldungen
Mit Polimentvergoldungen lassen sich verschiedene Schmucktechniken durchführen. Entweder wird der Kreidegrund selbst verziert oder die fertige Polimentvergoldung wird im Anschluss gestaltet.
Zu den möglichen Techniken gehören das Gravieren und das Radieren (Abb. 8–9).

8 Gravierung

9 Radierung

12.4.3 Hinterglas-Glanzvergoldung

Diese Technik des Vergoldens ist durch modernes Folienmaterial etwas ins Abseits gerückt. Durch die Bearbeitung von der Rückseite her entsteht eine Art Goldspiegel.

Als Untergrund benötigt man eine saubere Glasscheibe. Als Bindemittel werden bei dieser Vergoldung Fischleim (Hausenblase) oder Gelatine eingesetzt. Gelatine ist gewöhnlich leichter und günstiger zu erhalten.
Für die Rezeptur benötigt man etwa 2 cm^2 Blattgelatine auf 200 ml Wasser.

Um sicherzugehen, dass keine Schlieren oder Verunreinigungen in dieser Leimlösung sind, wird diese gefiltert. In eine satt aufgetragene Leimlösung wird das Blattgold unmittelbar eingelegt.
Mittels eines Löschblattes oder eines Küchenkrepps wird die noch überschüssige Lösung abgesaugt.
Ist keine Flüssigkeit mehr rückständig, muss die Vergoldung einige Zeit trocknen.
Erst in einem absolut trockenen Zustand wird die Oberfläche mit einer Watte vorsichtig poliert.

In der Regel müssen zwei bis drei Vergoldungen durchgeführt werden, bis eine makellose Goldfläche entsteht.

12.4.4 Bronzen und Bronzieren

Bronzen sind Metallblättchen, die aus Metalllegierungen hergestellt werden. Wird eine Kupfer-Zink-Legierung verwendet, so spricht man im Allgemeinen von Messing- oder Goldbronzen. Bei Legierungen aus Kupfer-Nickel-Zink erhält man einen silbrigen Farbton, deshalb werden diese Legierungen als Silberbronzen bezeichnet.
Obwohl im Sprachgebrauch meist alle als Gold- oder Silberbronzen bezeichnet werden, gibt es verschiedene Arten von Bronzen (Abb. 1).

Fachlich werden sie bezeichnet als:
- Messingbronzen,
- Anlaufbronzen,
- Patentbronzen,
- Polierbronzen,
- Aluminiumbronzen oder
- Naturbronzen.

Messingbronzen sind die am meisten verwendeten Bronzen. Je nach Legierungsanteil besitzen sie unterschiedliche Farbnuancen und werden in verschiedenen Feinheitsgraden angeboten. Bronzen mit Bezeichnungen wie Bleichgold, mit einem leicht rötlichen Farbton,

1 Verschiedene Bronzen

Reichgold, mit einem leicht grünlichen Farbton und Reichbleichgold werden angeboten.
Mit den meisten herkömmlichen Bindemitteln (Leime, Schellack, Nitrolack) vermengt, werden diese Messingbronzen als Echtgoldersatz verwendet.

Bei **Anlaufbronzen** handelt es sich um feuergefärbte Bronzen. Dabei wird Messingbronzepulver in Kupfertigeln erhitzt. Durch Veränderung der Erhitzungszeit und der Temperatur lassen sich verschiedene Farbtöne herstellen. Bezeichnungen wie Dukatengold, Altgold, Feuerrot, Englischgrün, Orange, Zitron, Braun und Purpur werden als Handelsname angegeben.

Patentbronzen sind mit lasierenden Pigmenten oder Farbstoffen getönte Messing- oder Aluminiumbronzen. Bei Effektlackierungen werden sie als Glimmer oder Flakes bezeichnet.

Bei **Polierbronzen** handelt es sich um Bronzepulver sehr feiner Ausmahlung. Mit Polimentleim gebunden und auf einen Polimentuntergrund aufgetragen, lassen sich diese Bronzen anschließend mit dem Achatpolierstein polieren.

Aluminiumbronzen sind nicht verträglich mit sauren oder alkalischen Bindemitteln.
Das Pulver findet Verwendung als Echtsilberersatz und als metallischer Bestandteil in Metallic-Lacken.

Bei **Naturbronzen** handelt es sich um die echten Metalle Gold und Silber, welche pulverförmig zermahlen wurden. Daher spricht man auch von Pudergold oder -silber. Da diese Bronzen sehr teuer sind, werden sie nur zu Ausbesserungsarbeiten bei Polimentvergoldungen bzw. -versilberungen angewendet. Hierzu werden sie mit Polimentleim angemischt und mit einem kleinen Pinsel aufgetragen.
Für diesen Zweck gibt es auch das **Muschelgold**. Hierbei handelt es sich um Pudergold, das mit einem Bindemittel (Gummiarabicum) bereits angeteigt und getrocknet wurde. Es kann mit Wasser wieder gelöst und aufgetragen werden.

Gefahren im Umgang mit Metallstäuben

Fein in der Luft verteilte Metallteilchen können mit dem Sauerstoff der Luft oxidieren und zu einer heftigen Reaktion führen. Dies kann zu einer **Staubexplosion** führen. Dazu genügt ein Funke eines elektrischen Gerätes oder der Zusammenprall zweier Metalle.

In Verbindung mit Wasser wird Wasserstoff freigesetzt, was wiederum zu einer Explosion führen kann.

Aufgaben zu den Kapiteln 12.4.2 bis 12.4.4

1. Benennen Sie die abgebildeten Vergolderwerkzeuge.

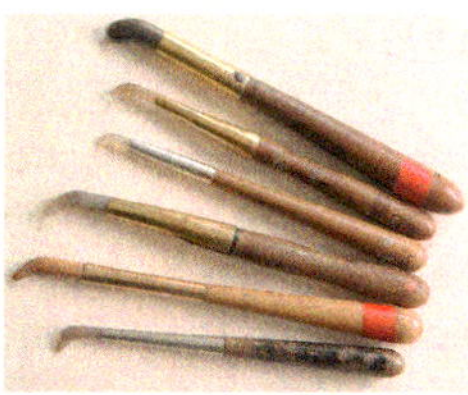
a)

b)

c)

d)

2. Listen Sie die Materialien auf, die für die Untergrundvorbereitung bei einer Polimentvergoldung benötigt werden.

3. Beschreiben Sie in Stichpunkten die verschiedenen Stufen einer Polimentvergoldung.

4. Woraus besteht das Haarmaterial eines Fischpinsels?

5. Aus welchem Material bestehen Poliersteine?

6. Nennen Sie Vergoldungsarten und ordnen Sie diese den Abbildungen zu.

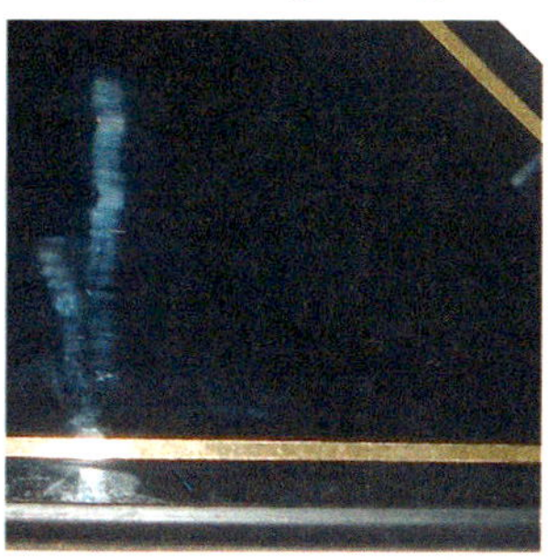
a)

b)

c)

7. Woraus besteht das Netzmittel bei der Polimentvergoldung?

Dadurch entstehen Zufälligkeiten in der Steinstruktur. Des Weiteren benötigt man einen Naturschwamm, um die Farbübergänge aufzulockern. Strukturen kann man auch mit einem Lappen oder Fensterleder erzielen (Abb. 1).

Für die Aderung werden Schlepper, langhaarige Haarpinsel oder auch Federn eingesetzt. Sie werden auch als Aderpinsel bezeichnet.

Oft wird bei der Aderung der Fehler gemacht, diese nicht als kantige Brüche mit unterschiedlicher Strichstärke einzumalen, sondern als gebogene Linien in gleich bleibender Stärke (Abb. 2–3).
Für die Ausführung einer Marmorierung gibt es keine generelle Vorgehensweise. Beispielhaft wird eine mögliche Marmorierung beschrieben (Abb. 5–9).

Zur Anfertigung der Marmorstruktur wird zuerst mit dünnflüssiger Farbe partieweise die Fläche mit einem Borstenpinsel angelegt.

Die Ränder können mit einem Naturschwamm abgetupft werden. Partien, die in der Farbigkeit stärker erscheinen sollen, können mit der gleichen Lasur nochmals überarbeitet und verstärkt werden.

Dadurch kann man Schritt für Schritt hellere und dunklere Wirkungen erzielen. Sollen mehrere Farbtöne verarbeitet werden, geht man nach dem gleichen Prinzip mit den weiteren Farbtönen vor. Wichtig dabei ist, die Farbe nicht gleich zu deckend aufzutragen. Kräftiger und deckender zu arbeiten, ist immer möglich. Eine deckende Marmorierung wieder lasierender erscheinen zu lassen, ist jedoch äußerst schwierig.

Wenn die gesamte Marmorstruktur angelegt wurde, werden die Adern mit einer relativ deckenden Farbe eingebracht. Zuerst werden die etwas dunklere Adern und zuletzt die weißen Quarzadern aufgebracht.
Da natürlicher Marmor meist poliert wird, ist auf dem künstlichen Marmor ein glänzender Schutzüberzug aufzubringen.

1 Marmorierwerkzeug

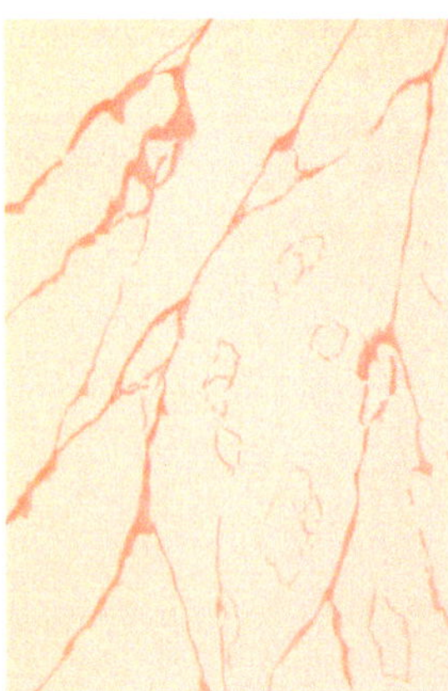

2 Richtige Aderung

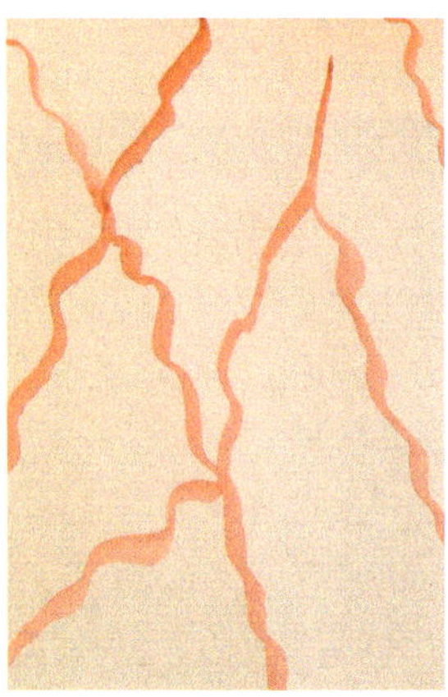

3 Falsche Aderung

4 Barockaltar mit Marmorierung

5 Anlage der Marmorstruktur

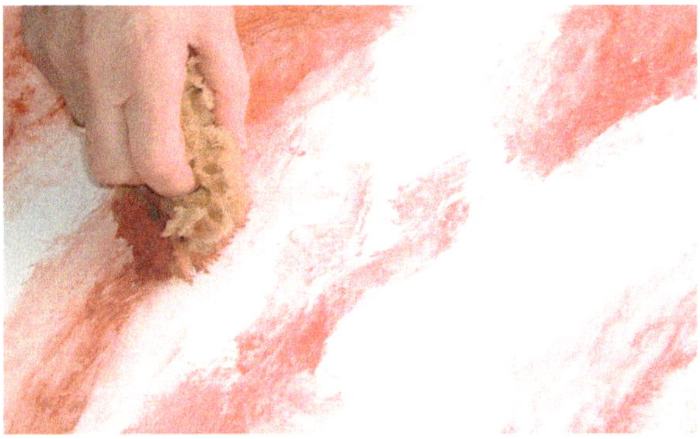

6 Weiche Übergänge mit dem Naturschwamm schaffen

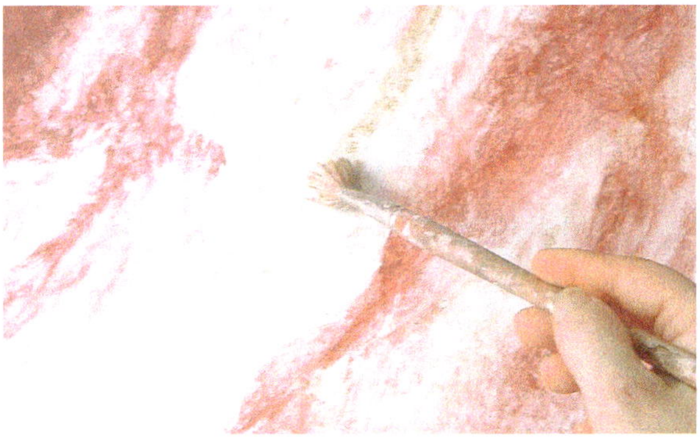

7 Einbringen des zweiten Farbtons

8 Einzeichnen der Aderung mit dem Aderpinsel

9 Fertige Marmorierung

Beispiele verschiedener Marmorierungen zeigen die Abb. 10–12.

10

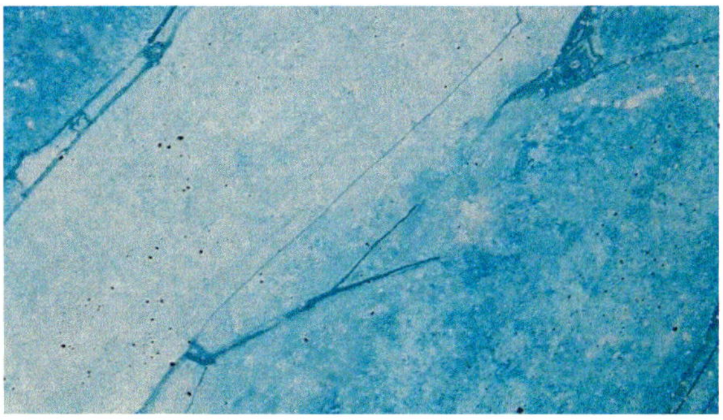

11

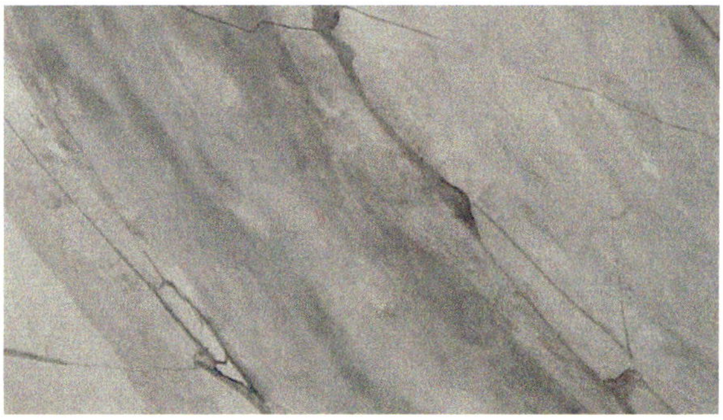

12

12.5.3 Malachit-Imitation

Malachit ist ein grüner Schmuckstein, der aus Vorkommen in Europa, Südamerika, Australien und Afrika gewonnen wird. Weil es sehr kostspielig ist, das echte Material zu verarbeiten, greift man auf die malerische Imitation zurück.

Schwierig ist es, mit dieser Technik größere Flächen zu gestalten. Deshalb sollte man die Fläche in mehrere kleinere Partien untergliedern, um ein entsprechend natürliches Ergebnis zu erzielen.
Die Abb. 1–5 zeigen einige Arbeitsschritte.

Als Untergrund benötigt man eine beschichtete Fläche in einem bläulichen Hellgrün, die nach dem Trocknen matt geschliffen wurde.
Als Bindemittel dient ein Halböl aus 1 Teil Leinöl, 1 Teil Balsamterpentin und wenigen Tropfen Sikkativ. Halböl ist ein Öl, das in Lösemittel aufgelöst wird.

Dieser erste Lasurauftrag wird mit Dunkelgrün (Chromoxidgrün feurig) abgetönt. Die Lasur wird großflächig mit einem Borstenpinsel aufgetragen. Kleine Stellen dürfen unbeschichtet bleiben, da diese Stellen mit Umbra natur und Ultramarinblau geschlossen werden.

1 Lasur auftragen

2 Lasur abstupfen

Um Pinselstrukturen zu vermeiden, wird die gesamte Fläche mit einem Stofflappen abgestupft und anschließend mit dem Dachshaarvertreiber verschlichtet.

Aus einem Stück Pappe fertigt man eine Art Spachtel, mit dem die Lasur kreisförmig abgeschabt wird. Dadurch entsteht das typische Malachitmuster. Gleichbleibender Druck ist dabei zu berücksichtigen, um ein gutes Ergebnis zu erzielen. Mit einem Pinselstil können in die noch vorhandenen Zwischenräume feine Linien gezogen werden, um diese aufzulockern.
Mit dem Dachshaarvertreiber wird mit sehr leichtem Druck die komplette Anlage verschlichtet.

3 Malachitstruktur anlegen

4 Struktur leicht vertreiben

5 Fertiger Malachit

6 Intarsienarbeit in Holz

7 Malerische Intarsienarbeit

12.5.4 Maserieren

Maserieren leitet sich vom Wort Maserung ab, womit die Struktur des Holzes bezeichnet wird. Maserierung ist das malerische Darstellen von Holzstrukturen meist edler und teurer Hölzer.
Oft waren für den einfachen Bürger teure Edelhölzer unerschwinglich und so entwickelte sich die Technik der Holzimitation. Selbst Holzeinlegearbeiten, Intarsien, können täuschend ähnlich imitiert werden (Abb. 6 und 7).
Für eine Maserierung benötigt man einen nicht saugenden, glatten Untergrund. Am günstigsten haben sich mit Vorlack beschichtete, matt geschliffene Flächen, erwiesen. Die Farbigkeit des Untergrundes ist abhängig von der zu maserierenden Holzart. Er kann von hellen Ockertönen, über rötliche Beigetöne bis zu Grautönen variieren.

Für Maserierarbeiten benötigt man spezielle Werkzeuge (Abb. 8). Neben herkömmlichen Schwämmen, wird ein eigens für diese Technik produziertes Pinselwerkzeug benötigt. Hierzu gehören:

- Modler,
- Birkenmodler,
- Dachshaarvertreiber,
- Zackenpinsel,
- Schläger.

Im Handel gibt es für diese Technik hergestellte Pigmente, die bereits in angeteigter Form erhältlich sind. Es können jedoch auch Trockenpigmente, welche mit dem Bindemittel vermischt werden, Verwendung finden.
Für Maserierarbeiten sind nur Pigmente geeignet, die eine lasierende Wirkung aufweisen. Für die Maserierung bevorzugte Pigmente sind:

- Ocker,
- Siena natur und gebrannt,
- Kasslerbraun,
- Oxidschwarz.

In seltenen Fällen kommt auch Pariserblau zum Einsatz. Als Bindemittel wurde und wird häufig Bier verwendet. Es hat eine leicht klebende Wirkung und beeinflusst das Lasurverhalten und die Transparenz der Beschichtung nicht. Selbst die im Handel erhältlichen angeteigten Pigmente sollten noch mit Bier verdünnt werden. Statttdessen kann als Bindemittel auch ein Halböl (Leinöl, Balsamterpentin und Sikkativ) verwendet werden. Diese Alternative benötigt eine wesentlich längere Trockenzeit.

Nussbaum-Imitation
Ein einfaches und für den Ungeübten leicht zu imitierendes Holz ist das Nussbaumholz.

Auf den Untergrund wird ein ins rötlich gehender heller Ockerfarbton aufgetragen. Zuerst wird mit dem Zackenpinsel der Holzkern aufgemalt. Hierfür mischt man die

8 Maserierwerkzeuge und zugehöriges Material

drei Farbtöne Siena natur, Siena gebrannt und Schwarz an. Die verschiedenen Zacken des Pinsels bekommen unterschiedliche Farbtöne. Für eine naturnahe Holzkern-Darstellung ist etwas Übung und handwerkliches Geschick erforderlich.

Mit dem Dachshaarvertreiber wird die Farbe des Holzkerns nach außen vertrieben.
Mit dem Schwamm, in dem ebenfalls mehrere Farbtöne aufgenommen werden, wird die Randfläche zum Kern gezogen.
Diese Strukturanlage muss nun trocken und erhält einen fixierenden Überzug, z. B. mit Schellack.
Anschließend erhält diese fixierte Anlage einen Überzug mit einer weiteren Bierlasur.
Dafür kann aus Siena natur, Siena gebrannt und Kasslerbraun ein gewünschter Farbton gemischt werden.
Auch hier ist Bier als Bindemittel geeignet.

Die angefertigte Lasur wird nun über die gesamte Fläche des Holzimitats aufgetragen und mit dem Dachshaarvertreiber verschlichtet.
Mit dem Birkenmodler werden unmittelbar in die nasse Beschichtung die „Wimmern“ in die Randfläche eingestupft. Mit dem Dachshaarvertreiber werden diese leicht vertrieben, ohne dabei die Struktur zu zerstören.

1 Holzkern mit Zackenpinsel aufmalen

2 Holzkern nach außen vertreiben

3 Maser mit Schwamm beiziehen

4 Schlusslasur aufbringen

5 Wimmern mit Birkenmodler einarbeiten

6 Fertige Maserierung

Nach der Trockenzeit ist die Maserierung fertig. Eine folgende unpigmentierte Beschichtung gibt dem „Holz" Tiefe und Brillanz, sodass es echt und edel aussieht. Außerdem schützt die Beschichtung die Oberfläche.

Für Imitationen von Intarsien muss man die Flächengliederungen partieweise abdecken und stückchenweise bearbeiten. Dies benötigt einigen Aufwand, Zeit und Geduld (Abb. 7).

Wurzelholz kann durch Einträufeln von Spiritus in die Bierlasur angefertigt werden (Abb. 8).

Maserierung mit dem Maserboy
Als Ersatz für die komplizierte Pinseltechnik zur Holzimitation, entwickelte sich das leichter zu handhabende Werkzeug „Maserboy" (Abb. 9).

7 Maserierter Schrank mit Intarsie

Der Maserboy ist ein Gummistempel, mit dem in eine frisch aufgetragene Lasur Maserungen gezogen werden.

Der Untergrund wird mit dem gewünschten Grundfarbton beschichtet. Nach ausreichender Trocknung wird die Maserierlasur aufgetragen. In die noch feuchte Lasur wird der Gummistempel mit auf- und abschwingenden Bewegungen gezogen. Ausgeführt wird die Technik über die gesamte Fläche, möglichst gleichmäßig und ohne abzusetzen (Abb. 10). Gearbeitet wird von oben nach

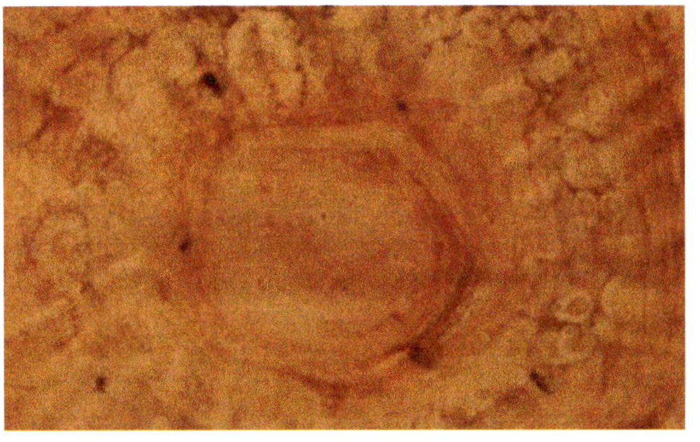

8 Wurzelholzimitation

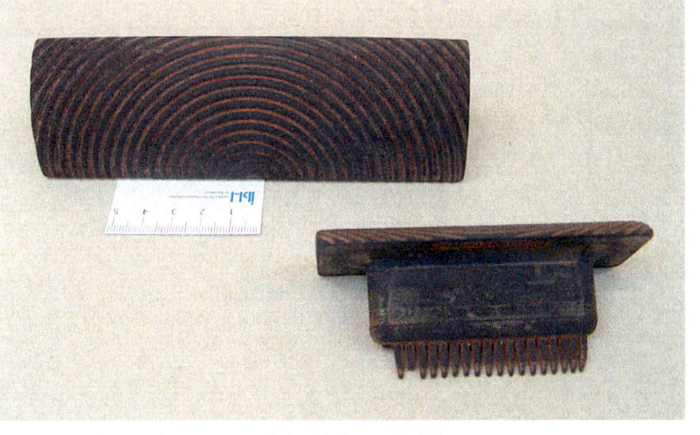

9 Maserboys in unterschiedlichen Größen

10 Schwingen des Gummistempels

unten, in regelmäßig nebeneinander gesetzten Reihen. Nach jeder Bahn muss der Gummistempel gesäubert werden, um ein Verschmieren der folgenden Bahn zu verhindern. Mit dem Maserboy sind unterschiedliche Effekte möglich:

- Eine schlichte, breite Maserung ist durch gleichmäßiges, gerades Ziehen des Stempels möglich.
- Leichtes Auf- und Abschwingen des Maserboys führt zu einer bewegten Maserung (Abb. 10, Seite 309).
- Astknoteneffekte erzielt man durch häufiges Vor- und Zurückschwingen des Handgelenks.
- Mit dem Kammrücken des Gummistempels können zusätzliche Linienstrukturen in die Maserung gearbeitet werden.

12.5.5 Graumalerei

Als Graumalerei wird eine Licht-Schatten-Malerei bezeichnet, bei der alleine durch Hell-Dunkel-Werte eine plastische Wirkung erzielt wird (Abb. 1–2).

Obwohl diese Technik Graumalerei heißt, ist es nicht unbedingt nötig, die Gestaltung in Grau auszuführen. Es können ebenso Ockertöne, bläuliche oder rötliche Farbtöne als Lokaltöne (Grundtöne) verwendet werden. Wichtig ist es, die entsprechenden Tonwerte (Hell-Dunkel-Stufen) der Schatten und der Lichter zu verwenden.

Bei Grau ist es relativ leicht, die Schatten zu mischen (meist durch Zugabe von Schwarz). Bei einem gelblichen Lokalton ist es schwieriger, die Schattentöne zu mischen. Schatten von Gelbtönen sind meist rötlicher. Diese können durch Zugabe der Pigmente Siena gebrannt oder Caputmortuum erreicht werden.

Lichttöne zu mischen ist relativ einfach durch Aufhellen des Lokaltones mit Weiß möglich.

1 Graumalerei eines Fensters

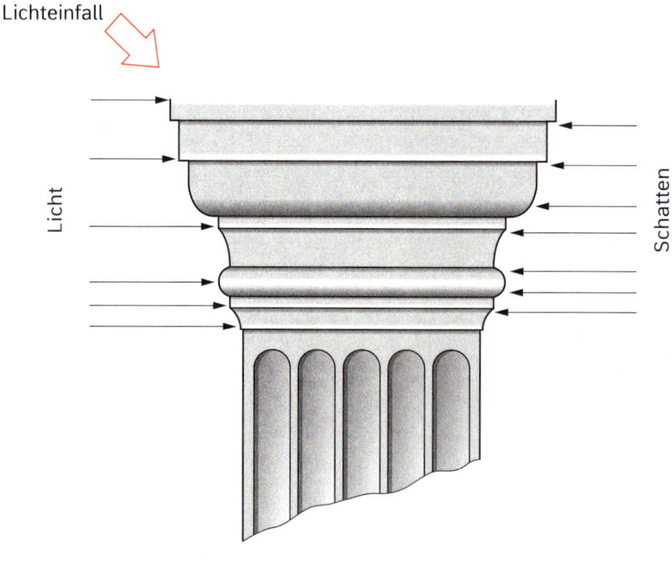

2 Licht- und Schattenschema

Tab. 1: Einfacher Ablauf einer Graumalerei am Beispiel eines Kapitells

a) Anlegen des Kapitells im Lokalton

b) Anbringen des ersten Schattens

c) Verstärken der Schattenpartien mit dem zweiten Schatten

d) Aufsetzen des ersten Lichtes

e) Das zweite Licht verstärkt die plastische Wirkung

f) Fertigstellen des Kapitells durch Blitzer und Drucker

Meist benötigt man einen Lokalton, zwei abgestufte Schattentöne und Helligkeitsstufen der Lichttöne. Darüber hinaus noch eine Weißerhöhung, die man „Blitzer" nennt, und einen dunkelsten Schatten, der als „Drucker" bezeichnet wird. Die differenzierte Darstellung von Licht und Schatten ergibt dann die plastische Wirkung. Ratsam ist es, die verschiedenen Tonwerte nass in nass zu vermalen.
Zur Übung sollte man das zu malende Objekt zuerst als Kohlezeichnung anfertigen. Hierbei kann man durch leichtes Verwischen der schwarzen Kohle sanfte Schattenübergänge erzeugen. Lichter können mit weißer Kreide eingezeichnet werden. Zu viel Kohle oder Kreide kann mit einem Knetgummi wieder abgenommen werden.

12.5.6 Brokatmalerei

Die Brokatmalerei ist eine Art Graumalerei. Bei dieser werden durch einfache Licht-Schatten-Setzung Brokatstoffe imitiert (Abb. 1).

1 Brokatmalerei

Brokatstoffe sind meist aus Seide gewobene, schwere und gemusterte Stoffe. Sie wurden von Adligen oder kirchlichen Würdenträgern als Prunkgewänder getragen. Ebenso fanden sie Verwendung als Wandbespannungen und Möbelstoff. Brokatstoffe werden oft mit Silber oder Goldfäden durchwebt, um ihre Pracht noch zu steigern.
Die Brokatmalerei fand in der Ausschmückung von spätbarocken Kirchen ihren Höhepunkt. Hierbei wurden oft stuckumrahmte Schmuckfelder oder Chorbögen mit dieser Technik ausgefüllt. Bei manchen Brokatmalereien werden zur Steigerung der Wirkung die Lichter mit Blattgold aufgesetzt (Kapitel 12.4).

Eine Mixtion, an der das Blattgold haftet, würde vom Putzuntergrund aufgesaugt werden. Deshalb wird hierfür eine Mischung aus Bienenwachs, Leinöl und Hirschtalg verwendet, an der das Gold klebt. Diese Art der Vergoldung wird als **Mordentvergoldung** bezeichnet.

Aufgaben zu Kapitel 12.5

1. Wann war die Blütezeit der Marmormalerei?
2. Nennen Sie vier Werkzeuge, die bei einer Marmorierung zum Einsatz kommen können.
3. Welches Bindemittel wird bei der Malachit-Imitation eingesetzt?
4. Nennen Sie vier Werkzeuge, die beim Maserieren verwendet werden.
5. Welche Pigmente werden bei der Maserierung bevorzugt?
6. Beschreiben Sie, warum Maserierungen mit Klarlack überzogen werden.
7. Wie viele Farbabstufungen werden für die Durchführung einer Graumalerei benötigt?

8. Beschreiben Sie in Stichpunkten den Ablauf einer Graumalerei.

9. Nennen Sie die Bezeichnung für die Vergoldung bei einer Brokatmalerei.

10. Welcher Fehler passiert bei der Aderung im Rahmen der Marmoriertechnik häufig?

11. Aus welchen Gründen wurden Imitationen (Steinimitationen, Marmorieren, Malachitimitationen) im Rahmen der dekorativen Techniken ursprünglich eingesetzt?

12. Wie nennt man den Gummistempel, der als Ersatz für die komplizierte Pinseltechnik zur Holzimitation verwendet wird?

12.6 Wandabschlüsse

Die Gestaltung mit Wandabschlussleisten kann einem Raum eine individuelle Aussage geben. Diese Stuck- oder Zierprofile sind als vorgefertigte Elemente vorhanden. Sie sind in nahezu allen Stilrichtungen zu finden, vom Barock über Jugendstil bis zur Moderne.

Gerade Wandabschlüsse müssen nicht nur rein dekorativen Zwecken dienen. Sie sind in der Lage, Räume optisch zu verändern, indem sie z. B. hohe Räume niedriger erscheinen lassen. Durch Aufteilen von Wandflächen mithilfe von Zierleisten wirken große Wandflächen kleiner und lebendiger.

Zudem können Zierprofile unsaubere und schiefe Wandabschlüsse sowie Kabel verdecken.

12.6.1 Wandabschlussleisten

Wandabschlussleisten werden aus Polystyrolschaum, Polyurethanschaum oder Gips gefertigt.

Polystyrolelemente haben ein geringes Gewicht und sind deshalb auch als großes Zierprofil oder -element (z. B. als Deckenrosette) leicht zu verarbeiten. Allerdings ist Polystyrol nicht druckfest (Abb. 2).

Polyurethan ist druck-, stoß- und schlagfester als Polystyrol, sonst sind die Eigenschaften ähnlich (Abb. 3).

Gips wird aufgrund des höheren Gewichts seltener verarbeitet. Es ist hingegen stoßfester als die Kunst-

2 Polystyrolleisten

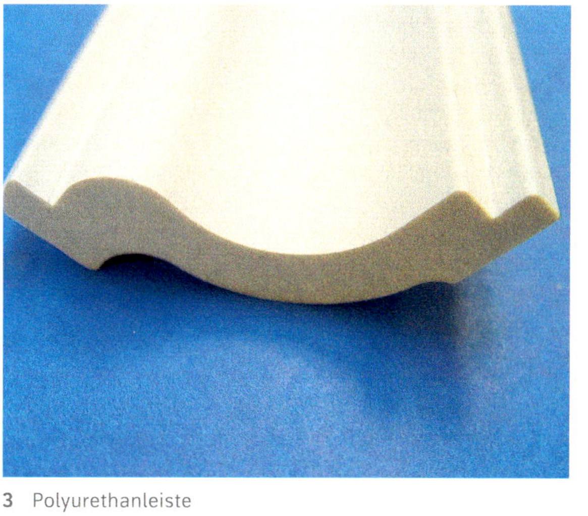

3 Polyurethanleiste

1 Gipsleisten

stoffprofile. Schäden an Gipsleisten lassen sich mit Gipsmörtel ausbessern (Abb. 1).

12.6.2 Verarbeitung

- Vor der Verarbeitung der Wandabschlüsse muss die Untergrundbeschaffenheit geprüft werden. Der Untergrund muss fest, tragfähig, staubfrei und sauber sein.
- Mit einer Schlagschnur wird die Höhe markiert, an der das Profil angebracht werden soll.
- Die Zierprofile werden langsam, mit geringem Druck zugeschnitten. Leisten für Ecken und Kanten müssen mit einer Gehrungssäge gesägt werden (Abb. 2). Unsauberes Arbeiten führt zu unschönen Anschlüssen (Abb. 3).
- Auf die Kunststoffprofile wird gleichmäßig ein lösungsmittelfreier Dispersionskleber aufgetragen.
- Anschließend werden die Teile mit leichtem Druck an die entsprechende Stelle geklebt.
- Für Gipszierprofile wird ein Kleber aus Gipspulver und Wasser hergestellt. Das Verhältnis von Wasser zu Gips sollte ungefähr 1 : 0,75 betragen. Die Gipsleisten müssen nach dem Anbringen kurze Zeit an die Wand gedrückt werden. Möglich ist auch die Fixierung des Profils mit einer Latte.
- Überschüssiger, austretender Kleber muss sofort entfernt werden.
- Störende Stöße und Fugen können mit dem jeweiligen Kleber ausgebessert werden.
- Nach dem vollständigen Trocknen des Klebers können sämtliche Wandabschlussleisten mit Dispersionsfarbe gestrichen und gestaltet werden.
- Bei mehrmaligem Beschichten von hochwertigen Leisten sollte mit einem reversiblen Beschichtungsstoff (z. B. Leimfarbe) gearbeitet werden.

2 Wandabschluss auf Gehrung gesägt

3 Unsauber gearbeiteter Ansatz

Aufgaben zu Kapitel 12.6

1. a) Welche drei Materialien können als Zierprofile für Wandabschlussleisten verwendet werden?

   b) Beschreiben Sie kurz die jeweiligen wichtigen Eigenschaften der drei möglichen Materialien.

2. In einem Wohnzimmer einer Altbauwohnung sollen die alten Fußleisten neu lackiert werden. Gleichzeitig soll der Wandabschluss an der Decke mit Polystyroleisten gestaltet werden.

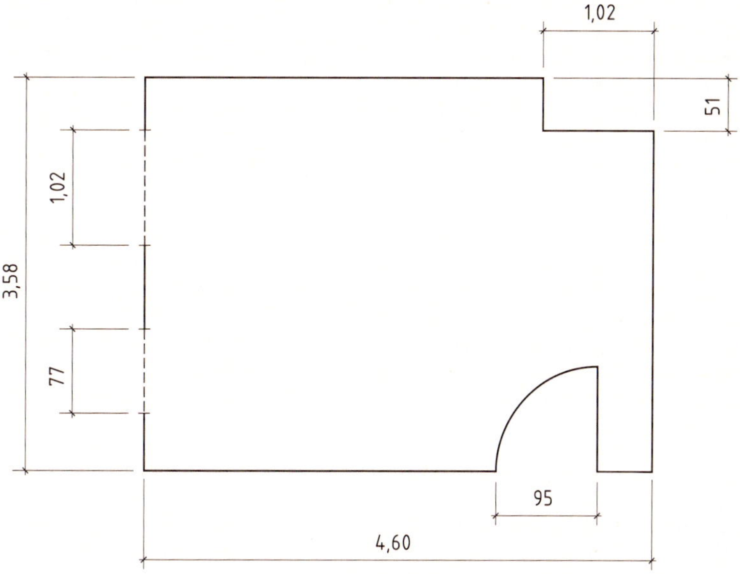

a) Berechnen Sie den Verbrauch an Beschichtungsstoff für die Fußleisten des Raumes, wenn die Leisten 9 cm hoch sind und der Beschichtungsstoff über eine Ergiebigkeit von 12 m²/l verfügt.

b) Wie viele Polystyrolleisten werden benötigt, wenn sie in einer Länge von 2 m geliefert werden und möglichst wenige Fugen entstehen sollen? Wie viel Verschnitt (in m) bleibt übrig? Arbeiten Sie möglichst ökonomisch.

12.7 Lacktechniken

Moderne Beschichtungsstoffe bieten vielfältige Möglichkeiten abseits der üblichen Vorgehensweise bei der Beschichtung eines Objekts. Dies kommt besonders zum Tragen, wenn Effekte, die normalerweise vermieden werden sollen, aus ästhetischen Gründen eingesetzt werden. Werden Lack und Wasser bzw. Spiritus miteinander verarbeitet oder wird der Untergrund systematisch und absichtlich verletzt, können interessante Strukturen entstehen.

Die in diesem Kapitel vorgestellten Techniken grenzen sich gegenüber den Airbrush-Arbeiten durch ihren Abstraktionsgrad ab. Airbrush ist die kreative Gestaltung von Lackflächen mittels kleiner Lackierpistolen, bei der meist Figuren dargestellt werden. Bei den Lacktechniken steht alleine die dekorative Wirkung eines Effekts auf einem Beschichtungsobjekt im Vordergrund.

Kreative Lacktechniken sind grundsätzlich auf allen Gegenständen anwendbar, die auch sonst beschichtet werden. Bei Beschichtungen im Außenbereich oder in Innenräumen mit besonderen Belastungen muss geprüft werden, ob die dekorativ gestaltete Oberfläche einen zusätzlichen Schutz benötigt.

12.7.1 Spiritustechnik

Die Ursache für das Gelingen dieses Effekts wird durch die Kombination von Wasser und Spiritus erreicht. Aus diesem Grund muss ein wasserverdünnbarer Basislack als farbgebendes Material eingesetzt werden.

Der Effekt beruht auf dem Phänomen, dass Spiritus die Oberflächenspannung des Wassers beim Eindringen an der betreffenden Stelle herabsetzt und dadurch die Beschichtungsoberfläche aufreißt. Durch das Eindringen des Spiritus werden die sich in der Lackschicht befindenden Pigmentteilchen im Film „verschoben" und lagern sich in ungleichmäßigen Haufen aneinander. Dieses Materialverhalten macht den besonderen Reiz des Effekts aus (Abb. 1–2).

Mit dieser Technik ist es z. B. möglich, unterschiedliche Effekte herzustellen. Um beispielsweise eine Granit-Optik zu erzielen, werden zunächst Metalleffektpigmente in 2K-Klarlack eingerührt und auf eine Fläche appliziert. Nach dem Härtungsvorgang wird ein dunklerer Metallic-Wasserbasislack auf die Fläche aufgespritzt und noch im nassen Zustand tröpfchenweise mit Spiritus versehen. Dies führt zu dem bereits beschriebenen Effekt. Abschließend werden mehrere Schichten Klarlack mit Zwischenschliffen aufgetragen.

12.7.2 Durchschlifftechnik

Die Durchschlifftechnik beruht darauf, dass eine bereits applizierte Beschichtung teilweise wieder freigelegt wird, nachdem der Untergrund mechanisch bearbeitet worden ist. Dadurch entsteht eine ungleichmäßige Oberflächenstruktur beim Schleifen des Objekts.

Intarsienornamente
Die im Folgenden beschriebene Technik ist auf allen nicht saugenden, ebenen Flächen durchführbar. Zu-

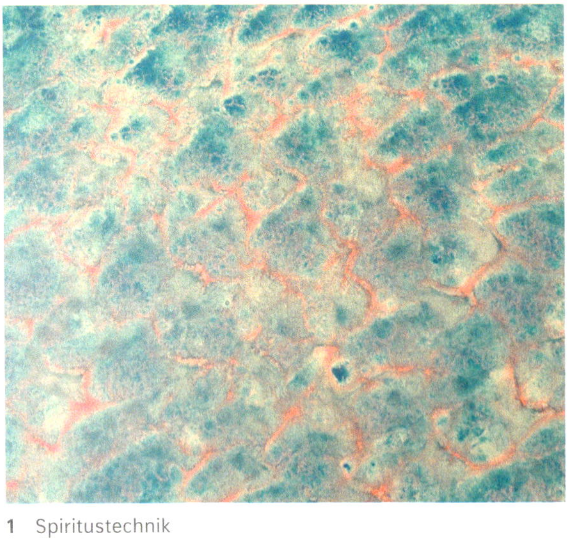

1 Spiritustechnik

2 Wurzelholzimitation in Spiritustechnik

nächst wird eine Fläche mit hellem Füller beschichtet und nach dem Härten geschliffen. Darauf werden schmale Stränge unverdünnter 2K-Lack mittels kleiner Kunststoffflaschen mit längerem Auslassstutzen und kleiner Öffnung aufgebracht. Dabei können verschnörkelte, ornamentartige Muster erzeugt werden. Nach dem Durchhärten heben sich die Linien wenige Millimeter vom Untergrund ab und werden mit einem schwarzen 1K-Basislack überzogen. Für zusätzliche Effekte können Perlmutteffektlacke partiell eingenebelt werden. Anschließend wird die gesamte Fläche mit 2K-Klarlack beschichtet, damit beim nassen Überschleifen der Linien der tiefer liegende schwarze Bereich nicht beschädigt werden kann. Nach dem Schliff treten die Ornamente plastisch hervor; die Fläche wird mit einem 2K-Klarlack abschließend geschützt (Abb. 3 oben).

Farbflächen
Für das Herstellen von Farbflächen wird eine Aluminiumplatte zunächst entfettet, geschliffen und gereinigt. Danach wird sie mit einem Hammer rückseitig mit verschieden tiefen Beulen versehen. Nachdem die Platte grundiert wurde, werden unverdünnte 2K-Lacke in unterschiedlichen, kontrastreichen Farbtönen nacheinander aufgetragen. Zwischen den Beschichtungen ist jeweils ein vorsichtiger Zwischenschliff mit Schleifpad oder -vlies vorzunehmen. Dabei ist zu berücksichtigen, dass die Schichten hart sind, damit beim Zwischenschliff keine Beschädigungen verursacht werden. Wenn die Schichten komplett ausgehärtet sind, wird die Oberfläche mit einem Exzenterschleifer plan geschliffen. Dabei werden die Partien, die von der Rückseite mit dem Hammer bearbeitet worden sind, durch den Schleifvorgang zuerst von den oberen Farbschichten befreit. Rund um diese Stellen kommen die unterschiedlichen Farbschichten zum Vorschein. Wenn der gewünschte Effekt erreicht ist, wird die Fläche mit 2K-Klarlack überzogen (Abb. 3 unten).

12.7.3 Reißlack

Um Risse im Anstrich gewollt herbeizuführen, muss man die alte Malerweisheit „von mager nach fett“ (d. h., untere Schichten müssen einen geringeren Bindemittelanteil als die auf ihnen folgenden haben) umkehren. Die Risse entstehen, wenn zwei Beschichtungsschichten unterschiedlich schnell trocknen und dadurch Spannung vom schnell trocknenden auf das langsamer trocknende Material ausgeübt wird. Je nachdem, wie groß die Spannung ist, bilden sich auch die Risse.

Nachdem ein Grundlack aufgetragen worden ist, lässt man diesen trocknen. Eine kurze Trockenzeit ergibt wenige große Risse, eine längere Trockenzeit führt zu vielen kleinen Rissen. Anschließend streicht man ein mit wenig Spülmittel versetztes Krakeliermittel (von frz. craquelé = rissig), den eigentlichen Reißlack, auf die Fläche auf. Beim Trocknen dieses Materials entstehen die Risse. Das Krakeliermittel besteht aus dem zuckerhaltigen Material Dextrin, das die Risse durch seine hohe Oberflächenspannung erzeugt (Abb. 4).

3 Beispiele für Durchschlifftechniken

4 Reißlack

Je nach Wunsch werden während der Trocknung die Risse unter Zuhilfenahme eines Lappens mit einem kontrastierenden Farbton gefüllt; überschüssiger Beschichtungsstoff wird von der Oberfläche wieder abgewischt, damit nur die Beschichtung in den Rissen zurückbleibt. Nach zwei Tagen Trockenzeit wird die Krakelierschicht mit Wasser vorsichtig aufgelöst. Nach einem weiteren Tag Trocknung kann ein Klarlack aufgespritzt werden. Das Spritzen ist notwendig, weil ein Pinselauftrag den Effekt verwischen würde.

12.7.4 Wassertropfeneffekt

1 Wassertropfeneffekt

Dieser Effekt beruht auf der Tatsache, dass auf eine Wasserschicht gespritzter Lack keine Verbindung mit diesem eingeht, sondern sich nur auf den auf eine lackierte Fläche aufgetragenen Tropfen ablagert. Auf den Tropfen des vollentsalzten Wassers wird von einer Seite ein dunkler Lack aus einiger Entfernung und mit spitzem Winkel aufgenebelt, was den stilisierten Schatten der Wassertropfen erzeugt. Anschließend wird ein weißer oder silberfarbener Basislack von der anderen Seite gespritzt. Der Lack setzt sich im Zuge der Verdunstung des Wassers auf dem Untergrund ab, wird mit 2K-Klarlack beschichtet, zwischengeschliffen und erneut klarlackiert (Abb. 1 und 2).

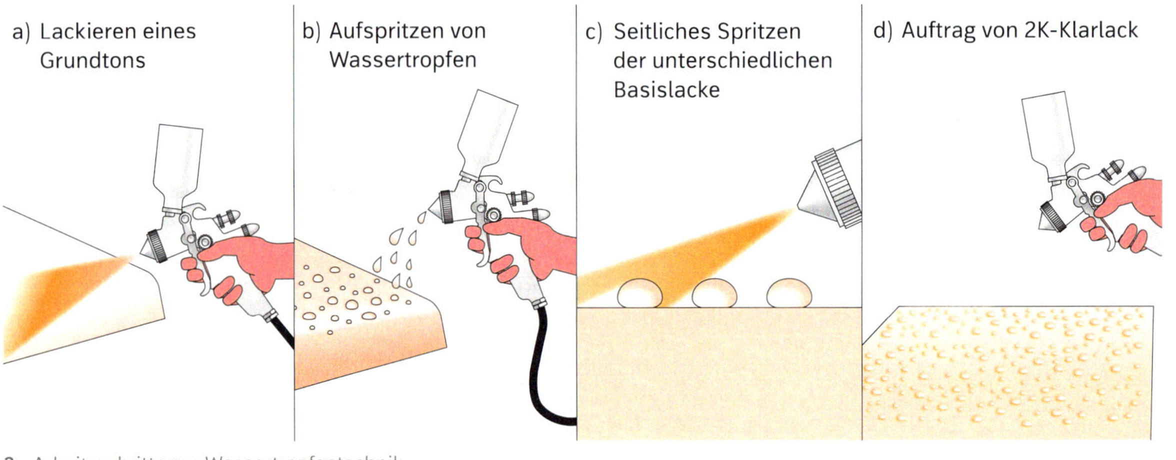

2 Arbeitsschritte zur Wassertropfentechnik

12.8 Siebdruck

Der Siebdruck, auch Durchdruck genannt, ist eine abgewandelte Schabloniertechnik. Ihren Ursprung fand die Technik bereits im 18. und 19. Jahrhundert. In Deutschland wurde das Druckverfahren ab 1920 verstärkt im Bereich der Schilderherstellung, im Textildruck und für Werbedruck angewendet. Heute wird der Siebdruck in erster Linie als grafischer, industrieller, Lebensmitteldruck, Textildruck und als künstlerischer Druck eingesetzt (Abb. 3).

Bei der Siebdrucktechnik wird die Druckfarbe mit einer Rakel durch ein feinmaschiges Sieb gedrückt. Im Sieb sind nur die Maschen offen, die das Bild wiedergeben sollen. Die bildfreien, nicht druckenden Stellen werden

3 Drucke

4 Siebdruckrahmen

durch Schablonen oder lösemittel- bzw. wasserunlösliche Filme abgedeckt.

Das Verfahren ist sehr vielseitig. Es können nahezu alle Untergründe (Textilien, Papier, Keramik, Glas, Kunststoff, Holz, Leder, Metall) bedruckt werden. Es können sowohl flache Formen, wie CDs und Folien, als auch runde Formen, wie Flaschen bedruckt werden. Die hergestellten Siebe können zum Druck transportiert werden, somit ist das Verfahren nicht ortsgebunden.

12.8.1 Materialien und Geräte

Siebdruckrahmen
Auf die Siebdruckrahmen werden mithilfe von Spannvorrichtungen Gewebe gespannt. Die Rahmen bestehen aus Holz oder Metall (meist Aluminium) (Abb. 4).

Siebgewebe
Das älteste Siebgewebe wurde aus Menschenhaar gefertigt. Heute verwendet man je nach Bedarf Kunststoffgewebe (Polyamid, Polyester) oder Metall.

Polyester ist außerordentlich haltbar, farbdurchlässig, chemikalienbeständig und leicht zu entschichten. Da es nur gering elastisch ist, entstehen sehr genaue Drucke. Man spricht von hoher Passergenauigkeit.

Polyamid besitzt die gleichen Eigenschaften wie Polyester, ist aber elastischer und damit für den Druck auf strukturierten Flächen und Körpern geeignet.

Metallgewebe bestehen aus Bronze und rostfreien Edelstählen. Sie werden bei starken Druckauflagen und bei hohen Anforderungen an die Maßhaltigkeit (Passergenauigkeit) der Drucke verwendet. Wegen ihres starren Gewebes besteht bei Metallsieben die Gefahr des Verbiegens und Verknickens.

Die Anzahl der Fäden pro Zentimeter Gewebe und die Dicke der einzelnen Fäden beeinflussen das gewünschte Druckergebnis. Grobe Maschen ergeben einen hohen Farbauftrag. Für feine Linien und Muster muss ein Gewebe mit engen Maschen verwendet werden.

In der Praxis liegt die Fadenzahl meist zwischen 90 und 120 je Zentimeter Gewebe. Bei feineren Drucken kann sie bis auf 200 Fäden pro Zentimeter ansteigen.

Kopiertisch
Am Kopiertisch werden die Siebe der fotomechanischen Schablonenherstellung mit einer Metallhalogenid-Lampe belichtet. Die nicht druckenden Teile werden dadurch wasserunlöslich. An diesen Stellen sind die Maschen des Siebs verstopft.

Waschtrog
Hier werden die belichteten Siebe entwickelt. Die nicht belichteten, wasserlöslichen Stellen werden ausgewaschen.

Drucktisch
Der Drucktisch ist ein Tisch mit schwenkbarem Rahmen. In den Rahmen werden die Siebe während des Druckvorganges geschraubt.

1 Rakel

2 Beschichtungsrinne

Rakel
Die Rakel besteht aus einem Holzgriff mit Gummikante. Hiermit wird die Farbe im Sieb verteilt und dann durch das Sieb auf das Druckgut gedrückt (Abb. 1).

12.8.2 Schablonenherstellung

Schablone bzw. Druckform nennt man das Teil, das das zu druckende Motiv enthält. Man unterscheidet zwischen manueller und fototechnischer Schablonenherstellung.

Manuelle Schablonenherstellung mit Abdeckschablonen
Bei der Abdeckschablone werden alle nicht druckenden Teile mit Beschichtungsstoff oder Kleister abgedeckt.

Manuelle Schablonenherstellung mit Schnittschablonen
Die durchsichtigen Schnittschablonen bestehen aus zwei Schichten, einem Trägermaterial und einer Folie, dem eigentlichen Schablonenmaterial. Die Folie wird mit dem Träger nach unten auf die Vorlage gelegt. Mit einem spitzen Schablonenmesser schneidet man die druckenden Teile aus. Dabei ist darauf zu achten, dass das Trägermaterial nicht durchgeschnitten wird.

Die ausgeschnittenen, also die druckenden Teile, werden abgezogen. Die nicht druckenden Teile bleiben als Schablone auf dem Träger.

Die Schablonen werden entweder als selbstklebende Schablone oder durch Befeuchten mit Wasser oder Lösungsmittel an das Sieb geklebt.

Schablonenherstellung auf fotomechanischem Weg
Eine fotomechanische Direktschablone entsteht durch Kopie einer seitenrichtigen Vorlage auf die Schablone. Die Vorlage kann z. B. durch Kopieren auf eine Overheadfolie entstehen (Seite 322, Abb. 1).

3 Beschichtungsrinne mit Kopierschicht gefüllt

4 Beschichten des Siebes

5 Kopiertisch

6 Belichtetes, ausgewaschenes Sieb

Die Schablone wird erstellt, indem eine lichtempfindliche Kopierschicht mit der Beschichtungsrinne auf das Gewebe aufgebracht wird (Abb. 3, 4)

Das getrocknete Sieb wird am Kopiertisch belichtet und anschließend am Waschtrog entwickelt (Abb. 5).
Alle nicht druckenden, belichteten Teile sind im Gewebe verblieben (Abb. 6).
Um ein vorzeitiges Belichten der Beschichtung zu verhindern, sollten die Beschichtung und die Belichtung im abgedunkelten Raum unter Rotlicht erfolgen.

Diese Schablonen sind schnell herzustellen und eignen sich für hohe Druckauflagen.

12.8.3 Druckvorgang

- Wird der Druckvorgang vor Ort durchgeführt und ist ein Drucktisch vorhanden, wird das Sieb in die Rahmenschwinge geschraubt.
- Unter das Sieb werden kleine „Absprünge" gesetzt. Die 3 bis 4 mm hohen Abstandshalter (z. B. aus Holz) dienen dazu, dass sich das Sieb sofort nach dem Druckvorgang vom Druckgut löst. So wird ein Verschmieren des Drucks verhindert
- Mit Kreppband werden „Anlegemarken" geklebt. So wird die Position des Druckguts festgelegt.
- Nun wird das Sieb leicht abgesenkt und mit Druckfarbe gefüllt. Druckfarben sind meist wasserverdünnbare Dispersionsfarben.
- Mit der Rakel wird das Sieb gefüllt. Die Farbe wird gleichmäßig, ohne Druck im Sieb verteilt (Abb 7).
- Anschließend wird das Sieb fest auf das Druckgut gepresst.
- Mit der Rakel wird die Farbe unter gleichmäßigem Druck und gleichbleibender Geschwindigkeit durch das Sieb gedrückt (Abb. 8).

7 Füllen des Siebes mit der Rahmenschwinge

8 Druckvorgang

1 Kopierte Motivvorlage

2 Druckgut

- Das Sieb wird hochgeschwenkt, wieder gefüllt und es kann erneut gedruckt werden.

Das entstandene Druckgut zeigt Abb. 2.

12.9 Typografie

Mit dem Begriff der Typografie wird die planmäßige Anwendung von Schrift in einem Gestaltungsprozess beschrieben. Sie ist die visuelle Umsetzung des Sprechens. Im typografischen Sinne wird Schrift gemeinsam mit Linien, Flächen, Bildern und anderen Gestaltungselementen in einem Medium präsentiert. Die Präsentation unterliegt den Grundlagen der Ästhetik und der Funktion der jeweiligen Medien. Diese Medien sind meistens Druckerzeugnisse, Typografie kann aber auch beim Gebrauch am PC bzw. zur Darstellung im Internet (Webdesign) benötigt werden. Der Schriftanwender muss bei seinem Layout die einzelnen Gestaltungselemente harmonisch aufeinander abstimmen, damit sein Werk gelesen wird.

Übliche Schriftgrößen für Druckerzeugnisse

- Konsultationsgrößen 6 bis 8 p: Geschäftsbedingungen, Telefonbuch, Taschenbuch, Fußnoten, Lexika, Visitenkarten ...
- Lesegrößen 9 bis 12 p: Bücher, Zeitungen, Fließtexte, Prospekte, Geschäftskorrespondenz ...
- Schaugrößen I 12 bis 14 p: Überschriften, Kinderbücher
- Schaugrößen II ab 24 p: Titel- oder Plakatschriften

12.9.1 Der richtige Einsatz von Schriften

Moderne Textverarbeitungsprogramme bieten viele Möglichkeiten, mit Schrift zu gestalten. Diese Vielfalt an Bearbeitungsmöglichkeiten bietet Chancen, stellt manche Anwender jedoch vor Probleme, sodass es zu einem Durcheinander an Schriftarten und -größen kommen kann.

3 Schlecht lesbare, weil ornamentale Beschriftung eines Ladengeschäfts

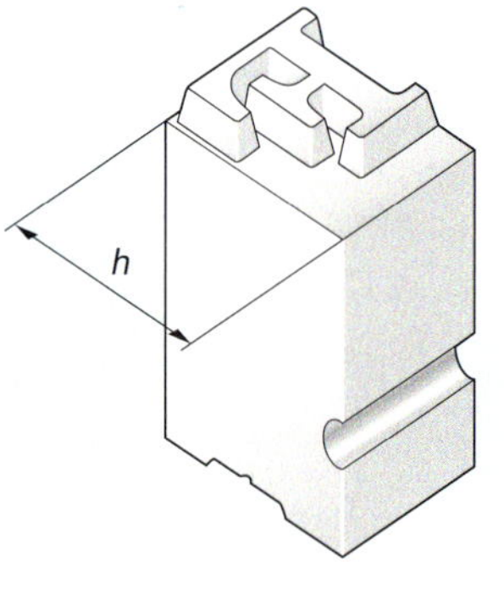

4 Kegelhöhe *h* eines Buchstabens

5 Vertikal nach links gedrehte Anordnung der Beschriftung auf einer Schiebetür

6 Rechts gedrehte Versalbeschriftung

Ob Wandbeschriftung oder Geschäftsbrief – Schriften sind grundsätzlich zum Lesen gedacht und nicht als Ornament (Abb. 3). Mehr als zwei unterschiedliche Schriftarten auf derselben Fläche erzeugen Unruhe. Ist es notwendig, zwei Arten zu kombinieren (z. B. für eine Werbebeschriftung), ist es sinnvoll, eine Serifenschrift (LF 4) mit einer serifenlosen zu kombinieren.

Schriftgrößen werden in der Einheit Punkt (p) angegeben. Diese typografische Einheit stammt aus dem Buchdruck und bezeichnet die Höhe des Bleikegels, auf dem sich der zu druckende Buchstabe befindet (Abb. 4). Die Schriftgröße ist daher immer etwas größer als die wirkliche Buchstabengröße. In der Typografie wird der französische Didot-Punkt (p) als Einheit verwendet (1 p = 0,376 mm). Die Schriftgröße ist in der DIN 16507-1 festgelegt.

Die typografische Verwendung dieser Einheit darf nicht mit der Darstellung über EDV verwechselt werden. Hier wird die Einheit Desktop-Publishing-Punkt (DTP-Punkt, pt) verwendet (1 pt = 0,3527 mm). Hierbei ist noch zu beachten, dass durch die vergrößerte Wiedergabe gleiche Schriftgrößen unterschiedlich groß dargestellt werden. Eine 12 p-Schrift wird z. B. auf dem Bildschirm eines Notebooks kleiner dargestellt als durch einen Beamer auf einer Projektionsfläche.

Werden unterschiedliche Schriftgrößen, auf einer Fläche angeordnet, ist das unvorteilhaft, da die Lesbarkeit dadurch eingeschränkt wird. Der Anwender sollte sich auf zwei, maximal drei Größen beschränken und dieses Mittel nur zur Unterscheidung von Wichtigem und weniger Wichtigem verwenden.

Gute Lesbarkeit ist das oberste Gebot für jeden Anwender von Schrift. Werden Buchstaben vertikal geschrieben („chinesische" Anordnung), ist das für das Auge schwerer lesbar, als wenn der Text gedreht wird, sodass er mit nach links geneigtem Kopf gelesen werden kann (Abb. 5).

Schrift in Großbuchstaben (Versalien) wirkt aufdringlich und ist besonders bei mehr als zwei Wörtern nicht gut zu lesen (Abb. 6 und Seite 324, Abb. 1). Bei längeren Texten in Versalien „springt" das Auge wegen der fehlenden Ober- und Unterlängen leicht aus der Zeile.

1 Sparsamer Einsatz von Versalschrift

132 Betonschäden erkennen / englisch

1 Abplatzender Beton durch korrodierte Bewehrung

2 Vollständig abgeplatzte Betondeckung

sich im Laufe der Jahre Schadsalze angehäuft haben.

- Porosität des Betons (→ LF 2): Je mehr Poren vorliegen, desto durchlässiger ist der Beton für Schadstoff- und Wassertransport.

Aufgrund dieser unterschiedlichen Ein-

Gibt es Anzeichen dafür, dass ein tragendes Bauteil so stark beeinträchtigt ist, dass es seine Funktion nicht mehr erfüllen kann, ist ein Fachmann hinzuzuziehen. In diesem Fall darf nur saniert werden, wenn dadurch die ursprüngliche Tragfähigkeit wieder hergestellt wird. Eine Betonstütze wie in Abb. 3, S. xx wird durch entrosten und Beschichten nicht wieder tragfähig.

2 Beispiel für einen Satzspiegel

12.9.2 Darstellung von Schrift auf Flächen

Grundsätzlich kann Schrift auf einer Fläche entweder symmetrisch (axial) oder asymmetrisch (anaxial) angeordnet werden. Symmetrie vermittelt dem Betrachter Ruhe und Sicherheit, während Asymmetrie freier und eigenwilliger, manchmal aber auch kompliziert wirkt.

Durch eine geschickte Gliederung kann man Schrift mehr oder weniger in den Vordergrund treten lassen. Eine horizontale bzw. vertikale Gliederung oder das Bilden eines Zentrums auf der Fläche mit Schrift sind möglich.

In die Gestaltung der Fläche mit Schrift kann man Hervorhebungen (fett, kursiv, unterstrichen) harmonisch einfügen. Sie können durch Kontraste oder durch ihre Originalität hervorstechen. Hier sind Raumaufteilung auf den Flächen sowie der Einsatz von Farben, Linien, grafischen Symbolen, andere Schriftarten oder -graden von Belang.

12.9.3 Der typografische Raster (Satzspiegel)

Um Titel, Texte, Legenden, Tabellen und Bilder auf einer Fläche sinnvoll darzustellen, wird als Ordnungsprinzip der typografische Raster verwendet. Der Raster ist als Grundlage konstant, die Anordnung typografischer Elemente auf dem Raster ist indes variabel. Das Format der Fläche wird in den zu beschriftenden Teil (Satzspiegel) und den nicht zu beschriftenden Teil (Rand) eingeteilt (Abb. 2).

In dem Raster kann der Text in unterschiedlichen Satzformen gegliedert werden. Der Blocksatz endet auf beiden Zeilenenden bündig mit dem Rand. Aus diesem Grund müssen die Wort- oder Buchstabenabstände variiert werden. Beim Flattersatz laufen die Textzeilen am Ende der Zeile unregelmäßig aus, sodass eine Treppenstruktur gebildet wird, die sich durch Silbentrennung ausgleicht. Der Mittelachsensatz ist an einer gedachten Mittelsenkrechten der zu beschriftenden Fläche ausgerichtet.

12.9.4 Beschriftung von Wänden

Unter Zuhilfenahme von Schablonen werden Häuser-, aber auch Innenwände von Malerbetrieben individuell beschriftet. Hierbei ist es wichtig, dass die Fläche zunächst aufgemessen und auf einem Muster mit einem Satzspiegel versehen wird. Dies soll Ungenauigkeiten verhindern, die erst nach dem Abbau des Gerüsts zutage treten würden.

3 Werbebeschriftung einer Hauswand

Für Schriften auf Fassaden gelten im Prinzip die gleichen typografischen Regeln wie für andere Beschriftungen. Meistens werden Fassaden zu Werbezwecken beschriftet (Abb. 3); es kann damit aber auch ein Gebäude z. B. nach einer Sanierung ästhetisch aufgewertet werden (Abb. 4). Für die Schriftgröße gibt es folgende Faustregel:

Faustregel für Fassadenbeschriftungen

$$\text{Schrifthöhe in m} = \frac{\text{Leseentfernung zur Beschriftung in m}}{\text{Divisor}}$$

- Divisor 450 für klare, gut lesbare Schriften
- Divisor 350 für durchschnittlich lesbare Schriften
- Divisor 250 für ungewöhnliche, schlecht lesbare Schriften

Klare, gut lesbare Schriften können kleiner dargestellt sein als schlecht lesbare.

4 Adressbeschriftung auf einem Wohnblock

5 Beispiel für zeitgenössische fremde Schrift (Hinweisschild in Kambodscha)

12.9.5 Gebrauch von Schrift

Schriften sind Zeichen, mit denen Sprache festgehalten und mitgeteilt wird. Diese Zeichen sind eine Vereinbarung innerhalb einer Gruppe von Menschen. Damit kann eine Information durch den Schreiber auf einem Träger, z. B. Tafel, Papier, Computerspeicher, verschlüsselt (kodiert) und später vom Leser wieder entschlüsselt (dekodiert) werden. Ohne die geschriebene Sprache wäre die Kommunikation in einer modernen Gesellschaft nicht möglich. Schriften helfen dabei, Wissen, Vereinbarungen, Gefühle, Fragen usw. aufzuzeichnen und verbunden mit einer Absicht zu übermitteln.

Es gibt sehr viele Gattungen und Systeme von Schriften. Am häufigsten wird weltweit die lateinische Schrift verwendet. Aber auch die arabische, kyrillische und die chinesische Schrift, wird von einer sehr großen Zahl an Menschen benutzt. Um sich in dieser unübersichtlichen Menge zurechtzufinden, ist es notwendig, über ein Ordnungssystem zu verfügen. Dies erleichtert die Kommunikation über Schrift erheblich.

Die zurückgezogene und noch nicht neu verabschiedete DIN 16518 von 1964 fasste elf unterschiedliche Schriftarten zu Schriftgruppen mit gemeinsamen Merkmalen zusammen. Die Einteilung der Gruppen I bis IX orientierte sich an der lateinischen Schrift. Die Gruppen I bis IV wurden nach ihrer Stilepoche eingeteilt (Seite 326, Tab. 1).

Eine nicht verabschiedete Neufassung der DIN 16518 sah die Reduzierung der elf Schriftgruppen auf fünf Schriftgruppen vor. Die Unterscheidung erfolgte nach formalen Merkmalen (LF 4). Diese Fassung besitzt aktuell keinen offiziellen Status.

Für den Maler ist es auch angesichts der Vereinfachung einer Kundenberatung sinnvoll, diese Unterteilungen

Tab. 1: Einteilung der Schrift in Anlehnung an die zurückgezogene DIN 16518

Nr.	Name der Gruppe	Besondere Merkmale	Beispiele	Schriftprobe
1	Venezianische Renaissance-Antiqua	kleines „e" mit schräger Linie, schräger Ansatz bei Kleinbuchstaben	Schneidler, Berkeley Old Style	Probe
2	Französische Renaissance-Antiqua	geringe Unterschiede der Strichstärke, ausgerundete Serife	Sabon, Garamond, Palatino	Probe
3	Barock-Antiqua	deutliche Unterschiede der Strichstärke, schräge Ansätze der Kleinbuchstaben	Times New Roman, Baskerville, Caslon	Probe
4	Klassizistische-Antiqua	extreme Unterschiede der Strichstärken, senkrechte kräftige Balken, hauchdünne Querlinien	Bodoni, Madison, Walbaum	Probe
5	Serifenbetonte Linear-Antiqua	optisch gleich starke Striche und Serife	Rockwell, Egyptien	Probe
6	Serifenlose Linear-Antiqua	fehlende Serife, kaum Unterschiede in der Strichstärke	Frutiger, Arial, Helvetica	Probe
7	Antiqua-Varianten	alle Serifschriften, die nicht zu 1–4 gehören	Arnold Boeklin	Probe
8	Schreibschriften	Druckschriften, die Schreibschriften nachempfinden	Brush, Freehand	Probe
9	Handschriftliche Antiqua	Antiquaschriften mit Serifen, die in Schreibformen übergehen	Mistral, Tekton	Probe
10	Gebrochene Schriften	„altdeutsche" Schriften	Fraktur	Probe
11	Fremde Schriften	nicht-lateinische Schriften	Qadi Linotype	عمحد

zusammenzufassen (Abb. 1 bis 4). Dabei bietet sich folgende Einteilung an: (→ LF 4)

- Antiquavarianten,
- Grotesk (serifenlose Antiqua),
- Schreibschriften,
- gebrochene Schriften,
- fremde Schriften (z. B. kyrillische, semitische od. ostasiatische Formen).

Schrift im Außenbereich

Wenn ein Malerbetrieb den Auftrag erhält, ein Gebäude oder das Schild eines Gebäudes zu beschriften, ist seine Kompetenz als Berater des Kunden gefragt. Eine große Zahl an Beispielen im Alltagsleben zeigt, wie viele und vor allem wie viele schwere Fehler bei der Gestaltung mit Schrift im öffentlichen Raum gemacht werden können. Der Einsatz von Schrift ist keineswegs beliebig und stets von dem Zweck der Beschriftung und ihrer beabsichtigten Wirkung abhängig.

1 Antiqua-Schrift

2 Grotesk-Schrift

3 Schreibschrift

4 Gebrochene Schrift

Einsatz von Antiqua-Schriften
Antiqua-Schriften sind insbesondere bei großen Textmengen gut zu lesen, da die Serifen am Buchstabenfuß das Auge beim Lesevorgang in der Zeile halten. Zur Beschriftung werden Antiqua-Schriften z. B. verwendet, wenn man auf ein anspruchsvolles, exklusives Geschäft oder eine besonders seriöse Dienstleistung (z. B. Rechtsanwaltskanzlei) hinweisen will. Da das Vorbild der Antiqua-Großbuchstaben die römische Capitalis ist, werben auch italienische Restaurants häufig mit Antiqua-Schriften.

Einsatz von Grotesk-Schriften
Die serifenlosen Grotesk-Schriften sind eine abstrakte Variante der Antiqua und daher deutlich jünger als ihre Verwandten. Sie sind klar, wirken nüchtern, bei kleinen Textmengen besonders gut lesbar und werden z. B. dort eingesetzt, wo für Technik und Modernität geworben wird oder moderne Gebäude beschriftet werden. Seit Beginn der Moderne im ersten Drittel des 20. Jahrhunderts ist diese Schrift in Architektur und Design verbreitet und kann für Beschriftungen bei innovativen und kreativen Firmen Verwendung finden.

Einsatz von Schreibschriften
Dort, wo für Eleganz oder Verspieltheit geworben werden soll, wo Schrift festlich, oder zart wirken soll, kommen Schreibschriften zum Einsatz. Man beschränkt sich hierbei meist auf eine sehr geringe Textmenge (häufig nur ein bis zwei Wörter), da die Lesbarkeit sonst nicht gegeben ist. Als Objekte kommen z. B. Musikinstrumentengeschäfte, traditionelle Schreibwarenläden, französische Restaurants oder Geschäfte für Hochzeitskleidung infrage.

Einsatz von gebrochenen Schriften
Gebrochene Schriften drücken grundsätzlich Tradition und Altertümlichkeit aus. Sie sind für unser heutiges Verständnis schwierig zu lesen und sollten daher nur für kurze Überschriften oder Titel genutzt werden. Traditionelle deutsche Restaurants oder Kneipen, aber auch Hersteller von deutschem Bier und Wein haben gebrochene Schriften oft in ihrem Schriftzug. Wegen ihrer Verwendung im Dritten Reich werden sie von vielen Menschen, insbesondere im europäischen Ausland, abgelehnt.

Einsatz fremder Schriften
Beim Einsatz fremder Schriften ist für den Maler Vorsicht geboten. Wenn nicht nur die Sprache, sondern auch die Schrift, die verwendet werden soll, unbekannt ist, ist die Wahrscheinlichkeit, Fehler zu machen, sehr groß. Werden fremde Schriften lediglich als Ornament verwendet, kann es zu Missverständnissen führen, wenn unklar ist, was der Schriftzug bedeutet. In fremden Schriften gibt es unterschiedliche Schriftarten und -schnitte, die sich einem mitteleuropäischen Lesenden nicht erschließen. Daher kann man ohne fundierte Kenntnisse in z. B. kyrillischer, arabischer, thailändischer oder chinesischer Schrift z. B. keine Beschriftung für ein Restaurant ausführen, ohne Gefahr zu laufen, Fehler zu produzieren.

Aufgaben zu Kapitel 12.9

1. Definieren Sie den Begriff „Typografie".
2. Was kann durch den typografischen Raster auf einer Fläche gegliedert werden?
3. Berechnen Sie die Schriftgröße einer Wandbeschriftung bei einer Leseentfernung von 200 m für alle drei Lesbarkeiten von Schriften.
4. In welche fünf Gruppen sollte der Maler die Vielzahl der Schriften zur besseren Kundenberatung einteilen?
5. Bestimmen Sie die jeweilige Gruppe der drei folgenden Schriften gemäß der für den Maler in Aufgabe 4 vereinfachten Einteilung:

a)

b)

c)

6. Ordnen Sie die Schriftgrößen den entsprechenden Druckerzeugnissen zu.

1) 6 bis 8 p	A) Schaugrößen II
2) 9 bis 12 p	B) Konsultationsgrößen
3) 12 bis 14 p	C) Schaugrößen I
4) ab 24 p	D) Lesegrößen

7. Erläutern Sie den Unterschied zwischen Blocksatz und Flattersatz.

12.10 Bildzeichen

12.10.1 Grundlagen der Kommunikation

Sehr vereinfacht ausgedrückt ist Kommunikation die Mitteilung einer Information unter Zuhilfenahme von Zeichen. Mit diesen „informierenden Zeichen" ist meistens eine Absicht verbunden, welche die mitteilende Person verfolgt. In den meisten Fällen ist das Zeichen eine gesprochene Sprache, z. B. Deutsch, Englisch, Französisch, oder ihre Übertragung in ein Schriftsystem, z. B. lateinische, arabische, kyrillische Schrift. Auf Baustellen muss viel kommuniziert werden. Arbeitsaufträge, technische Merkblätter, Baubesprechungen, Reklamationen, Bautagebücher, Arbeitsanweisungen, Tätigkeitsnachweise usw. sind typische Formen dieser Baustellenkommunikation.

Dabei kommunizieren unterschiedliche Ausführende miteinander, die z. B. verschiedenen Berufszweigen oder Hierarchieebenen angehören. Maler, Maurer, Betonbauer usw. müssen sich untereinander ebenso miteinander austauschen wie Architekt, Meister, Vorarbeiter, Geselle und Auszubildender (Abb. 1). Seit einigen Jahren trifft man auf deutschen Baustellen eine große Zahl Personen verschiedener Muttersprachen (Deutsch, Russisch, Türkisch, Spanisch usw.) an. Damit es nicht zu Irrtümern und daraus resultierenden Fehlern bei der

1 Besprechung auf einer Baustelle

2 Kennzeichnung eines Ritters durch Farben und Symbole

Arbeit oder sogar Unfällen und Gesundheitsschäden kommt, müssen die verwendeten „Zeichen“ deutlich und unmissverständlich sein. Verwendet man Bildzeichen, ist es auch über Sprachgrenzen hinweg einfacher, sich zu orientieren und sicher zu arbeiten.

12.10.2 Feldzeichen

Ein Bildzeichen besteht aus den Elementen „Form“ und „Farbe“ (→ LF 4, LF 8) und kann durch Schrift ergänzt werden. Einer der Ursprünge der Bildzeichen sind Feldzeichen antiker Heere, die zunächst aus dekorativen und religiösen Gründen auf Fahnen und Schilden angebracht wurden (Abb. 2). Wurden Symbole verwendet, gebrauchte man meistens die Abbildung von Tieren, denen besondere Stärke oder Unbändigkeit zugeordnet wird (Löwe, Eber, Raubvögel usw.). Später dienten die Feldzeichen zur Orientierung auf dem Schlachtfeld und zur Unterscheidung von Freund und Feind im Kampf und wurden im Hochmittelalter auf allen Waffenteilen der Krieger abgebildet. Aus diesen „Waffenfarben“ entstand das Wort „Wappen“. Dieses wird noch heute im Zusammenhang mit Bildzeichen verwendet.

12.10.3 Wappen

Als es noch keine einheitlichen Nationalfahnen gab, existierten im Mittelalter Experten, die Freund und Feind anhand der Wappen unterscheiden konnten, die Herolde. Aus diesem Wort leitet sich die Wappenkunde, die Heraldik ab. Wappen sind stets nach festgelegten Gestaltungskriterien hergestellt worden. Schon ein einfarbiger Wappenschild kann theoretisch ein vollständiges Wappen sein, allerdings besteht dabei eine erhebliche Verwechslungsgefahr. Aus diesem Grund wurden, je nachdem, ob es sich um ein Herrscher- oder Stadtwappen handelte, Gebäudeteile, Tiere, Pflanzen usw. in das Wappen aufgenommen. Häufig mussten die Wappen bei Erweiterung des Territoriums auch um zusätzliche Elemente erweitert werden (Abb. 3 bis 5). Beispielsweise schlossen sich bei der Gründung der Bundesrepublik alte Länder zusammen, aber auch in den letzten Jahren mussten durch die Zusammenlegung von Landkreisen auch neue Wappen erstellt werden.

Die Benennung der einzelnen Elemente wird in der heraldischen Fachsprache „Blasonierung“ genannt (von französisch. le blason = der Wappenschild).

3 Beispiele typischer Wappen mit Gebäuden, Tieren, Pflanzen, Formen

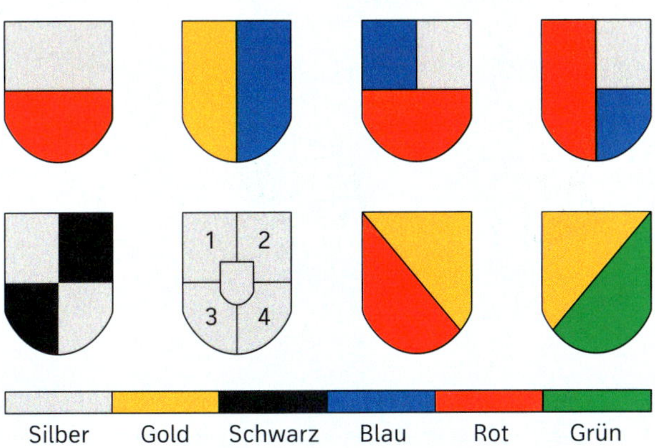

4 Unterschiedliche Schildaufteilungen

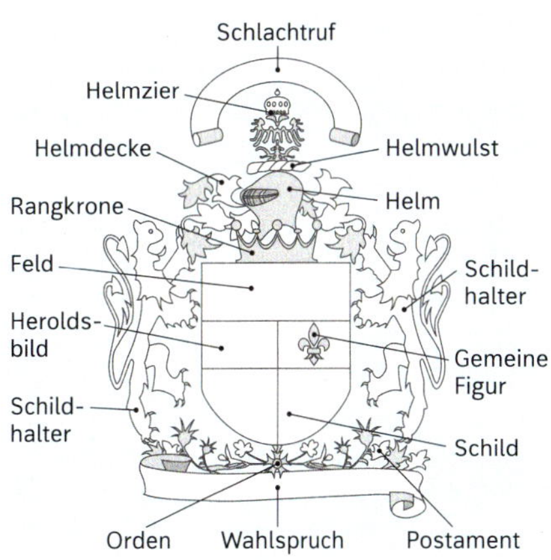

5 Wappenelemente

Gemäß der traditionellen heraldischen Regeln sollten Wappen farblich einfach gehalten werden. Die zu verwendenden Farbtöne nennt man in der Heraldik Tinkturen. Die Farben Gelb und Weiß wurden als Darstellung der Metalle Gold und Silber verwendet.

In den **heraldischen Farbregeln** werden die Grundzüge der Farbgestaltung auf Wappen festgelegt.

- Es müssen gesättigte Farbtöne verwendet werden.
- Es muss ein Kontrast aus „Metallen“ und Farbtönen hergestellt werden.
- Alle Farbtöne sind gleichwertig.
- Jede Figur eines Wappens kann in jedem Farbton dargestellt werden.
- Um ein Wappen eindeutig erkennbar zu machen, dürfen nur wenige Farbtöne, Felder und Figuren verwendet werden.

12.10.4 Piktogramme

Ein Piktogramm ist ein Zeichen, das einen Bedeutungsinhalt durch eine stark vereinfachte Darstellung vermittelt (Abb. 1). Im weitesten Sinne sind die altägyptischen Bildschriften (Hieroglyphen, Abb. 2) sowie die chinesischen, japanischen und koreanischen Schriftzeichen auch Piktogramme, da sie keine Laute, sondern einen umfangreicheren Inhalt übertragen. Piktogramme werden in der heutigen Zeit überall dort verwendet, wo es über Sprach- und Wissensgrenzen hinweg notwendig ist, eine Information schnell und deutlich weiterzugeben. Dies trifft im besonderen Maße auf öffentlich zugängliche Gebäude und Außenbereiche sowie den Straßenverkehr zu. Dort kann man durch den Einsatz mit Piktogrammen vermeiden, mehrsprachige Beschilderungen anbringen zu müssen.

Nachdem sie schon in vielen Bereichen verwendet worden waren, wurde zu den Olympischen Spielen 1964 ein Konzept zur strategischen Verwendung von Piktogrammen umgesetzt, das dadurch weltweit Beachtung fand. Die Piktogramme bezogen sich sowohl auf die einzelnen Sportarten als auch auf alle sonstigen Einrichtungen an den Sportstätten (Toiletten, Sanitätsräume, Sammelplätze usw.). Diese Bildzeichen wurden vom Designer Otl Aicher für die darauf folgenden Olympischen Spiele weiter vereinfacht und finden bis zum heutigen Tag Verwendung.
In vielen Bereichen des Berufslebens (Baustellen, Werkstätten, Labore usw.) ist ein schnelles und sicheres Arbeiten ohne Piktogramme undenkbar. An vielen Arbeitsplätzen wirken Menschen unterschiedlicher Muttersprache zusammen und müssen sich trotz einer möglichen Sprachbarriere zurechtfinden (Abb. 3).

1 Beispiele von Piktogrammen zu Sportarten

2 Beispiel für eine Bilderschrift (Hieroglyphen)

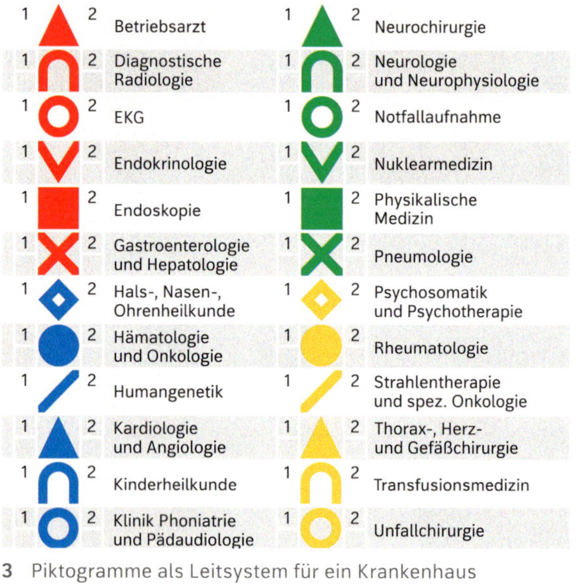

3 Piktogramme als Leitsystem für ein Krankenhaus

Aus diesem Grund sind Piktogramme zur Orientierung und zur Sicherheit aus dem Arbeitsalltag des Malers nicht mehr wegzudenken. Neben allgemeinen Zeichen werden folgende Gruppen von Sicherheits- und Gefahrensymbolen verwendet (LF 7):

- Verbotszeichen,
- Warnzeichen,
- Gebotszeichen,
- Rettungszeichen,
- Brandschutzzeichen.

In den Normen ISO 7001 (allgemeine Piktogramme) und DIN ISO 3864 (Sicherheitszeichen) sind die üblicherweise verwendeten Piktogramme und Hinweise zu deren Gestaltung gesammelt. Methoden zum Qualitätstest neuer Piktogramme werden in der ISO 9186 dargestellt.

12.10.5 Logos

Logo ist die Bezeichnung für ein Symbol, das als Marken- oder Firmenzeichen Verwendung findet. Man benutzt es auch für andere Organisationseinheiten wie z. B. Staaten, Vereine, Verbände, Parteien, Bildungseinrichtungen usw. Ziel des Gebrauchs eines Logos ist – ähnlich wie beim Wappen (Kapitel 12.10.3) – die Unterscheidung von anderen Firmen, Produkten, Vereinen usw. Man kann bestimmte Produkte einfacher auswählen und zuordnen, wenn sie über ein Logo schnell erfasst werden können. Um das zu erreichen, muss ein Logo quer durch Sprachen und Kulturen verständlich sein. Firmen- und vereinsintern sorgen Logos für die Identifikation mit der Gemeinschaft und zeigen das „Gesicht“ der Gruppe nach außen.

Logos können abstrakt sein, mit Schrift kombiniert werden oder ausschließlich aus Schrift bestehen (Abb. 4 bis 6).

a) Textlogo b) Text-Bild-Logo c) Bildlogo

4 Logos

Ein Logo muss u. a. folgende Kriterien erfüllen:

- Unverwechselbarkeit,
- schnelle Erfassbarkeit, Einprägsamkeit,
- langfristige Einsetzbarkeit,
- erkennbare Zuordnung zur Branche oder zum Bereich,
- klare Aussage des Designs, Verständlichkeit,
- Reproduzierbarkeit auf unterschiedlichen Gegenständen in unterschiedlichen Größen,
- Internettauglichkeit,
- Hell-Dunkel-Kontrast für Schwarz-Weiß-Gebrauch.

12.10.6 Corporate Identity

In vielen Bereichen des Wirtschaftslebens ist die Zahl der Anbieter für Produkte oder Dienstleistungen in den letzten Jahren stark gestiegen. Gleichzeitig ist durch den Einsatz neuer Kommunikationstechnologien die Verbreitung von Angeboten und Werbung intensiviert worden. Konsumenten und Kunden müssen eine erhebliche Menge an Informationen verarbeiten, bevor sie sich für den Kauf oder Auftrag entscheiden können.

Vor diesem Hintergrund wird ein Unternehmen, welches „hinter“ dem Produkt steht, immer wichtiger. Seine

5 Corporate Design (Logo, Farbe, Schrift, Raster) auf einem Firmenwagen

6 Werbemittel im Corporate Design

jeweilige „Identität“ hat einen großen Einfluss auf die Entscheidungen des Kunden. Die Dinge, die charakteristisch für ein Unternehmen, eine Partei, einen Verein oder eine sonstige Institution sind, kann man als Identität dieser Organisation bezeichnen. Wird diese Identität durch geplanten Einsatz von Verhalten, Kommunikation und Erscheinungsbild innerhalb der Organisation und nach außen weitergegeben, spricht man von „Corporate Identity“ (CI). Dieser Begriff kann mit Unternehmensidentität übersetzt werden.

Ein wichtiges Ziel der Unternehmenskommunikation ist die Entwicklung von Vertrauen in die Unternehmensmarke. Dies geschieht nicht von selbst, sondern muss erarbeitet werden. In einem unüberschaubaren Markt muss ein Unternehmen daher mit einem erkennbaren Profil auftreten. Nur so kann es auf Dauer wahrgenommen werden und Aufträge erhalten.

CI drückt ein auf allen Ebenen einheitliches und unverwechselbares Unternehmensleitbild aus. Das soll dazu führen, dass sich die Mitarbeiter mit der Firma identifizieren und potenzielle Kunden von der Einzigartigkeit des Unternehmens und seiner Produkte bzw. Dienstleistungen überzeugt werden.

Die CI beinhaltet meistens drei Elemente:

- Corporate Design (CD)
  → Identifikation des Unternehmens, visuelles Erscheinungsbild nach innen und außen
- Corporate Communication (CC)
  → Werbung, Öffentlichkeitsarbeit, Verkaufsförderung, Sponsoring
- Corporate Behaviour (CB)
  → Verhalten gegenüber Mitarbeitern, Geschäftspartnern, Aktionären, Staat, Gesellschaft, Umwelt

Für die Tätigkeitsbereiche eines Malerbetriebs ist besonders das **Corporate Design** von Belang. Als einer der Erfinder des Corporate Designs gilt der deutsche Architekt und Designer Peter Behrens, der von 1907 bis 1914 als Berater der Firma AEG zum ersten Mal ein einheitliches „Firmengesicht“ entwarf.

Das CD besteht aus folgenden Komponenten:

- Logo,
- Hausfarbe,
- Hausschrift,
- Gestaltungsraster.

Neben einem Logo sind besonders Hausfarbe und Hausschrift interessant. Durch die Hausfarbe soll alles, was mit der entsprechenden Firma zusammenhängt, schon auf den ersten Blick erkennbar sein. Dabei wird die farbliche Gestaltung auf Firmenfahrzeugen, Gebäuden, Mitarbeiterkleidung, Verpackungen, Flugblättern, Plakaten usw. angewendet. Im Idealfall sollen die Farben die Unternehmensidentität und/oder das Image der Produkte oder Dienstleistungen darstellen. Auf jeden Fall sind die Gestaltungsregeln zum Umgang mit Farben zu beachten (LF 4 und LF 8).
Die für Beschriftungen (LF 4 und LF 8) und den täglichen Schriftverkehr verwendeten Hausschriften müssen gut lesbar sein. Sie sollten möglichst zeitlos sein und sich keiner aktuellen Mode anpassen, damit man sie über mehrere Jahre verwenden kann. Man verwendet dazu häufig Grotesk-Schriften, in manchen Fällen werden auch Antiqua-Varianten eingesetzt. Man verwendet immer die gleichen Schrift- und Satzarten sowie die gleichen Farbtöne und Gestaltungselemente. Die immer wiederkehrenden Elemente werden in einem Gestaltungsraster festgehalten. Das Gestaltungsraster ist ein wichtiger Faktor der Identifizierung des Unternehmensauftritts. So steigen der Wiedererkennungswert und das Vertrauen beim Kunden.

Das CD soll u. a. folgende Kriterien erfüllen:
- Aufmerksamkeit,
- Wiedererkennung,
- Langlebigkeit,
- Genauigkeit,
- Eigenständigkeit,
- Ergänzungsmöglichkeiten und Variationen,
- Ästhetik,
- Modernität.

Hinsichtlich des Kommunikationsdesigns einer Firma werden Briefpapier, Rechnungsbögen, Visitenkarten, Firmenbroschüren, Faltblätter, technische Informationen, aber auch Internetauftritte oder Messestände mit den CD-Komponenten gestaltet. Dabei wird auch hier mit den im Gestaltungsraster festgelegen Elementen gearbeitet, um als Unternehmen unverwechselbar zu sein.

Aufgaben zu Kapitel 12.10

1. Erläutern Sie kurz, wo der Ursprung der Bildzeichen liegt.

2. Von welchem Wort stammt der Begriff „Wappen“ ab?

3. Nennen Sie einige Elemente, die in Wappen aufgenommen wurden, um die Verwechslungsgefahr zu reduzieren.

4. Nennen Sie die heraldischen Farbregeln.

5. Erklären Sie den Begriff „Piktogramm“.

6. Welche drei Elemente beinhaltet die Corporate Identity?

7. Nennen Sie mindestens drei Kriterien, die ein Corporate Design erfüllen soll.

8. Benennen Sie die Logoart für die gegebenen Logos.

12.11 Wandbekleidungen und Wandbeläge

Eine Tapete kann zu einer stimmungsvollen Raumgestaltung beitragen. Tapeten können als Gestaltungselement Räume verändern und verzieren.
Wählt der Kunde eine Mustertapete (Seite 334, Abb. 3 und 4), kann die Raumwirkung je nach Anordnung der Musterung locker und beschwingt oder geometrisch streng wirken. Einen gänzlich anderen Eindruck vermitteln Naturwerkstofftapeten (Seite 334, Abb. 7 und 8). Der Raum strahlt einen warmen, gemütlichen Charakter aus. Vinylschaumtapeten (Seite 334, Abb. 5 und 6) sind hingegen dreidimensional und pflegeleicht.
Um eine Tapezierung fachgerecht durchzuführen, muss der Untergrund sorgfältig vorbereitet werden. Der Untergrund muss trocken, sauber, tragfähig, leicht saugfähig, glatt und einheitlich hell sein. Die Prüfungen für Tapetenuntergründe beschränken sich auf die Beurteilung der Oberfläche.

12.11.1 Fertige Wandbekleidungen

Vliestapete
Vliestapeten (Seite 334, Abb. 1 und 2) sind Wandbekleidungen aus Kunststoff- und Zellulosefasern. Sie zeichnen sich durch Formstabilität aus. Das heißt, dass sie sich weder beim Einkleistern ausdehnen, noch beim Trocknen zusammenziehen. Vliestapeten verfügen über eine hohe Reißfestigkeit und sind rissüberbrückend bei feinen Rissen (Haarrissen). Im nassen Zustand können sie problemlos geschnitten werden. Die Verarbeitung von Vliestapeten kann ohne Weich- und Wartezeiten durchgeführt werden.

Naturwerkstofftapeten
Naturwerkstofftapeten bestehen aus einem Trägerpapier, auf das Naturwerkstoffe wie Gräser, Blätter, Hanf, Schilf, Bast, Kork oder Holz aufgeklebt werden. Da mit natürlichen Stoffen gearbeitet wird, sehen die einzelnen Tapetenbahnen ungleichmäßig aus.

Um ein möglichst gleichmäßiges Gesamtbild in Struktur und Farbe zu erreichen, sollten die Bahnen vor dem

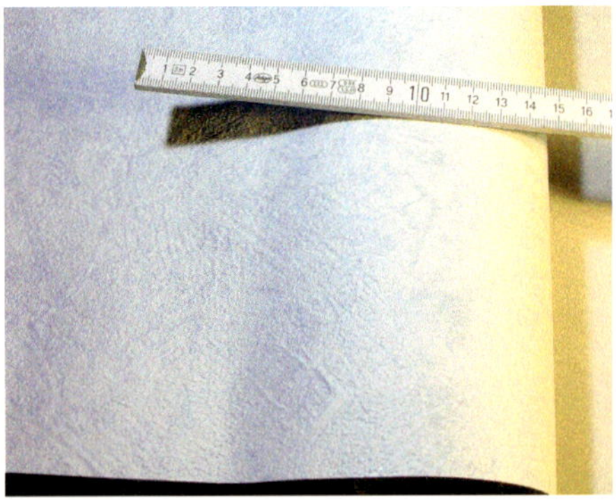

1 Vliestapete

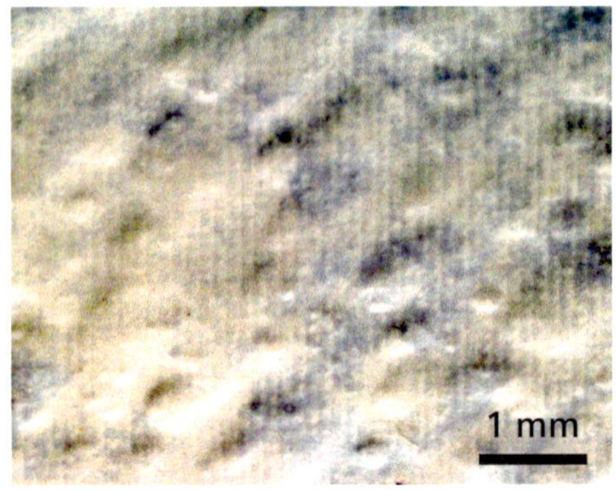

2 Vliestapete stark vergrößert

3 Mustertapete

4 Mustertapete stark vergrößert

5 Vinylschaumtapete

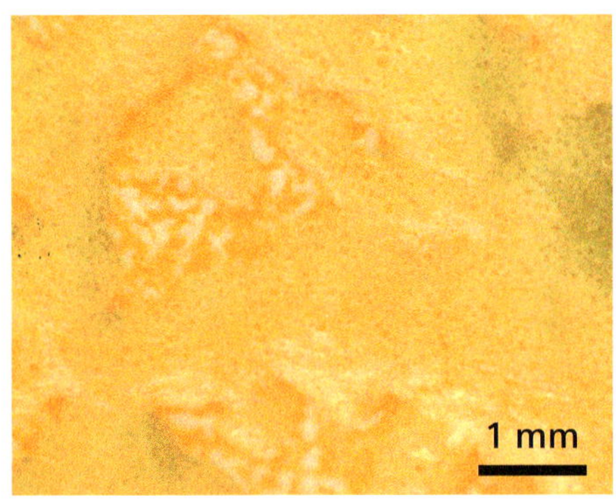

6 Vinylschaumtapete stark vergrößert

7 Textilnaturtapete

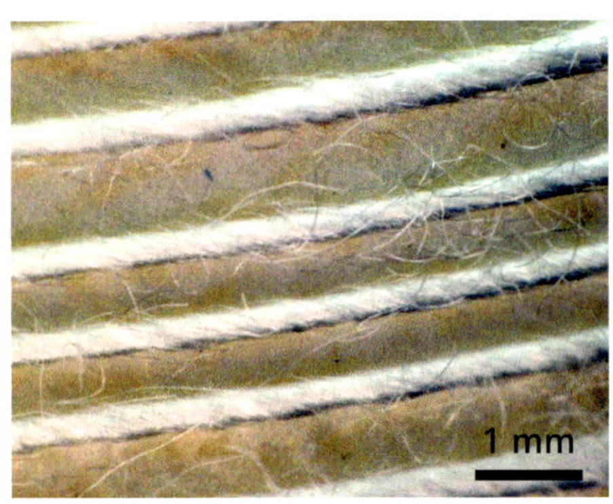

8 Textilnaturtapete stark vergrößert

Verkleben nebeneinander gelegt und möglichst ähnlich aussehende nebeneinander an die Wand gebracht werden. Trotzdem gehört es zum typischen Erscheinungsbild der Naturwerkstofftapeten, dass die einzelnen Tapetenbahnen sichtbar bleiben (Abb. 9–12).

Hinweise zur Verarbeitung von Naturwerkstofftapeten

- Die Tapeten werden entsprechend der Raumhöhe mit 5 bis 10 cm für Verschnitt an Ober- und Unterkante zugeschnitten.
- Das Einkleistern erfolgt möglichst gleichmäßig. Der zu verwendende Kleber ist ein Dispersionskleber mit PVAc oder Acrylat-Styrol-Copolymerisat.
- Die Weichzeit richtet sich nach Stärke und Qualität des Tapetenpapiers, sie wird vom Tapetenhersteller vorgegeben und ist unbedingt zu beachten. Die Weichzeit der einzelnen Bahnen sollte gleich lang sein.
- Beim Zusammenlegen der Bahnen sind Knicke zu vermeiden, die später an der Wand zu sehen sein würden.
- Die Tapetenbahnen werden auf Stoß tapeziert und anschließend mit einer Moosgummiwalze oder dem Tapezierspachtel vorsichtig angedrückt.
- Sollte Klebstoff an den Nahtstellen herausquetschen, darf dieser auf keinen Fall auf der Tapete verteilt werden, sondern muss sofort mit einem feuchten Tuch abgetupft werden.
- Die Tapete sollte unter möglichst günstigen Bedingungen an der Wand trocknen, da Durchzug oder starkes Heizen in den frisch tapezierten Räumen zu einer zu schnellen Oberflächentrocknung führt. Infolge der auftretenden Spannungen können offene Nahtstellen entstehen.

9 Naturwerkstofftapete, Gras

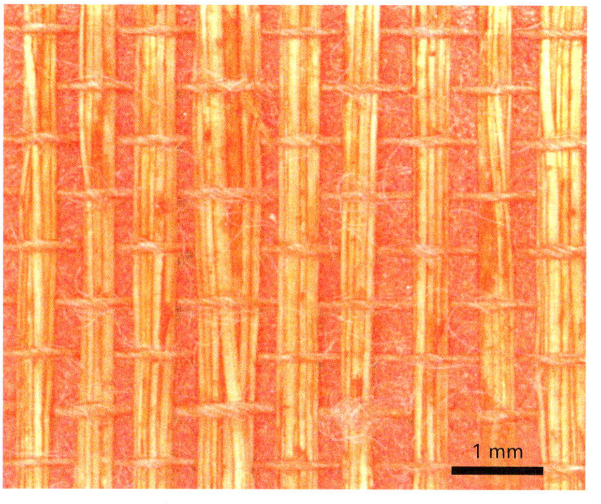

10 Naturwerkstofftapete, Gras, in stark vergrößerter Ansicht

11 Naturwerkstofftapete, Kork

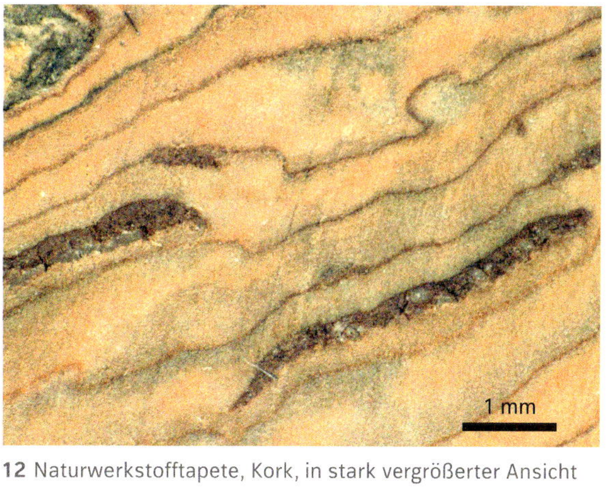

12 Naturwerkstofftapete, Kork, in stark vergrößerter Ansicht

12.11.2 Wandbekleidungen für die nachträgliche Behandlung

Raufasertapete
Eine der am meisten verwendeten Wandbekleidungen Europas ist die Raufasertapete. Sie wurde 1864 von Apotheker Hugo Erfurt als Schaufensterdekoration entwickelt. Erst später wurde sie als Tapete eingesetzt.

Zur Auswahl stehen verschiedene Oberflächenstrukturen, die für unterschiedliche Räume den passenden Rahmen geben.

Verarbeitung von Raufasertapeten

1. **Zuschnitt der Bahnen**
   Nach dem Messen der Wände werden die Bahnen mit einer Zugabe von 10 cm geschnitten. Auf ein Muster oder einen Rapport muss dabei nicht geachtet werden.

2. **Einkleistern**
   Die Bahnen satt und gleichmäßig einkleistern. Dies geschieht von Hand oder mit einem Kleistergerät.

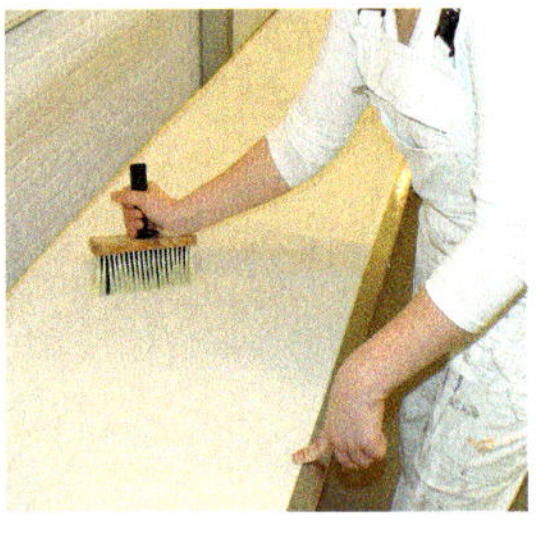

3. **Zusammenlegen**
   Die Bahnen 2/3 zu 1/3 zusammenlegen. Wichtig ist es, Kante auf Kante zu legen, um ein Austrocknen der Ränder zu vermeiden.

4. **Weichzeit**
   Die angegebene Weichzeit ist einzuhalten.

5. **Verkleben**
   Die Raufasertapete Naht an Naht verkleben. Um Blasen und Falten zu entfernen, die Tapete mit der Tapetenbürste oder Andruckrolle andrücken.

6. **Beschnitt**
   Der überstehende Rest der Tapetenbahn wird mit dem Scherenrücken markiert und anschließend entlang dieser Linie abgeschnitten. Ebenso kann der Überstand mit Hilfe eines Spachtels abgerissen werden.

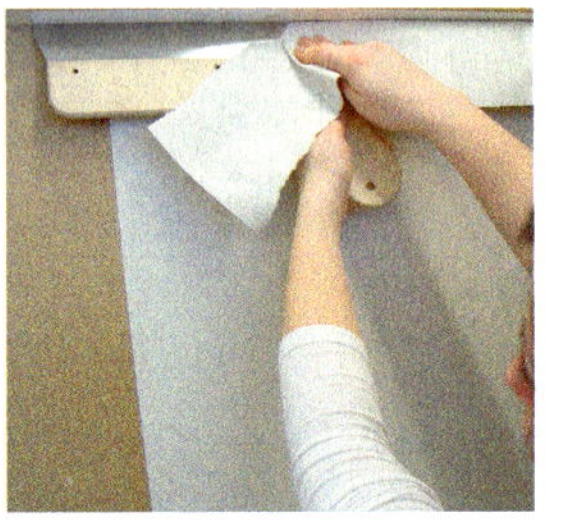

7. **Eckenbehandlung**
   Die Trennung in den Ecken wird mit der Schere ausgeführt. Profis reißen die Raufaser in den Ecken häufig mit einem Spachtel zu.
   An den Außenecken wird, je nach Aussehen der Ecke, entweder überlappend tapeziert oder die Trennung erfolgt direkt auf der Kante.

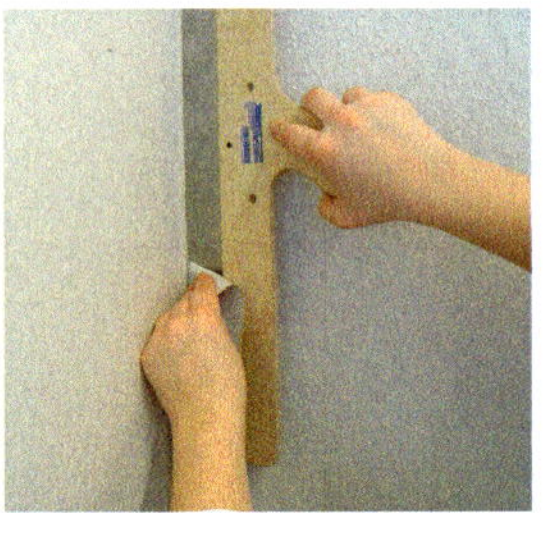

8. **Anstrich**
   Mit dem Anstrich ist bis zur Durchtrocknung der Raufasertapete zu warten.

Glasfasergewebe
Glasfasergewebe gehören zu den Wandbekleidungen für die nachträgliche Behandlung. Sie bestehen aus fein verwobenen Glasfäden.
Glasgewebe ist dimensionsstabil, verrottungsfest und gesundheitlich unbedenklich.
Durch die Struktur des Glasgewebes werden kleinere Unebenheiten ausgeglichen. Seine Reißfestigkeit sorgt für rissüberbrückende Eigenschaften.

Glasgewebe gibt es in verschiedenen Strukturen, die mit Beschichtungsstoffen vielfältig gestaltet werden können.
Geeignete mineralische Untergründe sind Putze der Mörtelgruppen P II, P III und P IV.
Glasfasergewebe sind als Rollenware mit Breiten von 50 cm oder 100 cm erhältlich.

Verarbeitung von Glasfasergewebe
Die Verarbeitung von Glasfasergewebe kann in folgenden Schritten ausgeführt werden:

- Der Kleber wird mit einer Farbrolle auf die Wand aufgebracht (Abb. 1).
- Das Gewebe wird in den noch feuchten Kleber eingelegt (Abb. 2).

1 Kleber auftragen

2 Gewebe in den Kleber drücken

- Mit der Andruckwalze oder einem Gewebespachtel wird das Gewebe blasenfrei angerieben bzw. angedrückt (Abb. 3).

3 Anreiben/Andrücken

4 Kanten beschneiden

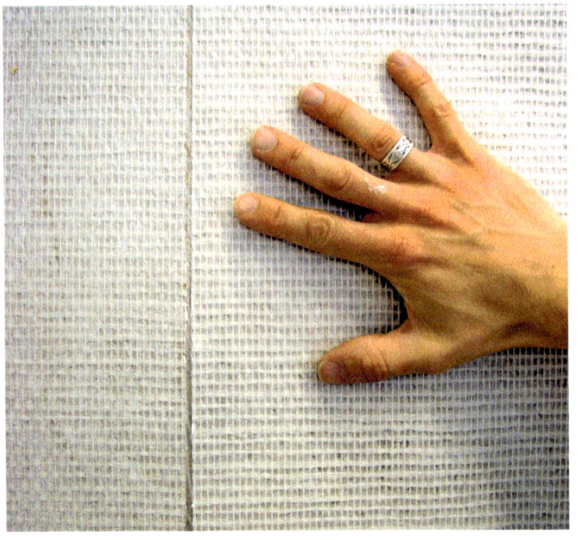

1 Auf Stoß kleben

2 Doppelnahtschnitt durchführen

3 Entfernen des Verschnitts

- Die Kanten an Decke und Boden werden mit Spachtel und Cutter beschnitten (Seite 337, Abb. 4).
- Alle folgenden Bahnen sind auf Stoß zu kleben (Abb. 1).
- Überlappende Nähte können mit einem Doppelschnitt auf Stoß geschnitten werden. Im Bereich der Überlappung (6–8 cm) wird eine Anlegeleiste oder ein Lineal angelegt. An diesem entlang werden mit einem Cutter oder einem Gleitfußmesser die beiden Bahnen sauber durchtrennt (Abb. 2).
- Die Verschnittstreifen werden entfernt (Abb. 3). Die Bahnen liegen nun direkt auf Stoß nebeneinander.

12.11.3 Unterlagsstoffe für Tapeten und Wandbeläge

Unterlagsstoffe werden eingesetzt, um gleichmäßig saugende Untergründe zu erhalten, um den Untergrund zu glätten oder ihn gegen Feuchte abzusperren (Kapitel 12.11.7).

Man unterscheidet flüssige und feste Unterlagsstoffe.

Flüssige Unterlagsstoffe sind:
- Feinmakulatur,
- Putzgrundierung,
- Dispersionsspachtelmasse,
- hydraulisch abbindende Spachtelmasse.

Lassen sich Untergrundmängel nicht durch flüssige Unterlagsstoffe beheben oder werden sehr hochwertige Tapeten verklebt, muss der Untergrund mit festen Unterlagsstoffen vorbehandelt werden.

Beispiele hierfür sind:
- Makulaturpapier,
- Stripmakulatur,
- Metallfolien,
- Wollfilzpappe,
- Polystyrol-Hartschaum,
- Polyurethan-Weichschaum,
- Gewebe,
- Vlies.

12.11.4 Tapezierwerkzeuge

Um gute Ergebnisse beim Tapezieren zu erhalten, ist es erforderlich, die richtigen Werkzeuge und Geräte zu verwenden.

Um Alttapeten von Wänden und Decken zu entfernen können Dampftapetenablöser, Igelwalze und Schaber eingesetzt werden.

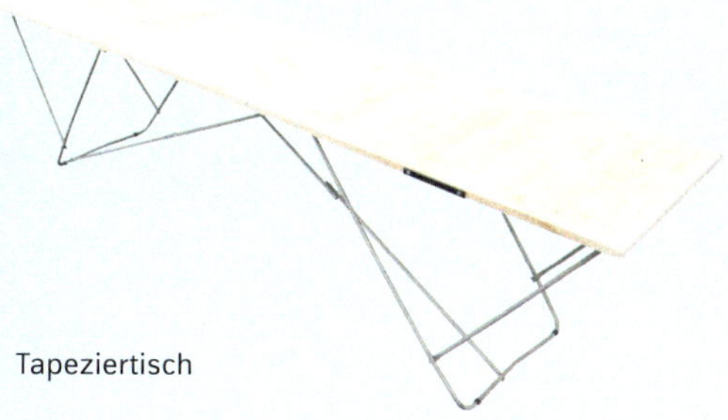

a) Tapeziertisch

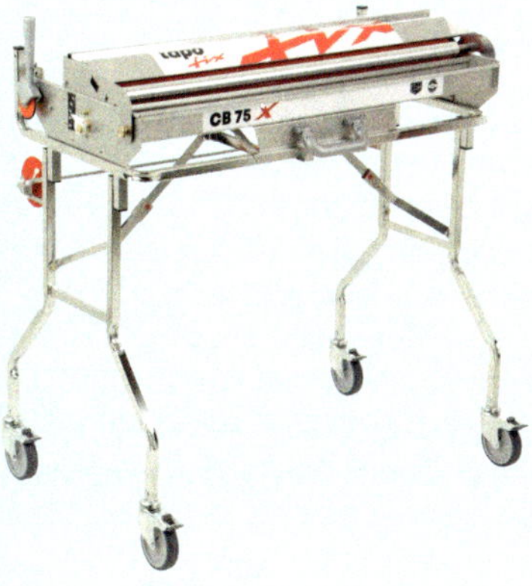

b) Kleistermaschine

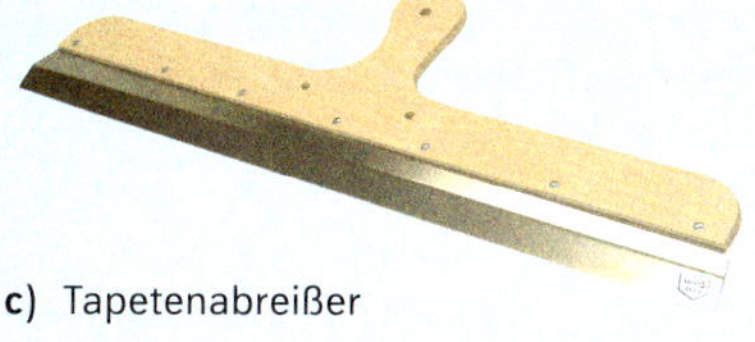

c) Tapetenabreißer

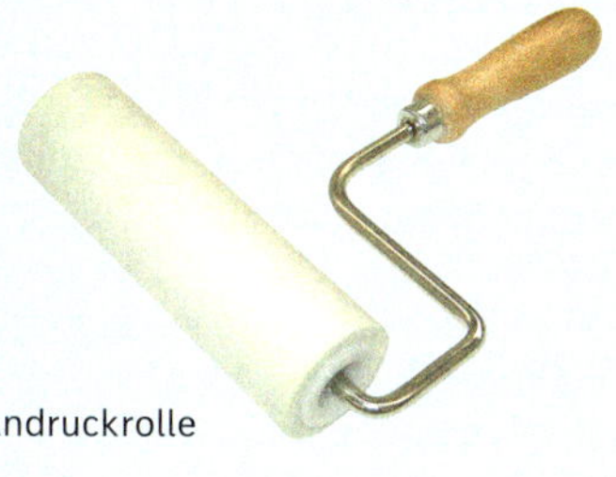

d) Andruckrolle

e) Nahtroller

f) Tapezierbürste

g) Senklot

h) Tapetenmesser

i) Dampf-tapetenablöser

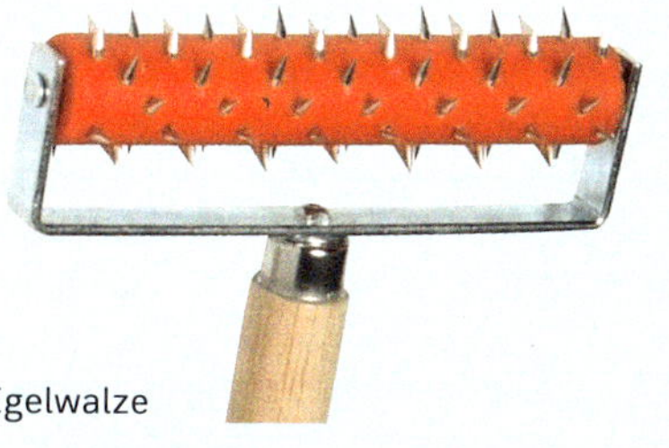

j) Igelwalze

k) Wand- und Deckenschaber

4 Tapezierwerkzeuge

12.11.5 Tapetenkleister und -kleber

Tapetenkleister und -kleber sind in folgenden Sorten im Handel erhältlich:
Methylcellulosekleister (MC) für leichte bis mittelschwere Papiertapeten mit einem Ansatzverhältnis Kleister zu Wasser:
- Vorkleistern 1 : 80
- Tapezieren 1 : 50

Der Kleister wird in kaltem Wasser angerührt und ist nach ca. 10–20 Minuten gebrauchsfertig (Abb. 1).

Methylcellulosekleister mit Kunstharzdispersionspulver (Spezialkleister) für schwere Papier-, Präge- und Vinyltapeten, Ansatzverhältnis:
- Vorkleistern 1 : 40
- Tapezieren 1 : 20

Es besteht kein Unterschied beim Anmischen von Spezialkleister gegenüber dem Mischen von MC-Kleister. Die enthaltenen Kunststoffdispersionszusätze erhöhen die Klebekraft dieses Kleisters.

Tapeziergeräte-Kleister für Raufasertapeten und trockenabziehbare Wandbekleidungen sind mit einem Ansatzverhältnis von
- Vorkleistern 1 : 70
- Tapezieren 1 : 35

zu mischen.

Dieser Kleister ist ebenfalls mit Kunstharzdispersionszusätzen versehen, die neben der Erhöhung der Klebekraft eine niedrigere Viskosität ermöglichen.

Tapetenkleister in Pulverform sollen trocken und kühl gelagert werden, um ein vorzeitiges Verklumpen zu vermeiden (Abb. 1).

Ansatz und Ergiebigkeit am Beispiel eines Spezialkleisters, entnommen aus dem technischen Merkblatt eines Herstellers, zeigt Tab. 1.

1 Einrühren von Kleisterpulver

Kleisterflecken auf der Tapetenoberseite sollten noch im feuchten Zustand entfernt werden, um eine Fleckenbildung zu vermeiden. Kleister sind nach der Trocknung reversibel. Diese Eigenschaft wird durch die Kunstharzdispersionszusätze jedoch abgeschwächt.

Zum Verkleben von Glasfaserbahnen verwendet man einen dafür vorgesehenen Dispersionskleber. Sie ergeben dauerhafte und wasserunlösliche Verklebungen und basieren auf PVAc- oder Acrylat-Styrol-Copolymerisatharzbasis.

Durch Zugabe von 10 % Spezialkleister in einem Mischungsverhältnis von 1 : 20 kann die Trocknung der Dispersionskleber verzögert werden. Dispersionskleber sind bereits gebrauchsfertig in verschiedenen Gebindegrößen erhältlich.

12.11.6 Untergrundprüfung

Einen **feuchten Untergrund** erkennt man an dunklen Flecken, Wasserrändern, die Bildung von Kondenswasser, Ausblühungen oder Schimmelbelag (Abb. 2).

Ausblühungen sind weißlich-gelbe Salzkristalle. Diese löslichen Salze können durch Wassertransport an die Oberfläche wandern und werden dort sichtbar.

Tab. 1: Ansatz und Ergiebigkeit

	Ansatz	Packungsinhalt 250 g in Liter Wasser	Reichweite für ca. m²	Reichweite für ca. Rollen
Vorkleistern	1:40	8	80	–
Tapeten	1:20	4	26	5
Rauhfaser	1:20	4	26	1,5

2 Dunkle Wasserflecken

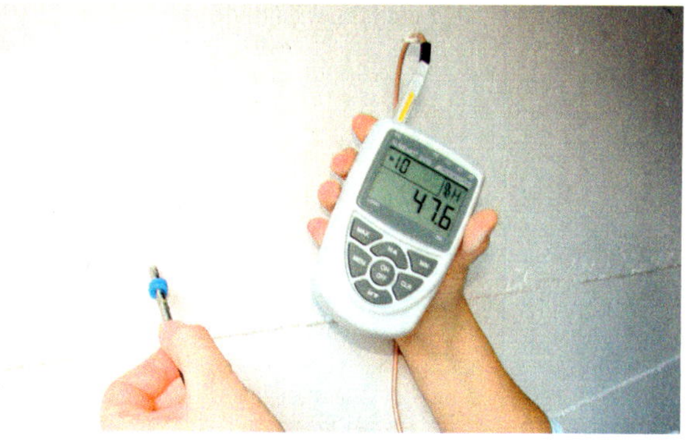

3 Feuchtemessung

Eine Messung der Untergrundfeuchte erfolgt mithilfe des Hygrometers (Abb. 3). Reicht die bloße Feststellung der Feuchte aus, so kann die Folienprobe durchgeführt werden (Abb. 4). Hierbei werden mindestens 30 cm × 30 cm große Folienflächen mit Klebeband auf den Tapetenuntergrund geklebt. Haben sich nach ca. 24 Stunden Wassertropfen an der Folie gebildet, ist zu viel Feuchte im Untergrund vorhanden. Maßnahmen zur Beseitigung sind zum einen das Abschaffen der Ursachen und zum anderen das Austrocknen der Wände durch Lüften und/oder Heizen. Eventuell vorhandene Ausblühungen werden trocken abgerieben.

Schimmelflecken entstehen durch zu hohe Luftfeuchtigkeit und mangelnde Lüftung. Sie werden beseitigt, indem die Pilze nach dem Austrocknen abgebürstet werden. Anschließend werden die Stellen mit fungizider (pilztötender) Lösung behandelt.

Da eine hohe **Alkalität** bei Metall- und Naturwerkstofftapeten zu Verfärbungen führt, muss vor dem Tapezieren die Alkalität des Untergrundes überprüft werden. Zur Bestimmung wird der Putz mit destilliertem Wasser angefeuchtet. In die feuchte Stelle wird Indikatorpapier gedrückt und der pH-Wert wird abgelesen (Abb. 5). Ein Beseitigen der Alkalität kann durch Fluatieren erfolgen (Tränken der Oberfläche mit verdünnter Fluorkieselsäure). Für Metall- und Naturwerkstofftapeten reicht ein Fluatieren des Untergrundes jedoch nicht aus. Die Flächen sollten vor dem Tapezieren mit Makulatur beklebt werden. Frische Putze und nachgeputzte Stellen dürfen erst nach ausreichender Trocknung tapeziert werden.

Mit einer Benetzungsprobe können **ungleichmäßig saugende Putze** erkannt werden. Dazu wird der Untergrund mit Wasser (Sprühpistole) benetzt (Seite 342, Abb. 1). Perlt das Wasser ab, so weist das auf ölige Trennschichten oder auf Sinterschichten hin. In diesem Fall muss die Wand maschinell oder manuell geschliffen werden. Sie ist anschließend entweder mit verdünntem Kleister oder einem Grundiermittel vorzustreichen oder mit Makulatur zu bekleben.
Wird das Wasser sofort vom Untergrund aufgenommen und ist eine dunkle Verfärbung zu beobachten, ist der Putz zu stark saugend. Um die Saugfähigkeit zu egalisieren, wird wie oben beschrieben vorgegangen.

Die **Oberflächenfestigkeit** (ausreichende Tragfähigkeit), wird mittels Kratzprobe, Wischprobe und Abreißtest bestimmt. Die Kratzprobe (Seite 342, Abb. 2) kann bau-

4 Folienprobe

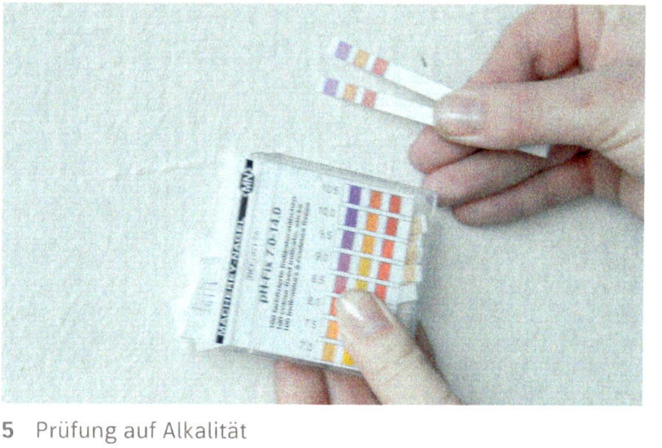

5 Prüfung auf Alkalität

1 Benetzungsprobe

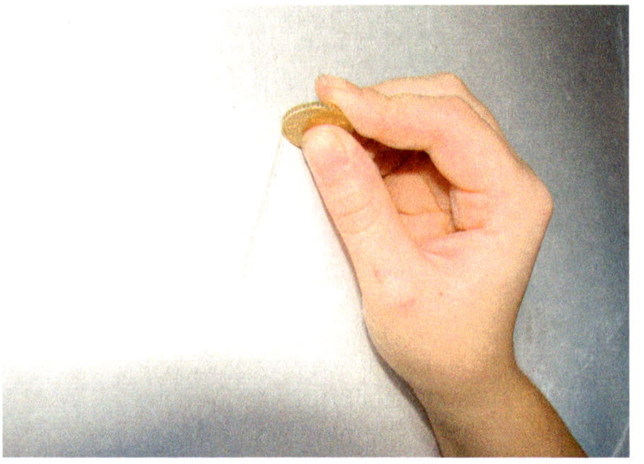

2 Kratzprobe

stellenüblich mit einem harten, scharfen Gegenstand (Cent-Stück, Nagel o. Ä.) oder mit dem Gitterschnitttest durchgeführt werden (Gitterschnitt, Kapitel 5.8). Sollten sich Mängel herausstellen, müssen die losen Teile entfernt und ausgebessert werden. Anschließend wird der Untergrund mit Grundiermittel gefestigt.
Ein kreidender, sandender Untergrund, wirkt wie eine Trennschicht auf die Tapezierung. Um einen solchen Untergrund zu erkennen, wird mit der Hand über den Putz gewischt. Das Kreiden und Sanden wird per Augenschein beurteilt.
Beseitigen lassen sich diese Schichten durch Abfegen und ggf. Streichen eines Grundiermittels (Abb. 3).
Der Abreißtest mit einem Klebeband zeigt durch verbleibende Putzrückstände auf dem Klebeband, dass alte Anstriche nicht mehr ausreichend auf dem Untergrund haften (Abb. 4). Diese nicht tragfähigen Anstriche müssen vollständig entfernt werden.
Mit der Augenscheinprobe lassen sich **Risse** leicht erkennen.

Vorhandene Schwund-, Haar- und Netzrisse werden mit (faserhaltigem) Kunststoffdispersionsspachtel geschlossen. Risse, die vom Putzträger ausgehen, können mithilfe eines Gewebes oder Vlieses armiert (überbrückt) werden. Baudynamische Risse, die durch die Bewegung im Bauwerk entstehen, können dauerhaft nicht beseitigt werden. Dieser Sachverhalt ist auch im BFS-Merkblatt Nr. 7/16 nachzulesen.

12.11.7 Untergrundvorbereitung

Bietet der Untergrund nach fachgerechter Prüfung eine tragfähige Basis für die Tapete, wird eine sorgfältige Untergrundvorbereitung vorgenommen.

Entfernen alter Tapeten und Anstriche
Alttapeten müssen vor dem erneuten Tapezieren restlos entfernt werden. Alte Tapeten werden mit Wasser und Tapetenlöser (möglich ist auch der Zusatz von Spülmittel), unter Zuhilfenahme von Deckenbürste und Spachtel entfernt (Abb. 5). Sollten sich die Tapeten trotz mehrmaligen Wässerns nicht lösen, wird die Tapete mit einer Igelrolle perforiert und erneut gewässert (Abb. 6). Tapeten, die mit Dispersionskleber verklebt wurden,

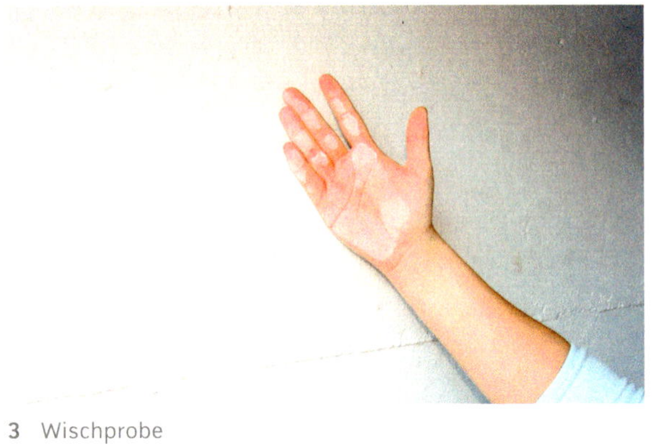

3 Wischprobe

4 Abreißtest

5 Entfernen der alten Tapete

6 Perforieren mit der Igelwalze

können meist nur mithilfe eines Heißdampfgeräts abgedampft werden.

Spaltbare Alttapeten, die eine einwandfreie Haftung aufweisen und beim Übertapezieren nicht zu Blasenbildung neigen, können auf dem Untergrund verbleiben.

Altanstriche werden vor dem Tapezieren auf ihre Oberflächenfestigkeit hin überprüft. Nicht tragfähige Altanstriche müssen durch Schleifen oder Ablaugen restlos entfernt werden. Leimfarbenanstriche sind auf jeden Fall vollständig abzuwaschen.

Da Tapeten keine **Untergrundmängel** verdecken, sollte nur auf glatten und sauberen Untergründen gearbeitet werden. Kleine Fehlstellen können mit Füllspachtel beseitigt werden. Geringe Verfärbungen (Öl-, Nikotin-, Farbstift-, Wasserflecken) können mit Absperrmitteln, die ein Durchschlagen der Flecke verhindern, entfernt werden. Größere Fehlstellen werden verspachtelt und ggf. mit Faservliesen armiert. Auf Gipsputzen und Gipskartonplatten kann mit gipshaltigem Füllspachtel gespachtelt werden. Da gipshaltige Füllstoffe auf kalk- und zementhaltigen Putzen zur Fleckenbildung neigen, sollte auf diesen Untergründen mit Kalk-, Zement- oder Kunststoffdispersionsspachtel gearbeitet werden. Liegen sehr unebene Wände vor oder werden hochwertige Tapeten verklebt, müssen die Untergrundflächen durch vollflächiges Spachteln geglättet werden. Dazu schabt man lose Teile und Grate ab und schleift manuell oder mit Rotationsschleifmaschinen. Anschließend wird der Untergrund entstaubt und mit der Glättekelle verspachtelt.

Die Basis für eine fachgerechte Tapezierung bildet die **Grundierung** vor dem Verkleben der Tapete. Je nach Tapete und Untergrundbeschaffenheit richtet sich das verwendete Grundiermittel.

Der **Tapetenwechselgrund** ist eine mit Trennmitteln (z. B. Wachsen) versetzte, dünnflüssige Acrylatdispersion, die mit einer Bürste aufgetragenen wird. Die Trennschicht ermöglicht, dass Tapetenbahnen sich leicht verschieben lassen und mühelos mehrfach wieder abgezogen werden können. Tapetenwechselgrund wird deshalb an Wänden eingesetzt, die ein häufiges Neutapezieren verlangen.

Grundiermittel sind wasser- oder lösemittelverdünnbar im Handel erhältlich. Sie werden zur Egalisierung der Saugfähigkeit verwendet. Im Allgemeinen werden die wasserverdünnbaren Grundierungen verarbeitet, die lösemittelverdünnbaren Grundierstoffe sind bei problematischen, z. B. sandenden, Untergründen erforderlich.

Weißpigmentierter Tapetengrund gleicht Farbunregelmäßigkeiten aus. Das ist notwendig, sollten dünne Naturwerkstofftapeten (Seiden-, Gras-, Textiltapeten) oder Vliestapeten verklebt werden.

Streichmakulatur, auch Feinmakulatur genannt, ist eine Zellstoffmischung (Seite 344, Abb. 1), die mittels Bürste aufgetragen wird. Streichmakulatur egalisiert den Untergrund, füllt grobe Putzporen aus und bereitet den Untergrund für leichte bis mittelschwere Tapeten vor (Seite 344, Abb. 2).

1 Streichmakulatur

2 Verarbeitung von Streichmakulatur

3 Verarbeitung von Makulaturtapete

Sehr hochwertige Tapeten, z. B. Seiden-, Metall-, Stofftapeten, erhalten als Vorbehandlung zusätzlich zur Grundierung einen **festen Unterlagsstoff** (Unterlagsstoffe s. Kapitel 12.11.3). Unterlagsstoffe sind laut VOB kein Ersatz für Grundanstriche bei Tapezierarbeiten. Ihren Einsatz finden feste Unterlagsstoffe auch dann, wenn sich Untergrundmängel nicht beheben lassen.

Das Verkleben von **Vlies- oder Rollenmakulatur** verhindert bei schweren Tapeten, die beim Trocknen Spannungen entwickeln, das Aufplatzen der Nähte. Rollenmakulaturen werden in der Regel in einer Breite von 56 cm angeboten. Dieses Rollenmaß ist 3 cm breiter als eine Europatapetenrolle. Das verhindert, dass deckungsgleiche Nähte von Tapete und Unterlagsstoff auftreten. So wird ein Aufplatzen der Nähte umgangen. Die Verarbeitung von Makulaturvlies erfolgt in der Wandklebetechnik. Mit Tapezierbürste, Gummiroller oder Andrückspachtel wird die Vliesmakulatur in den Kleber gedrückt (Abb. 3).

Das Verarbeiten einer **Stripmakulatur**, einem Unterlagsstoff mit Kunststoffbeschichtung, ermöglicht ein mehrmaliges, problemloses Abziehen der Tapete.

12.11.8 Tapetensymbole

Die Tapetensymbole helfen, die verschiedenen Oberflächenbeschaffenheiten und damit den möglichen Einsatz und die Verarbeitung der unterschiedlichen Tapetenarten erkennen und unterscheiden zu können.

Die Symbole, Anfertigungsnummern und Verarbeitungshinweise finden sich auf dem Etikett einer jeden Tapetenrolle.

Im Folgenden werden die wichtigsten Tapetensymbole gezeigt und kurz erläutert (Tab. 1 bis 3 und Seite 346, Tab. 1).

Tab. 1: Wasser- und Waschbeständigkeit nach DIN EN 235

			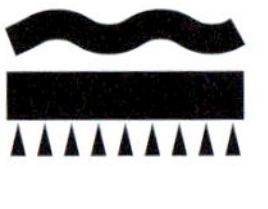	
Wasserbeständig während des Verarbeitens. Mit einem leicht feuchten Schwamm können frische Kleisterflecken vorsichtig entfernt werden.	**Waschbeständig** Leichte Verschmutzungen können vorsichtig mit einem feuchten Lappen entfernt werden.	**Hoch waschbeständig** Verschmutzungen, die kein Fett oder Öl enthalten, können mit einer milden Seifenlauge entfernt werden.	**Scheuerbeständig** Verschmutzungen können mit einer milden Seifenlauge und einer weichen Bürste gereinigt werden.	**Hoch scheuerbeständig** Verschmutzungen können mit Scheuermittel oder Seifenlauge und mithilfe einer Bürste entfernt werden.

Tab. 2: Lichtbeständigkeit

Ausreichende Lichtbeständigkeit
Die Tapeten neigen bei direkter Sonneneinstrahlung zum Vergilben.

Befriedigende Lichtbeständigkeit

Gute Lichtbeständigkeit

Sehr gute Lichtbeständigkeit
Selbst bei direkter Sonneneinstrahlung sind die Farben lange farbecht.

Ausgezeichnete Lichtbeständigkeit
Die Tapeten bleiben auch bei extremer Sonneneinstrahlung farbecht.

Tab. 3: Verarbeitung

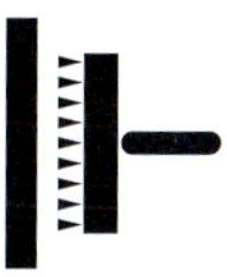

Wand einkleistern
Die Tapete ist in der Wandklebetechnik zu verarbeiten.

Tapete einkleistern

Vorgekleistert
Die Rückseite der Tapete ist mit Klebstoff vorbeschichtet, dieser wird durch kurzes Wässern verarbeitungsfähig.

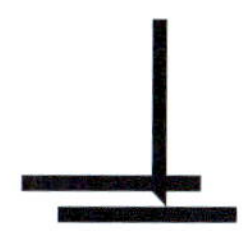

Doppelnahtschnitt
Bei schweren Wandbelägen werden die Bahnen mit dem Gleitfußmesser überlappend geschnitten.

Stoßfestigkeit
Die Tapete ist mit einer besonders robusten, widerstandsfähigen Oberfläche ausgerüstet.

Trocken restlos abziehbar
Die Tapete lässt sich beim Renovieren trocken, ohne Rückstände, abziehen.

Spaltbar trocken abziehbar
Die obere Schicht der Tapete lässt sich trocken abziehen, die untere bleibt als Makulatur auf der Wand.

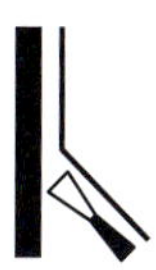

Nass zu entfernen
Die Tapete kann nach dem Einweichen mit dem Spachtel entfernt werden.

Dupliert
Die Prägung der Tapete besteht aus zwei kaschierten Papierschichten, dadurch bleibt diese beim Tapezieren erhalten.

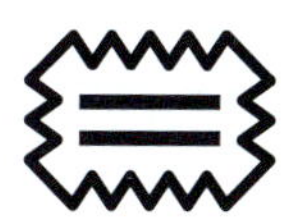

Abgestimmter Stoff
Zu dieser Tapete sind passende Stoffe im Handel. Das Zeichen gehört nicht zu den genormten Tapetensymbolen.

Tab. 1: Musteransatz

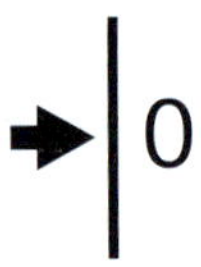

Ansatzfrei
Beim Tapezieren muss auf kein Ansatzmuster geachtet werden.

Gerader Ansatz
Die Bahnen müssen so zugeschnitten werden, dass das folgende Muster auf die gleiche Höhe der vorherigen Bahn geklebt wird.

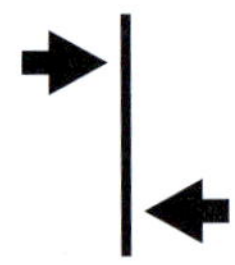

Versetzter Ansatz
Die Bahnen müssen so zugeschnitten werden, dass das folgende Muster jeweils um die angegebene Versatzhöhe verschoben wird.

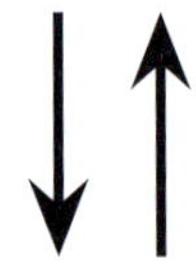

Gestürzt kleben
Jede zweite Tapetenbahn muss umgekehrt, also auf dem Kopf, verklebt werden.

Horizontal ansetzen
Die Bahnen müssen waagerecht verklebt werden.

12.11.9 Verarbeitungstechniken

Einkleistern
Je nach Tapete wird der geeignete Tapetenkleister oder -kleber ausgewählt (Kapitel 12.11.5).

Methylzellulosekleister wird zum Verkleben von leichten und mittelschweren Papiertapeten verwendet (Tab. 2).

Tab. 2: Papierstärken

Tapetenart	Flächengewicht
Leichte Papiertapeten	ca. 90–110 g/m^2
Mittelschwere Papiertapeten	ca. 110–140 g/m^2
Schwere Papiertapeten	ca. 140–180 g/m^2

1 Einkleistern mit dem Quast

2 Vorbereitung der Wandklebetechnik

Durch Zusätze von z. B. PVAc oder Acrylat-Styrol-Copolymerisatharz zum Methylzellulosekleister entstehen sogenannte Spezialkleister mit verstärkter Klebekraft. Diese werden zum Verkleben von schweren Papiertapeten, Prägetapeten, Strukturtapeten, Vlies- und Vinyltapeten mit kaschiertem Papierrücken benutzt.

Dispersionskleber werden beim Tapezieren von wasserdampfundurchlässigen und/oder sehr schweren Wandbekleidungen wie Vinyl-, Metall-, Velourstapeten, für textile Wandbekleidungen, Glasfasergewebe usw. verklebt. Dispersionskleber enthalten z. B. durch Polymerisation entstandenes Polyvinylacetat (PVAc) und Polyvinylpropionat (PVP).

Die Tapetenbahnen werden mit der Musterseite nach unten mit dem Quast oder der Kleistermaschine eingekleistert (Abb. 1). Da die vom Hersteller angegebenen Weichzeiten unbedingt einzuhalten sind, muss der Kleisterauftrag zügig erfolgen. Nur so kommt es zu einheitlichen Weichzeiten der Tapeten.

Bei Tapeten, die in der **Wandklebetechnik** verarbeitet werden, wie Vlies-, Gewebe-, Glasfaser oder Metalltapeten, wird der Kleister mit einem Quast (Kleisterbürste) oder einem Farbroller bahnenweise auf den Untergrund aufgetragen (Abb. 2). Die Bahnen werden mit 5–10 cm Zugabe zugeschnitten, in das frische Kleberbett eingelegt und mit der Moosgummiwalze blasen- und faltenfrei angedrückt. Die nachfolgenden Bahnen werden auf Stoß tapeziert. Innen- und Außenecken werden 6–10 cm umklebt. Die folgende Tapetenbahn wird 4–6 cm überlappend angesetzt und mit einem Doppelnahtschnitt getrennt. Tapeten in Wandklebetechnik benötigen keine Weichzeit.

Zusammenlegen
Damit der Kleister nicht vorzeitig trocknet und somit seine Klebekraft verliert, werden die Bahnen zum Weichen zusammengelegt.

- Dazu wird
  - das obere Ende der Bahn ca. zu zwei Dritteln,
  - das untere ca. zu einem Drittel,
- immer Kante auf Kante aufeinanderliegend zusammengelegt (Abb. 3).

Tapezieren
- Vor dem Kleben der ersten Bahn sollte mithilfe eines Senklots eine gerade Linie an der Wand markiert werden (Abb. 4).
- Nun kann die erste Bahn an der ausgeloteten Linie entlang geklebt werden (Seite 348, Abb. 1).
- Während des Anklebens wird die Tapete mit einer Tapezierbürste, einer Gummirolle oder einem Tapezierwischer vorsichtig von der Mitte nach außen angedrückt (Seite 348, Abb. 2).
- Die oben überstehenden Reste werden mit der Schere oder einer Reißschiene entfernt, die unteren Reste mit einer Schere abgeschnitten (Seite 348, Abb. 3).
- Die folgenden Bahnen werden genau dem Muster entsprechend wie die erste Bahn geklebt (Seite 348, Abb. 4).

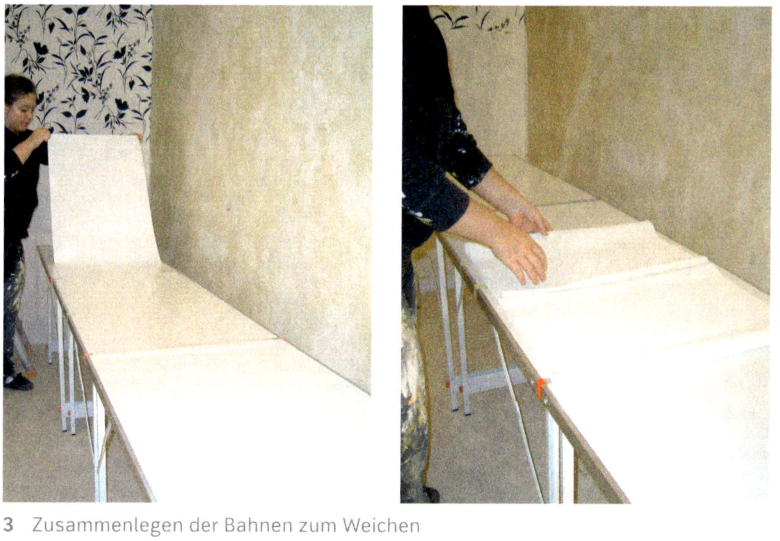

3 Zusammenlegen der Bahnen zum Weichen

4 Ausloten der Wand

- Anschließend werden die Nähte angedrückt (Abb. 5). Dazu kann, je nach Tapete, eine Bürste oder auch der Nahtroller verwendet werden.
- Dabei muss darauf geachtet werden, dass der Kleister nicht aus den Nähten auf die Tapete gedrückt wird. Sollte dies geschehen sein, wird der Kleister sofort vorsichtig mit einem feuchten Tuch abgewischt, um glänzende Stellen zu vermeiden.
- Abschließend werden die Tapetenbahnen nochmals mit der Gummirolle oder der Tapezierbürste angedrückt (Abb. 6).

1 Kleben der ersten Bahn

2 Andrücken mit der Tapezierbürste

3 Entfernen der überstehenden Tapetenbahnen

4 Kleben der Mustertapete

5 Andrücken der Nahtstellen

6 Andrücken der Tapetenbahn

Tapezieren von Decken

Die Tapetenbahnen werden wie eine Ziehharmonika zusammengefaltet, dürfen aber nicht geknickt werden (Abb. 7).

Nachdem so viele Bahnen eingekleistert wurden, wie für die Decke benötigt werden, muss an der Fensterwand mit dem Ankleben begonnen werden. Bei zwei Fenstern muss man dort beginnen, wo der Lichteinfall am stärksten ist.

Die oberste Falte der Tapetenbahn wird aufgeklappt und so an der Decke angesetzt, dass sie 1,5–2 cm in die Wand reicht. Sie wird mit der Hand leicht in die Ecke gestrichen und erst, wenn sie richtig sitzt, behutsam mit der Tapetenbürste angedrückt. Danach werden die nächsten Falten aufgeklappt und mit der Bürste festgedrückt (Abb. 8). Es muss immer sorgfältig darauf geachtet werden, dass der Tapetenrand entlang der Markierungslinie verläuft, die vorher am Deckenende oder an der vorhergehenden Bahn angebracht worden ist.

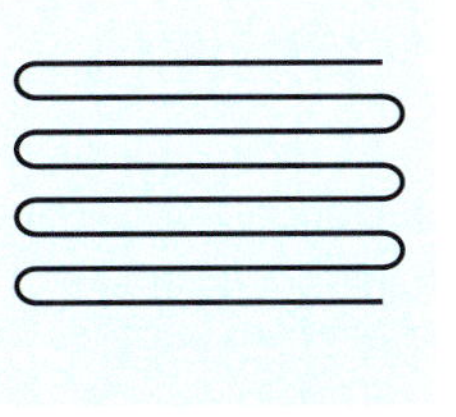

7 Gefaltete Tapetenbahn

8 Andrücken der Tapetenbahn

Mustertapeten

Der Zuschnitt von Mustertapeten (Abb. 9 und 10) erfordert ein exaktes Ausmessen der einzelnen Bahnen.

Bei Mustertapeten wiederholt sich das Muster in gleichmäßigen Abständen. Dadurch ist es möglich, auch großengemusterte Flächen ohne sichtbaren Übergang an den Nähten zu gestalten. Der Abstand, in dem sich das Muster wiederholt, wird **Rapport** genannt. Man unterscheidet zwischen einem geraden und einem versetzten Musteransatz.
Die Länge eines jeweiligen Rapports ist in Zentimetern auf dem Beipackzettel der Rolle angegeben.

Ein gerader Musteransatz von z. B. „45/0" besitzt ein Muster von 45 cm Höhe. Das bedeutet, dass die Bahnen so zugeschnitten werden müssen, dass das Muster der folgenden Bahn jeweils auf die gleiche Höhe der vorherigen Bahn geklebt werden kann.

Wird eine Bahn mit versetztem Musteransatz verarbeitet, wird die erste Bahn zunächst auf die erforderliche Länge zugeschnitten und verklebt. Die folgende Tapetenbahn wird nun um die Hälfte des angegeben Rapports versetzt geklebt. Werden beispielsweise Rapportzahlen von „56/28" angegeben, gibt die obere Zahl eine Musterhöhe von 56 cm an, die untere die Versatzhöhe von 28 cm. Die folgende Tapetenbahn muss folglich um 28 cm nach oben oder unten versetzt geklebt werden.

9 Mustertapete

10 Mustertapete in stark vergrößerter Ansicht

12.11.10 Berechnung des Tapetenbedarfs

Für die Berechnung des Tapetenbedarfs gibt es unterschiedliche Methoden. Welche Methode verwendet wird, hängt davon ab, wie genau das Ergebnis der Berechnung sein muss. Für eine preiswerte Raufasertapete, die von der Großrolle verarbeitet wird, ist ein ungefähres Ergebnis ausreichend. Wird eine sehr hochwertige Tapete bestellt, muss die berechnete Anzahl der Rollen möglichst genau stimmen.

Berechnung des Bedarfs für ansatzfreie Tapeten

1. Methode: Berechnung über die Fläche

Diese Berechnung ist relativ einfach und kann auch überschlägig im Kopf gerechnet werden. Man kann hier allerdings nicht erkennen, wie groß der Verschnitt aus jeder Rolle ist, sodass unter Umständen mehr Rollen benötigt werden als berechnet.

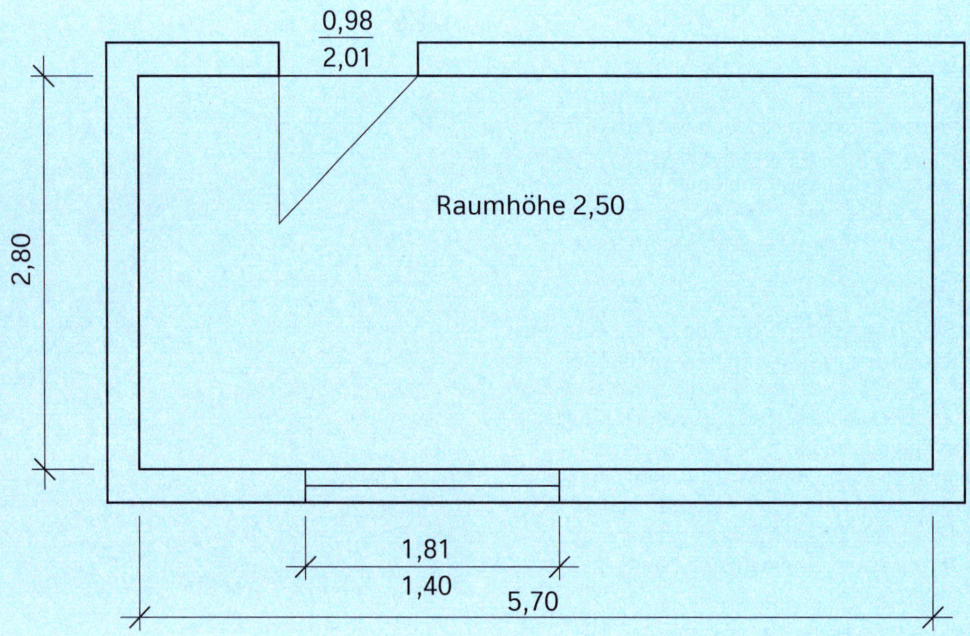

Schritt 1: Berechnung der zu tapezierenden Fläche

Umfang des Raumes · Wandhöhe:	A = (5,70 + 2,80) · 2 · 2,50	= 42,50 m²
– Türfläche:	A = 0,98 · 2,01	= 1,97 m²
– Fensterfläche:	A = 1,81 · 1,40	= 2,53 m²
zu tapezierende Fläche	A = 38,00 m²	

Schritt 2: Berechnung der Fläche einer Tapetenrolle

Eurorolle: A = 0,53 · 10,05 = 5,33 m²

Schritt 3: Berechnung der Anzahl der Rollen

zu tapezierende Fläche : Tapetenfläche

39,00 : **5,33** = 7,32; aufgerundet **8 Rollen**

2. Methode: Berechnung über die Anzahl der Bahnen

Bei dieser aufwendigeren Berechnungsmethode kann man erkennen, wie viel Reste aus jeder Rolle übrig bleiben. Man kann somit die benötigte Anzahl der Tapetenrollen sehr genau bestimmen.

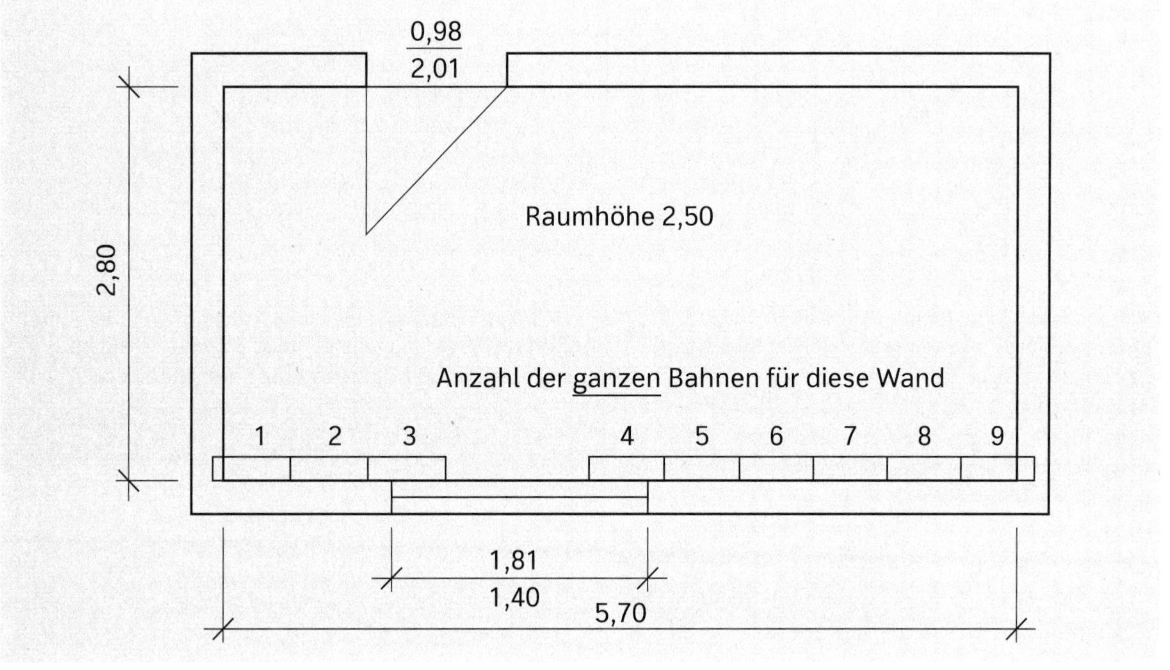

Schritt 1: Berechnung der Anzahl der ganzen Bahnen

Umfang des Raumes	L = (5,70 + 2,80) · 2 =	17,00 m
– Breite der Türe	L =	0,98 m
– Breite des Fensters	L =	1,81 m
zu tapezierende Länge	L =	**14,21 m**

zu tapezierende Länge : Tapetenbreite
14,21 : 0,53 = 26,81; aufgerundet **27 ganze Bahnen**

Schritt 2: Berechnung der Anzahl ganzer Bahnen aus einer Rolle

Länge einer Tapetenrolle : Länge einer Bahn (+ 10 cm Zugabe)
10,05 : (2,50 + 0,10) = 3,87; abgerundet **3 ganze Bahnen**
Es bleiben als Verschnitt 0,86 · 2,60 = 2,23 m pro Rolle übrig.

Schritt 3: Berechnung der Anzahl der Rollen

Anzahl ganze Bahnen : Bahnen pro Rolle
27 : 3 = **9 Rollen**

Berechnung des Bedarfs für Wandflächen mit unterschiedlichen Höhen

Ein Raum besteht meist aus vier gleich hohen Wänden, in denen sich mindestens eine Tür und ein Fenster befinden. Es können aber auch mehrere unterschiedlich hohe Wände vorhanden sein mit verschiedenen Öffnungsformen.

Raum mit verschiedenen Höhen und Winkeln

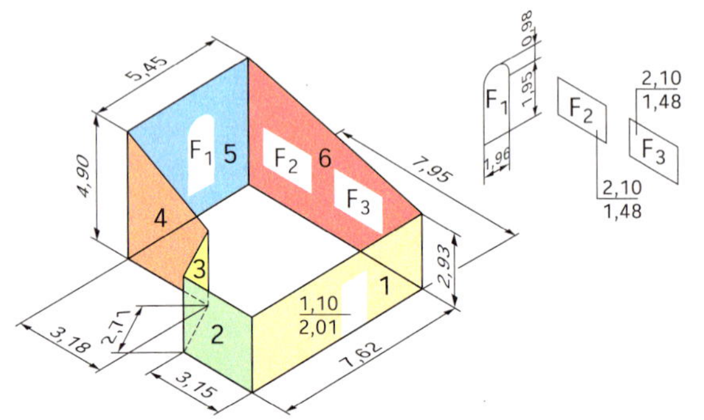

Hier sind die Maße der meisten Wände und Öffnungen unterschiedlich. Deshalb ist es sinnvoll jede Fläche einzeln zu berechnen.

Als Schreibregel gilt, dass zuerst alle Zuzüge geschrieben werden und anschließend alle Abzüge. Man sollte eine klar erkennbare Reihenfolge der Flächen einhalten (z. B. im Uhrzeigersinn).

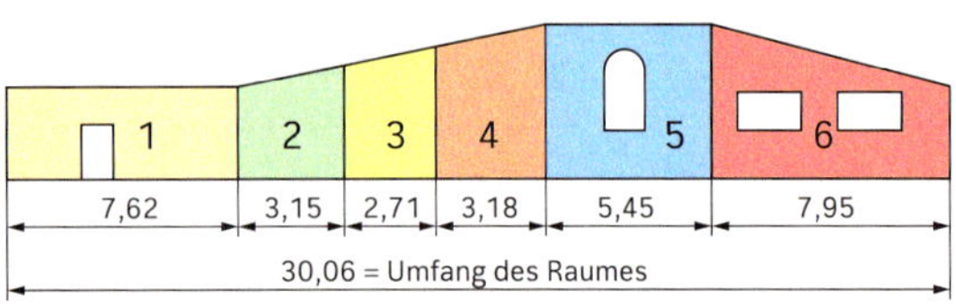

Raum mit gleichen Höhen und rechten Winkeln

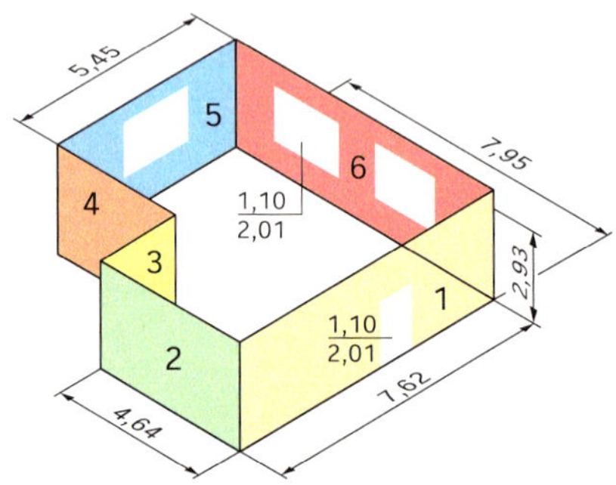

Alle Wände haben die gleiche Höhe. Aneinandergereiht würde sich ein langes Rechteck ergeben, dessen Länge sich aus dem Umfang des Raumes ergibt.

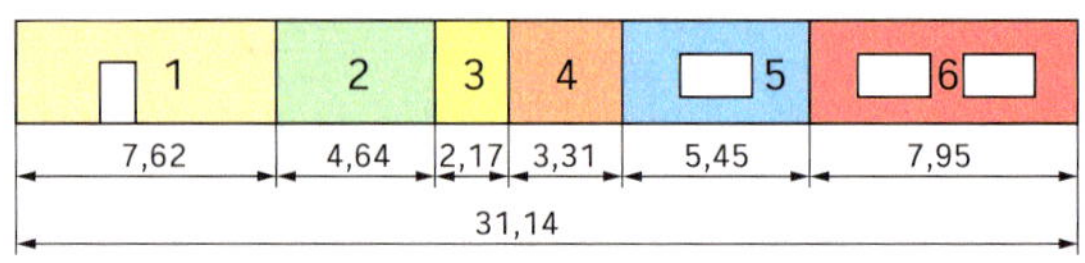

Die Summe der Länge der Wände 2 + 4 ist gleich der Länge der gegenüberliegenden Wand 6, ebenso entspricht die Wandlänge 3 + 5 der Wandlänge 1. Deshalb kann der Umfang dieses Raumes wie beim Rechteck berechnet werden.

Hinweis: Öffnungen, die kleiner als 2,50 m² sind, werden bei der Abrechnung nach VOB nicht abgezogen! (→ LF 5 und LF 7)

Berechnung

Gesamtfläche = Summe der Einzelflächen − Fläche der Öffnungen

Beispiel

$$
\begin{aligned}
A_1 &= 7{,}62 \cdot 2{,}93 &&= 22{,}33\\
+A_2 &= (2{,}93 + 3{,}80) : 2 \cdot 3{,}18 &&= 10{,}70\\
+A_3 &= (3{,}80 + 4{,}31) : 2 \cdot 2{,}71 &&= 10{,}99\\
+A_4 &= (4{,}31 + 4{,}90) : 2 \cdot 3{,}15 &&= 14{,}51\\
+A_5 &= 5{,}45 \cdot 4{,}90 &&= 26{,}71\\
+A_6 &= (2{,}93 + 4{,}90) : 2 \cdot 7{,}95 &&= 31{,}12\\
-A_{F2+F3} &= 2 \cdot 2{,}10 \cdot 1{,}48 &&= 6{,}22\\
-A_{F1} &= 1{,}96 \cdot 1{,}95 + 0{,}98 \cdot 0{,}98 \cdot 3{,}14 : 2 &&= 5{,}33\\
& & A_{\mathbf{Gesamt}} &= \mathbf{104{,}81\ m^2}
\end{aligned}
$$

Berechnung

Gesamtfläche = Umfang · Raumhöhe − Fläche der Öffnungen

Beispiel

$$
\begin{aligned}
A_{Wände} &= (7{,}62 + 7{,}95) \cdot 2 \cdot 2{,}93 &&= 91{,}24\\
-A_{Fenster} &= 3 \cdot 2{,}10 \cdot 1{,}48 &&= 9{,}32\\
& & A_{\mathbf{Gesamt}} &= \mathbf{81{,}92\ m^2}
\end{aligned}
$$

Berechnung der Laibungsfläche
Eine Laibung ist die seitliche Begrenzung einer Öffnung. Bei einer rechteckigen Öffnung besteht sie aus vier Seiten, die in den meisten Fällen die gleiche Tiefe haben. Häufig wird die untere Seite nicht beschichtet, da hier ein Fensterblech oder -brett angebracht ist.

Berechnung

Fläche der Laibung = Länge der beschichteten Seiten · Laibungstiefe

Beispiele: Laibungstiefe jeweils 14 cm

Vier Seiten

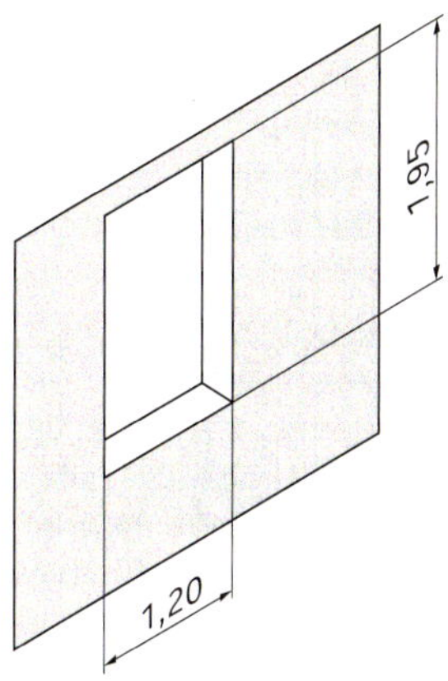

A_{Laibung} =
(1,20 + 1,95) · 2 · 0,14
= 0,88 m^2

Drei Seiten

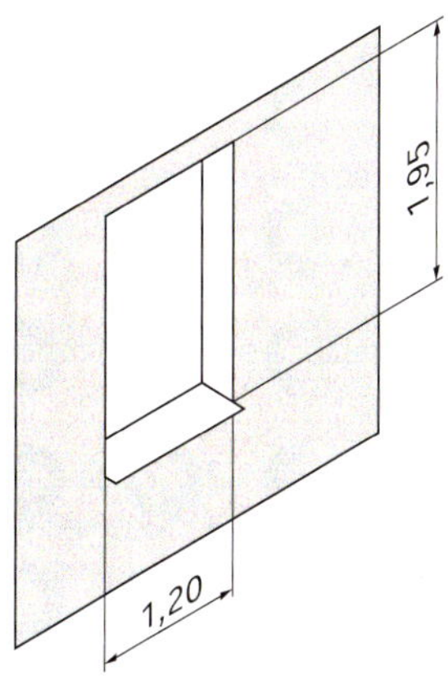

A_{Laibung} =
(1,20 + 1,95 · 2) · 0,14
= 0,71 m^2

Mit Rundung

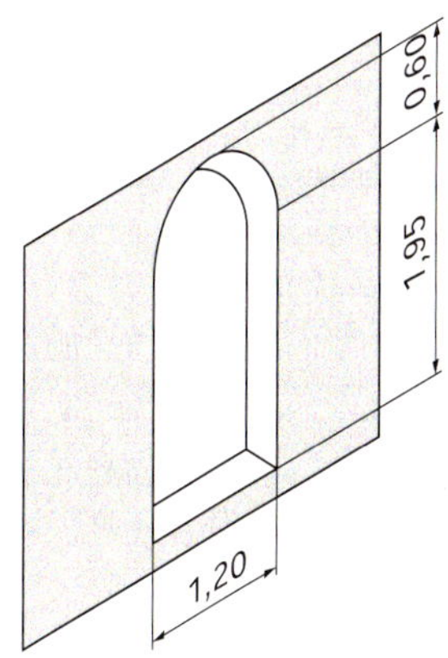

A_{Laibung} =
(1,20 + 1,95 · 2 + 1,20 · 3,14) · 0,14 =
1,24 m^2

Berechnung nach VOB

Nach den neuen Vorschriften der VOB werden alle Laibungen (auch von Öffnungen < 2,50 m^2) mit ihrem Längenmaß abgerechnet.

Beispiel
Laibungen von Fenster und Tür, dreiseitig

$L_{\text{Laibungen}}$ = 3 · (2,01 + 1,48 · 2) + 1,10 + 2 · 2,01 = 14,11 m

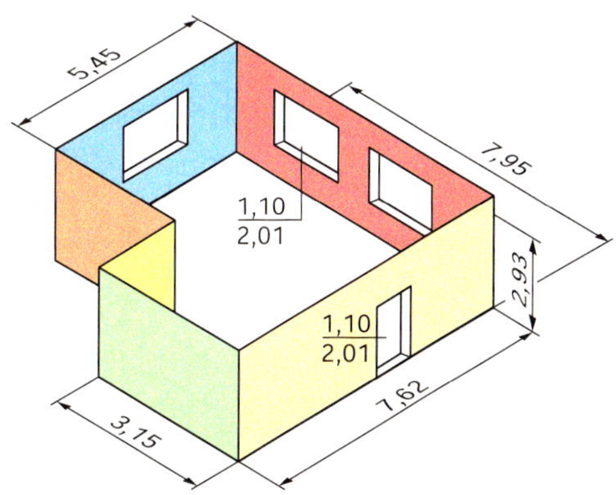

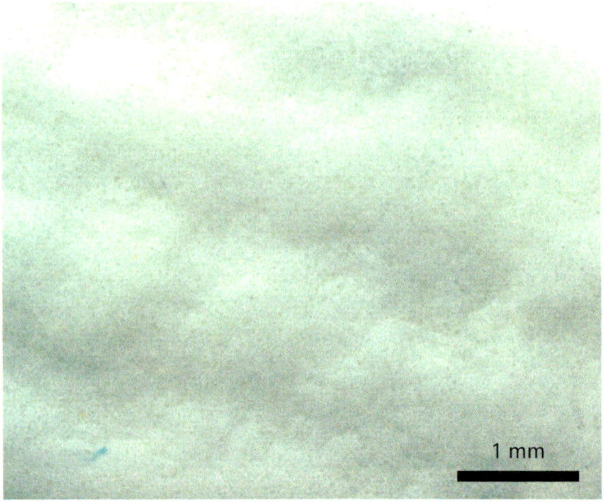

1 Teppichrücken Schaum, in starker Vergrößerung

2 Teppichrücken Vlies, in starker Vergrößerung

medurchlasswiderstand als Teppichböden mit Schaumrücken auf, deshalb eignen sie sich gut zur Verlegung auf Fußbodenheizungen. Zudem halten Textilrücken starken Belastungen stand, z. B. durch Stuhlrollen.

12.12.3 Teppichsymbole

Die Qualität und damit das Einsatzgebiet von Teppichböden ist je nach Materialwahl und Herstellungsverfahren unterschiedlich. Einen Überblick über die Verwendung bieten die unterschiedlichen Qualitätssiegel und Gütezeichen.

Es existieren unterschiedliche Qualitätssiegel mit nachvollziehbaren Standards für die Qualität eines Teppichbodens. Da diese Siegel in der Regel von den Teppichherstellern entworfen werden, können sie sich von Zeit zu Zeit ändern und sollten stets auf Aktualität überprüft werden. Die Qualitätsgemeinschaft des Carpet-Quality-Clubs (CQC) definiert zum Beispiel Kriterien zur Sicherung der Produkt- und Produktionsqualität von textilen Bodenbelägen. Alle Erzeugnisse und Produktionsstätten werden vor der Zertifizierung durch eine unabhängige Stelle geprüft und jährlich überwacht. Das Symbol gibt Auskunft über den Komfortwert von gering bis extrem und den Beanspruchungsbereich von einfach bis hochwertig. Die Zusatzeignungen wie Stuhlrolleneignung oder Eignung für Fußbodenheizungen sind als Piktogramm aufgeführt (Tab. 1). Mit der Kontrollnummer des Zertifikats können die Prüfergebnisse des Produkts auch an anderen, unabhängigen Stellen wie etwa dem TÜV nachgefragt und überprüft werden.

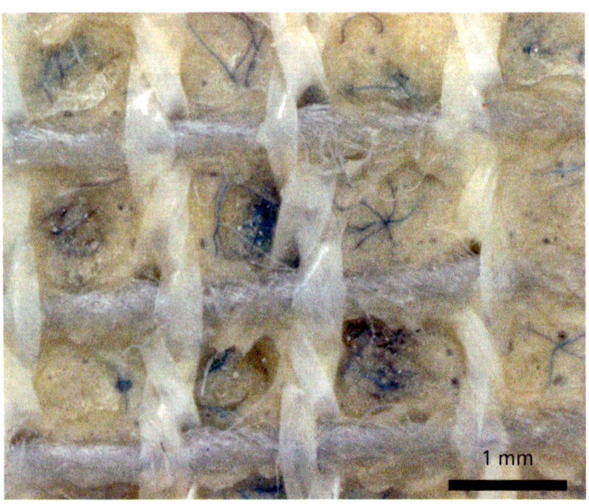

3 Teppichrücken Gewebe, in starker Vergrößerung

Beanspruchungsklassen

Die Strapazierfähigkeit eines Teppichbodens wird in Beanspruchungsklassen (Seite 360, Tab. 1) dargestellt und gibt Auskunft über die Nutzungsintensität und den Verwendungsbereich.
Die Klasse wird durch eine Verschleißprüfung festgestellt. Je weniger Fasern bei dieser Prüfung abgescheuert werden, desto stärker kann die Ware beansprucht werden.

Man unterscheidet die Beanspruchungsklassen „21, 22, 22+“ sowie „31, 32, 33“.
Die 1. Ziffer bezieht sich dabei auf den Einsatzort.

Der Wohnbereich wird mit (2) und der Objektbereich mit (3) gekennzeichnet. Den Klassen 21 und 22 werden ausschließlich Beläge zugeordnet, die für den Privatbereich geeignet sind. In den Klassen 31, 32 und 33 werden Ob-

4 Das GuT-Signet

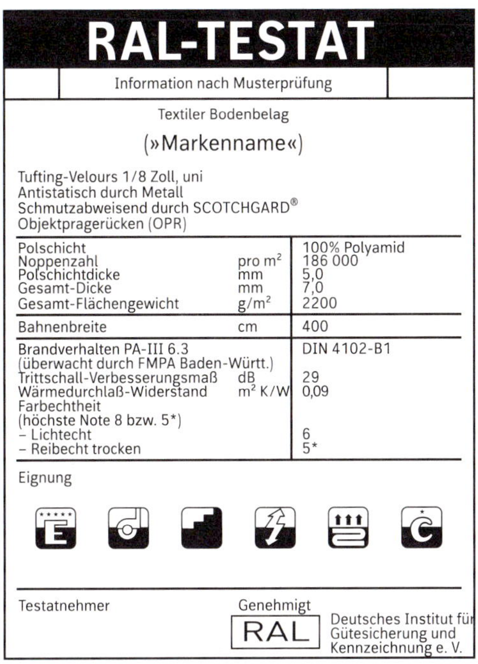

RAL-TESTAT

Information nach Musterprüfung

Textiler Bodenbelag

(»Markenname«)

Tufting-Velours 1/8 Zoll, uni
Antistatisch durch Metall
Schmutzabweisend durch SCOTCHGARD®
Objektpragerücken (OPR)

Polschicht		100% Polyamid
Noppenzahl	pro m^2	186 000
Polschichtdicke	mm	5,0
Gesamt-Dicke	mm	7,0
Gesamt-Flächengewicht	g/m^2	2200
Bahnenbreite	cm	400
Brandverhalten PA-III 6.3 (überwacht durch FMPA Baden-Württ.)		DIN 4102-B1
Trittschall-Verbesserungsmaß	dB	29
Wärmedurchlaß-Widerstand	m^2 K/W	0,09
Farbechtheit (höchste Note 8 bzw. 5*)		
– Lichtecht		6
– Reibecht trocken		5*

Eignung

Testatnehmer

Genehmigt RAL Deutsches Institut für Gütesicherung und Kennzeichnung e. V.

5 Das RAL-Testat

jektbeläge aufgeführt. Dies sind Bereiche mit intensiver, extremer Beanspruchung.

Zusatzeignungen

Ein weiteres Kriterium für den Einsatzbereich eines Teppichbodens sind die Zusatzeignungen.

Die Beschreibung erfolgt mithilfe von Piktogrammen (Tab. 1).

Zusätzlich zu den Symbolen der Beanspruchungsgruppen sind auf Teppichböden Symbole zu finden, die die Zusatzeigenschaften beinhalten.

Das GuT-Signet ist das Prüfsiegel der „Gemeinschaft umweltfreundlicher Teppichboden e. V." (GuT) und wird für Teppiche vergeben, die in unabhängigen Prüfinstitutionen auf ihre Gesundheits- und Umweltverträglichkeit überprüft wurden und die keine gesundheitsgefährdenden Substanzen enthalten (Abb. 4).

Das RAL-Testat beeinhaltet eine freiwillige informative Warenkennzeichnung des Deutschen Instituts für Gütesicherung und Kennzeichnung e. V. (RAL). Auf der Warenkennzeichnung werden die wesentlichen Teppichmerkmale wie Materialien, Eigenschaften, Eignungsbereiche und Komfort aufgelistet (Abb. 5).

Tab. 1: Zusatzeignungen der Teppichböden

Symbol	Zusatzeignung
	Geeignet für Geschäftsräume mit Stuhlrollenbeanspruchung
	Geeignet für private Räume mit Stuhlrollenbeanspruchung
	Geeignet für Treppen in Geschäftsräumen und öffentlichen Gebäuden
	Geeignet für Treppen in Privathäusern
	Geeignet für Räume mit Fußbodenheizung
	Verfügt über antistatische Ausrüstung
	Verfügt über stabile Schnittkanten

Tab. 1: Beanspruchungsklassen für Teppichböden nach DIN EN ISO 10874

Symbol	Beanspruchungsklassen
	Teppichboden für **geringe Belastung** und für Belastungen, die nur zeitweise auftreten
	Teppichboden für **mittlere Beanspruchung**, mit der Eignung für Schlaf-, Gäste-, Ess- und Wohnzimmer
 	Teppichboden für **starke Beanspruchung**, mit der Eignung für stark beanspruchte Wohnzimmer, Eingangsbereich, Arbeits- und Kinderzimmer, Hotelzimmer sowie den Bereich „mittlere Beanspruchung“
	Teppichboden für **intensive Beanspruchung**, mit der Eignung für Büros, Verkaufsräume, Restaurants, Konferenzräume sowie die Bereiche „mittlere Beanspruchung“ und „starke Beanspruchung“
	Teppichboden für **extreme Beanspruchung**, mit der Eignung für besonders beanspruchte Büros, Restaurants, Veranstaltungsflächen, Warenhäuser, Schulen sowie die Bereiche „mittlere Beanspruchung“, „starke Beanspruchung“ und „intensive Beanspruchung“

12.12.4 Untergrundprüfungen

Der Fußbodenverleger ist verpflichtet, vor dem Verlegen eines Teppichbodens den Untergrund für die vorgesehene Verlegung auf seine Eignung zu prüfen. Untergrundmängel können zu Schäden und zu schnellem Verschleiß des Bodenbelags führen.

Folgende Aspekte sind zu prüfen:

Unebenheiten
Der Untergrund muss vor der Verlegung eben sein, da sich bereits kleine Unebenheiten auf der Oberfläche des Bodenbelags nach seiner Verklebung abzeichnen können. Der Belag hat an dieser Stelle einen höheren Verschleiß.

Die Ebenheit des Untergrundes kann durch eine 2–4 m lange Messlatte geprüft werden, die mit einer Wasserwaage verbunden ist. Zulässige Ebenheitstoleranzen sind in der DIN 18202 festgelegt.

Risse in der Oberfläche
Risse im Estrich werden durch Inaugenscheinnahme unter Zuhilfenahme des Rissbreitenmaßstabs festgestellt. Hier wird zwischen Haar- und Feinrissen mit Breiten zwischen 0,05 und 0,3 mm und Setzrissen von über 0,3 mm unterschieden. Im Gegensatz zu den Fein- und Haarrissen durchziehen die Setzrisse die gesamte Estrichschicht und können durch Druckbelastung zu unterschiedlichen Höhenverhältnissen innerhalb des Fußbodens führen. Setzrisse müssen daher vor der Fußbodenverlegung geschlossen werden (Seite 363, Abb. 1).

Feuchtigkeit
Eine zu hohe Feuchtigkeit innerhalb des Untergrundes kann zu Belagsbeschädigungen und Pilzbefall führen. Eine optische Beurteilung reicht in diesem Fall nicht aus. Die Feuchtigkeit muss immer gemessen werden. Eine genaue Feststellung der Feuchtigkeit des Untergrundes lässt sich mit der **CM-Messmethode** ermitteln (Kapitel 5.8). Ein mineralischer Untergrund ist verlegereif, wenn er eine max. zulässige Restfeuchte aufweist (Tab. 2). Beim Verlegen von Fußböden wird häufig der Begriff der Haushaltsfeuchte benutzt. Diese bezieht sich auf die durch Luftfeuchte- sowie Temperaturschwankungen variable Wassermenge (Ausgleichsfeuchte) im Estrich. Der zulässige Wert für den Feuchtigkeitsgehalt eines verlegereifen Estrichs ist bei der Rest- und bei der Haushaltsfeuchte identisch.
Unterschieden wird jedoch zwischen Estrichen mit und ohne Fußbodenheizung.

Oberflächenfestigkeit
Eine feste Verbindung zwischen Untergrund und Bodenbelag kann nur dann zustande kommen, wenn der Untergrund ausreichend fest ist. Die Oberflächenfestigkeit wird durch die Gitterritzprüfung getestet. Mit einem Ritzgerät, einem Cutter, einem Stahlnagel oder Ähnlichem wird ein Gitternetz in die Oberfläche geritzt. An den Schnittpunkten des Gitternetzes dürfen keine Ausbrüche zu sehen sein.

Tab. 2: Restfeuchte/Haushaltsfeuchte

Estrichart	Feuchte
Zementestrich unbeheizt	2,0 CM-%
Zementestrich beheizt	1,8 CM-%
Calciumsulfatestrich unbeheizt	0,5 CM-%
Calciumsulfatestrich beheizt	0,3 CM-%

Werte gemäß der Empfehlungen des Bundesverbands Estrich und Belag e. V. und des Instituts für Baustoffprüfung und Fußbodenforschung (IBF).

Rauheit und Porosität der Oberfläche
Ein zu rauer und zu poröser Untergrund nimmt in kurzer Zeit zu viel Feuchtigkeit aus der Spachtelmasse auf, die dadurch zu schnell abbindet. Poröse Oberflächen werden durch Inaugenscheinnahme oder mithilfe der Benetzungsprobe untersucht. Hierbei werden einige Tropfen Wasser auf die Oberfläche gegeben. Werden diese sehr schnell aufgesogen, weist der Untergrund eine zu hohe Saugfähigkeit auf.

Tritt eine zu raue Oberfläche auf, kann durch einen einmaligen Spachtelgang keine gleichmäßige Schicht erreicht werden. In diesem Fall muss der Untergrund zusätzlich ausgeglichen werden.

Verunreinigungen der Oberfläche
Die Oberfläche wird auf Verunreinigungen wie Staub, Farbreste, Wachs oder Öl durch Inaugenscheinnahme und zusätzlich durch die oben genannte Benetzungsprobe geprüft. Diese müssen gegebenenfalls entfernt werden, um die Haftfestigkeit zu gewährleisten.

Höhenniveau zu angrenzenden Räumen
Nach einer Belagsverlegung dürfen sich keine unterschiedlichen Höhenlagen zu angrenzenden Räumen abzeichnen. Höhenunterschiede wirken wie „Stolpersteine“. Werden Niveauunterschiede festgestellt, müssen diese, z. B. durch Nivellieren, beseitigt werden.

Temperatur- und Luftverhältnisse
Die ordnungsgemäße Verlegung eines Fußbodenbelags erfolgt bei einer Bodentemperatur von mind. 15 °C, einem Raumklima von mind. 18 °C und einer Luftfeuchtigkeit von max. 75 %. Das Raumklima ist sowohl drei Tage vor, als auch sieben Tage nach Beendigung der Belagsarbeiten zu gewährleisten. Vor der Bodenverlegung müssen sich die Werkstoffe wie Vorstrich, Spachtelmasse, Klebstoff und Bodenbelag durch zweitägige Lagerung im Verarbeitungsraum akklimatisieren.

Aufheizprotokolle bei Fußbodenheizungen
Über frische Estriche, die durch eine Fußbodenheizung aufgeheizt werden, muss ein Aufheizprotokoll geführt werden. Anhand des Protokolls kann festgestellt werden, ob das Aufheizen der Fußbodenheizung gemäß der Empfehlungen des Deutschen Baugewerbes erfolgt ist. Ist das Aufheizprotokoll nicht vorhanden oder unvollständig, sollten Bedenken bezüglich der Verlegearbeiten dem Auftraggeber mitgeteilt werden.

Aufheizprotokoll zum Belegreifheizen von Estrichen

Bauherr: BREUSTÄDT

Baustelle: REHREN, AM FRIEDHOF 8

Heizungsbauer: WÄRME & WASSER

Bauleiter: HOMBACH

Heizsystem: ÖL – BRENNWERT – HEIZUNG

Estricheinbau am: 13.09.2021

mittl. Estrichdicke in mm: 70

Heizelementüberdeckung:

min: 40 mm max: 70 mm

Aufheizen (Belegreifheizen)

Datum	Bodenthermostateinstellung in °C	Unterschrift
17.09.	+25 °C	Gabi Grütter
18.09.	+35 °C	Gabi Grütter
19.09.	+45 °C	Gabi Grütter
20.09.	+55 °C	Gabi Grütter

Prüfen der Trocknung (Folienprüfung)*

Datum	Trocken: ja/nein	Unterschrift
30.09.	nein	Gabi Grütter
01.10.	ja	Gabi Grütter

Absenken der Bodenthermostattemperatur:

Datum	Bodenthermostateinstellung in °C	Unterschrift
04.10.	+45 °C	Gabi Grütter
05.10.	+35 °C	Gabi Grütter
06.10.	+25 °C	Gabi Grütter

Belegreifheizen abgeschlossen:

Datum	Außentemperatur in °C	Unterschrift
16.10.	18 °C	Gabi Grütter

Jede Änderung der Bodenthermostateinstellung beim Aufheizen und beim Absenken der Temperatur ist genau einzutragen. Jede Prüfung auf Trocknung ist zu protokollieren.

* Ersetzt nicht die CM-Messung vor Belagsverlegung

Hannover 17.11.2021
Ort/Datum

Hombach
Unterschrift (Bauleiter)

Nutzböden

Nutzböden sind alte Fußböden, auf denen ein neuer Fußbodenbelag verlegt werden soll. Hier muss geprüft werden, ob der Nutzboden sauber und fest mit dem Untergrund verbunden ist. Treten Mängel auf, muss durch Nachkleben oder Reinigen der Oberfläche Abhilfe geschaffen werden.

12.12.5 Verlegetechnik

Für die Verlegung von textilen Bodenbelägen gibt es unterschiedliche Verlegemethoden.

Verlegetemperatur/ Vorlaufprotokoll

Eine Fußbodenheizung darf erst 21 Tage nach dem Estrichauftrag in Betrieb genommen werden, da der Estrich sonst austrocknen würde und durch die fehlende Feuchtigkeit nicht richtig abbinden kann. Die Vorlauftemperatur wird jeden Tag um 5 °C erhöht, bis sie eine Temperatur von 35 °C erreicht hat. Vor den Belagsarbeiten muss zum einen die Fußbodenheizung abgeschaltet werden, zum anderen muss gewartet werden, bis der Estrich eine Oberflächentemperatur von 15–18 °C erreicht hat. Drei Tage nach den Verlegearbeiten und dem vollständigen Abbinden des Klebstoffes kann die Fußbodenheizung, wiederum in Schritten von 5 °C, bis zur gewünschten Betriebstemperatur erhöht werden.

1 Risse und Verunreinigungen im Untergrund

2 Stripper

Bei der **Verlegung mit Nagelleisten** werden die Beläge an den Wandseiten auf Nagelleisten befestigt.

Bei der **losen Verlegung** wird der zugeschnittene Bodenbelag ohne feste Verbindung zum Untergrund ausgelegt. An Nahtstellen werden aneinanderliegende Bahnen mit einem Vliesband oder einseitigem Klebeband auf der Rückseite verbunden. Diese Verlegemethode ist nur für Räume mit einer Größe unter 20 m^2 geeignet, da durch unterschiedliche Beanspruchungen Spannungen im Bodenbelag entstehen, die zu Wellen- und Beulenbildung führen.

Bei der **Verlegung mit doppelseitigem Klebeband** wird der Bodenbelag lose im Raum verlegt und lediglich an den Rändern mit doppelseitigem Klebeband mit dem Untergrund verbunden. Bei der losen Verlegung können zusätzlich Haftgitter oder Haftvliese als Antirutsch-Unterlagen ausgelegt werden.

Beim **vollflächigen Verkleben** eines Teppichbodens entsteht eine dauerhafte, feste Verbindung zum Untergrund. Die verwendeten Klebstoffe müssen passend für Untergrund und Bodenbelag ausgewählt werden.

Textilklebstoffe sind in der Regel Dispersionsklebstoffe auf Polyacrylatbasis. Die Teppiche werden entweder in das nasse Kleberbett oder nach der vom Hersteller vorgegebenen Ablüftzeit[1)] in das Kleberbett eingelegt.

Arbeitsschritte

Ist es nötig, vor dem Legen eines neuen Bodenbelags den alten Belag zu entfernen, kann dieser in Streifen geschnitten und durch Abziehen mit einer Reißklaue oder mit einem Fußbodenschaber entfernt werden.

[1)] Zeitspanne, innerhalb der der Belag in das Kleberbett eingelegt wird

Wird mit einer Ablösemaschine, dem Stripper, gearbeitet, so schält dieser den in Streifen geschnittenen Belag vom Untergrund ab (Seite 363, Abb. 2).
Eventuell anhaftende Schaum- und Klebstoffreste werden mit Spachtel, rotierender Stahlbürste oder Schleifmaschine entfernt.

Nun wird der Teppich mit Überstand an allen Wänden im Raum ausgelegt (Abb. 1). Dabei ist darauf zu achten, dass

- die Verlegerichtung mit dem geringsten Verschnitt gewählt wird,
- die Belagsbahnen auf die Hauptfensterwand zulaufen, damit die Nahtschnitte weniger in Erscheinung treten, und dass
- Teppichbahnen mit Rapport unbedingt mustergleich verlegt werden müssen.

1 Teppich mit Überstand auslegen

2 Grober Zuschnitt

Die Abb. 1 bis 7 zeigen den Arbeitsablauf einer Teppichbodenverlegung.

3 Kleber auftragen

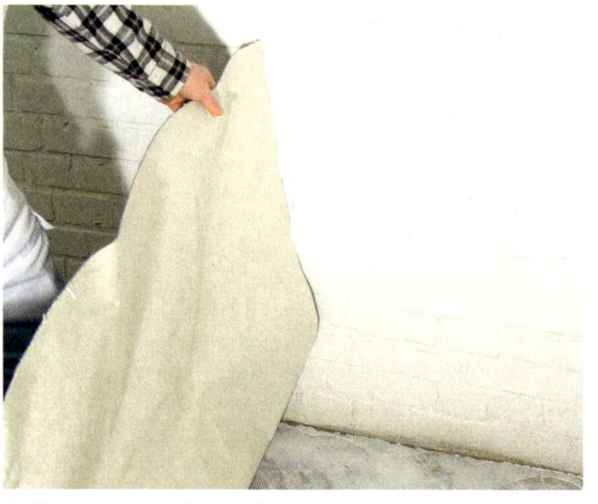

4 Einlegen in das Klebstoffbett

5 Andrücken von der Mitte nach außen

6 Abschließender Zuschnitt mit Universalmesser

7 Abschließender Zuschnitt mit Teppichmesser

Anschließend erfolgt ein grober Zuschnitt mit der Teppichschere oder dem Teppichmesser, sodass ca. 10 cm an allen Seiten überstehen (Abb 2). An Nischen und Vorsprüngen wird der Teppich eingeschnitten, damit er eben auf dem Untergrund liegt.

8 Zahnspachtel

Danach wird der Teppich bis zur Hälfte zurückgeschlagen. Auf den freiliegenden Untergrund wird der Klebstoff in bogenförmigen Bewegungen mit einem Zahnspachtel (Abb. 8) aufgetragen. Der Zahnspachtel gewährleistet zum einen den gleichmäßigen Kleberauftrag und beeinflusst zum anderen die Auftragsmenge des Klebers (Abb. 3).

So ergeben Spachtel mit feinen Zahnungen einen geringen und Spachtel mit groben Zahnungen einen hohen Kleberverbrauch.

Nach der vorgeschriebenen Ablüftzeit wird die hochgeschlagene Teppichbahn in das Klebstoffbett eingelegt und immer von der Mitte nach außen angerieben (Abb. 4 und 5). Mit der zweiten Teppichhälfte wird gleichermaßen verfahren.

Für den abschließenden sauberen Beschnitt des Teppichbodens kommen sowohl Bodenlegermesser mit Trapez-, Haken- oder Rundbogenklinge, als auch Uni-

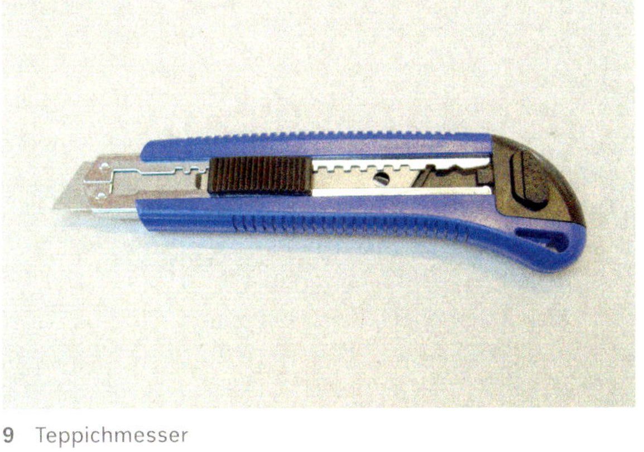

9 Teppichmesser

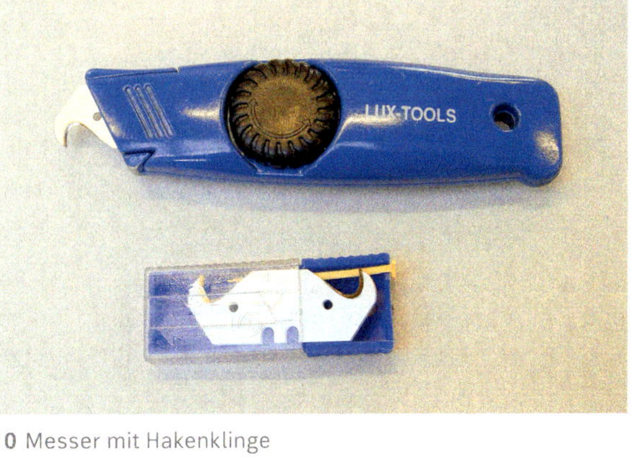

10 Messer mit Hakenklinge

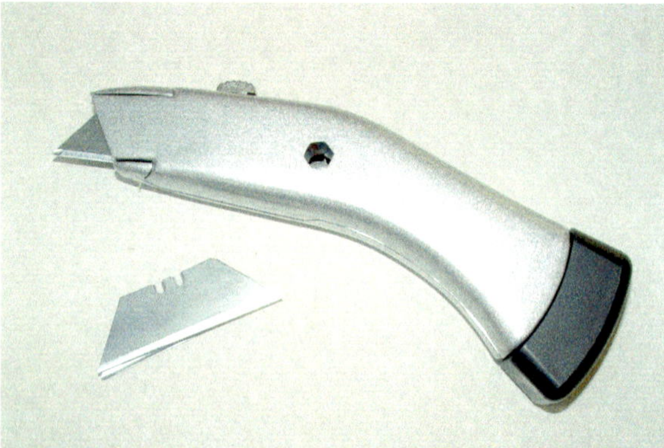

1 Trapezmesser

2 Florschere

versalteppichschneider zum Einsatz (S. 365, Abb. 9–10 und Abb. 1).

Die Nähte können mit einer Nahtrolle zusätzlich angedrückt werden. Müssen Nahtkorrekturen vorgenommen werden, wird zur Egalisierung des Flors im Nahtbereich von Velours die Florschere (Abb. 2) verwendet. Danach wird die Naht mit einer Florbürste gegen den Strich aufgebürstet.

Werden zum Ende Teppichbodensockelleisten angefertigt, werden diese mithilfe des Streifenschneiders hergestellt. Die saubere Ausführung beim Zuschneiden von Fußbodenleisten gewährleistet eine Gehrungssäge.

12.12.6 Bedarfsberechnung für Bodenbeläge

Bodenbeläge können sehr teuer sein. Deshalb ist es besonders wichtig, die benötigte Länge des Belags und die optimale Breite zu bestimmen.

Wenn die Verlegerichtung frei gewählt werden kann, sollte man berechnen, in welcher Richtung der Verschnitt geringer ist. Dabei wird die Verlegung parallel zur längeren Seite als **Längsverlegung** bezeichnet und die Verlegung entlang der kürzeren Seite als **Querverlegung**.

Damit der Belag passend im Raum zugeschnitten werden kann, müssen in alle Richtungen 10 cm addiert werden.

Verlegung quer

4 m breit

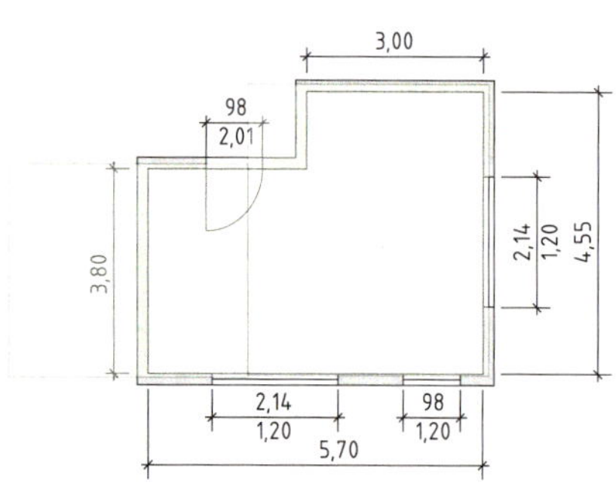

Es werden zwei Bahnen benötigt:
1. Bahn: 4,55 + 2 · 0,10 = 4,75 m
2. Bahn: 3,80 + 2 · 0,10 = 4,00 m
Gesamtlänge: 4,75 + 4,00 = 8,75 m

Verlegung längs

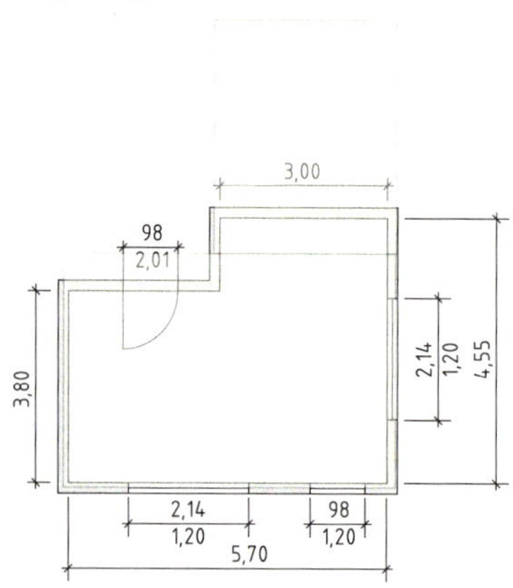

Es werden zwei Bahnen benötigt:
1. Bahn: 5,70 + 2 · 0,10 = 5,90 m
2. Bahn: 3,00 + 2 · 0,10 = 3,20 m
Gesamtlänge: 5,90 + 3,20 = 9,10 m

Verlegung quer | **Verlegung längs**

5 m breit

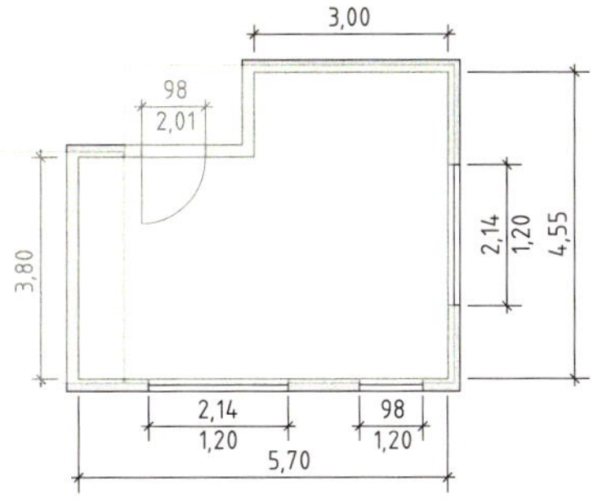

Es werden zwei Bahnen benötigt:
1. Bahn: 4,55 + 2 · 0,10 = 4,75 m
2. Bahn: 3,80 + 2 · 0,10 = 4,00 m
Gesamtlänge: 4,75 + 4,00 = 8,75 m

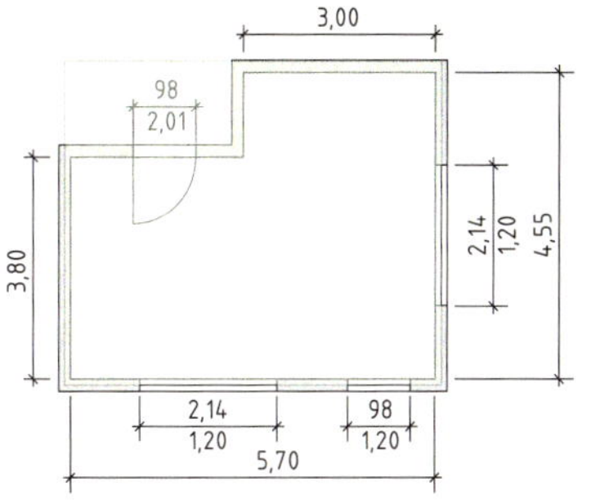

Es wird nur eine Bahn benötigt:

Gesamtlänge: 5,70 + 2 · 0,10 = 5,90 m

Aufgaben zu Kapitel 12.12

1. a) Erklären Sie die Unterschiede zwischen einem Tufting-Teppichboden und einem Nadelvlies.
   b) Nennen und begründen Sie jeweils die bevorzugten Einsatzbereiche der beiden Teppichbodenarten.

2. Mit welchen Methoden können Sie die Oberflächenfestigkeit eines Untergrundes prüfen?

3. a) Warum darf ein Fußbodenbelag nicht auf zu feuchtem Untergrund verlegt werden?
   b) Mit welcher Methode können Sie die Feuchtigkeit eines Untergrundes messen?
   c) Erklären Sie die Messmethode.

4. Erläutern Sie den Begriff „Haushaltsfeuchte".

5. Erstellen Sie einen Arbeitsplan, der die wichtigsten Schritte zur Verlegung eines Teppichbodens auflistet.

6. Welche Werkzeuge benötigen Sie zum vollflächigen Verkleben eines Teppichbodens?

7. Warum muss beim Verlegen eines Velours die Verlegerichtung des Teppichbodens beachtet werden?

8. Welche Piktogramme muss ein Teppichboden aufweisen, der intensiv genutzt wird, antistatisch sowie Rollstuhlgerecht ausgerüstet sein soll?

9. Beschreiben Sie die Bedeutung der abgebildeten Symbole.

a) b) c)

10. Berechnen Sie den Kleberverbrauch für die Verlegung eines Tufting-Teppichbodens in einem Raum mit den Abmessungen 12,70 m × 7,80 m. Der Verbrauch des Klebers liegt bei 325 g/m^2.

11. In einem Raum mit einer Grundfläche von 5,60 m × 7,20 m soll ein Teppichboden verlegt werden. Berechnen Sie
a) die benötigte Länge bei einem 4 m breiten und
b) bei einem 5 m breiten Bodenbelag
jeweils für die Längs- und Querverlegung.

12.12.7 Harte Bodenbeläge

Harte Bodenbeläge lassen sich in die Gruppen Hartbeläge und Mineralische Beläge einteilen.

Zu den **Hartbelägen** gehören
- Laminat,
- Design-PVC-Beläge,
- Fertigparkett,
- klassisches Parkett,
- sonstige Holzböden, z. B. Dielen und Holzpflaster.

Zu den **mineralischen** Belägen gehören
- Natursteine,
- Terrazzo,
- keramische Fliesen,
- Steinpflaster.

Die Schichtwerkstoffe Laminat und Fertigparkett werden aufgrund ihres einfachen und schnellen Einbaus sehr häufig eingesetzt.

12.12.8 Laminat

Laminat ist ein preiswerter, strapazierfähiger und pflegeleichter Bodenbelag (Abb. 1). Die Oberseite des Laminats, die Nutzschicht, besteht aus einer widerstandsfähigen Melaminharz-Deckschicht (Overlay). Mit dieser Oberseite wird ein imprägniertes Dekorpapier verpresst. Das Dekorpapier kann nach Belieben gestaltet werden. Die Mittellage (das Trägermaterial) besteht aus einer hochverdichteten Holzfaserplatte (HDF). Die Unterseite, der Gegenzug, dient als Spannungsausgleich. Er stabili-

1 Unterschiedliche Laminatdekore

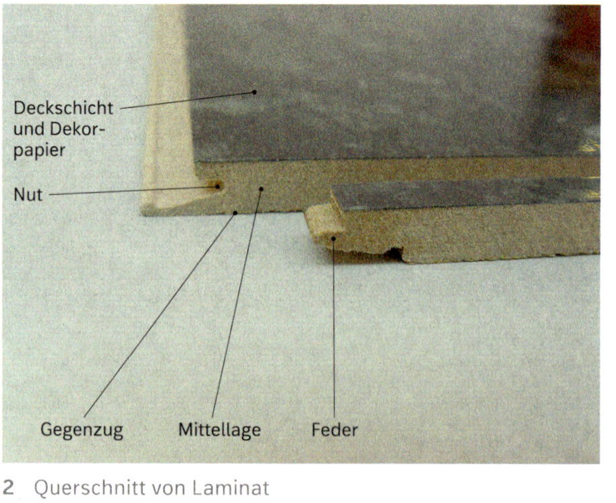

2 Querschnitt von Laminat

Tab. 1: Klassifizierung und Abriebklasse

Klassifizierung nach DIN EN ISO 10874	Verwendungsbereich	Abrieb-klasse
21	Wohnen, geringe Belastung (Schlafzimmer)	AC1
22	Wohnen, mittlere Belastung (Wohnräume)	AC2
23	Wohnen, intensive Belastung (Wohnräume, Eingangshallen)	AC3
31	Gewerbliche Nutzung, geringe oder zeitweise Nutzung (Hotels, kleine Büros	AC3
32	Gewerbliche Nutzung, mittlere Nutzung (Hotels, Geschäfte)	AC4
33	Gewerbliche Nutzung, intensive Nutzung (Kaufhäuser, Flure, Schulen)	AC5

siert das Laminat und sperrt gleichzeitig Feuchtigkeit ab (Abb. 2). Der Einsatzbereich eines Laminats erfolgt nach Bewertungskriterien gemäß DIN EN 13329.

Um Laminate hinsichtlich der Abriebfestigkeit besser unterscheiden zu können, wurden die Beanspruchungsklassen mit den Klassifizierungssymbolen der DIN EN ISO 10874 kombiniert. Im Zusammenhang mit der Abriebklasse (AC) und einer Bewertungszahl von 1 bis 5 ergibt sich der Verwendungsbereich des Laminats. Wobei AC1 die niedrigste und AC5 die höchste Abriebklasse angibt. (Tab. 1).

12.12.9 PVC-Design-Beläge

Die aktuell häufig verlegten PVC-Design-Beläge (Design-Planken) zeichnen sich durch hohe Nutzungsklassen bei gleichzeitiger Pflegeleichtigkeit aus. Sie werden im Nut- und Feder- bzw. Klicksystem in Planken verlegt.

3 PVC-Design-Belag

Im Aufbau ähneln diese Beläge dem von Laminat. Der Träger ist eine HDF-Platte (Hartfaserplatte) oder SPC-Platte (Stone-Powder-Composite, also Steinmehl-Kunststoff-Gemisch), darüber liegen die PVC-Dekorschicht und die PVC-Nutzschicht, in einigen Fällen folgt als Abschluss eine UV-Vergütung (Abb. 3).

12.12.10 Fertigparkett

Fertigparkett besteht aus einer Echtholzschicht, die in den meisten Fällen mit einer Klarlackversiegelung versehen ist (Seite 370, Abb. 1). Die Mittellage besteht entweder aus Holzwerkstoffen oder aus einem HDF-Träger. Die Unterseite bildet den Gegenzug (S. 370, Abb. 2).

Zur Auswahl stehen unterschiedliche Parkettarten. Die Auswahl einer Holzart als Fußbodenbelag hängt nicht nur von der Optik, also der Holzstruktur und der Farbe ab, sondern auch von der gewünschten Haltbarkeit. Hierbei spielt die Härte des jeweiligen Holzes eine große Rolle.

Die Härte einer Holzart ist von der Rohdichte (ρ_0 [g/cm^3]) und vom Wassergehalt abhängig. Je höher die Rohdichte und je geringer der Wassergehalt ist, desto härter und somit unempfindlicher ist der Bodenbelag gegen Eindrücke.

Sehr weiche Hölzer (z. B. Linde und Tanne) eignen sich als Parketthölz lediglich in schwach beanspruchten Räumen. Aber selbst auf Parkett aus sehr harten Hölzern (z. B. Ebenholz oder Pockholz) werden Gebrauchsspuren in Räumen mit starker Beanspruchung zu sehen sein.

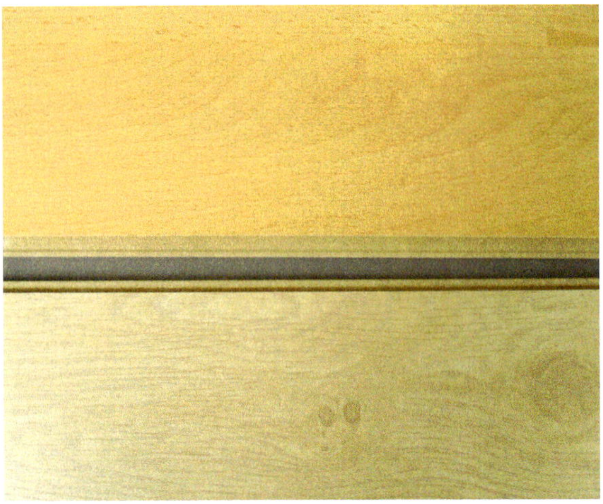

1 Fertigparkett

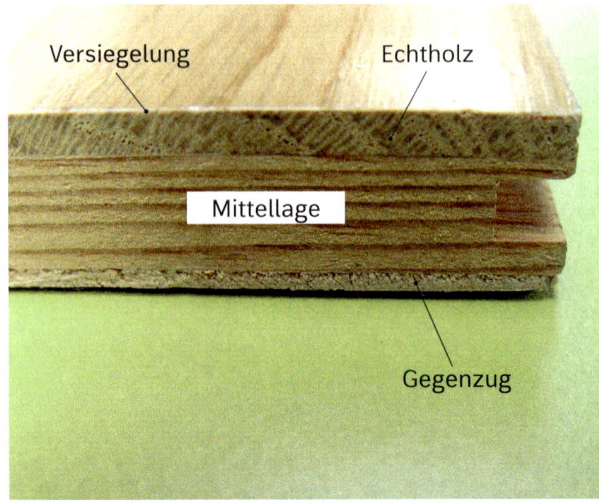

2 Querschnitt Fertigparkett

Tab. 1: Härtegrade von Holz

Härtegrade	Holzart	Rohdichte (ϱ_0 [g/cm³])
Sehr weich bis weich	Balsa	ca. 0,2
	Fichte	ca. 0,43
	Kiefer	ca. 0,49
	Linde	ca. 0,45
	Pappel	ca. 0,43
	Tanne	ca. 0,43
Mittelhart	Ahorn	ca. 0,57–0,68
	Birke	ca. 0,65
	Birnbaum	ca. 0,67
	Buche	ca. 0,68
	Eiche	ca. 0,65
	Esche	ca. 0,65
	Kirschbaum	ca. 0,54
	Mahagoni	ca. 0,52
	Nussbaum	ca. 0,62
	Teak	ca. 0,63
Hart bis sehr hart	Hainbuche	ca. 0,72
	Ebenholz	ca. 1,04
	Palisander	ca. 0,83
	Pockholz	ca. 1,1
	Robinie	ca. 0,72

Diese leichten Abnutzungserscheinungen, z. B. auf Tanzböden oder in stark frequentierten Eingangsbereichen, gehören zum natürlichen Aussehen eines Parketts dazu.

Die Härte einer Holzart wird geprüft, indem man den Widerstand des Holzes gegen das Eindringen eines Prüfkörpers testet. Bei der Prüfung der **Brinell-Härte** wird eine Stahlkugel mit 10 mm Durchmesser mit zunehmendem Druck für 30 s in das Holz gedrückt. Der Durchmesser des Kugeleindrucks wird mit einer Lupe ausgemessen.

Je höher der ermittelte Brinellwert ist, desto härter und somit widerstandsfähiger ist das Holz.

In der Praxis unterscheidet man der Einfachheit halber zwischen Hart- und Weichholz. Zusätzlich können die Holzarten in Abhängigkeit von ihrer Rohdichte und bei immer gleicher Holzfeuchte in Härtegradstufen unterteilt werden (Tab. 1).

12.12.11 Verarbeitung von harten Bodenbelägen

Voraussetzung für das Verlegen von Laminat oder Fertigparkett ist ein ebener, trockener und tragfähiger Untergrund (Kapitel 12.12.4).

Bevor mit dem Verlegen begonnen werden kann, muss eine **Unterlagsfolie** zum Absperren der restlichen Untergrundfeuchtigkeit ausgelegt werden. In den meisten Fällen wird zusätzlich eine Schicht aus Mineralwolle oder Polystyrol-Hartschaum aufgebracht, die die Übertragung des Trittschalls mindert.

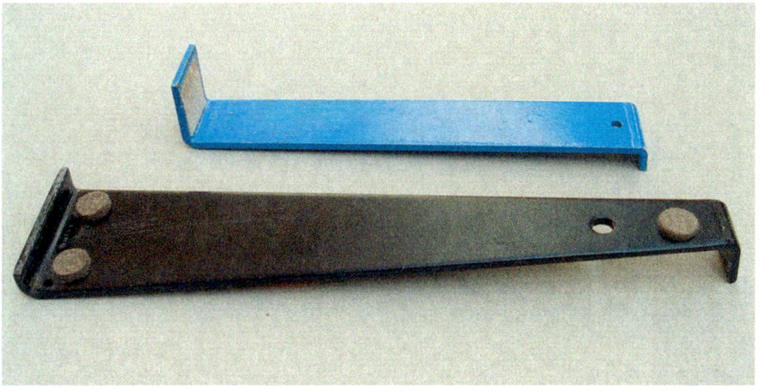

3 Zugeisen

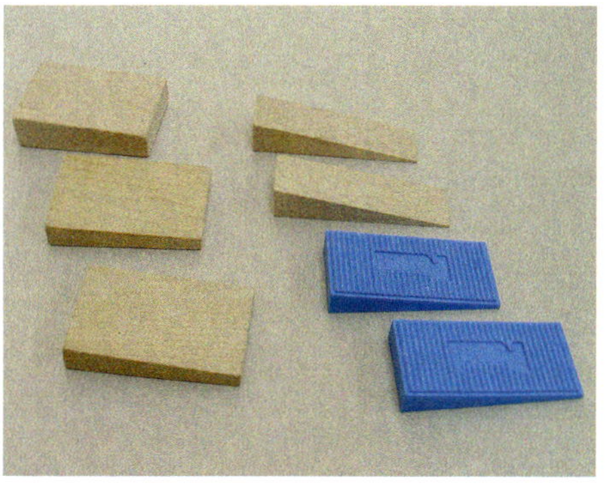

4 Abstandhalter

Laminatböden und die meisten Fertigparkettböden werden schwimmend verlegt. Das bedeutet, dass der Bodebelag weder am Untergrund, noch an den angrenzenden Wänden verklebt wird.

Häufig wird im „Klick-Verfahren“ gearbeitet. Das heißt, Nut und Feder müssen nicht verklebt werden, sondern rasten ineinander. Um eine feste Verbindung von Nut und Feder zu erreichen, wird mit dem Zugeisen gearbeitet (Abb. 3). Das „Klick-Verfahren“ hat den Vorteil, dass der Boden sofort nach dem Verlegen begehbar ist. Zudem können einzelne, schadhafte Stellen leicht repariert werden. Bei jeder Art der **schwimmenden Verlegung** muss eine **Dehnungsfuge** (Bewegungsfuge) an allen anschließenden Wänden eingearbeitet werden. Hierzu werden Klötze als Abstandshalter an den Wänden verteilt. Diese gewährleisten einen Abstand des Bodenbelags von ca. 1,5 cm zur Wand (Abb. 4).

Die Dehnungsfuge ermöglicht, dass sich der Fußboden entsprechend der wechselnden klimatischen Bedingungen im Raum bewegen kann. Sollte zu wenig Bewegungsfreiheit zwischen Bodenbelag und Wand bestehen, so dehnt sich der Belag gegebenenfalls aus, stößt an die Wände und hebt sich in der Mitte des Raumes an.

Wird beim Verlegen von Fertigparkett oder Laminat geklebt, so wird mit lösemittelfreiem Dispersionskleber gearbeitet. Bei hoher Beanspruchung des Bodens wird mit Zweikomponenten-Polyurethankleber verklebt.

Sollte das Parkett nicht fertig versiegelt, sondern unbehandelt geliefert worden sein, so muss eine nachträgliche Behandlung erfolgen.

Zur Auswahl stehen entweder Versiegelungen auf Polyurethan- oder Acrylatbasis oder das Ölen und Wachsen. Versiegelungen mit Klarlacken bilden eine geschlossene, unempfindliche Beschichtung auf dem Fertigparket, die einen hohen Abriebwiderstand aufweist.

Bei geöltem Parkett bleibt der Holzcharakter am ehesten erhalten. Das Öl zieht tief in die Poren ein und „feuert“ das Holz an. Das bedeutet, dass die Eigenfarbe des Holzes noch stärker hervorgehoben wird. Sowohl geölte als auch gewachste Flächen weisen einen geringen Abriebwiderstand auf und sind schmutzanfälliger als versiegelte Flächen.

Das Verlegen von Fertigparkett kann in unterschiedlichen Musterungen vorgenommen werden. Dies muss nicht nur im einfachen Mosaikmuster geschehen, sondern kann auch im Würfelmuster, im Schiffsbodenmuster (Abb. 5) oder im Fischgrätmuster geschehen. Beim Würfelmuster können unterschiedlich große, rechteckige Platten auch diagonal verlegt werden. Beim Schiffsbodenmuster werden gleich breite Dielen symmetrisch verarbeitet. Das Fischgrätmuster entsteht, indem die Elemente diagonal zueinander verlegt werden. So entsteht ein Muster, das wie die Gräten eines Fisches aussieht.

5 Schiffsbodenmusterung

1 Würfelmuster

12.12.12 Fußleisten

Die Fußleisten (Sockelleisten) bilden den Abschluss der Verlegearbeit. Sie verdecken die Bewegungsfuge, die beim schwimmenden Verlegen entsteht. Außerdem schützen sie den unteren Teil der Wand vor Verschmutzung. Fußleisten dürfen niemals direkt auf Parkett oder Laminat befestigt werden. Damit würde dem Bodenbelag die Möglichkeit genommen, sich bei Temperturänderungen auszudehnen oder zusammenzuziehen.

Die Sockelleisten sollten so zugeschnitten werden, dass möglichst wenige Ansätze zu sehen sind. An Raumecken und Nischen müssen die Leisten mit einer Gehrungssäge im Winkel von 45 Grad geschnitten werden.

Fußleisten können an die Wand genagelt, geklebt, gedübelt oder auf Systemleisten gesteckt werden. Hierbei werden entsprechende Clips an die Wand gedübelt und die passenden Leisten aufgesetzt.

Aufgaben zu Kapitel 12.12.7 bis 12.12.12

1. a) Erklären Sie den Begriff „Abriebklasse“.
   b) Wie viele Abriebklassen gibt es in Bezug auf Laminat?

2. Erläutern Sie die Bedeutung der Dehnungsfuge beim Verarbeiten von harten Bodenbelägen.

3. a) Wozu dient die Messung der „Brinell-Härte“?
   b) Nennen Sie zu den Härtegraden von Holz jeweils drei typische Vertreter.

4. Beschreiben Sie die Nachteile des Ölens und Wachsens im Vergleich zu einer Versiegelung.

12.13 Spannarbeiten

Das Verspannen von textilen Bekleidungen ist eine sehr alte Gestaltungstechnik. Bereits im 16. Jahrhundert ließen reiche Bürger Wände mit edlen Stoffen und Leder bekleiden. Dies war, wie auch das Auslegen von Teppichen, nicht nur ein Zeichen von Wohlstand, sondern diente auch der Wärmedämmung. Da die Teppiche zu Beginn noch nicht formstabil hergestellt werden konnten, wurden diese auf die Holzfußböden genagelt. Hierin liegt der Ursprung des Verspannens von Teppichböden. Heute werden nicht nur Wände und Fußböden, sondern auch Decken mit der Spanntechnik gestaltet.

12.13.1 Wandbespannung

Die Auswahl an Stoffen, die als Wandbespannung genutzt werden kann, ist vielfältig. Musterung, Textur und Farbe sind vom Gestaltungswunsch abhängig (Abb. 2). Das Material sollte allerdings ausreichend fest, formstabil und lichtecht sein.
Da Wandbespannungen leicht aus dem Spannrahmen entnommen werden können, bieten diese die Möglichkeit einer problemlosen Reinigung. Ein Musterwechsel ist entsprechend schnell durchzuführen. Zudem bieten

2 Wandbespannung

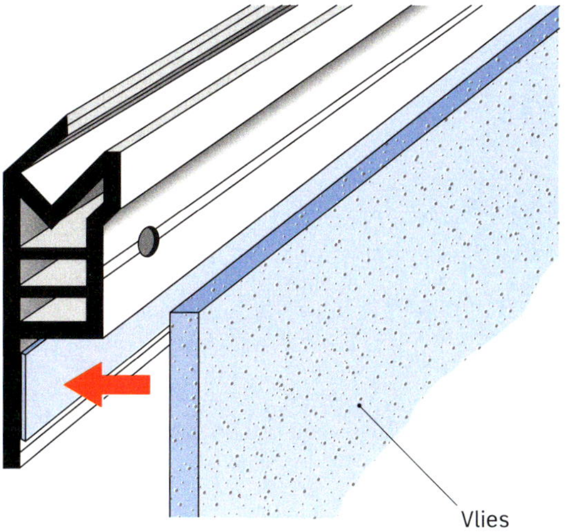

3 Klemmleiste

sie eine Verstärkung des Schallschutzes und der Wärmedämmung.

Ausführung
Beim Anbringen einer Wandbespannung ist folgende Vorgehensweise ratsam:

- Die Untergründe für eine Wandbespannung müssen fest, rissfrei und trocken sein. Kleine Unregelmäßigkeiten werden vom Bespannstoff verdeckt. Auch alte, tragfähige Farbschichten oder Tapeten können unter der Wandbespannung verbleiben.
- Die Stoffe werden zugeschnitten in Klemmleisten zum Bespannen befestigt. Dies kann mittels Heftklammern, Klebstoff oder Klebebändern erfolgen (Abb. 3).
- Die Leisten sind je nach Untergrundbeschaffenheit durch Kleben, Dübeln oder Nageln umlaufend an der Wand zu montieren.
- Die Ecken müssen auf Gehrung gesägt werden.
- Die Leisten können vor dem Einlegen des Stoffes an der Wand befestigt werden. Dann wird der Stoff nachträglich in die Leisten geklemmt.
- Alternativ kann der Stoff auch vor dem Anbringen an die Wand auf einem Leistengerüst befestigt werden. Der Rahmen wird dann fertig bespannt an der Wand montiert.
- Auf eine faltenfreie Bespannung ist zu achten.

Beide Montagearten bieten die Möglichkeit einer zusätzlichen Wärmedämmung. Die Klemmleiste erzeugt eine Lücke zwischen Stoff und Wand. Diese kann vor dem Verkleiden mit einer Wärmedämmung gefüllt werden.

12.13.2 Deckenbespannung

Die Verspannung von Decken wird mithilfe einer reißfesten Folie durchgeführt. Dabei entstehen hochglänzende, individuell gestaltete Decken mit „Lackeffekt" (S. 374, Abb. 1).
In der Regel werden Folien aus PVC verwendet. Sie sind ein- oder mehrfarbig, bemalt oder bedruckt und in vielen Texturen und Musterungen zu erwerben (S. 374, Abb. 2). Die Spannfolien sind feuchteunempfindlich, für Feuchträume geeignet und abwischbar. Sie kaschieren unregelmäßige oder fehlerhafte Decken.

Ausführung
Die Spanndecken werden werksseitig auf die entsprechende Raumgröße zugeschnitten bestellt.

- Danach wird eine umlaufende Unterkonstruktion aus Profilleisten hergestellt und in der gewünschten Raumhöhe befestigt.
- Gegebenfalls können vor dem Aufspannen der Folie Lichtinstallationen vorgenommen werden.

1 Hochglänzende Deckenbespannung

2 Verschiedene Spannfolien

- Die Folie wird nun im Raum auf ca. 45 °C aufgeheizt, damit sie sich ausdehnen kann.
- In warmem Zustand wird sie in die Profilleisten eingespannt. Beim Abkühlen des Raumes zieht sich die Folie wieder zusammen und ergibt eine glatte, hochglänzende Oberfläche.
- Sollten Deckenstrahler in die Folie eingebaut werden, muss die Spannfolie dafür eingeschnitten werden. Dazu wird zuvor ein Ring aufgeklebt, in dem geschnitten wird. So wird verhindert, dass die Folie einreißt.

12.13.3 Verspannen von Teppichböden

Das Verspannen von Teppichböden ist eine sehr repräsentative Verlegemethode, die heute stärker denn je Verwendung findet. Das Verfahren gilt als eine materialgerechte Verarbeitung, da die Elastizität von textilen Bodenbelägen ausgenutzt wird. Hierbei wird der Teppich ohne die Verwendung von Kleber unter Spannung auf allen Seiten in Nagelleisten eingehängt (Abb. 3).
Zum Spannen eigen sich ausschließlich Teppiche mit textilem, vorzugsweise mit gewebtem Rücken.

Das Verspannen von Teppichböden bietet viele Vorteile, z. B.:
- längere Lebensdauer als bei einem verklebten Teppichboden,
- höhere Trittschallisolierung und Wärmedämmung,
- hoher Gehkomfort, da der Teppich keinen direkten Kontakt zum Untergrund besitzt,
- geringere Gefahr der Laufstraßenbildung,
- aushaken und nach der Reinigung wieder einhaken,
- bequemes Auswechseln des Teppichbodens, da das Entfernen von Klebstoffresten, Spachtelmassen oder Ähnlichem entfällt. Nagelleisten und der Spannfilz können wieder verwendet werden.

Sollen Teppiche auf Untergründen mit Fußbodenheizung verspannt werden, so muss darauf geachtet werden, dass die Heizelemente beim Anbringen der Nagelleisten nicht beschädigt werden. Zudem dürfen nur Teppiche zum Einsatz kommen, die durch die höheren Temperaturen am Boden nicht zum Verziehen neigen.

Ausführung
Beim Verspannen von Teppichböden sollten folgende Hinweise beachtet werden:

- Vor dem Auslegen des Teppichbodens sollte eine elastische Unterlage, der Spannfilz, verlegt werden.

3 Nagelleisten

4 Kniespanner

Der Spannfilz stellt den Höhenausgleich zu den Nagelleisten her.

- Um ein Verziehen der Unterlagen zu vermeiden, sollten diese innerhalb der Nahtkantenbereiche und der Nagelleisten geklebt, auf Holzböden mit dem Hefthammer oder Tacker befestigt werden.
- Anschließend werden die Nagelleisten an den Wänden und Nischen angebracht.
- Nagelleisten sind je nach Florhöhe des Teppichs auszuwählen. Sie sind in einer Höhe von 4 mm beziehungsweise 6 mm und für sehr dicke textile Bodenbeläge von 8 mm im Handel erhältlich.
- Die Montage erfolgt, je nach Untergrund, durch Kleben, Nageln oder Dübeln.
- Der Abstand der Leisten von der Wand ist von der Teppichstärke abhängig. Als Faustformel gilt es, einen Abstand von ca. 2/3 der Teppichstärke einzuhalten.
- Das Spannen und Einhängen der Teppichböden erfolgt mit dem Kniespanner. Der Kopf des Kniespanners ist mit Zähnen bestückt, deren Länge passend zum Teppichboden eingestellt werden kann. Mit den Zähnen des Spannkopfes greift der Kniespanner von oben in den Teppichboden.
- Durch Kniestöße gegen das Stoßpolster des Kniespanners wird der Teppich so weit in die Richtung der Leiste bewegt, dass er in die Nagelleisten eingehängt werden kann.
- Nach dem Entfernen des Kniespanners wird der Teppichboden durch die erzeugte Spannung auf den Nagelleisten gehalten und ist faltenfrei verspannt.
- Beim abschließenden Beschneiden der Wandabschlüsse müssen ungefähr 5 mm Teppichboden stehen bleiben.
- Dieser Rest wird mit einer Ahle in den Spalt zwischen Nagelleiste und Wand gedrückt.
- Werden zur Verspannung eines Bodenbelags mehrere Teppichbahnen benötigt, so müssen diese vorher fest zusammengefügt (konfektioniert) werden.
- Das Zusammensetzen kann durch Nähen oder Kleben mit einem Vliesband erfolgen. Die häufigste Methode ist das Konfektionieren mit einem Konfektionsband. Dies ist ein Klebeband, das mit einem Schmelzklebstoff beschichtet wurde. Das Klebeband wird auf die Rückseite der zu verbindenden Teppichbahnen aufgebracht und durch Temperatur (mit einem Bügeleisen) verklebt.
- Beim Verspannen von mehreren Teppichbahnen muss immer in der gleichen Florrichtung gearbeitet werden.

Aufgaben zu Kapitel 12.13

1. Erklären Sie, warum die Folie bei einer Foliendeckenbespannung erwärmt werden muss.
2. Erläutern Sie, warum sich zum Verspannen nur Teppiche mit textilem Rücken eignen.
3. Erklären Sie die Funktionsweise eines Kniespanners.
4. Welche Vorteile bietet das Verspannen von Teppichböden im Vergleich zum Verkleben?
5. Was bedeutet Konfektionieren im Zusammenhang mit dem Verspannen von Teppichböden?

Lernfeldübergreifend Präsentations- und Moderationstechniken

1 Moderator

2 Diskussionsgruppe

Gesprächsführung, Moderation

Ein zielgerichtetes Gespräch eignet sich zur Klärung eines Sachverhalts, zur Erarbeitung eines neuen Themas oder zur Ergebnispräsentation mehrerer Gruppen. Ein solches Gespräch sollte von einer Person geleitet werden, die als Moderator bezeichnet wird.

Jedes Gespräch, so wie jede Form der Kommunikation, beginnt mit der Aufnahme einer Beziehung mit den Gesprächspartnern. Je intensiver die Beziehung aufgebaut wird, umso stärker ist die Motivation sich ergebnisorientiert zu beteiligen.

Um ein solches konstruktives Gespräch durchzuführen, gibt es Regeln, an die sich der Moderator und die Teilnehmer einer Diskussionsgruppe halten sollten.

Die Rolle des Moderators

Der Moderator hat die folgenden Aufgaben. Er:

- klärt das Ziel, den Auftrag des Gesprächs und führt ggf. in die Thematik ein,
- nennt die Regeln,
- setzt Zeitvorgaben für die einzelnen Diskussionsbeiträge,
- steuert das Gespräch durch Denkanstöße und kurze Fragen (Achtung: Keine Frageketten benutztzen),
- unterbricht zu lange Reden,
- fasst die Antworten zusammen, ohne diese zu werten (die Gesprächsleitung moderiert, ohne zu beurteilen),
- dokumentiert die Ergebnisse z. B. durch Visualisierung mithilfe von Karten, Flipchart, Pinwand oder Tafelanschrieb,
- fasst die Inhalte und Ergebnisse zusammen und dokumentiert sie.

Die Rolle der Diskussionsgruppe

Die Diskussionsgruppe:

- hört aktiv zu, um entsprechend überlegt antworten zu können,
- lässt dem Gesprächspartner Zeit, um auf die gestellten Fragen begründet antworten zu können,
- fasst sich kurz, denn andere möchten auch noch etwas sagen,
- bleibt beim Thema und schweift mit den Antworten nicht ab,
- unterbricht nicht, lässt die Gesprächspartner ausreden,
- hält Blickkontakt beim Reagieren auf Fragen aus der Gruppe,
- ist freundlich und höflich, akzeptiert die Aussagen der Beteiligten,
- bringt die Inhalte ein.

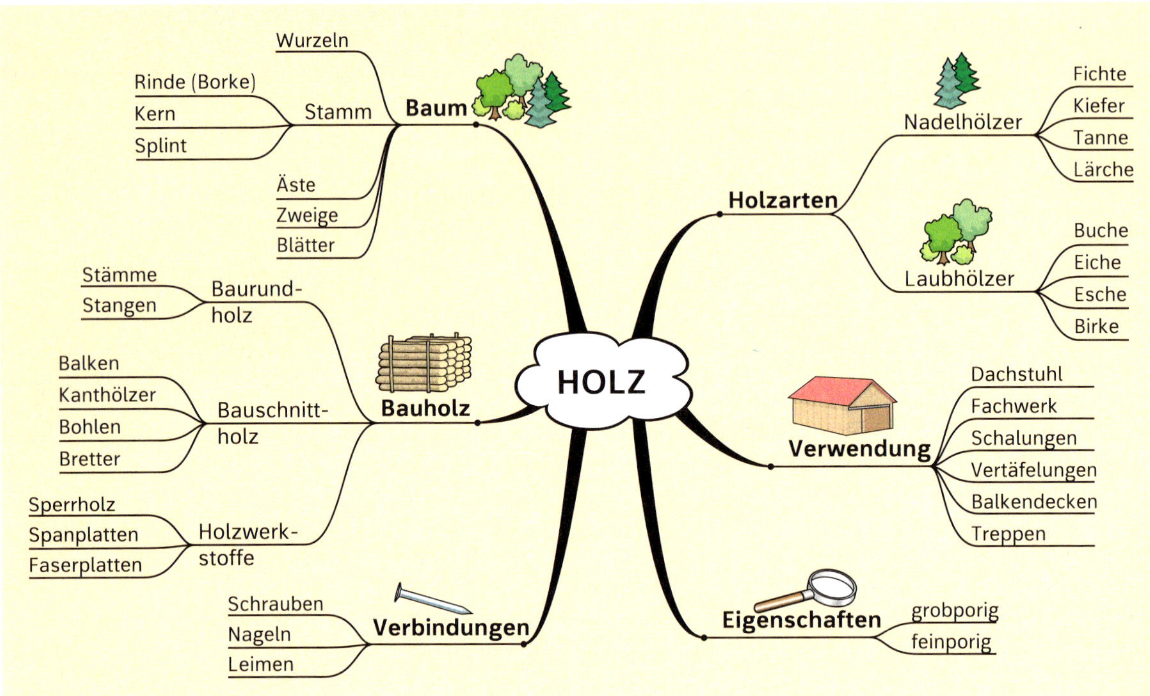

1 Mindmap

Mindmap

Eine Mindmap ist eine „Gedankenkarte" in Form einer grafischen Darstellung. Sie dient als Hilfsmittel zum Sammeln und Ordnen von Ideen, Gedanken oder Vorkenntnissen zu einem Thema. Dazu werden Texte mithilfe von Stichpunkten, Symbolen, Bildern, Farben und Linien festgehalten. Da die linke Gehirnseite nur Texte und Sprache verarbeitet, wird durch die bildliche Darstellung in einer Mindmap auch die rechte Gehirnhälfte angesprochen. Da durch eine Mindmap beide Gehirnseiten aktiv angeregt werden, ist ein schnelleres Erfassen und Merken von Zusammenhängen und Strukturen möglich.

Erstellen einer Mindmap:

Um eine Mindmap anzufertigen, benötigen Sie folgende Materialien:

- Pinwand, Flipchart, Plakatbögen oder Tafeln z. B. mit Packpapier bezogen,
- diverse farbige Stifte für ein direktes Beschreiben des Untergrundes oder
- Papier, Schere, Klebstoff oder Nadeln zum Anheften von ausgeschnittenen Ideen.

Eine Mindmap wird begonnen, indem das Hauptthema in die Mitte geschrieben wird. Es bietet sich an, das Hauptthema in Versalien (Großbuchstaben) zu schreiben und es, wenn möglich, zusätzlich mit einem Bild darzustellen. So konzentrieren sich die Gedanken immer wieder aufs Neue auf das eigentliche Thema.

Die wichtigsten Gliederungspunke zum Hauptthema werden auf Linien (Hauptäste) geschrieben, die vom Mittelpunkt abgehen.

Diese Hauptäste können Nebenlinien (Nebenäste) ausbilden, die mit Unterpunkten besetzt werden. Die Nebenäste sollten inhaltlich zum jeweiligen Hauptast gehören (Abb. 1).

Um die Lesbarkeit einer Mindmap zu gewährleisten, sollten folgende Gestaltungshinweise beachtet werden:

- Formulieren Sie keine ganzen Sätze, verwenden Sie lediglich Stichworte auf den Linien.
- Verwenden Sie zur Visualisierung häufig Bilder oder Symbole.

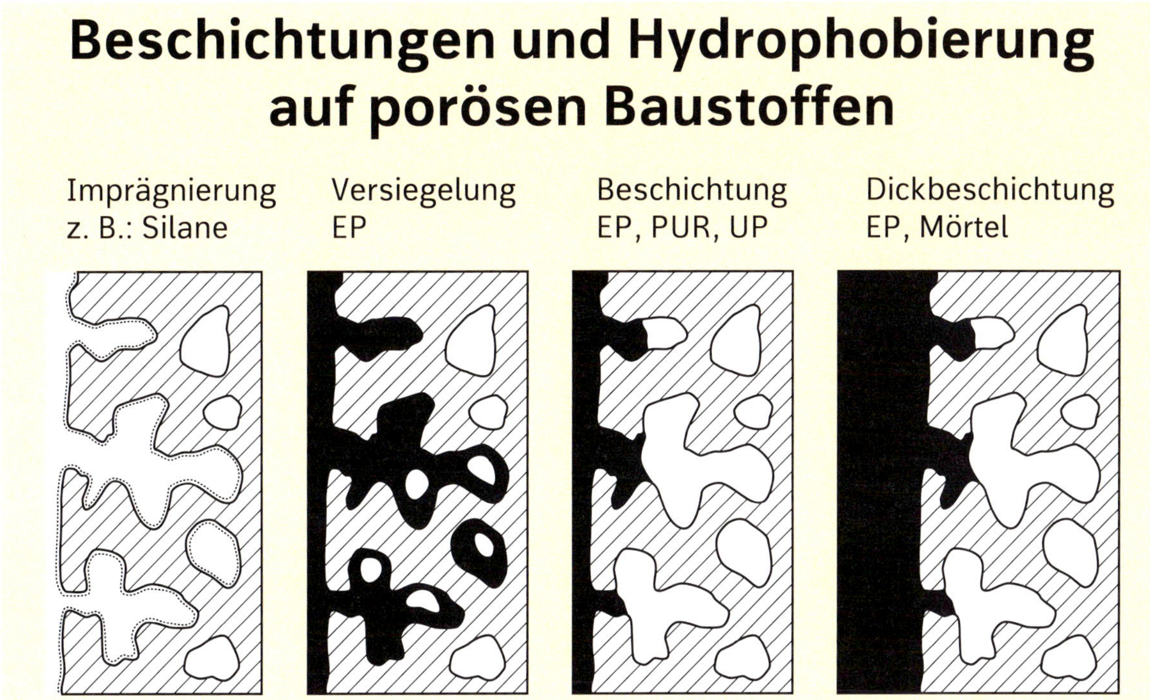

2 Beispiel einer Präsentationsfolie

- Schreiben Sie möglichst waagerecht, um die Lesbarkeit zu erleichtern.
- Schreiben Sie beim Beschriften der Nebenlinien in Druckschrift mit Groß- und Kleinbuchstaben.
- Wählen Sie für zusammengehörende Strukturen oder Inhalte jeweils eine Farbe aus.
- Zeichnen Sie die Äste mit wichtigen Informationen dicker als die mit untergeordneten Informationen.
- Beschränken Sie die Zahl der Hauptäste.
- Nebenäste sollten höchstens nur noch eine weite Gliederungsebene aufweisen.

Präsentationsprogramme

Ein Präsentationsprogramm ist ein Computerprogramm, mit dessen Hilfe z. B. eine Präsentation beim Kunden, ein Referat oder ein Vortrag erarbeitet und einer Gruppe vorgestellt werden kann.

Die Inhalte einer Präsentation werden auf unterschiedliche Folien aufgeteilt. In die Folieninhalte können Texte, Grafiken, Tabellen, Bilder, Video- und Audiosequenzen eingebaut werden. Die Folienpräsentation erfolgt mit einem Beamer.

Damit ein Präsentationsprogramm sinnvoll eingesetzt werden kann, sind einige Regeln zur Gestaltung zu beachten.

Folgende Grundsätze sind zu berücksichtigen:

- Lesen Sie die Präsentation nicht vor, sie soll den Vortrag lediglich unterstützen.
- Hetzen Sie nicht von Folie zu Folie, sondern geben Sie den Zuhörern Zeit, um den Inhalt der Folien verarbeiten zu können.
- Planen Sie zwei bis drei Minuten je Folie ein.
- Gliedern Sie die Folien in Themenblöcke und bilden Sie Überschriften. Überfüllen Sie die Folien nicht. Nehmen Sie eine neue Folie in Ihren Vortrag auf, bevor die Folie mit zu viel Informationen gefüllt ist.

Für die Foliengestaltung gilt:

- Verwenden Sie eine einheitliche Folienvorlage mit einem einheitlichen Hintergrund für alle Folien.
- Der Hintergrund sollte einfach und klar sein, damit er nicht vom Inhalt ablenkt.
- Benutzen Sie klare, lesbare und genügend große Schrifttypen. Die Aussage der Schrift muss zum gewählten Thema passen.
- Vorzugweise soll eine dunkle Schrift auf hellem Untergrund verwendet werden.
- Wechseln Sie die Schrifttypen und Farben nicht ständig. Die Elemente sollten wiederkehrend sein. Zwei Schriftarten sind meist ausreichend.
- Fügen Sie Bilder, Organigramme oder Autoformen ein, sollten diese farblich auf den Inhalt abgestimmt sein.
- Beschränken Sie die Anzahl der Objekte. Ein Bild o. Ä. reicht in den meisten Fällen je Folie aus.
- Mit Aufzählungszeichen können Folieninhalte strukturiert und große Textmengen stichpunktartig verkürzt werden. Benutzen Sie möglichst nicht mehr als vier bis sechs Aufzählungszeichen pro Folie.
- Sinnvoll ist es, nicht alle Informationen auf einmal anzuzeigen. Blenden Sie zusammenhängende Inhalte nacheinander ein.
- Möchten Sie die Folien mit Effekten (Blinken, Auflösen, Rotieren, Toneffekten usw.) animieren, verwenden Sie diese sparsam und unaufdringlich. Handeln Sie nach dem Grundsatz:

Weniger ist mehr!

- Eine Präsentation ist nur dann einprägsam, wenn jeder verwendete Effekt für sich wirken kann.
- Gestalten Sie das Ende der Präsentation mit einer Abschlussfolie. Gewähren Sie den Zuhörern die Möglichkeit, Fragen zu stellen und zu diskutieren.
- Kontrollieren Sie vor der Präsentation Ihre Folien auf Rechtschreibung. Sichern Sie die Lösbarkeit und deutliche Erkennbarkeit aller Elemente von jedem Platz der Teilnehmer aus.

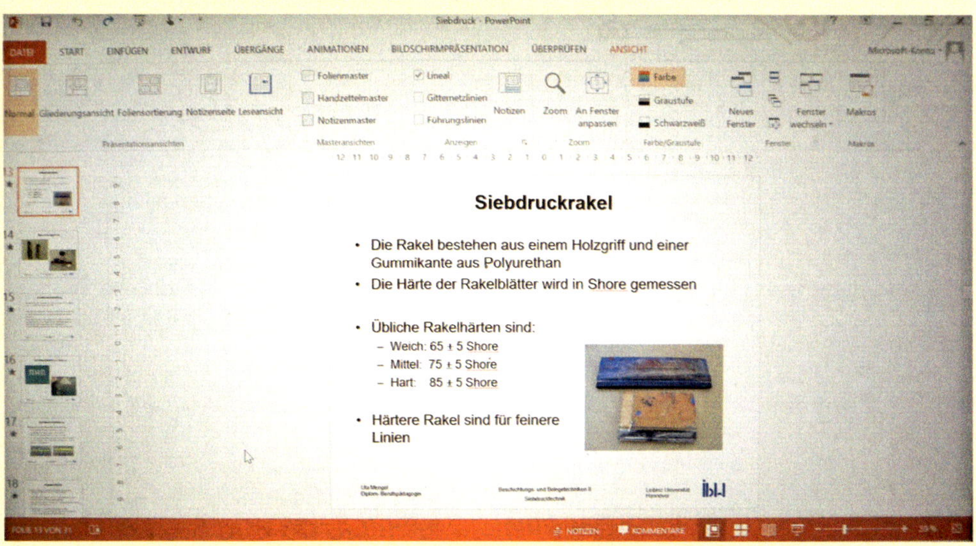

1 Folie in einem Präsentationsprogramm

Flipchart

Ein Flipchart (engl. *Umblätter-Diagramm*) ist ein transportables Gestell, ähnlich einer Staffelei, mit einer Halterung, in die Papier zum Beschriften oder Bemalen geklemmt wird. Das Flipchart hat den Vorteil, dass es ohne Aufwand spontan genutzt werden kann. Es eignet sich besonders gut als Präsentationshilfe für kleinere Gruppen und unterstützt visuell eine Moderation. Durch die Interaktion mit dem Publikum, dank der fortlaufenden Bearbeitungsmöglichkeit des Flipcharts, lassen sich Entstehungsprozesse von Abläufen, Thesen, Umfragen oder Grafiken leicht mitverfolgen. Erklärungen können während des Vortrags spontan eingebaut werden, wodurch das Verstehen und die Aufmerksamkeit erhöht werden.

Ausführung

- Das Flipchart nicht in der Mitte positionieren, den Mittelpunkt bilden die Vortragenden.
- Überprüfen Sie der Höhe des Flipcharts, stellen Sie die Höhe so ein, dass Sie sich weder strecken noch beugen müssen.
- Komplexe Zeichnungen sollten vor der Präsentation vorbereitet werden, das nimmt andernfalls zu viel Zeit in Anspruch.
- Verwenden Sie Stifte mit starkem Kontrast zum Untergrund (Überprüfen der Stifte auf Funktionstüchtigkeit).
- Arbeiten Sie farbig, aber nicht zu bunt; drei bis vier Farbtöne sind meist ausreichend.
- Verwenden Sie so wenig Text wie möglich, unter Verwendung von Stichpunkten, Schlüsselbegriffen und Fachbegriffen.
- Sollten Sie Grafiken oder Diagramme nutzen, stellen Sie diese möglichst einfach dar.
- Schreiben Sie sauber und leserlich, idealerweise in Druckschrift.

Abschluss/Auswertung

- Haben Sie Blätter im Vorfeld vorbereitet, überprüfen Sie diese auf Rechtschreibung.
- Überprüfen Sie die Schriftgröße; die Erkennbarkeit bzw. Lesbarkeit von jedem Platz aus sollte gegeben sein.
- Wiederholen Sie abschließend die Ergebnisse.
- Geben Sie eine kurze Zusammenfassung.
- Stellen Sie abschließend Verständnisfragen.

Dokumentenkamera

Eine Dokumentenkamera ist ein flexibles Gerät zur Präsentation, ähnlich einer Videokamera. Mithilfe einer Dokumentenkamera werden Bücher, Dokumente, Fotos oder dreidimensionale Gegenstände aufgenommen und können direkt in eine Präsentation eingebaut werden.

Besonderheiten und Grundsätze

- Inhalte aus Büchern oder Zeitschriften sowie Bilder werden sofort sichtbar gemacht.
- Vergrößerungen können gezielt vorgenommen und Ausschnitte der relevanten Inhalte gezeigt werden.
- Die Darstellung von Modellen, Mikroskopaufnahmen, Video- oder Bildsequenzen sind mithilfe von Anschlüssen an Laptop, Tablet u. Ä. möglich.
- Sie haben die Möglichkeit, eine vorbereitete Präsentation auf Papier, Folien o. Ä. zu halten, oder Sie können die Dokumentenkamera als zusätzliche Unterstützung einer Präsentation nutzen.

Ausführung

- Bei vorbereiteten Texten verwenden Sie maximal fünf bis sechs Kernaussagen je Seite.
- Gliedern Sie die Texte durch einheitliche Gruppierungen, Rahmen, Pfeile, Farbigkeit; beachten Sie dabei die Regeln der Plakatherstellung.
- Erklärung Sie den jeweiligen Inhalt, ohne diesen jedoch abzulesen.
- Machen Sie Pausen zwischen den einzelnen Unterpunkten.
- Halten Sie Blickkontakt zum Publikum und sprechen Sie nicht zur Projektionswand.

Abschluss/Visualisierung

- Kontrollieren Sie die vorbereiteten Seiten auf Rechtschreibung.
- Überprüfen Sie, ob von jedem Platz aus die Texte, Fotos oder Modelle zu erkennen sind.
- Geben Sie eine kurze Zusammenfassung der Präsentation.
- Stellen Sie abschließende Fragen zum Verständnis.

Sachwortverzeichnis

B

E

F

H

I

J

K

N

O

P

Q

R

S

T

U

V

W

Z

Bildquellenverzeichnis

akg-images GmbH, Berlin: 228.1, 328.3.
Alamy Stock Photo, Abingdon/Oxfordshire: 246.2; Arcomano, Vito 76.2; Doralin Tunas 68.1; FALKENSTEINFOTO 244.3.
Alfred Kärcher SE & Co. KG, Winnenden: 25.1, 25.2, 25.3.
Alois Wamprechtsamer GmbH, Wien: 287.4, 287.5, 287.6.
Anja Rohde, Hannover: 68.2, 85.1, 85.2.
BC GmbH Verlags- und Medien-, Forschungs- und Beratungsgesellschaft, Ingelheim: 89.2, 91.1, 274.5.
Bonum Werkzeuge GmbH, Traunstein: 24.3, 29.1, 29.2, 29.3, 75.2, 75.3, 75.4, 75.5, 123.4, 339.2, 339.3, 339.7, 339.9, 339.10, 339.11.
Bridgeman Images, Berlin: 279.2.
Brillux GmbH & Co. KG, Münster: 203.1, 203.2, 203.3, 203.4, 204.2, 204.3, 204.4, 204.5, 205.1, 205.2, 205.3, 205.4, 205.5, 205.6, 207.1.
Colux GmbH, Niederkirchen bei Deidesheim: 283.2.
deckermedia GbR, Rostock: 15.1, 15.5, 16.2, 21.3, 21.4, 21.5, 21.6, 23.5, 24.2, 30.1, 34.2, 36.2, 38.1, 40.1, 43.3, 43.5, 43.6, 43.7, 45.3, 46.1, 46.2, 46.3, 46.4, 48.1, 53.1, 53.2, 54.2, 56.1, 56.2, 56.3, 57.1, 57.2, 57.3, 57.4, 58.1, 58.2, 59.2, 61.1, 61.2, 61.3, 63.1, 64.1, 64.2, 65.1, 73.1, 73.2, 74.2, 77.4, 79.1, 79.2, 79.4, 87.1, 87.3, 89.1, 91.2, 92.2, 93.1, 93.2, 93.3, 95.1, 95.2, 95.3, 98.1, 99.1, 99.2, 100.1, 100.2, 101.1, 101.2, 101.3, 101.4, 101.5, 102.1, 102.2, 102.3, 102.4, 102.5, 103.1, 103.3, 103.4, 103.6, 104.1, 105.4, 105.5, 106.1, 106.2, 106.3, 106.4, 107.1, 107.2, 107.3, 109.2, 110.1, 110.2, 111.1, 113.1, 113.2, 114.1, 114.2, 114.3, 115.2, 115.3, 116.1, 118.1, 119.1, 119.5, 129.2, 129.3, 133.3, 136.1, 136.2, 136.3, 136.4, 137.1, 138.1, 138.2, 138.3, 139.1, 140.2, 140.3, 141.1, 141.2, 142.5, 142.6, 144.2, 145.1, 145.2, 145.3, 145.4, 145.5, 145.6, 145.7, 145.8, 145.9, 145.10, 145.11, 146.2, 152.3, 152.5, 153.1, 160.1, 165.2, 165.3, 167.4, 167.5, 167.6, 168.1, 168.2, 175.3, 175.4, 175.5, 175.6, 175.7, 178.1, 179.3, 183.4, 184.2, 190.1, 191.1, 191.2, 195.4, 195.5, 198.1, 199.1, 200.2, 201.2, 201.3, 202.1, 206.2, 207.3, 208.2, 212.1, 213.1, 214.1, 215.1, 215.2, 216.1, 217.2, 219.2, 222.3, 224.5, 227.2, 237.3, 239.3, 240.1, 241.4, 241.5, 243.2, 243.5, 245.1, 245.2, 245.3, 248.3, 248.4, 248.5, 249.5, 252.1, 257.1, 257.4, 257.5, 259.2, 259.3, 259.4, 260.1, 260.2, 260.3, 260.4, 262.1, 263.1, 265.2, 265.3, 265.4, 265.5, 265.6, 268.1, 268.2, 269.1, 270.1, 273.1, 276.2, 277.1, 279.1, 281.5, 283.1, 283.3, 284.3, 300.3, 301.1, 302.1, 303.1, 310.2, 315.2, 318.2, 322.7, 323.3, 325.4, 326.1, 329.1, 329.2, 329.3, 329.4, 329.5, 329.6, 329.7, 330.1, 330.3, 331.1, 331.2, 332.1, 332.2, 333.2, 344.4, 345.1, 345.2, 345.3, 346.1, 349.1, 350.1, 351.1, 352.1, 352.2, 352.3, 352.4, 352.5, 353.1, 353.2, 353.3, 353.4, 354.1, 355.1, 355.2, 355.3, 355.4, 356.1, 359.2, 359.3, 360.1, 360.2, 360.3, 360.4, 360.5, 360.6, 366.3, 366.4, 367.1, 367.2, 368.1, 368.2, 368.3, 373.2, 378.1, 379.1, 433.1.
Dempf, Markus, Buchloe: 59.1, 60.1, 60.2, 60.3, 74.1, 77.2, 77.3, 119.2, 119.3, 119.4, 120.1, 120.2, 120.3, 120.4, 120.5, 120.6, 140.1, 204.1, 206.1, 216.3, 216.5, 217.1, 218.1, 219.1, 220.1, 241.1, 241.2, 242.1, 242.2, 242.4, 243.1, 243.3, 244.1, 244.2, 246.1, 247.2.
Deutsche Gesetzliche Unfallversicherung e. V. (DGUV), Berlin: 87.2.
Emil Lux GmbH & Co. KG, Wermelskirchen: 339.5, 339.8.
Erfurt & Sohn KG, Wuppertal: 79.3, 79.5.
Estillon GmbH, Hannover: 375.1.
Eugen Lägler GmbH, Güglingen-Frauenzimmern: 24.1.
Finkenzeller, Bernhard, München: 71.1, 77.1, 121.1, 121.2, 121.3, 121.4, 122.1, 122.2, 122.3, 122.4, 122.5, 123.1, 123.2, 124.1, 124.2, 124.3, 124.4, 125.1, 125.2, 125.3, 125.4, 131.1, 132.2, 132.3, 132.4, 133.1, 133.2, 140.4, 158.1, 158.2, 158.3, 159.1, 159.2, 159.3, 266.1, 271.1, 271.2, 271.3, 271.4, 272.1, 272.2, 272.3, 272.4, 272.5, 273.2, 275.2, 276.4, 276.5, 278.1, 278.2, 278.3, 279.3, 280.1, 280.2, 280.3, 280.4, 280.5, 280.6, 280.7, 280.8, 280.9, 280.10, 280.11, 280.12, 280.13, 280.14, 280.15, 281.1, 281.2, 281.3, 285.3, 286.1, 286.2, 286.3, 286.4, 288.1, 288.2, 288.3, 290.1, 290.2, 290.3, 290.4, 291.1, 291.2, 291.3, 291.4, 291.5, 291.6, 292.3, 293.1, 293.2, 293.3, 293.4, 294.1, 294.2, 294.3, 295.1, 295.2, 296.1, 296.2, 296.3, 296.4, 296.5, 297.1, 297.2, 297.3, 297.4, 298.1, 299.4, 299.8, 299.9, 299.10, 303.2, 304.1, 304.2, 304.3, 304.4, 305.1, 305.2, 305.3, 305.4, 305.5, 305.6, 305.7, 305.8, 306.1, 306.2, 306.3, 306.4, 306.5, 307.1, 307.2, 307.3, 308.1, 308.2, 308.3, 308.4, 308.5, 308.6, 309.1, 309.2, 310.1, 311.1, 311.2, 311.3, 311.4, 311.5, 311.6, 312.1, 314.3, 314.4, 317.1, 317.2.
Fritz Thaler jun. GmbH, Solingen: 24.4.
Future Mindset 2050 GmbH, Gehrden: 15.4, 17.2, 17.3, 52.1, 68.3, 117.1, 177.1, 207.2, 256.2.
GEOtec Zeichen- und Kunststofftechnik GmbH, Wörgl: 135.1.

GL Verleih Arbeitsbühnen GmbH, Hofheim: 83.1, 83.2, 83.3, 84.1, 84.2.
GUT Gemeinschaft umweltfreundlicher Teppichboden e. V., Aachen: 359.1.
Herrmann, Uwe, Hannover: 34.1, 44.1, 45.1, 45.2, 62.1, 62.2, 62.3, 62.4, 76.1, 82.2, 136.5, 136.6, 163.1, 173.1, 173.2, 173.4, 176.1, 190.2, 190.3, 194.3, 195.2, 201.1, 212.2, 236.2, 236.3, 236.4, 236.5, 281.4, 315.3, 316.1, 316.2, 322.6, 323.1, 323.2, 324.1, 324.3, 325.1, 325.3, 326.2, 326.3, 326.4, 326.5, 327.2, 327.3, 327.4, 328.2, 331.3, 331.4.
HEYLO GmbH, Achim: 86.1, 86.2.
Hild, Claudia, Angelburg: 92.1.
Huckfeldt, Tobias, Hamburg: 252.2, 252.3, 252.4, 253.1, 253.2, 253.3, 253.4.
iStockphoto.com, Calgary: hansenn 157.2; Jarvis, Nigel 105.1; MilicaStankovic Titel; Mr_Twister Titel; PavelRodimov Titel; Victorero, Andres 25.4.
J. Wagner GmbH – a Member of WAGNER GROUP, Markdorf: 339.6.
Jouve Germany GmbH & Co. KG, München: 3.1.
KCL GmbH / Honeywell PPE, Eichenzell: 20.2, 20.3, 20.4, 20.5, 92.3, 92.4, 93.4.
KEIMFARBEN GmbH, Diedorf: 208.1.
KNA – Katholische Nachrichten-Agentur, Bonn: 287.1, 287.3.
KonzeptQuartier GmbH, Fürth: 16.1, 16.3, 21.1, 21.2, 28.2, 28.3, 35.1, 35.5, 41.1, 41.2, 47.3, 48.3, 69.1, 69.2, 94.1, 95.4, 107.4, 108.2, 115.4, 115.5, 134.1, 134.2, 143.2, 143.3, 152.2, 152.4, 155.1, 155.2, 167.1, 167.2, 167.3, 167.7, 170.1, 170.2, 176.3, 176.4, 186.1, 186.3, 189.1, 189.2, 192.1, 192.2, 195.6, 195.7, 209.1, 209.2, 220.3, 220.4, 236.1, 236.6, 247.3, 247.4, 248.1, 248.2, 248.6, 248.7, 265.1, 265.7, 276.1, 276.3, 277.2, 277.3, 282.1, 282.2, 285.1, 285.2, 292.1, 292.2, 299.1, 299.2, 299.3, 300.1, 300.2, 300.4, 312.2, 313.1, 315.1, 315.4, 322.4, 322.5, 325.2, 325.5, 327.1, 328.1, 333.1, 333.3, 354.2, 355.5, 357.3, 357.4, 363.2, 363.3, 367.3, 368.4, 372.2, 372.3, 375.2, 375.3.
Kühnel GmbH, Paderborn: 339.1.
Littmann, Klaus, Geilenkirchen: 8.1, 9.1, 10.1, 10.2, 10.3, 11.1, 11.2, 12.1, 12.2, 13.1, 13.2, 13.3, 14.1, 14.2, 15.2, 15.3, 17.1, 18.1, 18.2, 19.1, 19.2, 19.3, 19.4, 19.5, 19.6, 19.7, 19.8, 23.1, 23.2, 23.3, 23.4, 26.2, 26.3, 27.1, 29.4, 29.5, 29.6, 29.7, 29.8, 32.1, 35.2, 35.3, 35.4, 36.1, 36.3, 36.4, 36.5, 37.1, 37.2, 38.2, 38.3, 42.1, 42.3, 43.4, 44.2, 45.4, 48.2, 58.3, 80.1, 144.3, 146.1, 150.2, 156.1, 161.1, 161.2, 162.1, 162.2, 163.2, 163.3, 163.4, 164.1, 166.1, 166.2, 166.3, 166.4, 166.5, 171.1, 171.2, 171.3, 171.4, 172.1, 172.2, 172.3, 172.4, 174.1, 174.2, 174.3, 174.4, 175.1, 175.2, 176.2, 178.2, 178.3, 179.1, 179.2, 179.4, 180.1, 180.2, 180.3, 180.4, 180.5, 181.1, 181.2, 182.1, 183.1, 183.2, 183.3, 184.1, 185.1, 185.2, 185.3, 186.2, 187.1, 187.2, 188.1, 188.2, 193.1, 193.2, 194.1, 194.2, 195.1, 195.3, 197.1, 210.1, 216.2, 218.4, 219.3, 220.2, 221.1, 221.2, 222.1, 223.1, 223.2, 223.3, 223.4, 223.5, 224.1, 224.2, 224.3, 224.4, 225.1, 225.2, 225.3, 226.1, 226.2, 227.1, 227.3, 227.4, 227.5, 228.2, 228.3, 228.4, 228.5, 229.1, 229.2, 229.3, 230.1, 230.2, 230.3, 230.4, 230.5, 230.6, 231.1, 231.2, 231.3, 231.4, 231.5, 232.1, 232.2, 232.3, 232.4, 233.1, 233.2, 233.3, 233.4, 233.5, 234.1, 234.2, 234.3, 234.4, 234.5, 235.1, 235.2, 235.3, 237.1, 237.2, 237.4, 237.5, 238.1, 238.3, 238.4, 239.1, 239.2, 244.4, 244.5, 249.1, 249.2, 249.3, 249.4, 250.1, 250.2, 250.3, 250.4, 251.1, 251.2, 251.3, 256.1, 257.2, 257.3, 258.1, 258.2, 258.3, 258.4, 258.5, 259.1, 260.5, 261.1, 262.2, 262.3, 263.2, 263.3, 334.2, 334.4, 334.6, 334.8, 356.2, 356.3, 357.1, 357.2, 357.5, 357.6, 358.1, 358.2, 358.3, 366.2, 434.1, 434.2, 434.3, 434.4, 434.5, 434.6, 434.7, 434.8, 434.9.
Manfred Spinrath – DTP Service Kommunikationsdesign, Dormagen: 116.2, 222.2, 354.3, 354.4, 354.5, 354.6, 354.7, 354.8, 354.9, 354.10, 354.11.
MEEH Jumbo-Coat GmbH Pulverbeschichtungsanlagen, Wimsheim: 20.1.
Mengel, Uta, Seelze: 22.1, 22.4, 22.5, 23.6, 28.1, 42.2, 42.4, 43.1, 43.2, 44.3, 44.4, 45.5, 47.1, 47.2, 81.1, 82.1, 82.3, 89.3, 89.4, 96.1, 103.2, 103.5, 108.1, 109.1, 109.3, 111.2, 112.1, 112.2, 112.3, 112.4, 112.5, 112.6, 112.7, 113.3, 115.1, 126.1, 126.2, 126.3, 126.4, 127.1, 127.2, 127.3, 128.1, 128.2, 128.3, 129.1, 131.3, 131.4, 132.5, 132.6, 139.2, 143.1, 144.1, 147.1, 147.2, 147.3, 147.4, 147.5, 148.1, 148.2, 148.3, 149.1, 149.2, 149.3, 149.4, 149.5, 150.1, 151.1, 151.2, 151.3, 151.4, 151.5, 151.6, 151.7, 152.1, 153.2, 168.3, 169.1, 238.2, 241.3, 247.1, 284.1, 284.2, 289.1, 289.2, 289.3, 289.4, 289.5, 289.6, 289.7, 299.5, 299.6, 299.7, 309.3, 309.4, 313.2, 313.3, 314.1, 314.2, 317.3, 318.1, 319.1, 319.2, 320.1, 320.2, 320.3, 320.4, 321.1, 321.2, 321.3, 321.4, 322.1, 322.2, 322.3, 324.2, 330.2, 334.1, 334.3, 334.5, 334.7, 335.1, 335.2, 335.3, 335.4, 336.1, 336.2, 336.3, 336.4, 336.5, 336.6, 336.7, 336.8, 337.1, 337.2, 337.3, 337.4, 338.1, 338.2, 338.3, 340.1, 341.1, 341.2, 341.3, 341.4, 342.1, 342.2, 342.3, 342.4, 343.1, 343.2, 344.1, 344.2, 344.3, 346.2, 346.3, 347.1, 347.2, 347.3, 348.1, 348.2, 348.3, 348.4, 348.5, 348.6, 349.3, 349.4, 362.1, 363.4, 364.1, 364.2, 364.3, 364.4, 364.5, 365.1, 365.2, 365.3, 365.4, 365.5, 366.1, 368.5, 368.6, 368.7, 368.8, 369.1, 370.1, 370.2, 371.1, 371.2, 371.3, 372.1, 373.1, 374.2, 374.3, 376.1, 377.1, 377.2, 380.1.
Noldt, Uwe Dr. rer. nat., Hamburg: 254.1, 254.2, 254.3, 255.1, 255.2.
Noris Blattgold GmbH, Schwabach: 287.2, 287.7.
PantherMedia GmbH (panthermedia.net), München: BRANKOBJOVANOVIC@gmail.com 26.1; Kzenon 70.1; moodboard 68.4.

Philips GmbH, Hamburg: Signify 211.1.
Plameco Systems B. V., Zaltbommel: 374.1.
PTS GmbH, 48308 Senden: 274.3, 274.4.
Robert Bosch Power Tools GmbH, Stuttgart: 22.2, 22.3, 22.6.
Rohde, Anja, Wunstorf: 78.1, 78.2, 78.3, 78.4, 78.5, 78.6, 78.7, 78.8, 78.9, 78.10, 78.11, 78.12, 78.13.
Saint-Gobain Rigips GmbH, Gelsenkirchen: 56.4, 56.5.
SATA GmbH & Co. KG, Kornwestheim: 90.1, 90.2, 90.3.
Schlüter, Sigrid, Mallersdorf: 72.1, 72.2, 72.3, 72.4, 72.5, 72.6.
Shutterstock.com, New York: Palatinate Stock 273.3; Spelledwitha, Anne 51.1.
Sopro Bauchemie GmbH, Wiesbaden: 130.1, 130.2, 130.3, 130.4.
stock.adobe.com, Dublin: AlexQ 131.2; aro49 216.4; bilanol 54.1; boedefeld1969 363.1; Cavan Images 218.3; chungking 142.1; dizfoto1973 267.1; Driving South 142.4; elxeneize 243.4; freepeoplea 50.2; hanohiki 198.2; Inka 157.1; kharhan 275.1; Kolodziej, Kalle 218.2; Kraskov, Veniamin 142.2; lizavetta 242.3; lucky-photo 221.3; Lukassek 75.1; Marco2811 55.1; Monckton, Nigel 274.1; RomainQuéré 132.1; roostler 246.3; Rozhnovsky, Denis 142.3; Rublev, Nikita 84.3; sima 173.3; smuki 200.1; Suwatchai 165.1; sveta 196.1; tycoon101 274.2; VRD 349.2.
Tapetenfabrik Gebr. Rasch GmbH & Co. KG, Bramsche: 105.2, 105.3.
tapo-fix GmbH & Co. KG, Wolfsburg: 339.4.
Tieser GmbH Recycling-Technik, Aichach: 82.4.
Wistoba Pinselfabrik Wilhelm Stollberg GmbH & Co. KG, Bad Lauterberg: 123.3.

Einteilung der Kunststoffe nach Ausgangsprodukten

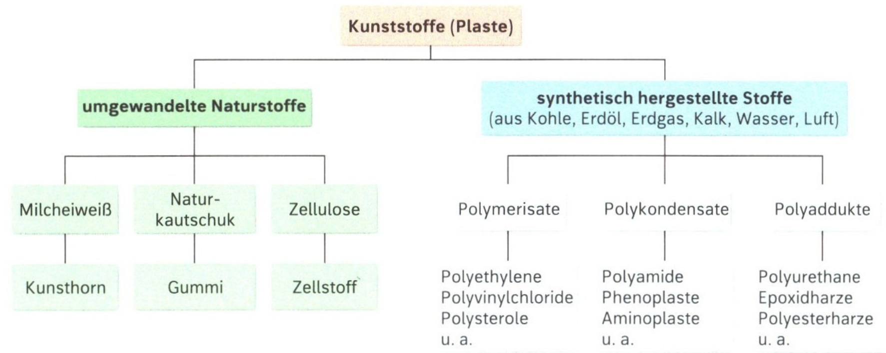

Basis-Polymere – Bezeichnungen

DIN EN ISO 1043, Teil 1, 2016-09

Kennbuchstaben für die Komponentenbegriffe

Kenn-buchstabe	Komponentenbegriff	Kenn-buchstabe	Komponentenbegriff	Kenn-buchstabe	Komponentenbegriff
A	Acetat, Acryl, Acrylat, Acrylnitril, Amid	E	Ethyl, Ethylen, Ester	OX	Oxid
AC	Acetat	EP	Epoxid	P	Penten, Phenol, Phenylen, Phthalat, Poly, Polyester, Propylen, Pyrrolidon, Per
AK	Acrylat	F	Fluor, Fluorid, Formaldehyd	S	Styrol, Sulfid
AL	Alkohol	FM	formal	SI	Silicon
AN	Acrylnitril	I	Iso, Imid	SU	Sulfon
B	Butadien, Buten, Butyral, Butyrat, Butylen	IR	Isocyanurat	T	Tetra, Tri, Terephthalat
C	Carbonat, Carboxy, Cellulose, Chlor, Chlorid, chloriert, Cresol	K	Carbazol, Keton	U	Urea, ungesättigt
D	Di, Dien	L	flüssig	UR	Urethan
		M	Melamin, Meth, Methyl, Methylen	V	Vinyl
		N	Nitrat, Naphtalat	VD	Vinyliden
		O	Octyl, Oxy, Olefin		

Kurzzeichen für Polymere

Kurzzeichen	Bezeichnung	Kurzzeichen	Bezeichnung
ABS	Acrylnitril-Butadien-Styrol	PET	Polyethylenterephthalat
AMMA	Acrylnitril-Methylmethacrylat	PF	Phenol-Formaldehyd
ASA	Acrylnitril-Styrol-Acrylester	PIB	Polyisobutylen
CA	Celluloseacetat	PMMA	Polymethylmethacrylat
CAB	Celluloseacetobutyrat	POM	Polyoxymethylen, Polyformaldehyd
CF	Kresol-Formaldehyd	PP	Polypropylen
CMC	Carboxymethylcellulose, Cellulose-glykolsäure	PS	Polystyrol
CN	Cellulosenitrat	PSU	Polysulfon
CP	Cellulosepropionat	PTFE	Polytetrafluorethylen
EC	Ethylcellulose	PUR	Polyurethan
EP	Epoxid	PVAC	Polyvinylacetat
EVAC	Ethylen-Vinylacetat	PVAL	Polyvinylalkohol
ETFE	Ethylen-Tetrafluorethylen	PVB	Polyvinylbutyral
MC	Methylcellulose	PVC	Polyvinylchlorid
MF	Melamin-Formaldehyd	PVDC	Polyvinylidenchlorid
MPF	Melamin-Phenol-Formaldehyd	PVF	Polyvinylfluorid
PA	Polyamid	PVFM	Polyvinylformal
PAN	Polyacrylnitril	SAN	Styrol-Acrylnitril
PC	Polycarbonat	SB	Styrol-Butadien
PCTFE	Polychlortrifluorehtylen	SI	Silicon
PDAP	Polydiallyphthalat	SMS	Styrol-α-Methylstyrol
PE	Polyethylen	UF	Urea-Formaldehyd
		UP	ungesättigter Polyester

Zeitleiste der

Konstantinsbogen, Rom

Burg, Guimaraes

Dom, Münster

Haus Löwenstein, Aachen

Prir

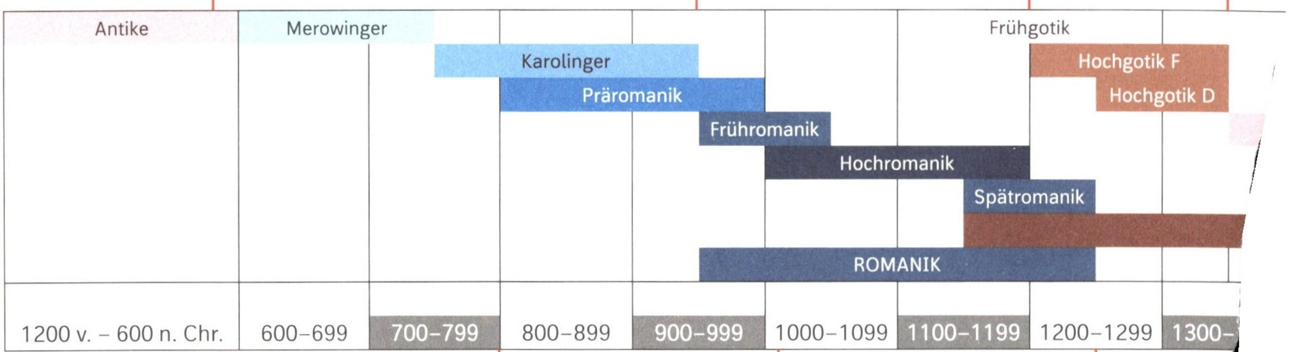

Dom, Aachen

St. Michael, Hildesheim

Notre Dame, Paris

Altes Rathaus, Hannover

San Zac
Vene